普通高等教育"十二五"规划教材

电路简明教程

主　编　余本海

副主编　刘力伟　宋玉玲

参编　邢广成　王　超　彭春梅　胡雪惠

中国水利水电出版社
www.waterpub.com.cn

内 容 提 要

本书根据教育部修订的《高等工业学校电路分析基础基本要求》，并结合有关院校新的本科教学培养方案中教学计划时数编写。

全书共 10 章，主要内容包括：电路的基本概念和基本定律、电阻电路的等效变换、电阻电路的一般分析方法、电路定律、一阶电路时域分析、二阶电路时域分析、正弦稳态分析、电路的频率响应、三相正弦交流电路、含耦合电感的电路分析等。

本书以"简"、"明"贯穿始终，侧重于基本概念、原理和分析方法，重、难点突出，分析方法恰当，内容由浅入深，步骤详尽，表述简明扼要；章前有导读、重难点提示，章后有章节回顾；配以大量例题、习题，便于加深理解、巩固知识点。

本书可作为全日制高等学校工科电子信息工程、通信工程、电子科学与技术、计算机科学与技术、自动化、电气工程等专业本科生"电路"、"电路分析"、"电路分析基础"或"电工原理"等课程的教材，也可供有关工程技术人员及有兴趣的读者自学使用。

本书配有电子教案，读者可以从中国水利水电出版社网站和万水书苑免费下载，网址为：http://www.waterpub.com.cn/softdown/和 http://www.wsbookshow.com。

图书在版编目（CIP）数据

电路简明教程 / 余本海主编. -- 北京：中国水利水电出版社，2011.4
普通高等教育"十二五"规划教材
ISBN 978-7-5084-8495-2

Ⅰ.①电… Ⅱ.①余… Ⅲ.①电路理论－高等学校－教材 Ⅳ.①TM13

中国版本图书馆CIP数据核字(2011)第052926号

策划编辑：向 辉　　责任编辑：李 炎　　封面设计：李 佳

书　名	普通高等教育"十二五"规划教材 电路简明教程
作　者	主　编　余本海　　副主编　刘力伟　宋玉玲
出版发行	中国水利水电出版社 （北京市海淀区玉渊潭南路1号D座　100038） 网址：www.waterpub.com.cn E-mail: mchannel@263.net（万水） 　　　　sales@waterpub.com.cn 电话：（010）68367658（营销中心）、82562819（万水）
经　售	全国各地新华书店和相关出版物销售网点
排　版	北京万水电子信息有限公司
印　刷	三河市鑫金马印装有限公司
规　格	170mm×227mm　16开本　22.5印张　548千字
版　次	2011年5月第1版　2011年5月第1次印刷
印　数	0001—4000册
定　价	29.80元

凡购买我社图书，如有缺页、倒页、脱页的，本社营销中心负责调换

版权所有·侵权必究

前　　言

本着"厚基础、宽口径、重能力"的教学培养理念，为适应新形势下"电工电子基础"课程的教学改革要求，满足社会对专业人才知识结构的需求，结合有关院校新的本科教学培养方案中的教学计划时数，根据教育部修订的《高等工业学校电路分析基础基本要求》，我们编写了这本《电路简明教程》教材。本书可作为高等学校工科电子信息工程、通信工程、电子科学与技术、计算机科学与技术、自动化、电气工程等专业的本科生学习"电路"、"电路分析"、"电路分析基础"或"电工原理"等课程的教材使用。

根据电路课程内容多、教学课时少的特点，本书以"简"、"明"贯穿始终，注重基本概念、基本定律和定理、基本分析方法的阐述，突出基本点、重点、难点，分析思路清晰，表述简明扼要，内容由浅入深，解题步骤详尽，配合大量例题、习题，便于加深理解、巩固所学概念和知识点，并尽量与工程实际相结合，与后续课程衔接。

本书由电路的基本概念和基本定律、电阻电路的等效变换、电阻电路的一般分析方法、电路定律、一阶电路时域分析、二阶电路时域分析、正弦稳态分析、电路的频率响应、三相正弦交流电路、含耦合电感的电路分析等内容组成。章前有导读、重难点提示，章后有章节回顾，并附有例题、习题。

全书由余本海担任主编并统稿，刘力伟、宋玉玲担任副主编。其中，王超编写第 1 章，刘力伟编写第 2、3、7、8、9 章，宋玉玲编写第 4、10 章，邢广成编写第 5、6 章，彭春梅、胡雪惠担任绘图及整理工作。本书是各位参编老师在参阅大量著作和资料的基础上完成的。

由于编者水平有限，书中难免有错误，不当之处敬请指正。

编　者
2011 年 3 月

目 录

前言
第1章 电路的基本概念与基本定律 1
  1.1 电路模型 1
  1.2 电路的基本物理量 3
    1.2.1 电流（强度） 3
    1.2.2 电压 4
    1.2.3 功率 5
  1.3 电阻元件及欧姆定律 6
    1.3.1 电阻元件的一般定义和分类 6
    1.3.2 线性电阻元件与欧姆定律 7
  1.4 独立电源 8
    1.4.1 理想电压源 8
    1.4.2 理想电流源 10
  1.5 受控电源 10
  1.6 基尔霍夫定律 12
    1.6.1 基尔霍夫电流定律（KCL 定律） 13
    1.6.2 基尔霍夫电压定律（KVL 定律） 15
  1.7 运算放大器 17
    1.7.1 实际运放的简介 17
    1.7.2 理想运算放大器 19
    1.7.3 含理想运放电路的分析 19
  章节回顾 20
  习题 22
第2章 电阻电路的等效变换 28
  2.1 电路等效的概念 28
  2.2 电阻的串联和并联 29
    2.2.1 电阻的串联 29
    2.2.2 电阻的并联 30
  2.3 理想电源的等效 31
    2.3.1 电压源的串联 31
    2.3.2 电流源的并联 31
  2.4 实际电源的模型及其等效变换 32

  2.4.1 实际电压源模型 32
  2.4.2 实际电流源模型 33
  2.4.3 实际电压源模型与实际电流源模型的等效变换 33
 2.5 电阻 Y 形电路与 △ 形电路的等效变换 37
  2.5.1 概念 37
  2.5.2 等效条件 38
  2.5.3 等效关系式 38
 2.6 输入电阻 43
  2.6.1 R_i 的概念 43
  2.6.2 R_i 的求法 44
 章节回顾 47
 习题 49
第3章 电阻电路的一般分析方法 56
 3.1 电路的图 56
  3.1.1 图的概念 56
  3.1.2 KCL 和 KVL 方程的独立方程个数 58
 3.2 支路电流法 61
 3.3 网孔电流法 64
  3.3.1 网孔电流的概念 64
  3.3.2 网孔电流方程独立性讨论 65
  3.3.3 网孔电流方程的一般形式 65
  3.3.4 网孔法步骤 66
 3.4 回路电流法 67
  3.4.1 回路电流的概念 67
  3.4.2 关于回路电流方程独立性的讨论 67
  3.4.3 回路电流方程的一般形式 68
 3.5 节点电压法 71
  3.5.1 节点电压的概念 71
  3.5.2 n−1 个节点电压方程独立性讨论 72
  3.5.3 节点电压方程的一般形式 72
 章节回顾 77
 习题 79
第4章 电路定理 86
 4.1 叠加定理 86
  4.1.1 齐次性 86
  4.1.2 叠加定理 87
 4.2 替代定理 92

4.3 等效电源定理——戴维宁定理和诺顿定理 95
   4.3.1 戴维宁定理 96
   4.3.2 诺顿定理 100
4.4 最大功率传输定理 102
*4.5 特勒根定理 105
*4.6 互易定理 107
   4.6.1 互易定理的第一种形式 107
   4.6.2 互易定理的第二种形式 109
   4.6.3 互易定理的第三种形式 109
*4.7 对偶原理 110
章节回顾 112
习题 113

第5章 一阶电路时域分析 122

5.1 动态元件 122
   5.1.1 电容元件 122
   5.1.2 电感元件 125
5.2 动态电路的方程及其初始条件 127
   5.2.1 动态电路 127
   5.2.2 动态电路的初始条件 127
5.3 一阶电路的零输入响应 130
5.4 一阶电路的零状态响应 133
5.5 一阶电路的全响应 137
   5.5.1 直流电源激励下的全响应 137
   5.5.2 全响应的分解 138
   5.5.3 一阶动态电路的正弦稳态响应 139
   5.5.4 三要素法 140
5.6 一阶电路的阶跃响应与冲激响应 144
   5.6.1 阶跃函数 144
   5.6.2 单位阶跃响应 147
   5.6.3 冲激函数 148
   5.6.4 冲激响应 152
章节回顾 154
习题 155

第6章 二阶电路时域分析 161

6.1 二阶电路的零输入响应 161
6.2 二阶电路的零状态响应、全响应 171
   6.2.1 RLC 串联电路的零状态响应 171

  6.2.2　RLC 并联电路的零状态响应 173
  6.2.3　二阶电路的全响应 174
 6.3　二阶电路的阶跃响应与冲激响应 175
  6.3.1　二阶电路的阶跃响应 175
  6.3.2　二阶电路的冲激响应 176
 章节回顾 178
 习题 178

第 7 章　正弦稳态分析 182
 7.1　正弦量 182
  7.1.1　变化的快慢 ——T、f、ω 183
  7.1.2　变化的起始位置——ψ 184
  7.1.3　有效值 185
 7.2　复数 187
  7.2.1　复数的形式 187
  7.2.2　复数的运算 188
 7.3　相量表示法 191
 7.4　相量法基础 195
  7.4.1　相量法步骤 195
  7.4.2　基本相量运算 195
 7.5　基尔霍夫定律的相量形式 200
  7.5.1　KCL 定律的相量形式 201
  7.5.2　KVL 定律的相量形式 201
 7.6　电阻、电感、电容的 VCR 相量形式 203
  7.6.1　电阻元件 203
  7.6.2　电感元件 204
  7.6.3　电容元件 205
 7.7　阻抗与导纳 208
  7.7.1　单一元件 R、L、C 的阻抗 209
  7.7.2　RLC 串联电路的阻抗 210
  7.7.3　RLC 并联电路 212
  7.7.4　Z 与 Y 关系 214
  7.7.5　一般形式 215
  7.7.6　阻抗导纳的串并联 217
  7.7.7　电路的相量图 219
 7.8　正弦交流电路的相量分析法 227
 7.9　正弦交流电路的功率 231
  7.9.1　瞬时功率 232

  7.9.2 有功功率（平均功率）P ... 233
  7.9.3 无功功率 Q ... 234
  7.9.4 视在功率 ... 236
  7.9.5 功率因数 λ ... 237
 7.10 复功率 ... 238
 7.11 最大功率传输 ... 242
 章节回顾 ... 245
 习题 ... 249

第8章　电路的频率响应 ... 256
 8.1 网络函数 ... 256
 8.2 电路的频率响应 ... 259
  8.2.1 一阶电路的频率响应 ... 261
  8.2.2 二阶电路的频率响应 ... 264
 8.3 谐振电路 ... 278
  8.3.1 RLC 串联谐振电路 ... 278
  8.3.2 RLC 并联谐振电路 ... 281
 章节回顾 ... 288
 习题 ... 290

第9章　三相正弦交流电路 ... 295
 9.1 三相对称电源 ... 295
  9.1.1 三相对称电源 ... 295
  9.1.2 三相电源的连接 ... 297
 9.2 负载的星形连接 ... 298
  9.2.1 有中线情况 ... 299
  9.2.2 无中线情况 ... 301
 9.3 负载的三角形连接 ... 305
 9.4 三相交流电路的功率 ... 307
  9.4.1 瞬时功率 ... 307
  9.4.2 有功功率（平均功率） ... 307
  9.4.3 无功功率 ... 309
  9.4.4 视在功率 ... 310
  9.4.5 复功率 ... 310
 章节回顾 ... 312
 习题 ... 314

第10章　含耦合电感的电路分析 ... 318
 10.1 耦合电感元件 ... 318
  10.1.1 互感现象 ... 318

10.1.2　耦合电感的电压电流关系 320
　10.2　含耦合电感电路的分析 325
　　10.2.1　耦合电感的串联 326
　　10.2.2　耦合电感的并联 327
　　10.2.3　含耦合电感电路的基本计算方法 329
　　10.2.4　耦合电感的去耦 T 形等效电路 331
　10.3　耦合电感的功率 333
　　10.3.1　串联耦合电感的复功率 333
　　10.3.2　并联耦合电感的复功率 335
　10.4　理想变压器 337
　　10.4.1　理想变压器的电压、电流关系 337
　　10.4.2　理想变压器的阻抗变换作用 339
　章节回顾 342
　习题 343

第 1 章　电路的基本概念与基本定律

本章重点

- 电流、电压的参考方向；
- 电路元件吸收、发出功率的判别；
- 独立电源和受控电源；
- 基尔霍夫电流定律（KCL）和基尔霍夫电压定律（KVL）。

本章难点

- 参考方向以及关联参考方向；
- 电路元件吸收、发出功率的判别；
- 受控电源；
- 理想运算放大器的"虚短"和"虚断"规则。

本章主要学习电路模型；电路的组成；电路的基本物理量（如电流、电压、电动势、功率和能量等）；参考方向的概念；关联参考方向下的欧姆定律；重点掌握电路的基本定律——基尔霍夫定律。

1.1　电路模型

电路是由若干个电气设备或元、器件连接组成的电流通路。实际电路是由如电阻器、电容器、电感线圈、晶体管、变压器、发电机等设备和元、器件相互连接而构成。电路起着能量的产生、传输、分配和转换的作用，实现了把其他形式的能量转换成电能、进行电能的传输和分配、把电能转换成所需要的其他形式能量等过程。例如电力系统中，发电厂的发电机组把热能或水能、核能等转换成电能，通过输电线路、变压器等输送给各用电部门，在那里又把电能转换成机械能、光能、热能等。这样构成了一个极为复杂的电路系统；电路的另一重要作用是信号的传递、处理和转换，把施加于电路的信号（称为激励）变换或"加工"成为其他所需要的输出（称为响应）。例如收音机或电视机的调谐电路是用来选择所需要的信号的，而由于收到的信号是很微弱的，所以需要放大电路以放大信号，调谐电路和放大电路的作用就是处理激励信号使之成为所需要的响应。在其他许多场合，如自动控制设备、计算机、通讯设备等方面有种类繁多、为完成不同任务组成的各种电路。

我们把提供电能的设备称为电源，而把用电的设备称为负载，把连接电源与负载之间的电路称为中间环节。图1.1(a)所示为一个简单的实际电路，其中有一个电源（干电池），一个负载（小灯泡）和两根连接导线和开关，其电路模型如图1.1(b)所示，电阻元件R表示小灯泡，干电池用电压源U_S和电阻元件R_S来表示，而连接导线在电路模型中用相应的理想导线（即认为它们的电阻为零）或线段来表示。

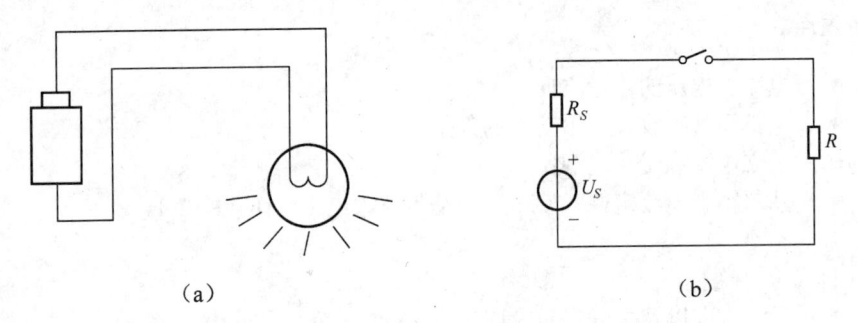

图1.1 简单电路示意图

　　研究电路的目的是计算电路中各器件流过的电流和端子间的电压、功率，而一般不涉及器件内部发生的物理过程。电路理论中有一个重要的假设，当构成电路的器件以及电路本身的尺寸远小于电路工作时的电磁波的波长，或者说电磁波通过电路的时间可认为是瞬时的，则电磁场理论和实践均证明在任意时刻流入各器件任一端子的电流和任两个端子间的电压都将是单值的。在这种近似条件下，我们用足以反映其电磁性质的一些理想电路元件或它们的组合来模拟实际电路中的器件。这种理想电路元件称为集总元件或集总参数元件。理想电路元件是具有某种确定的电磁性质的假想元件，它是一种理想化的模型，并具有严格的数学定义。电路理论中我们用抽象的理想元件及其组合近似地代替实际的器件，从而构成了与实际电路相对应的电路模型。实际电路中各器件的端子是通过导线相互连接起来的，而在电路模型中各理想元件的端子是用"理想导线"连接起来的。

　　理想电路元件是通过端子与外部连接的，而根据端子的数目可分为二端、三端、四端元件等。在任何时刻，对于具有两个端子的某个集总元件，从一个端子流入的电流将恒等于从另一个端子流出的电流，并且元件的端电压是单值的。对多于两个端子的集总元件来说，在任何时刻流入任一端子的电流和任意两端之间的电压是单值的量。由集总元件构成的电路称为集总电路，或具有集总参数的电路。从电磁场理论的观点，集总电路的尺寸可以完全忽略不计。如果实际电路的尺寸不是远小于工作时电磁波的波长，则这种电路便不能按集总电路来处理。

　　电路理论是一门研究电路分析和网络综合或设计的基础工程学科，它涉及的面非常广泛。本书的主要内容是介绍电路理论的入门知识，其重点是电路的分析，探讨电路的基本定律和定理，并讨论电路的各种分析计算方法。电路中的物理量主要有电流、电压、电荷和磁通。此外，能量和功率也很重要。无论简单的还是复杂的实际电路，都可以通过几种理想电路元件所构成的电路模型来描述。

1.2 电路的基本物理量

电路理论主要研究电路及其状态、电路各部分之间能量相互传递和转换的电磁关系，要用电流、电压、功率、电荷或磁通等物理量来描述。电路的三个基本物理量：电流、电压、电功率。

1.2.1 电流（强度）

1. 定义

带电粒子（电子正离子）的有序运动形成电流。电流既是一种物理现象同时也是一个表征带电粒子有序运动强弱的物理量，电流在量值上等于单位时间通过某一截面的电荷量，它实际是电流强度的简称，用符号 i 表示为：

$$i = \frac{dq}{dt}$$

电流的单位是 A（安培），另外还有 mA、μA、kA。

i 的实际方向为正电荷移动的方向。

例如：1）直流电 DC：$I = \frac{Q}{t}$ 为常数，其大小、方向均不随时间变化，用 I 表示。

2）交流电 AC：$i(t) = \frac{dq}{dt}$，电流的大小和方向都随时间变化，用 $i(t)$ 或 i 表示。

2. 电流的参考方向

当电路简单时电流的实际方向容易直接判断，然而通常的电路比较复杂，其 i 的实际方向往往难以在电路中事先判断出来，例如图 1.2 所示电路电阻 R 中电流的实际方向就难以判断，因此引入电流的参考方向这一概念。

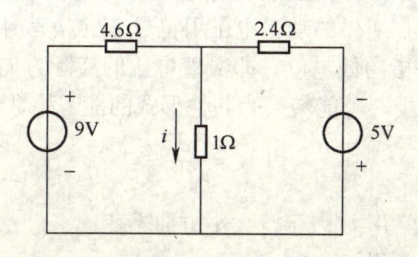

图 1.2 电流参考方向示意图

电流的参考方向：一段电路中，在电流两种可能的真实方向中任意选择一种方向作为参考，称为参考方向（或假定正方向，简称正方向）。当该方向与实际方向相同时，电流是一个正值；反之，电流是一个负值。

电流的参考方向有两层含义：

1）电流 i 的参考方向可以任意指定。

即：分析电路前先任意假设 i 的参考方向并依此建立电路模型的数学关系式去分析计算电路。

2）从 i 计算结果的正负来确定 i 的实际方向。

若数值 $i>0$，则 i 的实际方向与参考方向一致；

若数值 $i<0$，则 i 的实际方向与参考方向相反。

再看上例，由 i 的参考方向求得 $I=-0.08\text{A}<0$，这说明通过电阻的实际方向向上。如果电流参考方向标定向上，求得 $I=0.08\text{A}>0$，说明电流的实际方向向上。

由此可知，一段电路确定后，电路中的各部分电流的真实方向也就全部确定，而且是唯一确定，它不受参考方向的影响。而电流在设定正方向后变成一个标量，可能为正，也可能为负，正电流或负电流都是相对所标定的正方向而言的，并无实际的物理意义，也就是说给定了参考方向之后电流有正负之分。

注意：① 参考方向未标注则算式及结果的正负均无意义；② 算式列出或结果算好后 i 的方向均不可改标。

电流参考方向的标注方法：箭头表示法和双下标表示法，如图 1.3 所示。

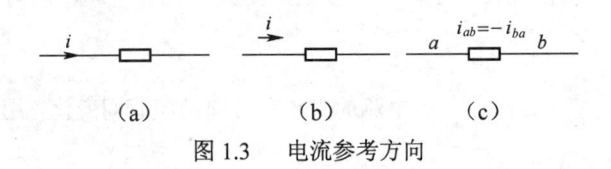

（a）　　　　（b）　　　　（c）

图 1.3　电流参考方向

1.2.2　电压

1. 定义

电路中任意两点间(a,b)的电压 U 等于这两点的电位之差，等于电场力将单位正电荷 q 由 a 点移至 b 点所做的功。电压用符号 U 或 u 表示，它也称为电位降。规定实际方向为高电位指向低电位。即沿着电压的实际方向，电位逐点降低，电场力做正功，电位能减少，电能转换为其他形式的能。用数学式表示为：

$$U_{ab} = \frac{\text{d}W}{\text{d}q}$$

直流（恒定）电压常用 U 表示，大小方向不变；

交变（交流）电压常用 $u(t)$ 或 u 表示。

电压的单位是 V（伏特），或表示为 mV、μV、kV。

电位指电路中某点电位与零参考点之间的电位之差。

ab 两点间的电压 U_{ab}——ab 两点电位差。

对于某一固定的电路，若选择不同的参考点，则该点的电位会相应不同，但任意两点间的电压值与参考点的选择总是无关。

例如：已知 $U_{ab}=5\text{V}$，$U_{bc}=3\text{V}$，若选择 c 点为参考点，则：$U_c=0\text{V}$，$U_b=U_c+U_{bc}=3\text{V}$，$U_a=U_b+U_{ab}=8\text{V}$；

若选择 a 点为参考点，则：
$U_a=0\text{V}$，$U_b=U_a-U_{ab}=-5\text{V}$，$U_c=U_b-U_{bc}=-8\text{V}$

U 的实际方向——高电位（极）指向低电位（极）即电压降的方向。

2. 电压的参考方向

与电流类似，在电路中某两端电位极性不能确定时，必须事先任意假定电压的参考方向。

电压的参考方向：在电压可能的两种真实方向中，任意选择一种方向作为参考，该方向称为参考方向（或假定正方向，简称正方向）。当该方向与实际方向相同时，电压是一个正值；反之，电压是一个负值。

其表示方法有三种，如图 1.4 所示。

1）极性表示法（又称参考极性）：电压 U 的参考方向用"+"、"−"表示。

图 1.4　电压参考方向

2）箭头表示法：箭头方向表示电位降。
3）双下标表示法：U_{ab} 表示电压参考方向 a 比 b 电位高。

3. 关联参考方向

同一元件的 u、i 的参考方向取为一致称为关联参考方向，即电荷沿电流参考方向流动，是从假定的高电位点移动到低电位点，如图 1.5（a）所示。一般只需标示电流参考方向即可，如图 1.5（b）所示。

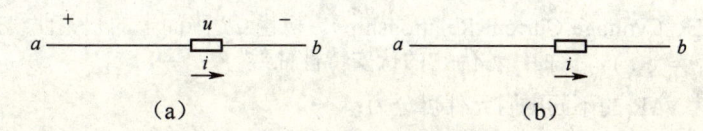

图 1.5　关联参考方向

1.2.3　功率

电流与电压的乘积即每单位时间内电场所做的功称为电功率，用符号 p 或 P 表示。

前面提到 $u=\dfrac{\text{d}W}{\text{d}q}$，从而 $p=\dfrac{\text{d}W}{\text{d}t}=u\dfrac{\text{d}q}{\text{d}t}=ui$，故有：

$$p = ui \qquad (1-1)$$

功率的单位是 W（瓦特），或者 mW、kW。

注意：此式是 u、i 取关联方向时导出的瞬时功率，它是电场力提供的功率，因而 p = ui 就是这段电路"吸收"的瞬时功率。电路具体是吸收还是产生功率，如何判断？我们可根据 u、i 的参考方向是关联或非关联两种情况由 P 的实际值来决定。

即：1）关联方向时：$p = ui$

$p > 0$ 时，该电路实际吸收功率；

$p < 0$ 时，该电路实际发出功率。

2）非关联方向时：$p = -ui$

$p > 0$ 时，该电路实际发出功率；

$p < 0$ 时，该电路实际吸收功率。

总之计算 p 要与参考方向相结合。

1.3 电阻元件及欧姆定律

从本节开始将陆续介绍线性无源二端元件（如：电阻元件、电容元件和电感元件）与有源二端元件（如：电压源和电流源）以及多端元件（如：各种受控源和运算放大器）。各种元件都有精确的定义，在电路中各元件的特性表示为它们的电压电流关系，简称伏安关系，记为：VAR 或 VCR。

1.3.1 电阻元件的一般定义和分类

载流导体或半导体因发热而耗能，这可抽象为电阻元件。电路是由元件连接而成的，研究电路时首先要了解各电路元件的特性，表示元件特性的数学关系称为元件约束。

一个二端元件，在任一时刻 t 的 $u(t)$ 和 $i(t)$ 之间的关系称为元件的伏安关系，简记为 VCR（Voltage-Current-Relationship）。可由 ui 平面上的一条曲线来表征为 $u = f(i)$ 或 $i = g(u)$，该曲线称为它的伏安特性曲线。

根据其 VAR 的不同电阻元件可分为：

1）线性电阻——伏安特性曲线是通过坐标原点的直线。

2）非线性电阻。

或也可分为：

1）非时变（定常）电阻——伏安特性曲线不随时间变动。

2）时变电阻——伏安特性曲线随时间变动。

本课程主要讨论电阻元件是线性非时变电阻。

1.3.2 线性电阻元件与欧姆定律

1. 电阻的伏安关系（VAR）

线性非时变电阻元件是电路的一种理想元件，简称电阻，它在电路图中的图形符号如图 1.6 所示。

图 1.6 电阻元件

线性电阻元件的伏安特性曲线是通过坐标原点的直线，如图 1.7（a）所示，即二端元件的电压与电流成正比这个关系称为欧姆定律。

u、i 为关联参考方向时，有：

$$u = iR \tag{1-2}$$

式中：R 为元件的电阻，其阻值为一常数，表示元件阻碍电流的能力。R 的单位为 Ω（欧姆），或者 $k\Omega$、$M\Omega$ 等。

线性电阻元件也可用另一套参数——电导来表征。从物理概念看，电导是反映电阻元件导电能力强弱的参数。电阻与电导是从相反的两个方面来表征同一电阻元件特性的两个电路参数。电导符号为 G，其定义为 $G = \dfrac{1}{R}$，电导的主单位为 S（西门子），则相应的欧姆定律为 $i = Gu$。

u、i 为非关联参考方向时，有：

$$u = -iR \tag{1-3}$$

一般 u、i 设定为关联参考方向。

应当注意：欧姆定律只适用于线性电阻。

若已知某元件 VAR 曲线如图 1.7（b）所示，则点 Q 的电阻 $R_Q = \dfrac{u_Q}{i_Q}$

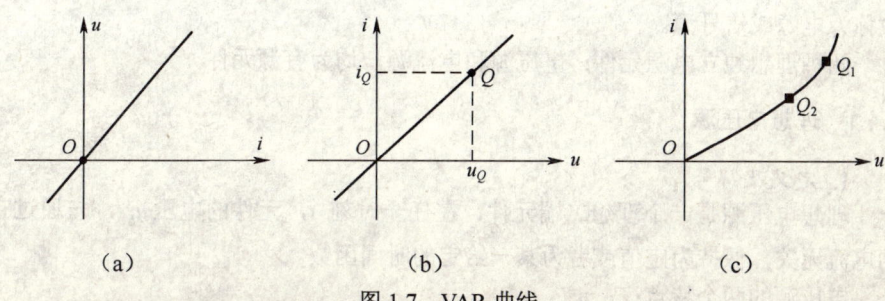

图 1.7 VAR 曲线

又如二极管：如图 1.7（c）所示，不同 Q 点的阻值不同，$r \neq$ 常数。

2. 电路两种状态

$R = 0$，$u = 0$，电流为有限值，电路"短路"；

$R = \infty$，$i = 0$，电压为有限值，电路"开路"。

3. 线性电阻元件吸收（消耗）的功率

R 为耗能元件，不对外提供能量。这是由于

$$p = ui = i^2 R = \frac{U^2}{R} = u(Gu) = u^2 G \tag{1-4}$$

它在 $(0-t)$ 时间内因发热产生的热量为：

$$Q = W_R = \int_{t_0}^{t} p \, dt = \int_{t_0}^{t} Ri^2 \, dt = \int_{t_0}^{t} Gu^2 \, dt$$

在直流情况下：

$$Q = W_R = P(t - t_0) = PT = RI^2 T = GU^2 T$$

上两式称为焦耳定律。能量的国际单位为焦（耳），用字母 J 表示。

1J = 24cal（卡）（热量实用单位），1kW·h（度）= 3.6×10^6 J，实际电阻的 u、i 及 P 都有额定值，若使用时超过额定值会损坏元件。

4. 无源元件与即时元件

无源元件——在电路中不能对外电路提供电能的元件；如电阻 R、电感 L、电容 C 均为无源元件。

即时元件——任一时刻瞬时电压 u 只决定于同一瞬时的电流 i，而与该瞬时之前的电压电流情况无关这样的元件不具有记忆的性质，称为即时元件或无记忆元件。如 R 为即时元件，L、C 为记忆元件。

电阻有线性、非线性、时变与非时变之分，本书除特殊说明均指线性非时变电阻。

1.4 独立电源

独立电源：向电路提供电能（如 DC 电源、AC 电源），向电路输入电信号，故称为电源或信号源。

两种理想独立电源元件：电压源和电流源，均为有源元件。

1.4.1 理想电压源

1. 定义及符号

理想电压源是一个理想二端元件，在任一时刻 t，元件的电压 $u_S(t)$ 与通过它的电流无关，保持为定值或者为某一给定的时间函数。

电压源的两个特点：

1）它的端电压是恒定值 U_S，或者是给定时间函数 $u_S(t)$ 的电压，不会随外接电路的不同而改变。

2）元件中电流的大小与外接电路有关。

电压源在电路中的图形符号如图 1.8（a）所示,其中 $u_S(t)$ 为电压源电压,"+""−"为参考极性。直流电压源 $u_S(t) = U_S$ 为定值,可用图 1.8（b）的符号来表示。

对于已知电压源,常使其电压参考极性与已知极性一致,而电压、电流的参考方向常取非关联的。

图 1.8（c）是直流电压源在整个电流变化范围内的波形曲线,即电压源的 VAR 曲线（电源外特性）。

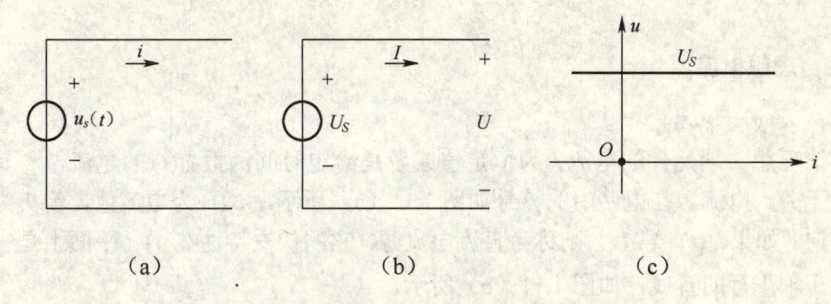

图 1.8　电压源符号及其 VAR 曲线

2. 性质

1）元件的电压 $u(t) = u_S(t)$ 不会随外接的电路不同而改变。

2）元件中的电流大小、方向取决于所接外电路。

如图 1.9 所示。

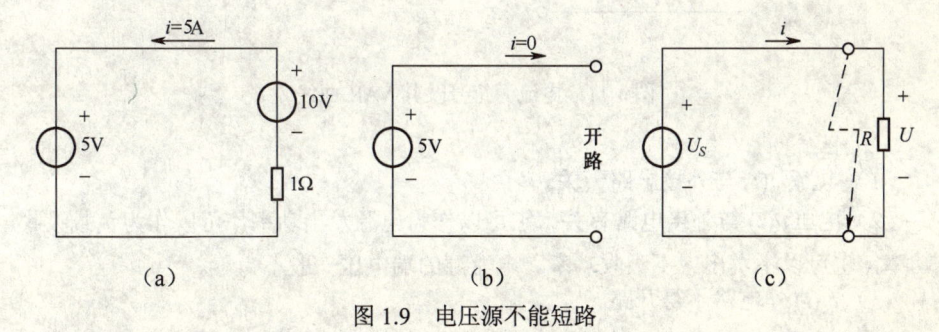

图 1.9　电压源不能短路

图 1.9（a）5V 电压源的电流为 5A,实际方向向左,端口电压为 5V,5V 电压源实际起负载作用。图 1.9（b）5V 电压源的电流为 0A,端口电压为 5V,为开路状态。

3）电压源外电路不得短路。

若 $R = 0$,有 $i = \dfrac{u_S}{R} \to \infty$,电流很大,会烧毁电压源,如图 1.9（c）所示。

电子电路中常用电位表示法表示电压源,图 1.10（a）可简化为图 1.10（b）所示电路。

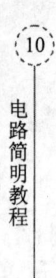

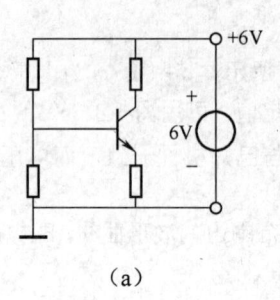

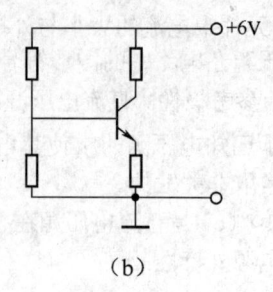

图 1.10 电位表示法

1.4.2 理想电流源

1. 定义及符号

该理想二端元件的电流 I 为恒定值或者是给定时间函数 $i_S(t)$ 的电流，与其端电压无关。电流源在电路中的符号如图 1.11（a）所示，$i_S(t)$ 为电流值，箭头为参考方向。如果 $i_S(t)=$ 常数，则称为直流电流源，它的伏安特性在 $u-i$ 平面上是一条与电压轴平行的直线，如图 1.11（b）所示。

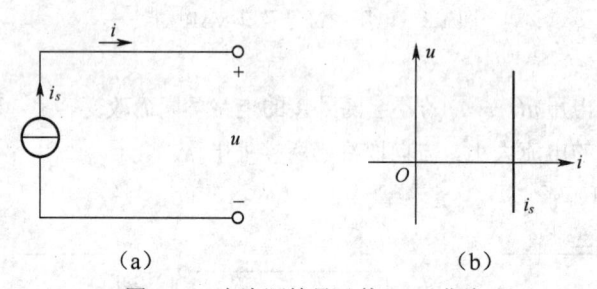

图 1.11 电流源符号及其 VAR 曲线

2. 性质

1）电流 $i_S(t)$ 与外接电路无关。

2）电压 $u(t)$ 与外接电路有关。它可以作为电源发出功率，可以作为负载吸收功率，也可以不发出或不吸收功率。电流源的端电压一般不为零。

3）$i_S(t)$ 外电路不得开路。

若 $R \to \infty$，有 $u = Ri_S \to \infty$，电流源端电压很大，会烧毁电流源。

1.5 受控电源

前面讨论了二端元件电压源和电流源，其输出量都具有确定值而与外电路无关，也称为独立源。在电路理论中，除了独立源还引进了"受控源"。

受控电压源的电压和受控电流源的电流并不是定值或确定的时间函数，而是受电路中某处电流或电压的控制，反映这种控制与被控制关系的器件的电路模型称为受控源，又称非独立源。控制的电压、电流称为控制量，受控制的电压、电流称为受控量。

受控源是一个二端口元件，输入端口为控制支路端口，输出端口为受控支路端口。受控支路端口的电压或电流受控于控制支路端口的电压或电流。控制量仅为一个，另一个控制量为零，受控量也为一个。控制量为电压时，电流为零，则控制支路开路；控制量为电流时，电压为零，则控制支路短路。

当受控源的受控量与控制量成正比时，称为线性受控源。其控制系数为常数。本书只考虑线性受控源。

受控源分为四种，如图 1.12 所示。

电压控制电压源（VCVS）　$u_2 = \mu u_1$　　μ——转移电压比

电流控制电压源（CCVS）　$u_2 = r i_1$　　r——转移电阻

电压控制电流源（VCCS）　$i_2 = g u_1$　　g——转移电导

电流控制电流源（CCCS）　$i_2 = \alpha i_1$　　α——转移电流比

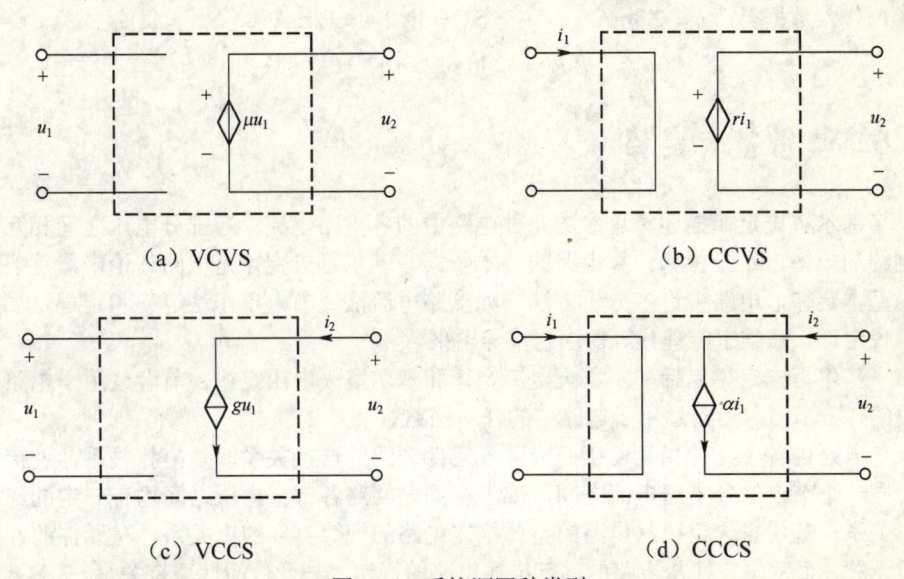

（a）VCVS　　　　　　　　　　（b）CCVS

（c）VCCS　　　　　　　　　　（d）CCCS

图 1.12　受控源四种类型

需要注意的是：

1）受控源采用菱形符号表示，与独立源区别。

2）在电路上不需明显地表示出控制端口，但控制量、受控量必须明确标出。

3）受控源与独立源有所不同，独立源在电路中起着"激励"的作用，因为有了它才能在电路中产生电流和电压（响应）。而受控源则不同，它的电压或电流是受电路中其他电压和电流所控制。如果控制量为 0，则受控量也为 0，受控电压源相当于短路，受控电流源相当于开路。受控量本身不起"激励"作用。

4）受控源可吸收功率也可发出功率。

例 1-1 图 1.13 所示电路中，已知 $R_1 = 2\text{k}\Omega$，$R_2 = 500\Omega$，$R_3 = 200\Omega$，$U_S = 12\text{V}$，电流控制电流源（CCCS）的 $i_d = 5i_1$，求电阻 R_3 两端电压 u_3。

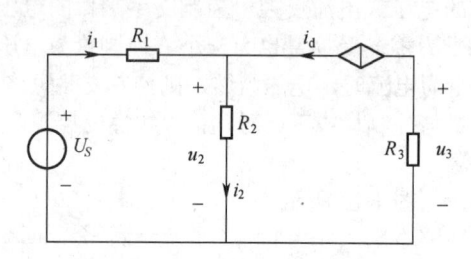

图 1.13 例 1-1 的图

解：由 KCL 定律：$i_2 = i_d + i_1 = 5i_1 + i_1 = 6i_1$

由 KVL 定律：对回路 1 取顺时针绕向　　$U_S = R_1 i_1 + R_2 i_2 = (R_1 + 6R_2) i_1$

代入数据得：$i_1 = 2.4\text{mA}$　　$i_d = 5i_1 = 5 \times 2.4 = 12\text{mA}$

$$u_3 = -R_3 i_d = -200 \times 12 \times 10^{-3} = -2.4\text{V}$$

1.6 基尔霍夫定律

基尔霍夫定律描述集总参数元件电路中的各支路电流、各部分电压之间相互制约的规律，是分析和计算电路的基本依据。基尔霍夫定律是电路理论中最重要的基本定律，电路中许多分析方法（如支路电流法、节点电压法等）和定理（如替代定理、戴维宁定理）等均由它推导出来。

基尔霍夫定律包括基尔霍夫电流定律和基尔霍夫电压定律。前者适用于电路中的任一节点，后者适用于电路中的任一回路。

电路由各个元件相互连接而成，各元件之间的连接关系即是拓扑关系，连接在同一个节点的各支路电流之间，或者在同一回路各部分电压之间均有一定的约束关系，基尔霍夫定律从电路的整体描述电路的规律——约束关系，与元件的性质无关。而欧姆定律从电路的局部描述电路的规律，与元件的性质有关。

先介绍与定律有关的几个电路名词。

（1）支路（branch）：由一个或若干个二端元件串联组成的电路。支路中流过每一个元件的电流相等。图 1.14 所示电路共有 6 条支路。ab、bc、bd、cd 支路均由单个二端元件构成，ad、ac 支路均由两个二端元件串联构成。

（2）节点（node）：三条或三条以上的支路的连接点。图 1.14 所示电路共有四个节点，即 a、b、c、d。

（3）回路（loop）：由若干条支路连接组成的任一闭合路径。图 1.14 所示电路共有 7 个回路，abcda、abdca、abda、adbca、abca、adca、bcdb。

（4）平面电路：如果电路画在平面上不会出现交叉但不相连的情况，则称这种电路为平面电路。图 1.14 即为平面电路。

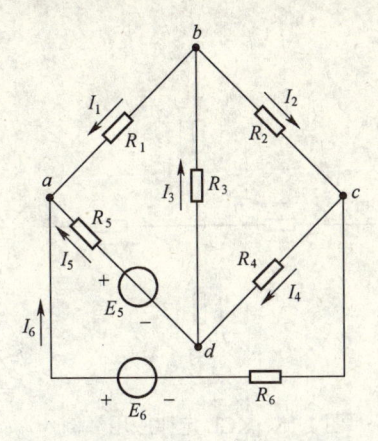

图 1.14　介绍电路名词的电路图

（5）网孔：平面电路内部不包含任何支路的回路。图 1.14 所示网孔有 3 个：即 abda、bcdb、adca 为网孔，而 abcda 回路内部有一条支路 bd，故它不是网孔。

网孔一定是回路，但回路不一定是网孔。

1.6.1　基尔霍夫电流定律（KCL 定律）

基尔霍夫电流定律总结了连于某一节点上的各支路电流之间相互制约的规律。

1. 基本内容

对任一集总电路的任一个节点，在任一时刻，流入该节点的电流之和等于流出该节点的电流之和。即

$$\sum I_{入} = \sum I_{出} \tag{1-5}$$

对于图 1.15 所示电路中的节点有：

$$I_1 + I_2 + I_3 = I_4$$

另一种描述为：在集总电路中，对于任一节点，在任一时刻，汇于该节点的所有电流的代数和为零。其中设流入节点的电流为正，流出节点的电流为负；或反之。即

$$\sum I = 0 \tag{1-6}$$

对于图 1.15 所示电路中的节点有：

$$I_1 + I_2 + I_3 - I_4 = 0$$

2. 理论依据

基尔霍夫电流定律的理论依据是电流的连续性原理。电荷的移动形成电流，

电荷在某一节点上既不会自行产生,也不会自行消失,流入节点多少就流出多少,电荷是守恒的,即电流是连续的。否则就违背了电流的连续性原理,也就违背了电荷的守恒性。

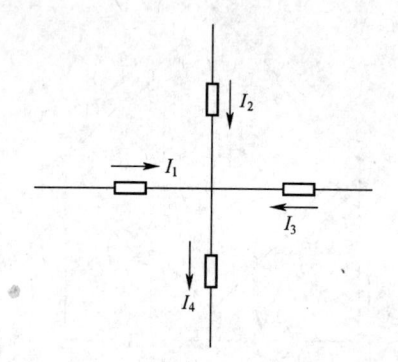

图 1.15 KCL 定律应用举例

3. KCL 定律的推广

KCL 不仅适用于电路中的节点,也适用于电路中任意假设的闭合曲面 S。

对于图 1.16 所示电路中的封闭面 S,有:

$$I_a + I_b + I_c = 0$$

说明：KCL 定律适用于线性、非线性、时变、时不变的任意集总参数电路,适用于直流、交流及任意时间函数的电源作激励的电路。

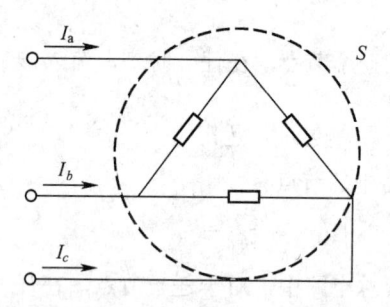

图 1.16 电路中的一个封闭面 S

例 1-2 图 1.17 所示电路为某电路的一部分,已知 $I_1 = 2A$,$I_2 = 3A$,$I_3 = 0.5A$,$I_4 = -1A$,求 AB 支路的电流 $I_R = ?$ 交于 B 点另一支路的电流 $I_5 = ?$

解：I_R、I_5 的正方向如图 1.17 所示。

由 KCL 定律：对 A 节点 $\sum I = 0$

$$-(I_1 + I_2) + I_R = 0$$

$$I_R = (I_1 + I_2) = 2 + 3 = 5A > 0 \quad (实际方向向左)$$

对 B 节点 $\sum I_入 = \sum I_出$

$$I_R + I_4 + I_5 = I_3$$
$$I_5 = I_3 - I_R - I_4 = 0.5 - 5 - (-1) = -3.5 < 0 \text{（实际方向相反）}。$$

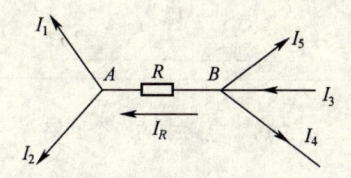

图 1.17 例 1-2 的图

1.6.2 基尔霍夫电压定律（KVL 定律）

基尔霍夫电压定律总结了电路中任意一个回路中的各部分电压之间相互制约的规律。

1. 基本内容

对任一集总电路的任一回路，在任一时刻，从某一节点出发，沿任一循环方向绕行一周，各部分电压的代数和为零。其中与绕行方向相同的电压取正；反之取负。即

$$\sum U = 0 \tag{1-7}$$

对于图 1.18 所示回路，有：

$$U_1 - U_2 - U_3 + U_4 = 0$$

另一种描述为：对于集总电路中的任一闭合回路，在任一时刻，沿任一循环方向绕行一周，各电阻上电压降的代数和等于各电动势的代数和。

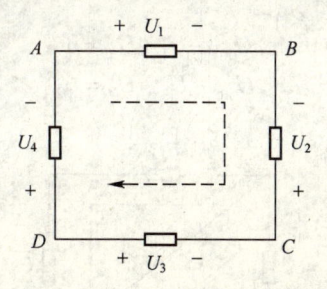

图 1.18 KVL 定律应用举例

其中电阻压降与绕向相同者取正；反之取负；电源电压与绕向相反者取正；反之取负。即

$$\sum IR = \sum U_S \tag{1-8}$$

对于图 1.19 所示回路 1，有：

$$I_1 R_1 + I_3 R_3 = U_{S1}$$

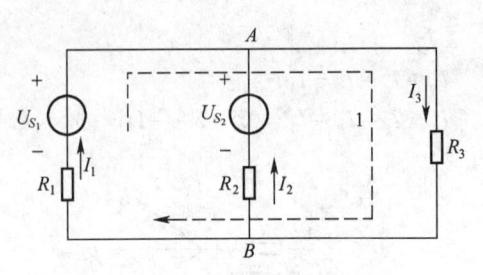

图 1.19 电路中的一个回路

2. 理论依据

基尔霍夫电压定律的理论依据是电位的单值性原理。沿着某一循环方向看各点电位的变化,电位有升也有降,升多少就降多少,吸收多少电能就失去多少电能,回到原来出发点时能量是守恒的,电位没有变化,即电位是单值性的。否则,违背了电位的单值性原理,也就违背了能量守恒原理。

3. KVL 定律的扩展应用

基本内容是:对于集总电路中的任一闭合回路,在任一时刻,沿任一循环方向绕行一周,各部分电压的代数和等于各电源电压的代数和。其中各部分电压与绕向相同者取正;反之取负;电源电压与绕向相反者取正;反之取负。即

$$\sum U = \sum U_S \tag{1-9}$$

各点电位是单值的,故两点之间的电位差——电压也是单值的,与具体路径无关。

KVL 定律研究一个闭合回路中各点电位变化的情况,只要各点电位构成首尾相接的闭合形式就行,由此可以简化电路分析。

如图 1.20 所示,节点 A、C 之间的电压 U_{AC} 无论按 A-B-C-A 闭合路径还是按 A-D-C-A 闭合路径求取都可以。

$$U_{AC} - U_1 + U_2 = 0$$
$$U_{AC} - U_3 + U_4 = 0$$

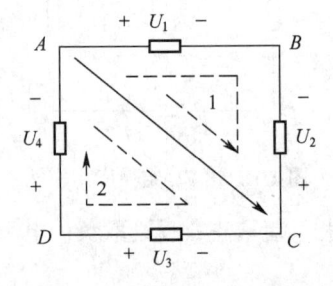

图 1.20 KVL 定律扩展应用举例

例 1-3 放大电路如图 1.21 所示,已知晶体管 BJT 的参数如下:电流放大倍

数 $\beta=100$，B 点与 E 点电压 $U_{BE}=0.7V$，$R_B=565k\Omega$，$R_C=3\ k\Omega$，$V_{CC}=12V$，求（1）R_B 通过的电流 $I_B=?$（2）若 $I_C=\beta I_B$，则 C 与 E 点之间的电压 $U_{CE}=?$

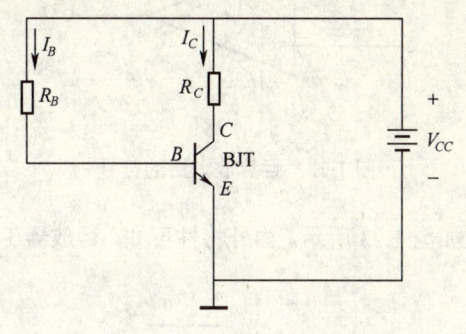

图 1.21　例 1-3 的图

解：由 KVL 定律的扩展应用：

$$I_B R_B + U_{BE} = V_{CC}$$
$$I_C R_C + U_{CE} = V_{CC}$$

则有：

$$I_B = \frac{V_{CC} - U_{BE}}{R_B} = \frac{12 - 0.7}{565 \times 10^3} = 20\mu A$$

$$I_C = \beta I_B = 100 \times 20 = 2000\mu A = 2mA$$

$$U_{CE} = V_{CC} - I_C R_C = 12 - 2 \times 10^{-3} \times 3 \times 10^3 = 6V$$

1.7　运算放大器

运算放大器（简称运放）是目前应用非常广泛的一种三端元件，是一种增益很高的直接耦合多级放大器，用来构成积分、微分、加法等运算电路。

1.7.1　实际运放的简介

运算放大器符号如图 1.22 所示。a、b 为两个输入端，a 称为反相输入端（又称倒向端），与输出端反相位，b 称为同相输入端（又称非倒向端），与输出端同相位，O 为输出端，运放器中的 A 为电压增益，$+U_S$、$-U_S$ 为电源端，⊥为公共"接地端"。

设运放器的输入端 $U_d = U_b - U_a$ 为差动输入电压，则输出端有：

$$U_O = A(U_b - U_a) = AU_d$$

单端 U_a 输入时，则 $U_O = -AU_a$

单端 U_b 输入时，则 $U_O = AU_b$

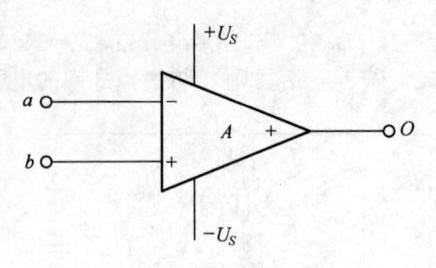

图 1.22 运算放大器的符号

运放器的外特性如图 1.23 所示。由外特性可知，运放器工作于线性工作区域。

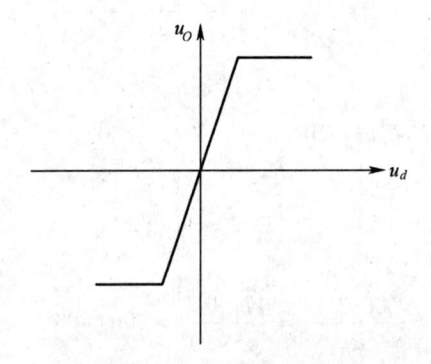

图 1.23 运放器的外特性

运放器的电路模型是一个电压控制的电压源（VCVS），如图 1.24 所示。其中运放的电压增益为 A，输入电阻为 R_i，输出电阻为 R_o。输出在±几伏～±十几伏，A 很大，故输入端电压必须很小。

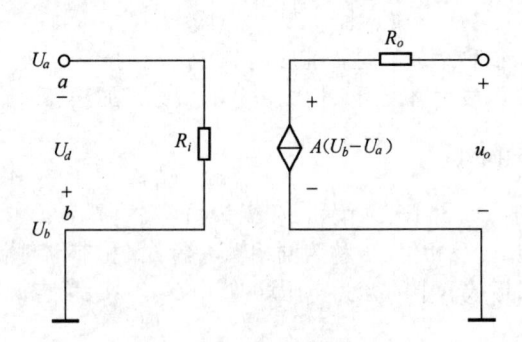

图 1.24 运放器的电路模型

有：

$$U_o = A(U_b - U_a) = AU_d \qquad (1\text{-}10)$$

实际运放的 R_i 较高（$\geqslant 1\text{M}\Omega$），A 较大（$10^4 \sim 10^7$），$R_o$ 较小（100Ω 左右）。

1.7.2 理想运算放大器

对于运算放大器模型，若有：
$$\begin{cases} R_i \to \infty \\ R_o \to 0 \\ A \to \infty \end{cases}$$

则称为理想运算放大器。

1）电路符号：如图 1.25 所示。

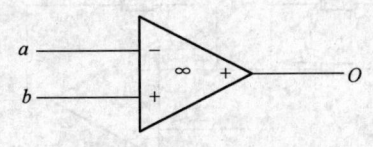

图 1.25 运放器的电路符号

2）性质：

a）虚断（路）性质：$I^+ = I^- = 0$

因为 $R_i \to \infty$，所以输入端两引线均无电流，相当于断路，但内部又不是真正断路。

b）虚短（路）性质：$U^+ = U^-$

因为 $A \to \infty$，而 U_o 为有限值（受电源限制），且 $U_o = A(U_b - U_a) = AU_d$，所以 $U_d = U_b - U_a \doteq 0$

即 a、b 两点被强制为等电位，故为虚短路。

c）$R_o = 0$，所以 U_o 不受所接负载的影响。

1.7.3 含理想运放电路的分析

a）基本方法是利用理想运放的性质"虚断"、"虚短"及 KCL、KVL 等分析方法。

b）可以运用第 3 章介绍的节点电压法。

例 1-4 已知 $R_1 = \dfrac{1}{3}R_3$，$R_2 = 5R_3$，求 u_0 与 u_1、u_2 的关系，如图 1.26 所示。

解：由运放器的性质知：$i^+ = i^- = 0$

$$u^+ = u^-$$
$$u^+ = 0 \quad 则 \quad u^+ = u^- = 0$$

由 KCL 定律：$i_1 + i_2 = i$

$$i_1 + i_2 = \frac{u_1 - u^-}{R_1} + \frac{u_2 - u^-}{R_2} = \frac{u_1}{R_1} + \frac{u_2}{R_2}$$

$$i = \frac{u^- - u_0}{R_3} = \frac{0 - u_0}{R_3} = -\frac{u_0}{R_3}$$

则：$\dfrac{u_1}{R_1} + \dfrac{u_2}{R_2} = -\dfrac{u_0}{R_3}$

$$u_0 = -R_3\left(\frac{u_1}{R_1} + \frac{u_2}{R_2}\right) = -(3u_1 + 0.2u_2)$$

此电路为反向加法电路。

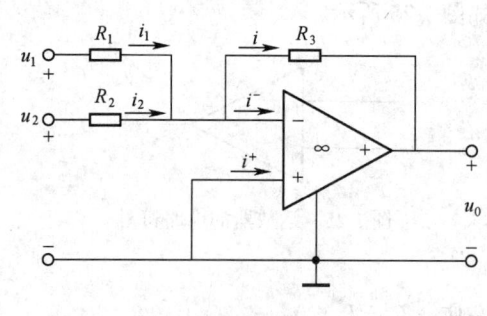

图 1.26　例 1-4 的图

章节回顾

1. 电压、电流的参考方向

（1）电流的参考方向：

当电流的参考方向与实际方向相同时，$I>0$；当电流的参考方向与实际方向相反时，$I<0$。

在电路中，一般先选定参考方向，根据参考方向列出方程，再解方程求得结果（是>0 或<0），方可确定电流的实际方向。

（2）电压的参考方向（极性）：

当电压的参考方向（极性）与实际方向（极性）相同时，$U>0$；反之，$U<0$。

（3）电压与电流的关联参考方向：

如果指定流过元件的电流的参考方向是从标以电压正极性的一端指向负极性的一端，即两者的参考方向一致，则把电流和电压的这种参考方向称为关联参考方向；当两者不一致时，称为非关联参考方向。

2. 功率

（1）当元件（或支路）的 u、i 为关联参考方向时，该元件（或支路）吸收的功率为 $p=ui$。

当 $p>0$ 时，该元件（或支路）实际上为吸收功率；

当 $p<0$ 时，该元件（或支路）实际上为释放功率。

（2）当元件（或支路）的 u、i 为非关联参考方向时，该元件（或支路）吸收的功率为 $p = -ui$。

当 $p>0$ 时，该元件（或支路）实际上为吸收功率；

当 $p<0$ 时，该元件（或支路）实际上为释放功率。

3. 电阻元件

（1）欧姆定律。

电压 u 和电流 i 为关联参考方向，则欧姆定律为
$$u = Ri$$
电压 u 和电流 i 为非关联参考方向，则欧姆定律为
$$u = -Ri \text{ 或 } i = Gu$$

（2）功率和电能。

当电压 u 和电流 i 为关联参考方向时，电阻元件消耗的功率为
$$p = ui = i^2R = Gu^2$$

p 恒为正值，则线性电阻元件是一种无源元件。

电阻元件从 t_0 到 t_1 时间内吸收的电能为：$W = \int_{t_0}^{t_1} Ri^2(\xi)\mathrm{d}\xi$

4. 电压源 u_s、电流源 i_s

电压源、电流源是有源元件，与受控源区别，称为独立电源。

5. 受控源

受控源是一种四端元件，由两条支路构成，一条为控制支路，另一条为受控支路。受控支路的电压或电流受控于控制支路的电压或电流。

应注意的问题：

1）CCVS、VCVS：受控量均为电压，统称为受控电压源。被控制支路的电压与该支路的电流无直接关系，这一点与独立电压源相同，但又有不同，独立电压源的电压不受其他支路的电压或电流控制，而受控电压源的电压受其控制支路的电压或电流控制。

2）VCCS、CCCS：受控量均为电流，统称为受控电流源。被控制支路的电流与该支路的电压无直接关系，这一点与独立电流源相同，但又有不同，独立电流源的电流不受其他支路的电压或电流控制，而受控电流源的电流则受其控制支路的电压或电流控制。

3）受控源自身不能产生激励作用，即当电路中无独立电压源或电流源时，电路中不能产生响应（u、i），因此受控源是无源元件。

6. 基尔霍夫定律

（1）无论是线性、非线性或时变、非时变电路，只要是集总电路均可使用。

（2）任意时刻均成立。

（3）基尔霍夫电流定律（KCL）：

在集总电路中，对于任何节点，在任一时刻汇于该节点的电流的代数和恒等

于零。即

$$\sum_1^n i_k(t) = 0$$

基尔霍夫电流定律既可用于一个节点，也可用于一个闭合面。物理实质是电流连续性和电荷守恒的体现。

（4）基尔霍夫电压定律（KVL）：

在集总电路中，对于任何回路，在任一时刻，各部分电压降（或升）的代数和恒等于零。即

$$\sum_1^n u_k(t) = 0$$

基尔霍夫电压定律用于任何一个闭合路径，其中 u_k 既可认为是元件电压，也可认为是支路电压。物理实质是电位单值性和能量守恒的体现。

7. 运算放大器是一种三端元件。

1）输出与输入端电压的关系为：$U_0 = A(U_b - U_a) = AU_d$。

对于运算放大器模型，若有 $\begin{cases} R_i \to \infty \\ R_o \to 0 \\ A \to \infty \end{cases}$，则称为理想运算放大器。

2）理想运算放大器性质：

a）虚断性质：$I^+ = I^- = 0$

b）虚断性质：$U^+ = U^-$

特殊地，若 $U^+ = U^- = 0$，称为虚地。

3）含理想运放电路的分析

基本方法是利用理想运放的性质"虚断"、"虚短"及 KCL、KVL 定律等分析方法。

习题

1-1 说明题 1-1 图（a）、（b）中：

（1）u、i 的参考方向是否关联？

（2）ui 乘积表示什么功率？

（3）如果在图（a）中 $u > 0$，$i < 0$；图（b）中 $u > 0$，$i > 0$，元件实际是发出还是吸收功率？

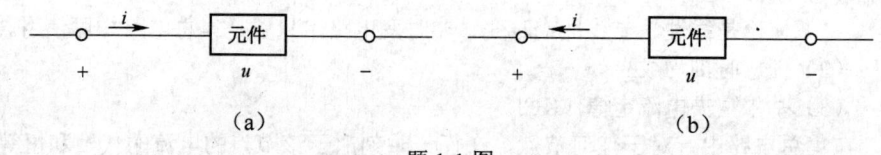

题 1-1 图

1-2 试验证题 1-2 图示电路是否满足功率平衡。

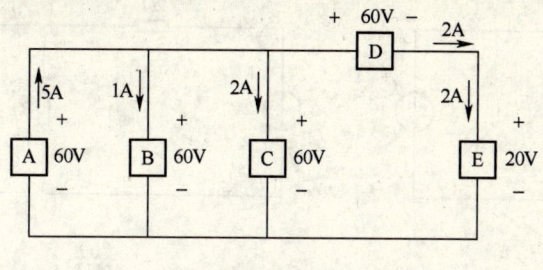

题 1-2 图

1-3 如题 1-3 图示电路，在指定的电压 u 和电流 i 参考方向下，写出各元件 u 和 i 的约束方程（元件的组成关系）。

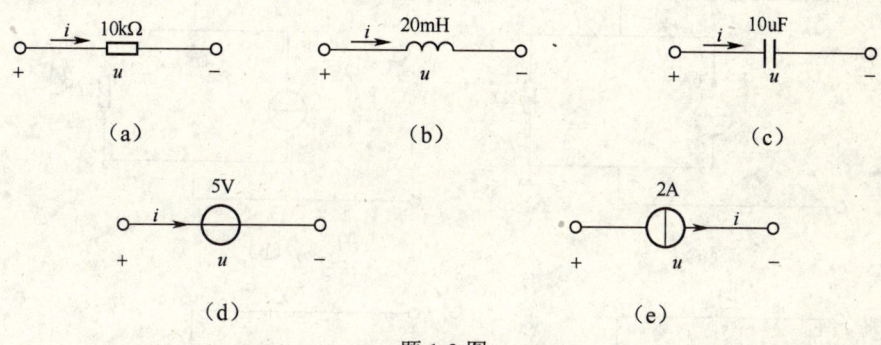

（a）　　　　　　（b）　　　　　　（c）

（d）　　　　　　（e）

题 1-3 图

1-4 电路如题 1-4 图所示，其中 $i_S=2A$，$u_S=10V$。求：

（1）求 2A 电流源和 10V 电压源的功率。

（2）如果要求 2A 电流源的功率为零，在 AB 线段内应插入何种元件？分析此时各元件的功率；

（3）如果要求 10V 电压源的功率为零，则应在 BC 间并联何种元件？分析此时各元件的功率。

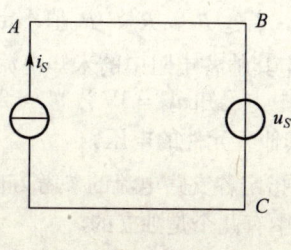

题 1-4 图

1-5 试求题 1-5（a）、(b) 图示电路中每个元件的功率。

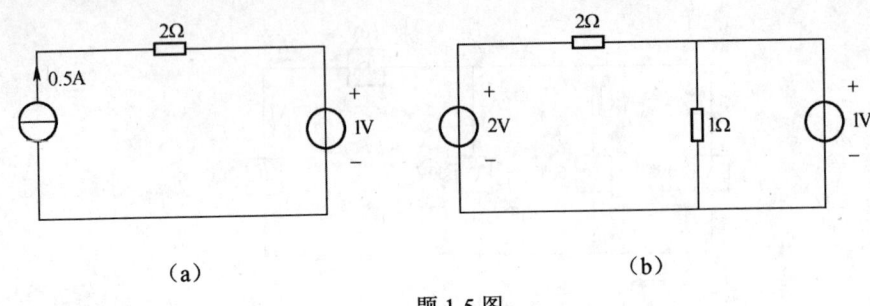

（a）

（b）

题 1-5 图

1-6 求题 1-6 图中各电路的电压 U，并讨论其功率平衡。

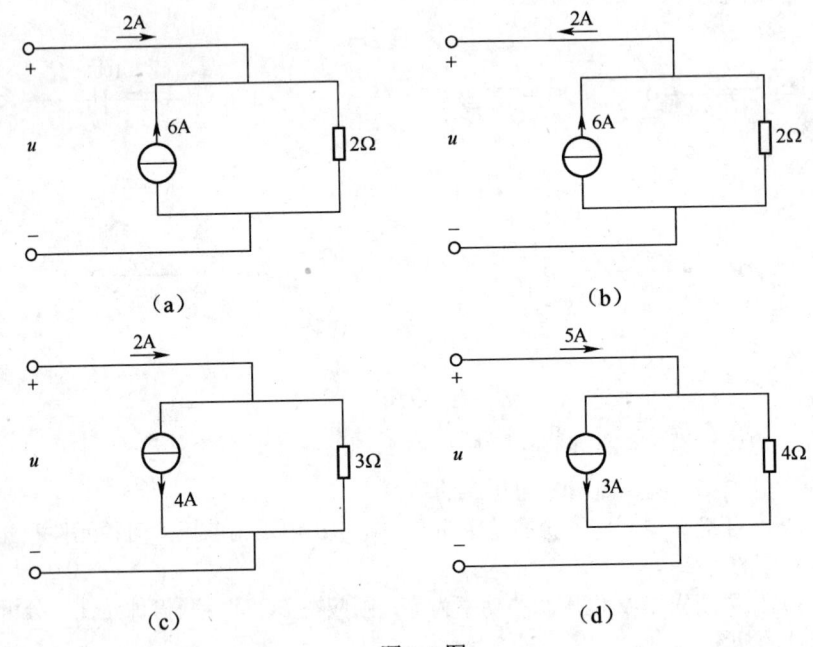

（a）

（b）

（c）

（d）

题 1-6 图

1-7 对题 1-7 图示电路，若① R_1、R_2、R_3 值不定；② $R_1 = R_2 = R_3$。在以上两种情况下，尽可能多地确定其他各电阻中的未知电流。

1-8 在题 1-8 图示电路中，已知 $u_{23} = 3\text{V}$，$u_{12} = 2\text{V}$，$u_{25} = 5\text{V}$，$u_{37} = 3\text{V}$，$u_{67} = 1\text{V}$，尽可能多地确定其他各元件的电压。

1-9 对上题所示电路，指定各支路电流的参考方向，然后列出所有节点处的 KCL 方程，并说明这些方程中有几个是独立的。

1-10 电路如题 1-10 图所示，按指定的电流参考方向列出所有可能的回路的 KVL 方程。方程都独立吗？

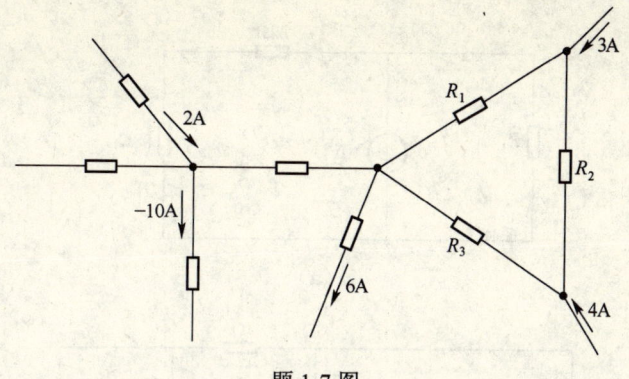

题 1-7 图

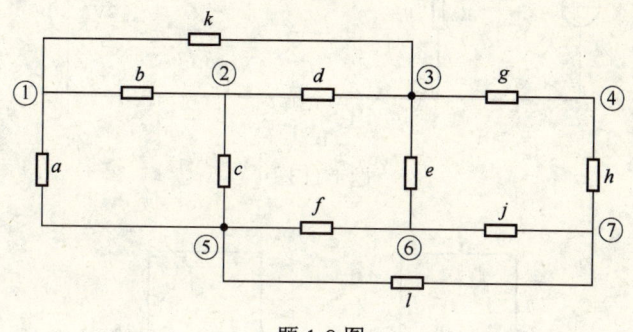

题 1-8 图

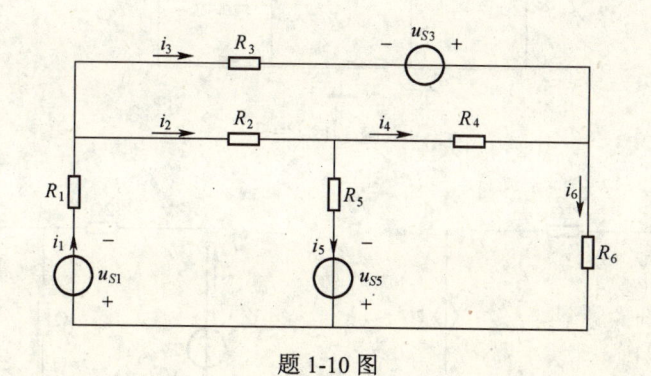

题 1-10 图

1-11　利用 KCL 和 KVL 求解题 1-11 图（a）、(b) 示电路中的电压 u。

1-12　求题 1-12 图示电路中电流 i。其中 VCVS 的电压 $u_2 = 0.5u_1$，电流源的 $i_S = 2\text{A}$。

1-13　电路如题 1-13（a）、(b) 所示，试求每个元件发出或吸收功率。

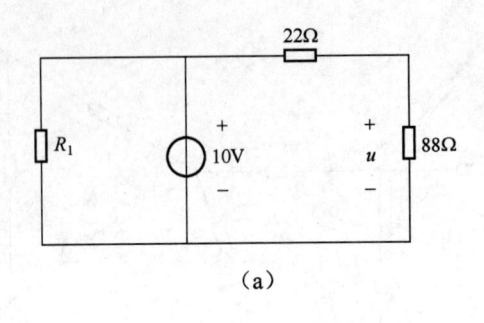

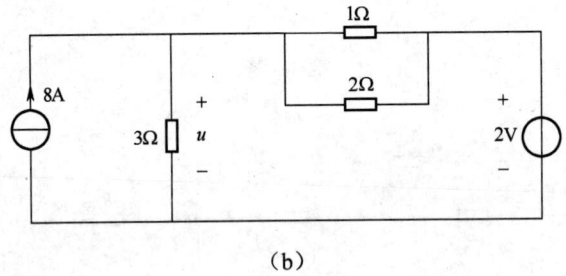

题 1-11 图

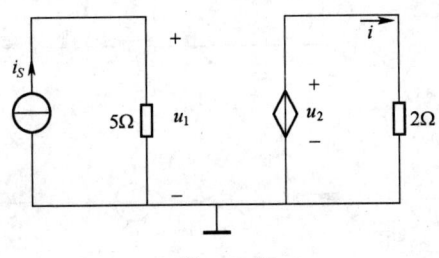

题 1-12 图

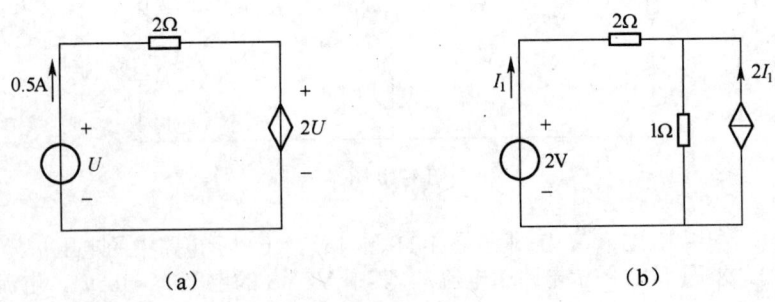

题 1-13 图

1-14　试求题 1-14 图示电路中控制量 I_1 及电压 u_0。

1-15　求题 1-15 图示电路中 u_O 与 u_I 的关系。

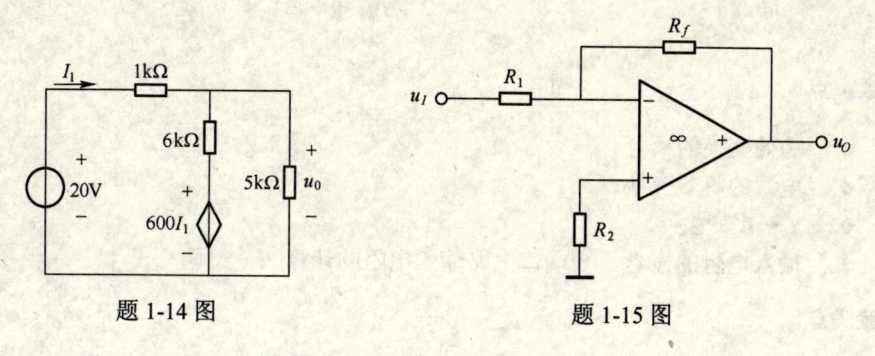

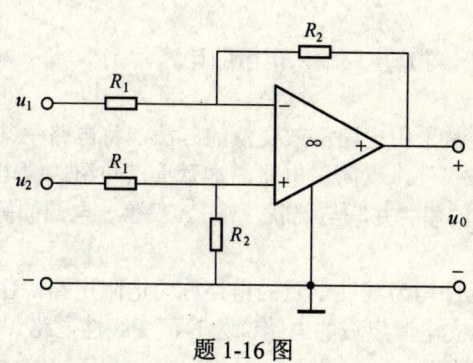

1-16 题 1-16 图示电路为减法运算电路，求证：u_0 与输入电压 u_1、u_2 关系为 $u_0 = \dfrac{R_2}{R_1}(u_2 - u_1)$。

题 1-14 图

题 1-15 图

题 1-16 图

1-17 电路如题 1-17 图所示，试求电流 i。

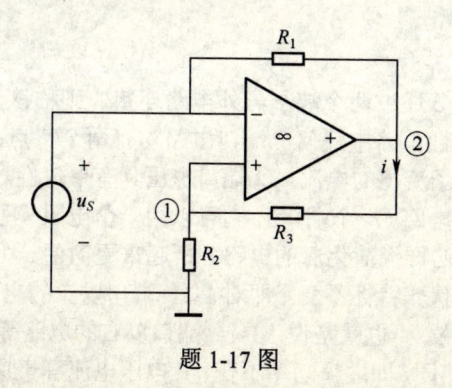

题 1-17 图

第 2 章　电阻电路的等效变换

本章重点

- 等效变换的概念
- 电源的等效变换
- Y—Δ 变换
- 输入电阻的概念，一端口电路输入电阻的计算

本章难点

- Y—Δ 变换
- 含受控源的一端口电路输入电阻的计算

在电路分析中经常采用电路等效变换的方法，将电路中某部分用一个简单电阻模型或电源模型来代替，以简化电路。本章重点介绍二端电路或三端电路的等效变换，即电阻电路的串、并联与混联、Y—Δ 变换、电源的等效变换及含受控源的一端口电路的等效变换。

电路中的无源元件均为线性电阻的电路称为电阻电路，由时不变线性无源元件、线性受控源和独立电源组成的电路称为时不变线性电路（简称线性电路），本书所讲内容均指线性电路。

2.1　电路等效的概念

若电路中某一部分通过两个端子与外电路连接，则称该部分为二端网络，或称为一端口电路。线性电路中任何一端口电路均有两个特点：①从一个端子流入的电流等于从另一端子流出的电流；②端口电压具有单值性。如图 2.1（a）所示，1-1′ 以左为一个二端电路（一个端口），它可以用一个电阻模型来代替，即"等效"，如图 2.1（b）所示。这样经简化后的电路分析起来更简便。"等效"的条件是电路在替代前后端口对外伏安特性不变，即对 1-1′ 端口以左的电路保持电压、电流不变。这即是"对外等效"。也就是说，1-1′ 端口以右的电路等效后其电压 u、电流 i 与原电路所起作用相同，即端口功率不变，其电压电流等于原电路中的电压电流。所谓"等效"即保持端口对外电路电压、电流不变（也即伏安特性不变）的前提下将原电路用一个简化电路来代替。被代替的电路结构变形，因此对内并不等效，"等效"是指当电路中某一部分二端电路用其等效电路替代后，端口的伏安特性

不变。1-1' 以左的电路也可等效。

(a)

(b)

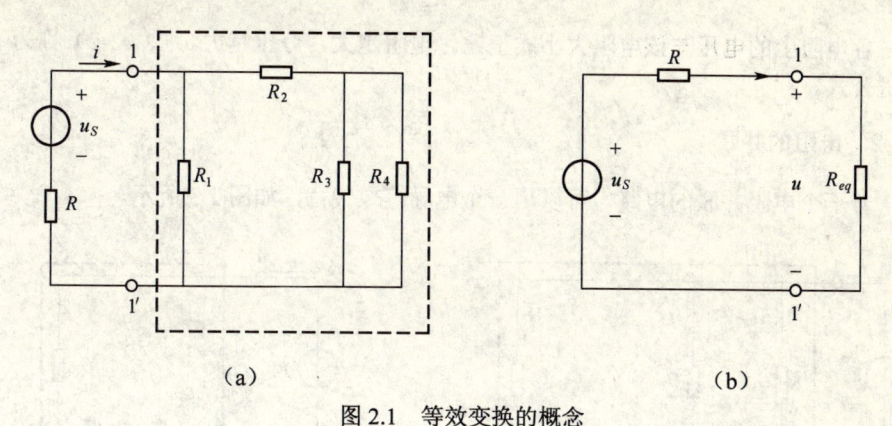

图 2.1 等效变换的概念

2.2 电阻的串联和并联

2.2.1 电阻的串联

若干个电阻串联电路可以由一个电阻等效代替，如图 2.2（a）、（b）所示。

(a)

(b)

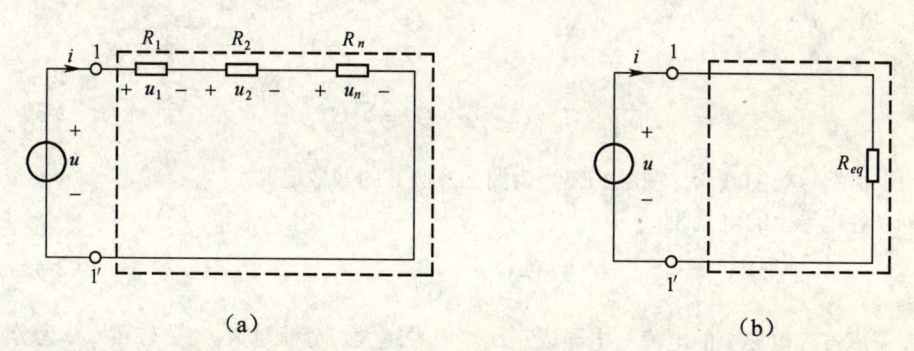

图 2.2 电阻的串联

串联电路流过各个电阻的电流相等，则有 $u_1 = iR_1$，$u_2 = iR_2$……
由 KVL 定律得：$u = u_1 + u_2 + \cdots + u_n = i(R_1 + R_2 + \cdots + R_n)$

$$R_{eq} \stackrel{\text{def}}{=} \frac{u}{i} = R_1 + R_2 + \cdots + R_n = \sum_{k=1}^{n} R_k \tag{2-1}$$

由等效的概念，图 2.2（b）为图 2.2（a）的等效电路。R_{eq} 大于串联电路中的任一电阻。

各电阻上的电压为：

$$u_k = R_k i = \frac{R_k}{R_{eq}} u_S \qquad (2\text{-}2)$$

各电阻上的电压与该电阻大小成正比。电阻越大，分压越大。式（2-2）称为分压公式。

2.2.2 电阻的并联

若干个电阻并联的电路，可以用一个电导等效代替，如图2.3所示。

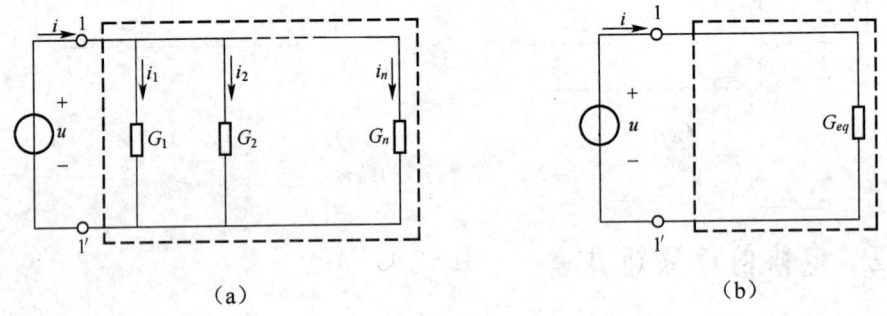

（a） （b）

图 2.3 电导的并联

各并联电导上电压相等。

$$i_1 = uG_1 \qquad i_2 = uG_2 \qquad \cdots \qquad i_n = uG_n$$

则 $i_1 + i_2 + \cdots + i_n = i$

$$i = u(G_1 + G_2 + \cdots + G_n) = uG_{eq}$$

$$G_{eq} \stackrel{\text{def}}{=} G_1 + G_2 + \cdots + G_n = \sum_{k=1}^{n} G_k \qquad (2\text{-}3)$$

根据等效的概念，图2.3（b）为图2.3（a）的等效电路。

各电导上的电流为：

$$i_k = G_k u = \frac{G_k}{G_{eq}} i \qquad (2\text{-}4)$$

流过各电导上的电流与电导成正比。电导越大，分流越大。式（2-4）称为分流公式。

$$R_{eq} = \frac{1}{G_{eq}} = \frac{1}{\sum_{k=1}^{n} G_k} \qquad (2\text{-}5)$$

若干个电阻的并联可以用 R_{eq} 等效电阻代替，如图2.4所示。

各电阻上流过电流与该电阻成反比，电阻越大，分流越小。

(a)

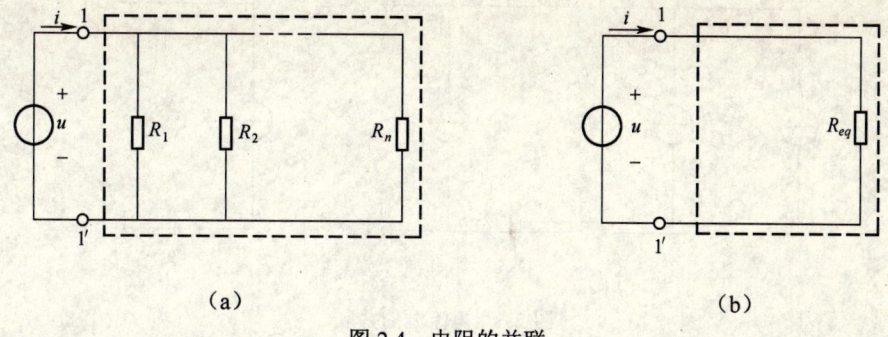

(b)

图 2.4 电阻的并联

2.3 理想电源的等效

2.3.1 电压源的串联

若 n 个电压源 u_{sk} 串联，可以用一个电压源 u_s 等效替代，如图 2.5 所示。这个等效电压源的电压大小等于 n 个电压源的代数和。其中与等效电压源 u_s 极性一致的 u_{sk} 取 "+"；反之取 "-"。

(a)

(b)

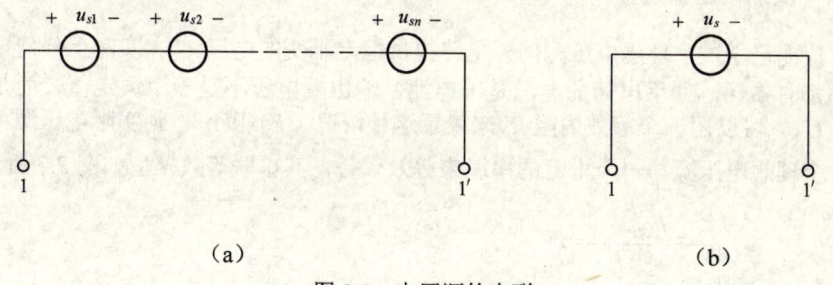

图 2.5 电压源的串联

$$u_s = u_{s1} + u_{s2} + \cdots + u_{sn} = \sum_{k=1}^{n} u_{sk} \tag{2-6}$$

特殊地，当 $u_{s1} = u_{s2} = \cdots = u_{sn}$ 并联时，可用一个电源 u_s 等效代替。

$$u_s = u_{s1} = u_{s2} = \cdots = u_{sn}$$

若干个电压源的并联只能在它们大小相等、极性相同时才可行。

2.3.2 电流源的并联

若 n 个电流源 I_{sk} 并联，可以用一个电流源 I_s 等效替代，如图 2.6 所示，这个等效电流源的电流大小等于 n 个电流源的代数和，其中与 I_s 方向一致的 I_{sk} 取 "+"；反之取 "-"。

(a) (b)

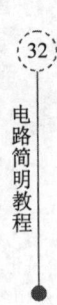

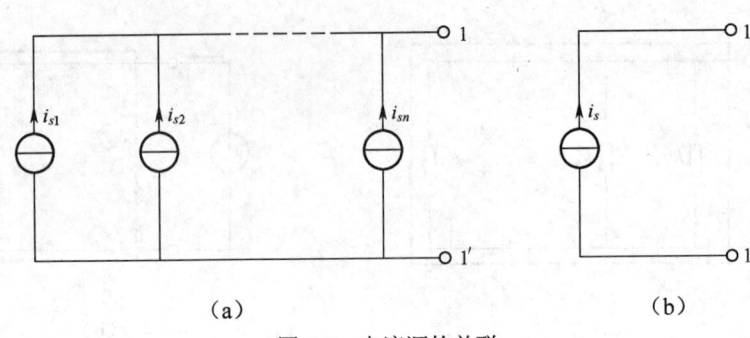

图 2.6 电流源的并联

$$I_s = I_{s1} + I_{s2} + \cdots + I_{sn} = \sum_{k=1}^{n} I_{sk}$$

特殊地，当 $I_{s1} = I_{s2} = \cdots = I_{sn}$ 串联时，可用一个电源 I_s 等效代替。

$$I_s = I_{s1} = I_{s2} = \cdots = I_{sn}$$

若干个电流源串联只能在它们大小相等、方向相同时才可行。

2.4 实际电源的模型及其等效变换

2.4.1 实际电压源模型

前面已学过，理想电压源向外电路提供恒定不变的电压 U_S。实际上任何电源内部都有损耗，如手电筒的电源是干电池，输出端电压不是一个恒定值，而是略小于 U_S，可以用一个等效内阻 R_S 来表示这种情况（R_S 很小）。则实际电压源可以用一个理想电压源与一个电阻的串联来等效代替，其串联等效模型如图 2.7 所示。

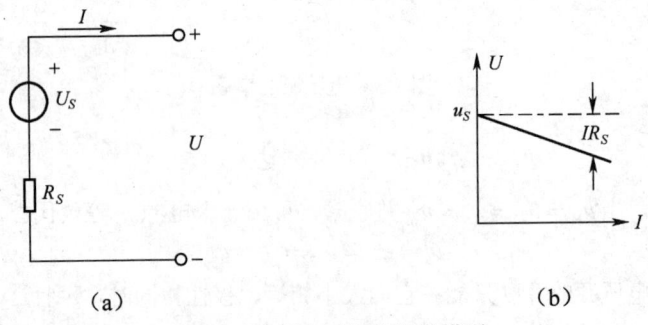

(a) (b)

图 2.7 实际电压源的等效模型

其对外伏安特性表示为：

$$U = U_S - IR_S \tag{2-7}$$

当 $I = 0$，$U = U_S$，说明理想电压源大小是实际电压源的开路电压；当

$R_S = 0$，$U = U_S$，说明理想电源是内阻为零的实际电压源，是一种理想情况；当 $u = 0$，$I = \dfrac{U_S}{R_S}$ 时，由于 R_S 内阻很小，$I = I_{SC}$ 很大，对电源易造成损坏，所以电压源不允许短路。

2.4.2 实际电流源模型

理想电源向外电路提供恒定不变的电流 I_S。如光电池，光的照度一定，激发的电子数一定，电流恒定。而实际由于内部有损耗，则输出电流要小于 I_S，不是恒定不变的，用一个分流内阻 R_0（R_0 很大）来表示这种情况。该内阻很大，分流就小，损耗很小。则实际电流源可以用一个理想电流源与一个电阻的并联来等效代替，其并联等效模型如图 2.8 所示。

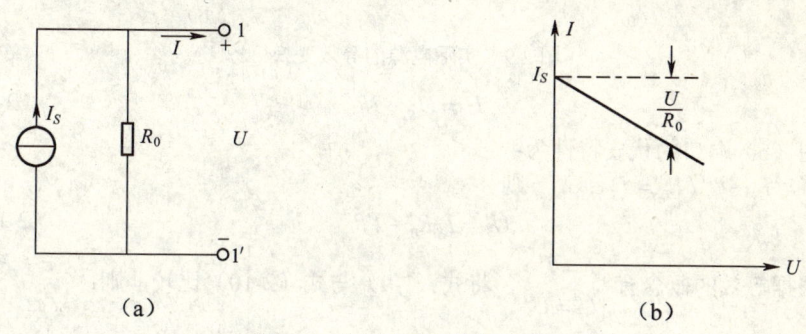

图 2.8 实际电流源的等效模型

其对外伏安特性为：

$$I = I_S - \dfrac{U}{R_0} \tag{2-8}$$

或 $I = I_S - UG_0 \quad G_0 = \dfrac{1}{R_0}$

当 $u=0$ 时，$I = I_S$，说明理想电流源大小是实际电流源的短路电流；当 $R_0 \to \infty$（或 $G_0 = 0$）时，$I = I_S$，说明理想电流源是内阻无穷大、内导为零的电流源，是一种理想情况；当 $I = 0$ 时有 $U = IR_0 = I/G_0$，由于 R_0 很大或 G_0 很小，U 很大，对电源易造成损坏，所以电流源不允许开路。

2.4.3 实际电压源模型与实际电流源模型的等效变换

进行电路分析时，有时将电压源模型转换为电流源模型形式更简单，而有时反之，那么需考虑二者等效变换。根据等效的概念，若用电流源模型代替原电路中的电压源模型，对一端口之外的电路提供的伏安特性不变，即等效前后对外电路所起作用不变，反之亦然，如图 2.9 所示。那么电流源 I_S 及其内阻 R_0 大小各为多少，与原来电压源模型 U_s 和 R_s 大小的关系是我们要分析的问题。

若电压源模型等效为电流源模型，如图 2.9（a）、(b) 所示，图（a）端口的伏安特性为：

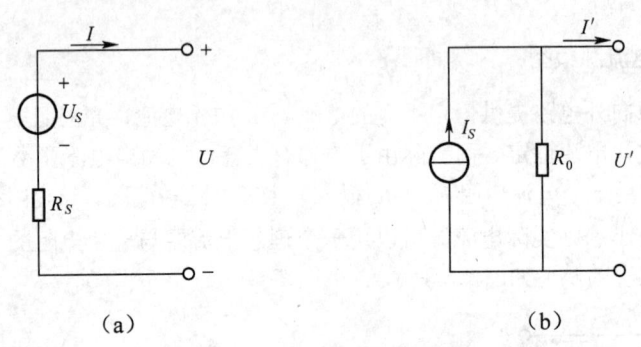

图 2.9 实际电源的等效变换

$$U = U_S - IR_S \tag{2-9}$$

图（b）端口的伏安特性为：
$I' = I_S - U'/R_0 = I_S - G_0$ 则

$$U' = I_S R_0 - I' R_0 \tag{2-10}$$

根据等效的概念有 $\begin{cases} I = I' \\ U = U' \end{cases}$，将式（2-9）与式（2-10）比较，则：

$$\begin{cases} I_S = \dfrac{U_S}{R_S} \\ R_0 = R_S \end{cases} \tag{2-11}$$

式（2-11）说明若用电流源模型代替原来电压源模型，其电流源大小 $I_S = \dfrac{U_S}{R_S}$，并联电阻为 $R_0 = R_S$，则向外电路提供的伏安特性不变，且电流源的方向与电压源中 U_S 的电位升方向一致。

若电流源模型等效为电压源模型，则有：

$$\begin{cases} U_S = I_S R_0 \\ R_S = R_0 \end{cases} \tag{2-12}$$

其中电压源电位升的方向与电流源方向一致。

需注意的是，等效变换前后的电源在端口的伏安特性相同。注意理想电压源与理想电流源之间不能等效变换。因为根据等效的概念，理想电压源内阻为 0，而理想电流源内阻为∞，电压源找不到一个∞的内阻与电流源并联，而且在两种特殊情况如端口开路或短路二者不等效。

注意：

（1）等效变换指对外等效，对内不等效。

（2）受控电压源与受控电流源之间的等效变换与独立源相同。

例 2-1 对图 2.10 所示电路进行等效变换。

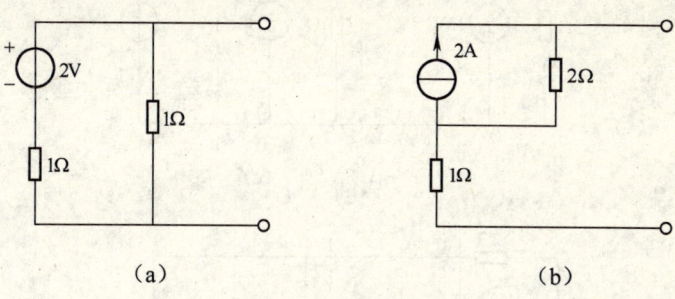

图 2.10 例 2-1 的图

解： 由图 2.10（a）可知，将 2V、1Ω 电压源模型先等效为电流源模型，再与 1Ω 并联考虑，如图 2.11 所示。

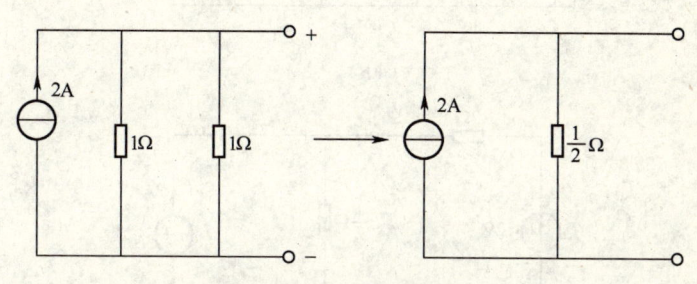

图 2.11 例 2-1 的图

由图 2.10（b）可知，将 2A、2Ω 电流源模型先等效变换为电压源模型，再与 1Ω 串联考虑，如图 2.12 所示。

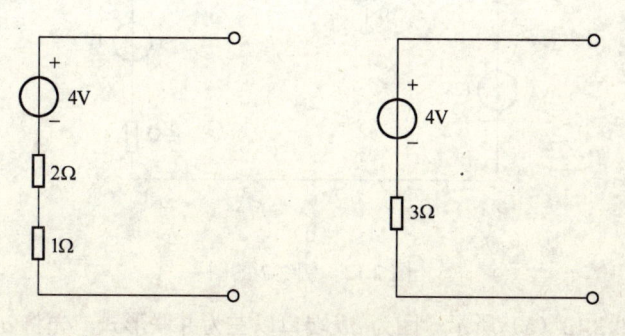

图 2.12 例 2-1 的图

例 2-2 求图 2.13（a）电路中电流 i。

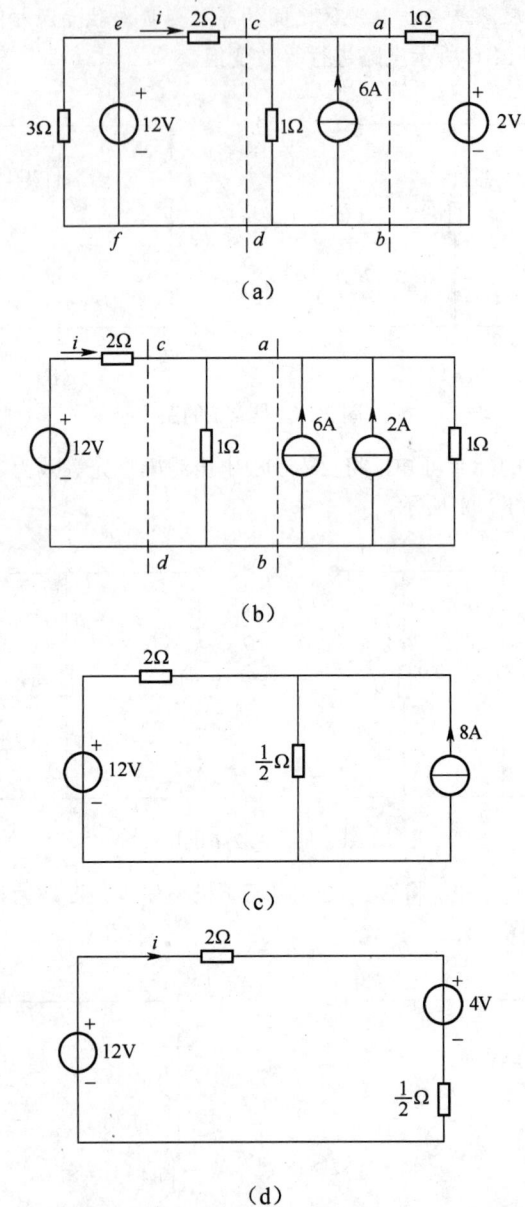

图 2.13 例 2-2 的图

解：如图 2.13（a）所示。因为 ab 端口以左为并联形式，先将 ab 端口以右电路等效变换为电流源形式，如图 2.13（b）所示。

$$I_{S1} = \frac{2}{1} = 2\text{A} \qquad R_0 = 1\Omega$$

ef 端口以左等效为 12V 电压源，因为 3Ω 对 i 大小不起作用。

cd 以右等效为如图 2.13（c）所示，再进一步等效为电压源模型，如图 2.13（d）所示。

$$\sum IR = \sum u_s$$

由 KVL 定律：$2 \times i + \frac{1}{2} \times i = 12 - 4$

$$i = \frac{8}{2 + \frac{1}{2}} = \frac{8}{\frac{5}{2}} = \frac{16}{5} = 3.2\text{A}$$

2.5 电阻 Y 形电路与 △ 形电路的等效变换

对于较复杂的电路，电阻之间既不是串联形式亦不是并联形式，用串、并联不能进行等效变换，如图 2.14 所示电路，四个臂一个桥组成的电路，用串、并联形式均不能代替，则考虑通过三端电路进行等效变换。

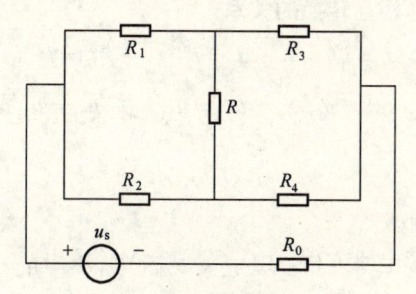

图 2.14 四臂一桥组成的电路

2.5.1 概念

星形（Y）连接是指三个电阻中每个电阻的其中一端连于一起，另一端分别引出端子与外电路连接，组成 Y 形结构，如图 2.15 所示。R_1、R_2、R_3 组成星形连接。

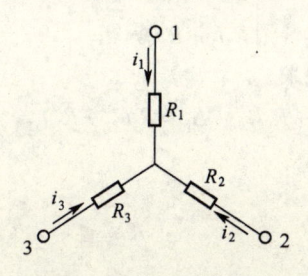

图 2.15 星形（Y 形）连接

三角形（Δ）连接是指每个电阻一端与另一电阻一端连接组成首—末连接，并引出三个端子与外电路连接，组成Δ形结构，如图 2.16 所示，R_{12}、R_{23}、R_{31} 组成三角形连接。

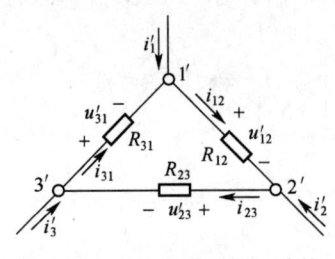

图 2.16　三角形（Δ形）连接

2.5.2　等效条件

根据等效的概念，若对外电路来说，两种电路中端口 12 与 1'2'、23 与 2'3'、31 与 3'1'伏安特性相同，就可以认为这两个结构互为等效，即对应端口伏安特性相等，可用 Δ 代替 Y，也可用 Y 代替 Δ；替代前后对外特性不变。

现在分析 Y 与 Δ 形相互转换的关系。

等效条件如下：　　　$i_1 = i_1'$　　　$i_2 = i_2'$　　　$i_3 = i_3'$

$$u_{12} = u_{12}' \quad u_{23} = u_{23}' \quad u_{31} = u_{31}' \tag{2-13}$$

2.5.3　等效关系式

1. Y 形转换为 Δ 形

先列出 Y 形和 Δ 形电路方程，由 u_{12}、u_{23}、u_{31} 求出 i_1、i_2、i_3，然后列出 Δ 形电路方程，求出 i_1'、i_2'、i_3'，根据等效条件，Y 与 Δ 电路方程比较，求出它们之间相互等效的关系式。

对 Y 形电路：

$$\begin{cases} i_1 + i_2 + i_3 = 0 \\ R_1 i_1 - R_2 i_2 = u_{12} \\ R_2 i_2 - R_3 i_3 = u_{23} \end{cases} \tag{2-14}$$

用线性代数行列式方法求 i_1、i_2、i_3

$\Delta = R_1 R_2 + R_2 R_3 + R_3 R_1 \quad \Delta_1 = R_3 u_{12} - R_2 u_{31} \quad \Delta_2 = R_1 u_{23} - R_3 u_{12}$

$\Delta_3 = R_2 u_{31} + R_1 u_{23}$

则

$$\begin{cases} i_1 = \dfrac{\Delta_1}{\Delta} = \dfrac{R_3}{\Delta} u_{21} - \dfrac{R_2}{\Delta} u_{31} \\ i_2 = \dfrac{\Delta_2}{\Delta} = \dfrac{R_1}{\Delta} u_{23} - \dfrac{R_3}{\Delta} u_{12} \\ i_3 = \dfrac{\Delta_3}{\Delta} = \dfrac{R_2}{\Delta} u_{31} - \dfrac{R_1}{\Delta} u_{23} \end{cases} \quad (2\text{-}15)$$

对△形电路：

$$\begin{cases} i_1' = i_{12} - i_{31} = \dfrac{u_{12}'}{R_{12}} - \dfrac{u_{31}'}{R_{31}} \\ i_2' = i_{23} - i_{12} = \dfrac{u_{23}'}{R_{23}} - \dfrac{u_{12}'}{R_{12}} \\ i_3' = i_{31} - i_{23} = \dfrac{u_{31}'}{R_{31}} - \dfrac{u_{23}'}{R_{23}} \end{cases} \quad (2\text{-}16)$$

由等效条件得

$$\begin{cases} \dfrac{R_3}{\Delta} = \dfrac{1}{R_{12}} \\ \dfrac{R_1}{\Delta} = \dfrac{1}{R_{23}} \\ \dfrac{R_2}{\Delta} = \dfrac{1}{R_{31}} \end{cases} \quad (2\text{-}17)$$

$$\begin{cases} R_{12} = \dfrac{R_1 R_2 + R_2 R_3 + R_3 R_1}{R_3} \\ R_{23} = \dfrac{R_1 R_2 + R_2 R_3 + R_3 R_1}{R_1} \\ R_{31} = \dfrac{R_1 R_2 + R_2 R_3 + R_3 R_1}{R_2} \end{cases} \quad (2\text{-}18)$$

$$\Delta\text{形每臂的电阻} = \frac{Y\text{形每臂电阻两两乘积之和}}{Y\text{形不相邻一臂的电阻}}$$

特殊地：
$R_1 = R_2 = R_3 = R_Y$ 时，$R_{12} = R_{23} = R_{31} = R_\Delta = 3R_Y$

$$R_\Delta = 3R_Y \quad (2\text{-}19)$$

2. △形等效为 Y 形

已知三角形每臂电阻，求出星形与之等效的每臂电阻。

由式（2-17）得：

$$\Delta = R_1 R_{23} = R_2 R_{31} = R_{12} R_3 \quad (2\text{-}20)$$

由式（2-18）中三式相加得：

$$R_{12} + R_{23} + R_{31} = \frac{(R_1R_2 + R_2R_3 + R_3R_1)^2}{R_1R_2R_3} = \frac{\Delta^2}{R_1R_2R_3} \quad (2\text{-}21)$$

将式（2-20）代入式（2-21）得：

$$R_{12} + R_{23} + R_{31} = \frac{\Delta^2}{R_1R_2R_3} = \frac{R_3^2 R_{12}^2}{R_1R_2R_3} = \frac{R_3 R_{12}^2}{R_1R_2} \quad (2\text{-}22)$$

$$= \frac{R_1^2 R_{23}^2}{R_1R_2R_3} = \frac{R_1 R_{23}^2}{R_2R_3} \quad (2\text{-}23)$$

$$= \frac{R_2^2 R_{31}^2}{R_1R_2R_3} = \frac{R_2 R_{31}^2}{R_1R_3} \quad (2\text{-}24)$$

由式（2-20）得：$\dfrac{R_3}{R_2} = \dfrac{R_{31}}{R_{12}}$，代入式（2-22）得：

$$R_{12} + R_{23} + R_{31} = \frac{R_{31} \cdot R_{12}}{R_1}$$

由式（2-20）得：$\dfrac{R_1}{R_3} = \dfrac{R_{12}}{R_{23}}$，代入式（2-23）得：

$$R_{12} + R_{23} + R_{31} = \frac{R_{12} \cdot R_{23}}{R_2}$$

由式（2-20）得：$\dfrac{R_2}{R_1} = \dfrac{R_{23}}{R_{31}}$，代入式（2-24）得：

$$R_{12} + R_{23} + R_{31} = \frac{R_{23} \cdot R_{31}}{R_3}$$

整理得：

$$R_1 = \frac{R_{12}R_{31}}{R_{12} + R_{23} + R_{31}}$$

$$R_2 = \frac{R_{12}R_{23}}{R_{12} + R_{23} + R_{31}} \quad (2\text{-}25)$$

$$R_3 = \frac{R_{23}R_{31}}{R_{12} + R_{23} + R_{31}}$$

式（2-25）表述为：

$$Y\text{形（每臂）的电阻} = \frac{\Delta\text{形相邻两臂电阻的乘积}}{\Delta\text{形三臂电阻之和}}$$

特殊地，$R_{12} = R_{23} = R_{31} = R_\Delta$ 时，有：

$$R_1 = R_2 = R_3 = R_Y = \frac{1}{3}R_\Delta$$

$$R_Y = \frac{1}{3}R_\Delta$$
$$R_\Delta = 3R_Y$$
(2-26)

注意：Y 与 Δ 等效变换对外等效，对内不等效。

例 2-3 Y—Δ 电路如图 2.17（a）、(b)、(c) 所示，求 ab 端口的 R_{ab}。

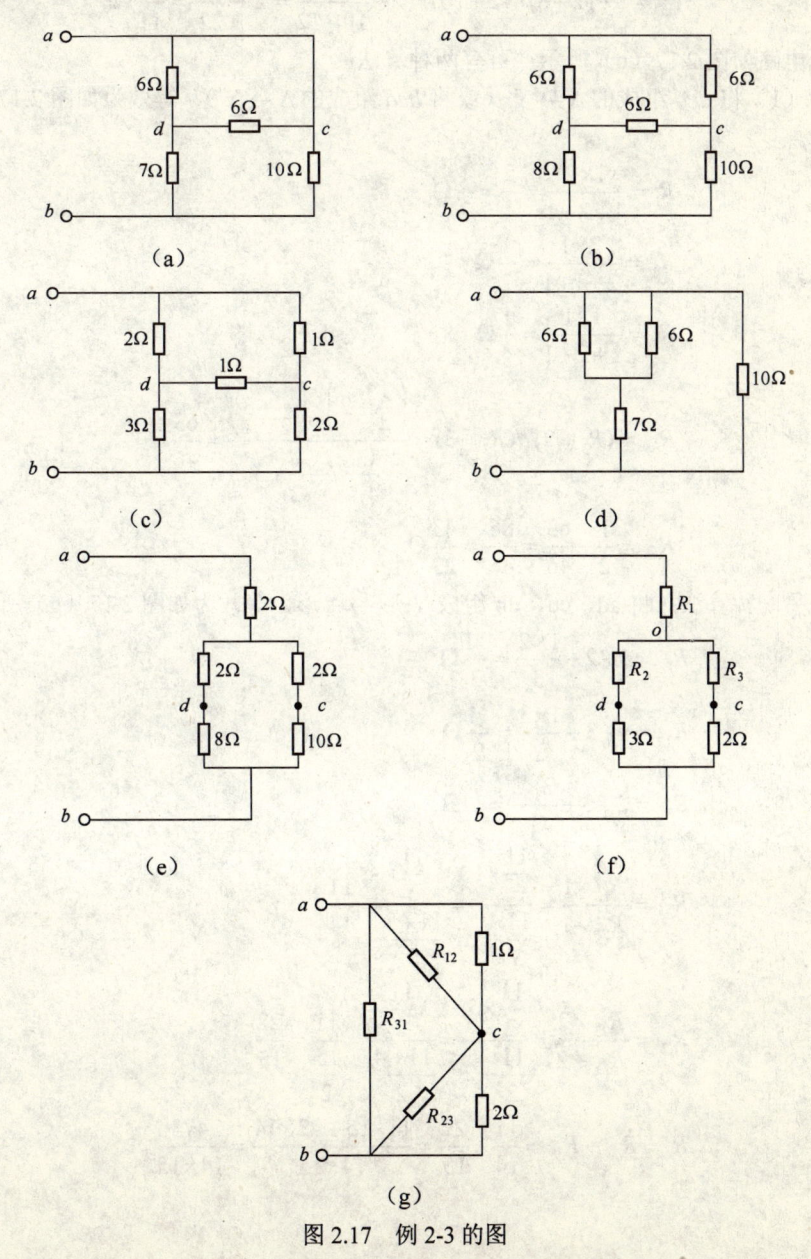

图 2.17 例 2-3 的图

解：如图 2.17（a）电路等效为如图 2.17（d）所示。

则 $R_{ab} = (6//6+7)//10 = (3+7)//10 = 5\Omega$

电路如图 2.17（b）所示，acd 组成 Δ 进行 $\Delta \to Y$ 变换，等效为如图 2.17（e）所示。则：

$$R_{ab} = 2+(2+8)//(2+10) = 2+\frac{10\times 12}{10+12} = 2+\frac{120}{22} = \frac{82}{11}\Omega$$

电路如图 2.17（c）所示，可有两种算法：

（1）将 acd 组成的 $\Delta \to Y$（或将 bcd 组成的 $\Delta \to Y$），等效为如图 2.17（f）所示。

$$R_1 = \frac{1\times 2}{1+2+1} = \frac{2}{4} = \frac{1}{2}\Omega$$

$$R_2 = \frac{2\times 1}{2+1+1} = \frac{1}{2}\Omega$$

$$R_3 = \frac{1\times 1}{1+2+1} = \frac{1}{4}\Omega$$

$$R_{ob} = (R_3+2)//(R_2+3) = \frac{\left(\frac{1}{4}+2\right)\times\left(\frac{1}{2}+3\right)}{\frac{1}{4}+2+\frac{1}{2}+3} = \frac{63}{46}\Omega$$

$$R_{ab} = \frac{1}{2}+\frac{63}{46} = \frac{86}{46} = \frac{43}{23}\Omega$$

另一种算法：将 ad、cd、db 组成 Y 形 $\to \Delta$ 形，等效为如图 2.17（g）所示。

$$R_{12} = 1+2+\frac{1\times 2}{3} = \frac{11}{3}\Omega$$

$$R_{23} = 1+3+\frac{1\times 3}{2} = \frac{11}{2}\Omega$$

$$R_{31} = 2+3+\frac{2\times 3}{1} = 11\Omega$$

$$R_{ac} = \frac{R_{12}\times 1}{R_{12}+1} = \frac{\frac{11}{3}\times 1}{\frac{11}{3}+1} = \frac{\frac{11}{3}}{\frac{11+3}{3}} = \frac{11}{14}$$

$$R_{cb} = \frac{R_{23}\times 2}{R_{23}+2} = \frac{\frac{11}{2}\times 2}{\frac{11}{2}+2} = \frac{\frac{11}{2}}{\frac{11+4}{2}} = \frac{11}{15} = \frac{22}{15}$$

$$R' = R_{ac}+R_{cb} = \frac{11}{14}+\frac{22}{15} = \frac{11\times 15+22\times 14}{14\times 15} = \frac{473}{14\times 15}$$

$$R_{ab} = \frac{R_{31} \times R'}{R_{31} + R'} = \frac{11 \times \dfrac{473}{14 \times 15}}{11 + \dfrac{473}{14 \times 15}} = \frac{11 \times 11 \times 43}{121 \times 23} = \frac{43}{23}\Omega$$

可以看出后一种方法较繁琐。因此是 Y→△ 还是 △→Y，要看具体电路。

2.6 输入电阻

2.6.1 R_i 的概念

对于线性二端网络，如果内部仅含受控源和电阻而不含独立源，则不论其多么复杂，其端口的电压 u 与电流 i 成正比，这种特性与电阻伏安特性相似，故可以用一个等效电阻表示，如图 2.18 所示。把电压与电流比值称为输入电阻 R_i。

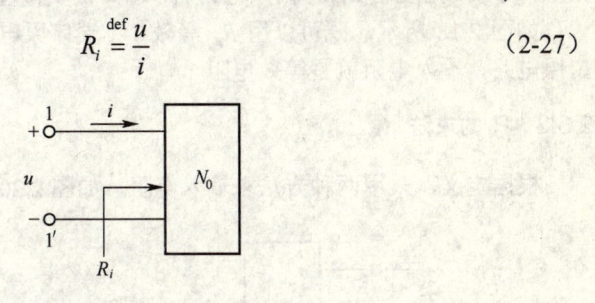

$$R_i \stackrel{\text{def}}{=} \frac{u}{i} \tag{2-27}$$

图 2.18　输入电阻

如图 2.19（a）、（b）所示电路，均可用 R_i 表示为图 2.19（c）中所示电路。

例如模拟电子线路中共射放大电路，放大器内部有等效受控电流源，对电源来说放大器相当于一个负载电阻 r_i，电阻 r_i 越大，r_i 上电压 u_i 越大，在信号源内部（R_s 表示）衰减越小，而加于放大器的电压 u_i 越大，信号失真越小。因此讨论 R_i 输入电阻具有实际意义。

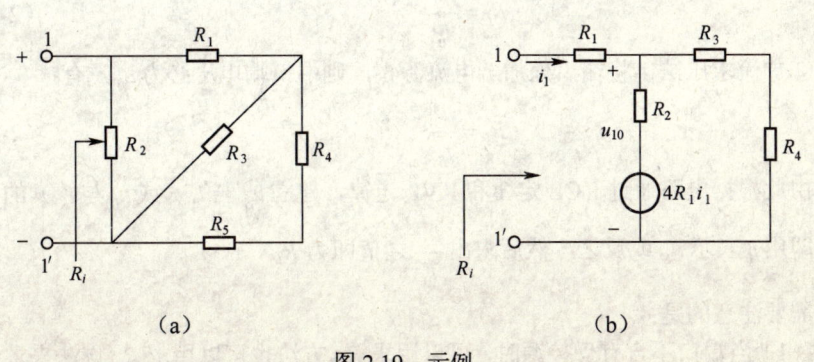

（a）　　　　　　　　　　（b）

图 2.19　示例

（c）

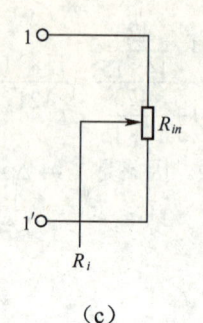

图 2.19 示例（续图）

输入电阻与等效电阻尽管都是电阻，二者大小相等，但是概念不同，分别从两个方面考虑。输入电阻描述了不含独立源电路的端口特性，而"等效电阻"是指从"等效"角度用 R_{eq} 替代原电路后，端口伏安特性不变，二者考虑的角度不同。

如图 2.18 所示，既可以用 R_{eq} 等效 1-1′端口原电路，也可以用 R_{in} 表示 1-1′端口原电路，输入电阻就是等效电阻。

2.6.2 R_i 的求法

根据定义，采用两种方法求输入电阻，如图 2.20（a）、（b）所示。

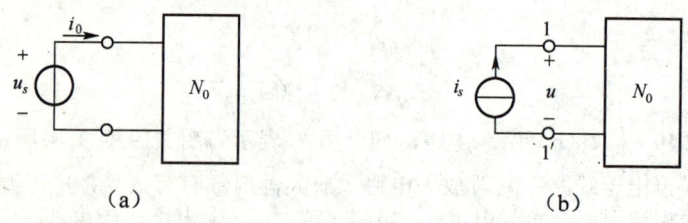

图 2.20 两种方法求输入电阻 R_i

①加压求流法：将端口处加一电压源 u_S，则端口必流过电流 i_0，有：

$$R_i = \frac{u_S}{i_0} \tag{2-28}$$

②加流求压法：将端口处加一电流源 i_S，则端口端电压必为 u_0，有：

$$R_i = \frac{u_0}{i_S} \tag{2-29}$$

由此根据电路通过 KCL 定律和 KVL 定律，建立 u_S 与 i_0（或 u_0 与 i_S）的关系式，即用 i_0 表示 u_S 或反之，然后求出 $\frac{u_S}{i_0}$ 之值即为 R_i。

需要注意的是：

（1）当端口不含有受控源时，可以用求 R_{eq} 方法也可以用求 R_{in} 方法来求端口电阻。

（2）当端口含有受控源时，用求 R_{in} 方法，可能有 $R_{in}>0$，$R_i=0$，$R_i<0$ 三种情况。

$R_i>0$，说明端口吸收电功率，相当于一个电阻。

$R_i=0$，说明端口不消耗电功率，相当于端口短路。

$R_i<0$，说明端口向外发出电功率，相当于一个电源，说明内部有受控源作用。

例 2-4 电路如图 2.21（a）所示，已知 $R=2\Omega$，VCCS 的电流 i_C 受电阻 R 上的电压 u_R 控制，且 $i_C=gu_R$，$g=2$s，求 1-1'端口以右的输入电阻。

解：用加压求流法：如图 2.21（b）所示，在 1-1'端口加电压 u_S，设端口电流为 i_0。

则 $i=i_0$

$$i_C = gu_R = gRi_0 \tag{1}$$

由 KCL 定律：

$$i_0 = i_1 - i_C \tag{2}$$

由 KVL 定律：

$$u_S = i_0 R + i_1 R \tag{3}$$

（1）代入（2）中，$i_0 = i_1 - gRi_0$

则 $i_1 = (1+gR)i_0$ 代入（3）中

$$u_S = i_0 R + i_1 R = (i_0 + i_1)R = [i_0 + (1+gR)i_0]R$$
$$= i_0[1+(1+gR)]R$$

由定义：

$$R_i = \frac{u_S}{i_0} = [1+(1+gR)]R = (2+gR)R = (2+2\times 2)\times 2 = 12\Omega$$

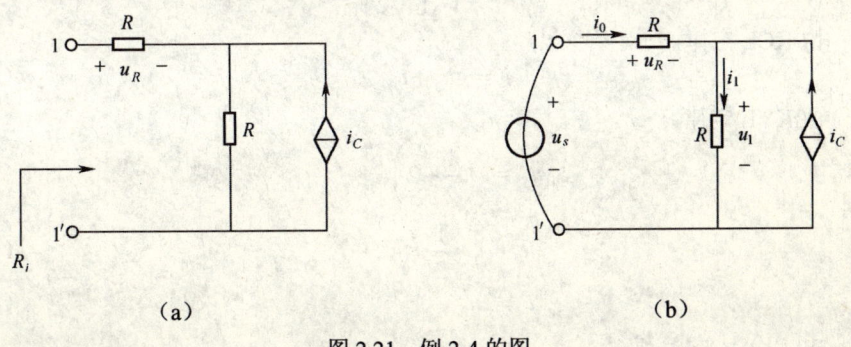

图 2.21 例 2-4 的图

例 2-5 电路如图 2.22（a）所示，已知 $g=0.5$s。求 ab 端口以左的输入电阻 R_i。

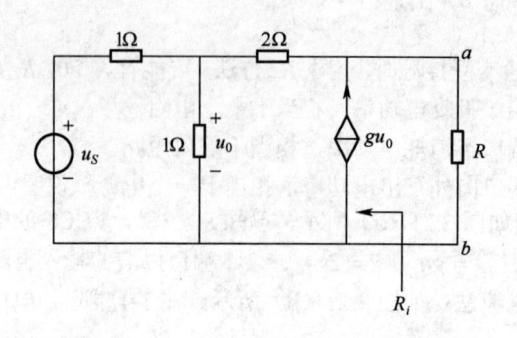

(a)

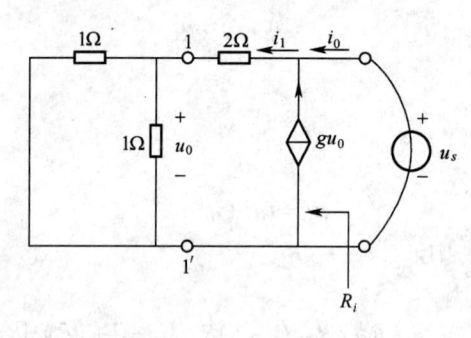

(b)

图 2.22 例 2-5 的图

解：由定义求 R_i 需令 $u_S=0$，端口 ab 以左是仅含受控源及电阻的二端电路，用加压求流法，如图 2.22（b）所示。

在 1-1′以左电路，端口电阻 $R_0 = \dfrac{1\times 1}{1+1} = \dfrac{1}{2}\Omega$

由 KCL 定律，
$$i_1 = gu_0 + i_0 \tag{1}$$

由 KVL 定律，
$$u_S = i_1\left(\dfrac{1}{2}+2\right) \tag{2}$$

$$u_0 = i_1 \times \dfrac{1}{2} \tag{3}$$

$$i_1 = 2u_0 \tag{4}$$

由（1）=（4）得：
$$u_0 = \dfrac{i_0}{2-g} = \dfrac{2}{3}i_0 \tag{5}$$

（1）代入（2）得：$u_S = (gu_0 + i_0) \times \left(\dfrac{1}{2} + 2\right) = \left(g \times \dfrac{2}{3}i_0 + i_0\right) \times \dfrac{5}{2} = \left(\dfrac{4}{3}i_0\right) \times \dfrac{5}{2}$

由定义：$R_i = \dfrac{u_S}{i_0} = \dfrac{10}{3}\Omega$

章节回顾

1. 本章学习线性时不变电阻电路的等效变换及公式。按等效的原则简化电路，便于电路的分析计算。等效的概念指某一部分二端网络用其等效电路替代后，端口的伏安特性不变也即端口功率不变。注意等效指对外电路等效，对内不等效。

2. 若干个电阻的串联，可以用一个电阻等效替代，其等效电阻为：

$$R_{eq} \stackrel{\text{def}}{=} R_1 + R_2 + \cdots + R_n$$

分压公式：$U_K = \dfrac{R_K}{R_{eq}} \cdot U_S$

若干个电阻的并联，可以用一个电阻等效替代，其等效电阻为：

$$\dfrac{1}{R_{eq}} \stackrel{\text{def}}{=} \dfrac{1}{R_1} + \dfrac{1}{R_2} + \cdots + \dfrac{1}{R_n}$$

$$G_{eq} \stackrel{\text{def}}{=} G_1 + G_2 + \cdots + G_n$$

分流公式：$I_K = \dfrac{G_K}{G_{eq}} \cdot I_S$

3. 若干个理想电源串联，可用一个电压源等效替代，替代前后伏安特性不变。

$$U_S = U_{S1} + U_{S2} + \cdots + U_{Sn}$$

若干个理想电源并联，可用一个电流源等效替代

$$I_S = I_{S1} + I_{S2} + \cdots + I_{Sn}$$

注意各个电源正负按其方向与替代后电源方向一致者取"＋"，反之取"－"。

4. 两种电源模型的等效变换。电压源模型可表示为串联等效电路，用一个理想电压源 U_S 与一个电阻 R_S 的串联表示，分压内阻 R_S 很小，其对外伏安特性为：$U = U_S - IR_S$；电流源模型可表示为并联等效电路，用一个理想电流源 I_S 与一个电阻 R_0（或电导 G_0）的并联表示，分流内阻 R_0 很大，其对外伏安特性为：

$$I = I_S - \dfrac{1}{R_0}U = I_S - G_0 U$$

电压源模型等效变换为电流源模型：$I_S = \dfrac{U_S}{R_S}$，$R_0 = R_S$

(a)   (b)

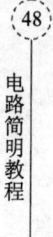

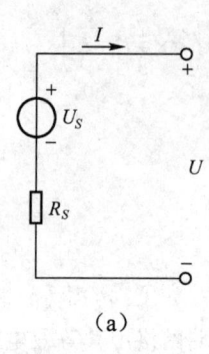

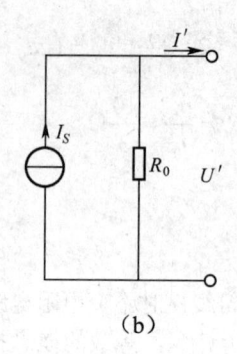

电流源模型等效变换为电压源模型：$U_S = I_S \cdot R_0$，$R_S = R_0$

等效的原则是：对外电路提供的伏安特性不变。

要注意的是对内不等效。

5. 较复杂的电阻电路，用 Y—Δ 变换简化电路。

Y→Δ，有：

$$R_{12} = R_1 + R_2 + \frac{R_1 R_2}{R_3}$$

$$R_{23} = R_2 + R_3 + \frac{R_2 R_3}{R_1}$$

$$R_{31} = R_3 + R_1 + \frac{R_3 R_1}{R_2}$$

Δ→Y 有：

$$R_1 = \frac{R_{12} R_{31}}{R_{12} + R_{23} + R_{31}} \quad R_2 = \frac{R_{23} R_{12}}{R_{12} + R_{23} + R_{31}} \quad R_3 = \frac{R_{23} R_{31}}{R_{12} + R_{23} + R_{31}}$$

特殊地 $R_1 = R_2 = R_3 = R_Y$ 时，$R_\Delta = 3R_Y$。

$R_{12} = R_{23} = R_{31} = R_\Delta$ 时，$R_1 = R_2 = R_3 = \frac{1}{3} R_\Delta$。

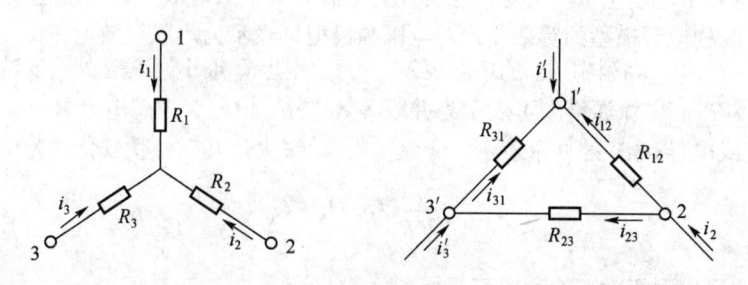

6. 对于含有受控源的无源二端网络，可以用一个输入电阻来等效替代，替代前后其端口的伏安特性不变。输入电阻即等效电阻，但二者概念不同。在端口用加压求流法或加流求压法可求出 R_{in}。

$$R_{in} = \frac{u_S}{i_0} \quad 或 \quad R_{in} = \frac{u_0}{i_S}$$

习题

2-1 在题 2-1 图所示分压器中，已知 $U=300\text{V}$，$R_1=150\,\text{k}\Omega$，$R_2=100\,\text{k}\Omega$，$R_3=50\,\text{k}\Omega$，求 ac 间和 bc 间的输出电压。

2-2 有题 2-2 图所示电路，求 I_1、I_2、I_3、I_4。

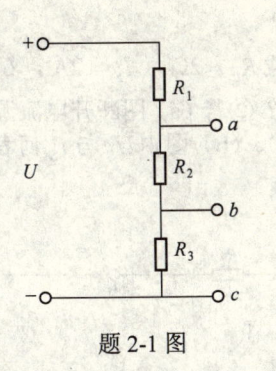

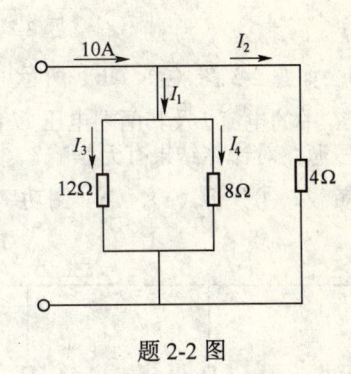

题 2-1 图　　　　题 2-2 图

2-3 求题 2-3 图所示各电路的 R_{ab} 及 R_{cd}。其中（b）图分别计算 k 断开及 k 闭合时 R_{ab}。

2-4 题 2-4 图示（a）、（b）两个电路中，$R_1 = 6\Omega$，$R_2 = 4\Omega$，$U_S = 12\text{V}$，$I_S = 2\text{A}$。问①R_1 是否电源的内阻。②R_2 中的电流及其两端电压 U_2 各等于多少？③改变 R_1 的阻值，对 I_2、U_2 有无影响。④12V 电压源的电流 $I=$？2A 电流源的端电压 $U=$？⑤改变 R_1 阻值，对（4）中 I、U 有无影响？

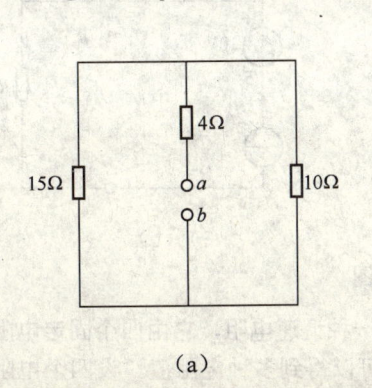

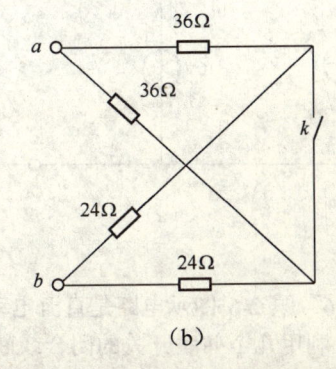

题 2-3 图

（c）

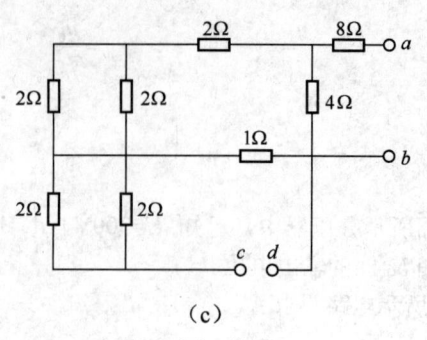

题 2-3 图（续图）

2-5 如题 2-5 图（a）、(b) 所示电路，负载 $R_L = 2\Omega$，$I_S = 2A$，$U_S = 10V$。①负载 R_L 中的电流 I 及其两端电压 U 各为多少？②若（a）图断开电流源，(b) 图短接电压源，对计算结果有无影响？③判别（a）、(b) 图中 U_S 与 I_S 何者为电源，何者为负载？④分析（a）、(b) 图功率平衡关系。

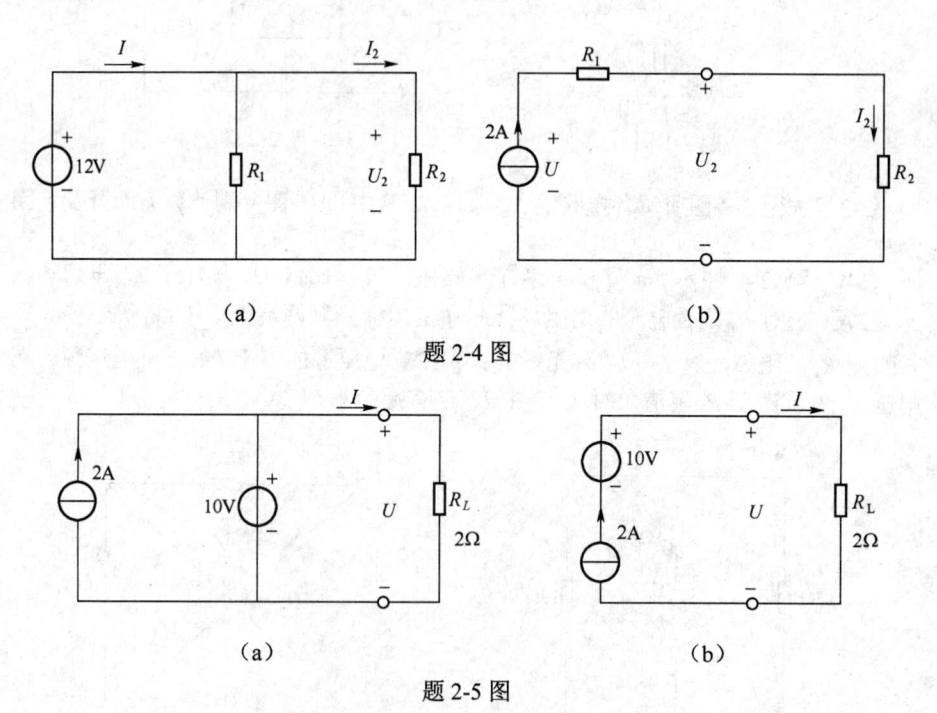

题 2-4 图

题 2-5 图

2-6 题 2-6 图示电路是直流电动机的一种调速电阻，它由四个固定电阻串联而成。利用几个并联开关的闭合或断开，可以得到多种电阻值。设四个电阻均为 1Ω，试求下列三种情况下，a、b 两点间的阻值：①S_1、S_5 闭合，其他断开；②S_2、S_3 和 S_5 闭合，其他断开；③S_1、S_3 和 S_4 闭合，其他断开。

题 2-6 图

2-7 求题 2-7 图示电路的等效电压源模型。

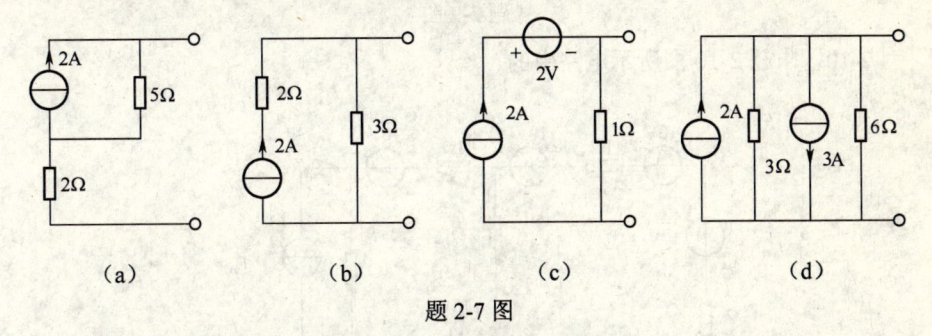

题 2-7 图

2-8 求题 2-8 图示电路的等效电流源模型。

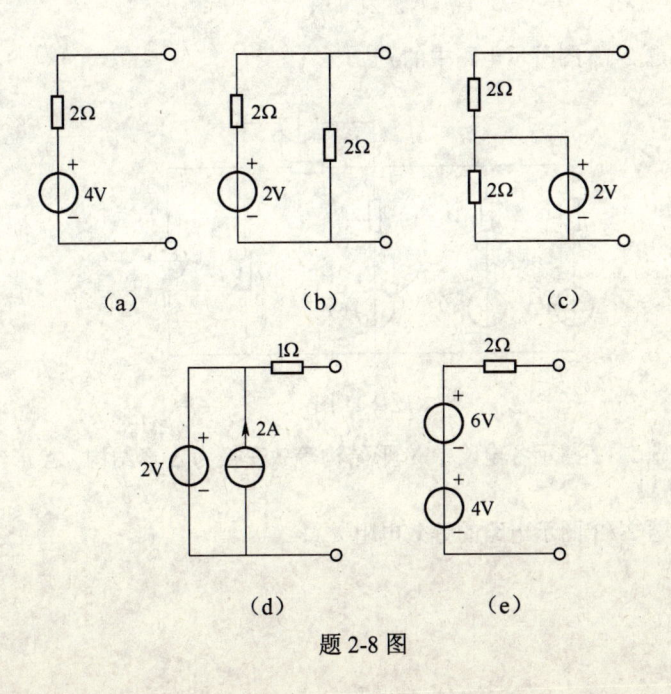

题 2-8 图

2-9　计算题 2-9 图示电路中的电流 I。

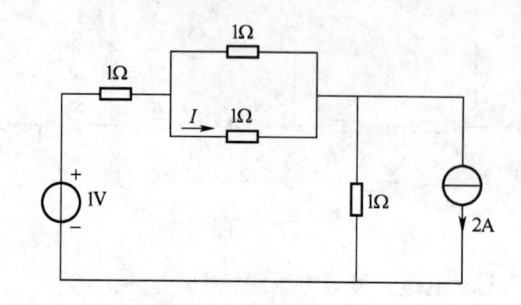

题 2-9 图

2-10　求题 2-10 图所示电路中的 U_0。

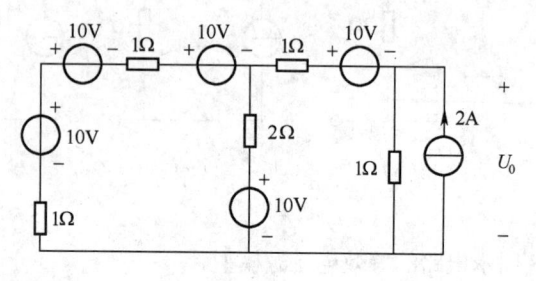

题 2-10 图

2-11　求题 2-11 图所示电路中的 I。

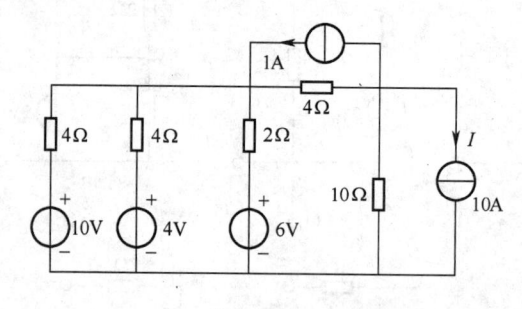

题 2-11 图

2-12　将题 2-12 图示各电路中 Y 形结构等效变换为 Δ 形结构，Δ 形结构等效变换为 Y 形结构。

2-13　求题 2-13 图示电路的等效电阻 R_{ab}。

题 2-12 图

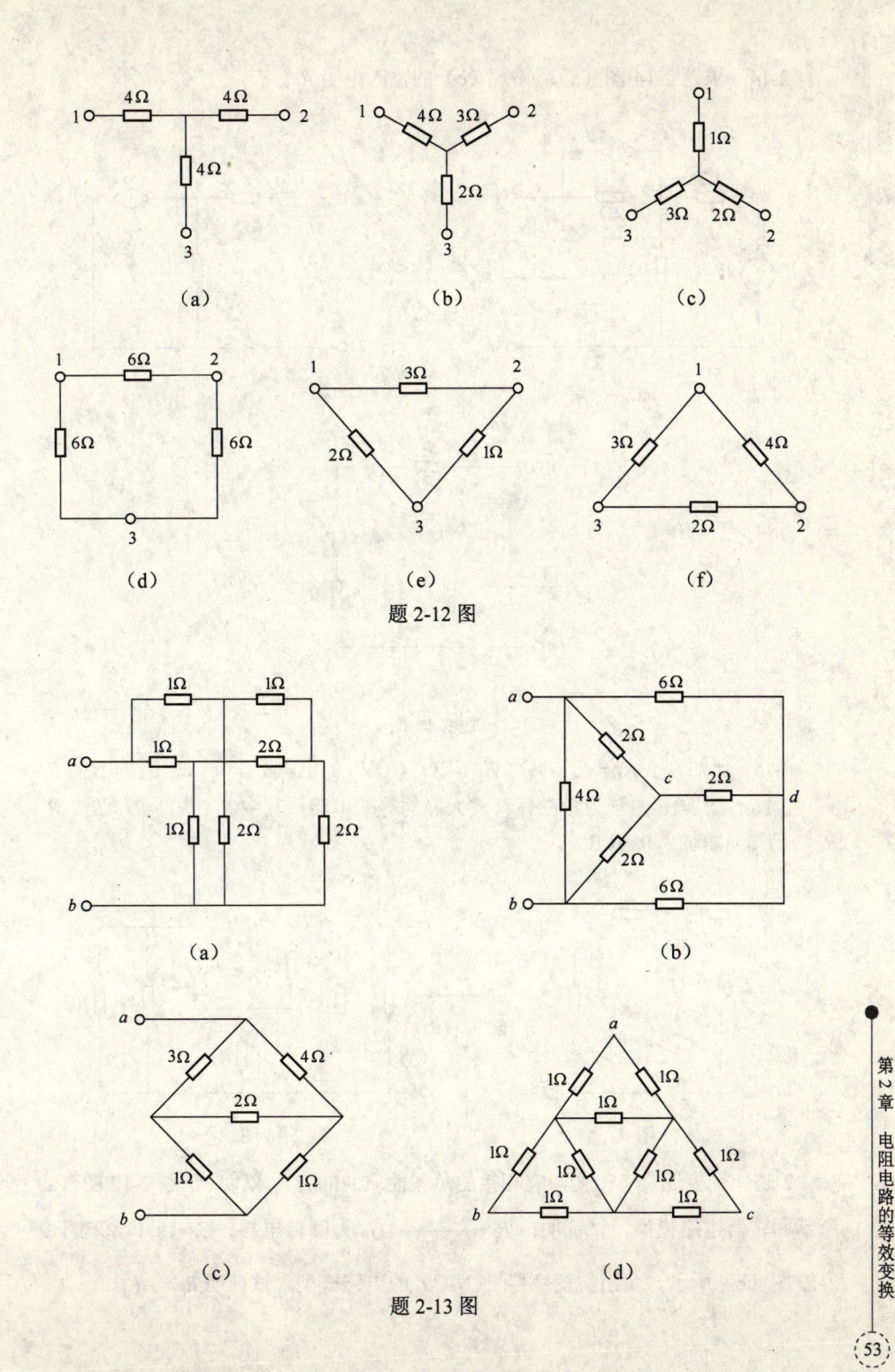

题 2-13 图

2-14 求题 2-14 图（a）、（b）、（c）的输入电阻 R_i。

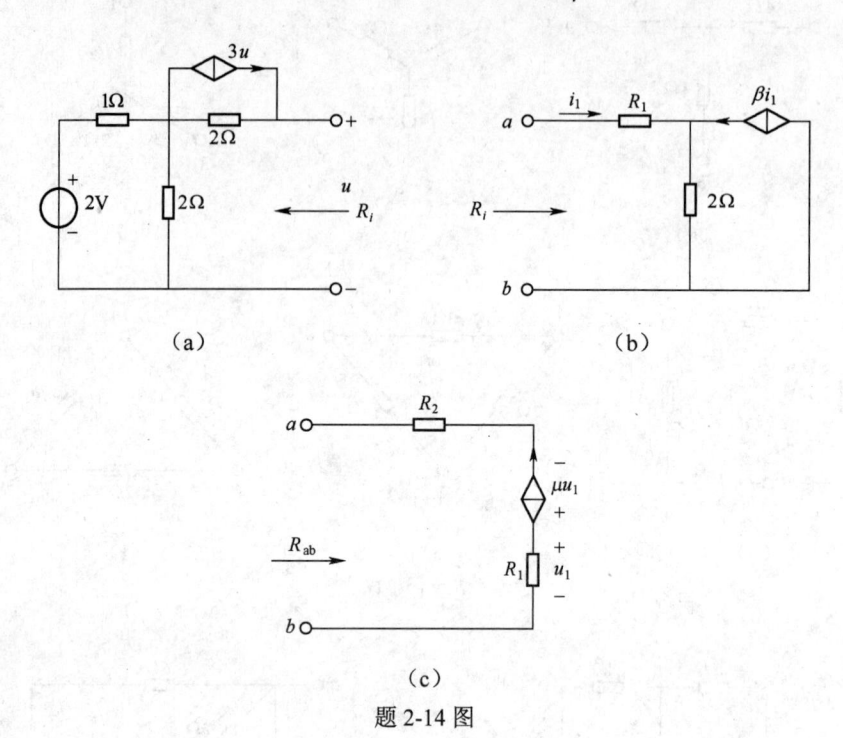

（a）

（b）

（c）

题 2-14 图

2-15 已知 $R_1 = R_3 = R_4 = 1\Omega$，$R_2 = 2\Omega$，CCVS 的电压 $u_C = 4i_1$，求题 2-15 图 R_i。

2-16 题 2-16 图示为一晶体管放大器的等效电路，其中 R_1、R_2、R_3、R_4、R_5、R_6 均已知，求输入电阻 R_i。

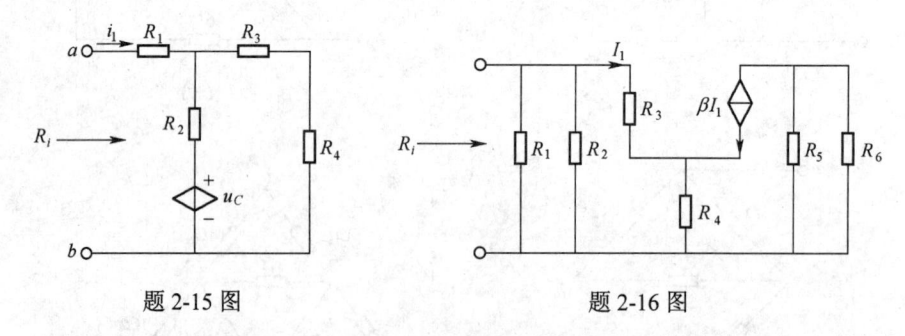

题 2-15 图　　题 2-16 图

2-17 受控源具有改变与它相接的负载性质的能力。求①对于题 2-17 图（a）所示回转器电路模型，试证明：$R_i = \dfrac{1}{G_0^2 R_L}$（$G_0$ 为回转电导，$G_0 = 1s$）；②对于题 2-17 图（b）所示"负阻抗变换器"（NIC）的电路模型，试证明 $R_i = -R_L$。

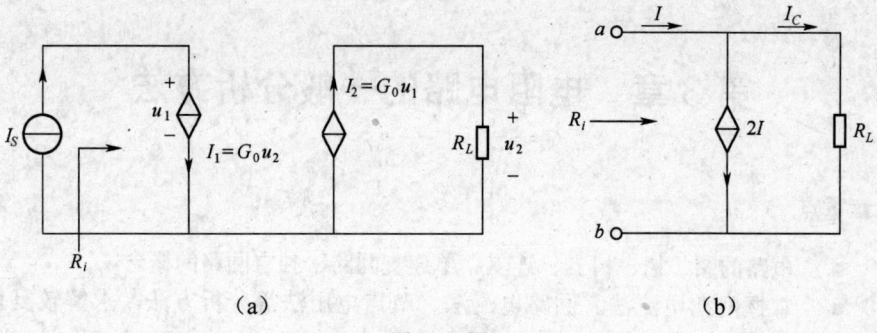

题 2-17 图

2-18 求题 2-18 图示电路输入电阻 R_{i1} 及 2-2'端口以左的输入电阻 R_{i2}；并求 $A_u = \dfrac{u_0}{u_i}$。

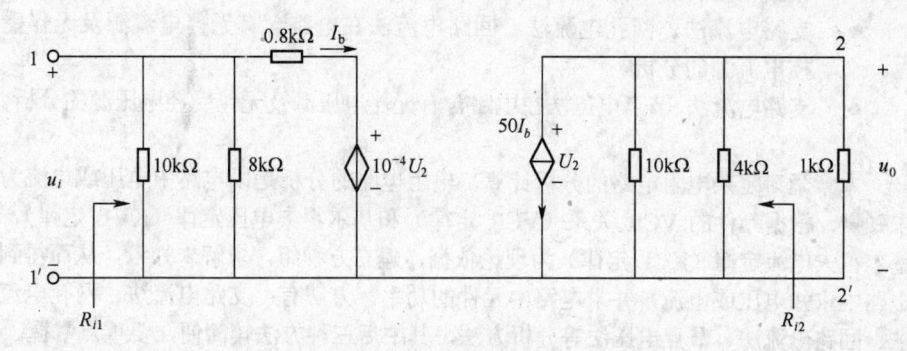

题 2-18 图

第3章 电阻电路的一般分析方法

本章重点

- 电路的图、树、树支、连支、单连支回路、独立回路的概念。
- 掌握网孔电流法、回路电流法、节点电压法等分析方法，求解较复杂电路。
- 含有受控源及无伴电源电路的分析计算。

本章难点

- 根据电路的图、树，用回路电流法列写方程。
- 支路电流法、网孔电流法、回路电流法在电路含有无伴电流源及无伴受控电流源的分析。
- 支路电流法、节点电压法在电路含有无伴电压源及无伴受控电压源的分析。

本章学习复杂电阻电路的分析计算。电阻电路的分析是以电路中电压或电流为未知量，根据元件的 VCR 关系（VCR 定律）和基尔霍夫电压定律（KVL 定律）、基尔霍夫电流定律（KCL 定律）为理论依据，建立方程组，求解未知量，从而得到电路中未知电压或电流，并求电路中元件的功率。方法有：支路电流法、网孔电流法、回路电流法、节点电压法等分析方法，其中后三种方法较简便，要重点掌握。

3.1 电路的图

本节介绍一些图论的初步知识。图论是数学领域中的一个重要分支，其在电路中的应用称为网络图论。在电路分析中，以图论为数学工具选择电路的独立变量，列出电路的独立方程进而求解。网络图论用于结构较复杂的电路分析，也为利用计算机设计、计算、分析大规模电路奠定了基础。

3.1.1 图的概念

在数学图论知识中，图是由点和边构成的。应用于电路上，对于任何一个电路，其电路图是由节点和支路构成的，如果不考虑元件本身的性质，只考虑元件之间的连接关系，而用线段和点表示，就组成了电路的"图"。将电路中每一元件或一些元件的某种简单组合（串、并联）用一条线段（长、短、曲、直均可）来代替，这条线段称为支路。每一条支路的端点称为节点，节点允许是孤立的。由支路和点构成的集合，或者说由线段和点组成的图形，称为该电路的拓扑图，简称图。通过电路的结构及其连接性质对电路进行分析和研究称为网络图论。

电路的图中支路和节点与电路图中的支路和节点是有区别的。"图"中的支路是一个抽象线段，各支路端点为节点，它可以是两条及以上支路的交汇点，也可以是一个孤立的节点，任何一条支路必须终止在节点上，若支路移去，允许有孤立节点存在；反之移去一个节点，必将与该节点连接的全部支路同时移去，无节点则无支路。电路图中的支路由具体元件和导线连接而成，是一个实体，节点是两条或两条以上支路的交汇点，支路连于两节点之间，无支路则无节点。电路的图相同，但电路图未必相同，因为每个支路上元件的性质不同。

若图中的支路按电流（或电压）正方向标示在线段上，这样的图称为有向图，即赋予支路方向的图称为有向图，未赋予支路方向的图称为无向图。

图的画法如下：①激励源可作为一个支路处理，用一根线段（弧线或曲线）表示；②激励源与电阻串联（或并联）组成一个复合支路，可用一根线段表示；③受控源同独立源处理；④一个或若干个无源元件串（并）联构成一条支路；⑤支路用 1，2，3……表示，节点用①，②，③……表示。如图 3.1 所示，其中（a）为电路图，（b）、（c）、（d）为电路的图，（d）为有向图。

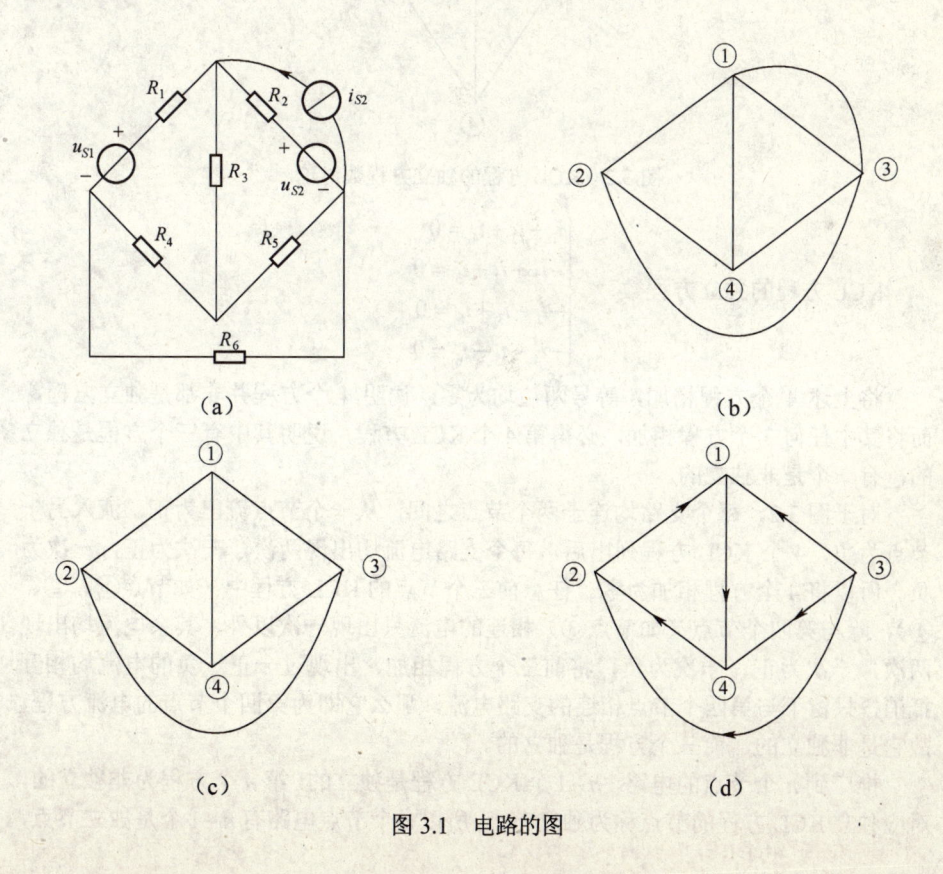

图 3.1 电路的图

3.1.2 KCL 和 KVL 方程的独立方程个数

由 KCL 定律和 KVL 定律列写方程时，与支路的元件性质无关。本节讨论如何利用电路的图列出 KCL 和 KVL 方程，并讨论方程的独立性。

（1）KCL 方程的独立性讨论

图 3.2 所示为一个电路的图，由 KCL 定律列出①、②、③、④等节点的 KCL 方程如下：

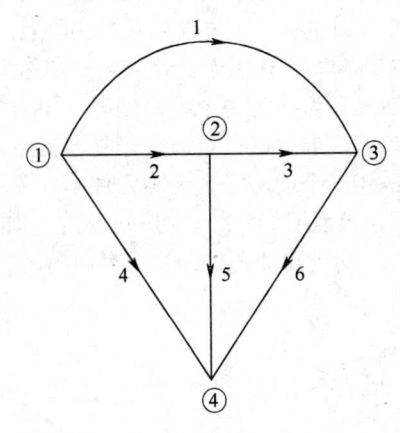

图 3.2   KCL 方程的独立方程数讨论

KCL 方程的独立方程数 $\begin{cases} i_1 + i_2 + i_4 = 0 \\ -i_2 + i_3 + i_5 = 0 \\ -i_1 - i_3 + i_6 = 0 \\ -i_4 - i_5 - i_6 = 0 \end{cases}$

将上述 4 个方程相加，等号两边均为零，说明 4 个方程并非都是独立方程，而将其中任何 3 个方程相加，必得第 4 个 KCL 方程，说明其中有三个方程是独立的，有一个是非独立的。

对于图 3.2，每个支路均连于两个节点之间，从一个节点流出为正，流入另一节点为负，4 个 KCL 方程列出后，每个支路电流均出现两次，一次为正，一次为负。所以将 4 个方程相加为零。任意前三个节点的 KCL 方程中（如节点①、②、④），除与第四个节点（如节点③）相连的电流只出现一次以外，其余电流均出现两次，一次为正，一次为负，将前三个方程相加，出现过一正一负的电流均相互抵消，只留下与第四个节点相连的支路电流，那么它即为第四个节点的电流方程，故它是非独立的，前三个方程是独立的。

推广到 n 个节点的电路，$n-1$ 个 KCL 方程是独立的，第 n 个方程为非独立的，对应独立 KCL 方程的节点称为独立节点，所以 n 个节点电路有 $n-1$ 个是独立节点，

可列写 $n-1$ 个独立的 KCL 方程。注意这 $n-1$ 个节点是任意选择的，独立与非独立都是相对而言的。

列写 KCL 独立方程的方法：①画出电路的有向图 G；②选择 $n-1$ 个独立节点；③列写 $n-1$ 个 KCL 方程。

(2) 关于 KVL 方程的独立性讨论

对应独立的 KVL 方程的回路称为独立回路，它与支路的方向无关，故可由无向图来描述。为讨论独立性，将给出路径、连通图 G、回路、树、树支、单连支、单连支回路等概念。

如图 3.3 所示电路。对于图 3.3（a），从图 G 的某一点出发，沿着一个或一些支路移动，到达另一节点或回到原出发点，这样一条或多条支路构成了一条路径。

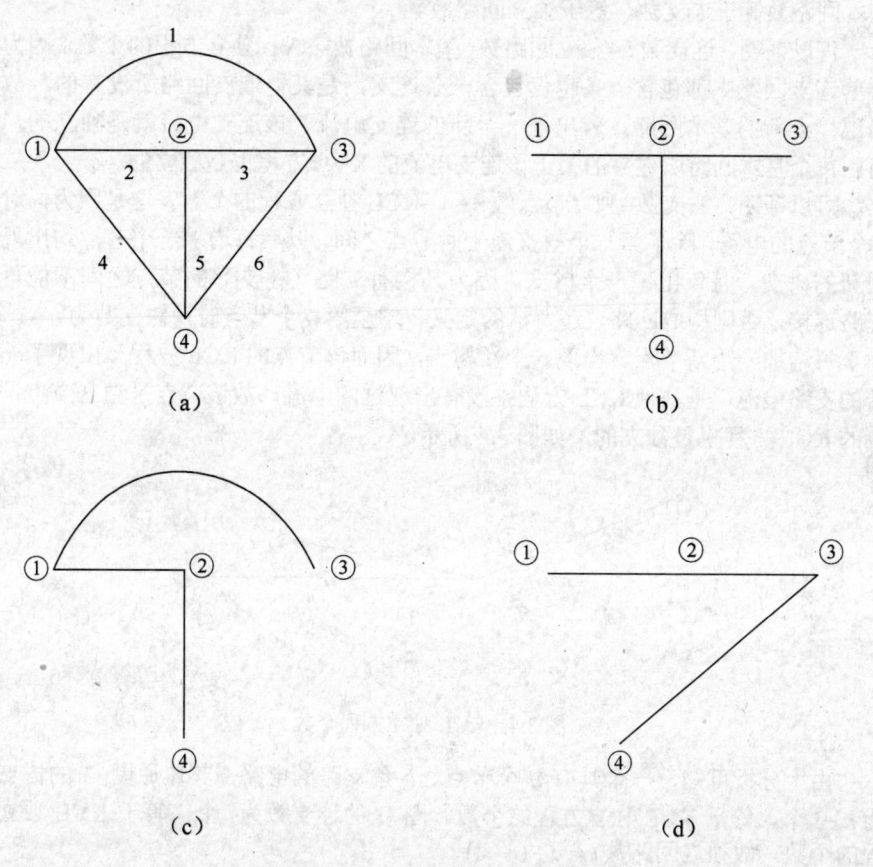

图 3.3　KVL 方程的独立方程数讨论

如果对于图 G 来说，任意两个节点之间至少有一条路径就称图 G 为连通图。从图 G 的某一节点出发，沿着一些支路和节点移动，最后又回到原出发点，形成闭合路径，该路径称为回路，回路中除起点和终点重合外，其他节点不出现重复，如图 3.3（a）中支路（2，3，1），（1，4，6），（1，3，5，4），（2，3，6，4）等构成回路。n 个节点（$n=4$）总共有 2^n（16）个不同的回路，但独立回路数远少于总回路数。为确定一组独立回路，引入"树"的概念。

树 T 包含连通图 G 中的全部节点和部分支路，但不包含回路，而树 T 本身是连通的。对于图 3.3（a）的连通图，图 3.3（b）、（c）、（d）画出了几种树，一个连通图中共有树的种类 2^n 个。一个树 T 包含的支路称为这个树的树支；连通图 G 中不属于这个树 T 的支路称为连支。由一个连支和树 T 中的若干树支构成一个回路，称为单连支回路，又称基本回路，每个单连支回路仅含一个连支，且这一连支不会出现在其他单连支回路中，故单连支回路是独立回路，由 l 个连支分别与树 T 构成 l 个单连支回路。由全部连支和这个树 T 形成的基本回路构成单连支回路组，故基本回路数等于连支数，等于独立回路数。

可以证明，连支数 l=独立回路数=基本回路数=KVL 独立方程的个数。因为每个单连支回路中都包含一条也仅包含一条连支，是其他连支回路所没有的，故每出现一个新的基本回路，就出现一个新的连支电流，该连支电流就是独立的，因而由每个基本回路所建立的关于该连支电流的 KVL 方程也是独立的。

可以证明，树支数=独立节点数 $n-1$=KCL 独立方程的个数。这是因为，对于 n 个节点的电路，除了第一个树支连于两节点之间，以后每增加一个节点均出现一个新的树支，且仅出现一个树支，因为凡接有支路（树支）的节点之间不能再有支路连接，否则构成回路，违背树的定义，增至第 n 个节点时，树支数为 $n-1$ 个，由于每增加一个新节点就出现一个新树支，因而该节点的 KCL 方程又出现了一个新的支路电流，是其他 KCL 方程中没有出现过的电流，故该节点是独立节点，对应的 KCL 方程也是独立的，如图 3.4 所示。

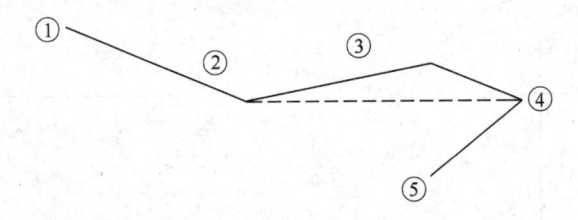

图 3.4　KCL 独立方程个数

由上分析可知，一个具有 n 个节点、b 条支路的电路，其连通图 G 的树支数为 $n-1$ 个，等于 KCL 独立方程的个数。图 G 的连支数为 l 个，等于 KVL 独立方程的个数，故独立回路数 $l = b-(n-1)$。

电路图有平面图和立体图之分。若一个电路画在平面上，各条支路不会出现交叉但不相连的情况，这样的图称为平面图。平面电路任一不包含支路的闭合回路称为网孔，如图 3.3（a）所示共有 3 个网孔。网孔必定是回路，但回路不一定是网孔。

可以证明：网孔数=独立回路数 l = KVL 独立方程的个数。

列写 KVL 独立方程的方法：①画出电路的图 G；②任意选一种树 T；③确定单连支回路组 l；④由单连支回路组列写 KVL 方程。

例如图 3.5，图（a）是某电路的图，图（b）实线部分是所选择的树 T（1，4，5），则 2，3，6 为连支，l = 3，图（c）、（d）、（e）分别为各单连支回路，共 3 个，由此列写出 3 个独立 KVL 方程。

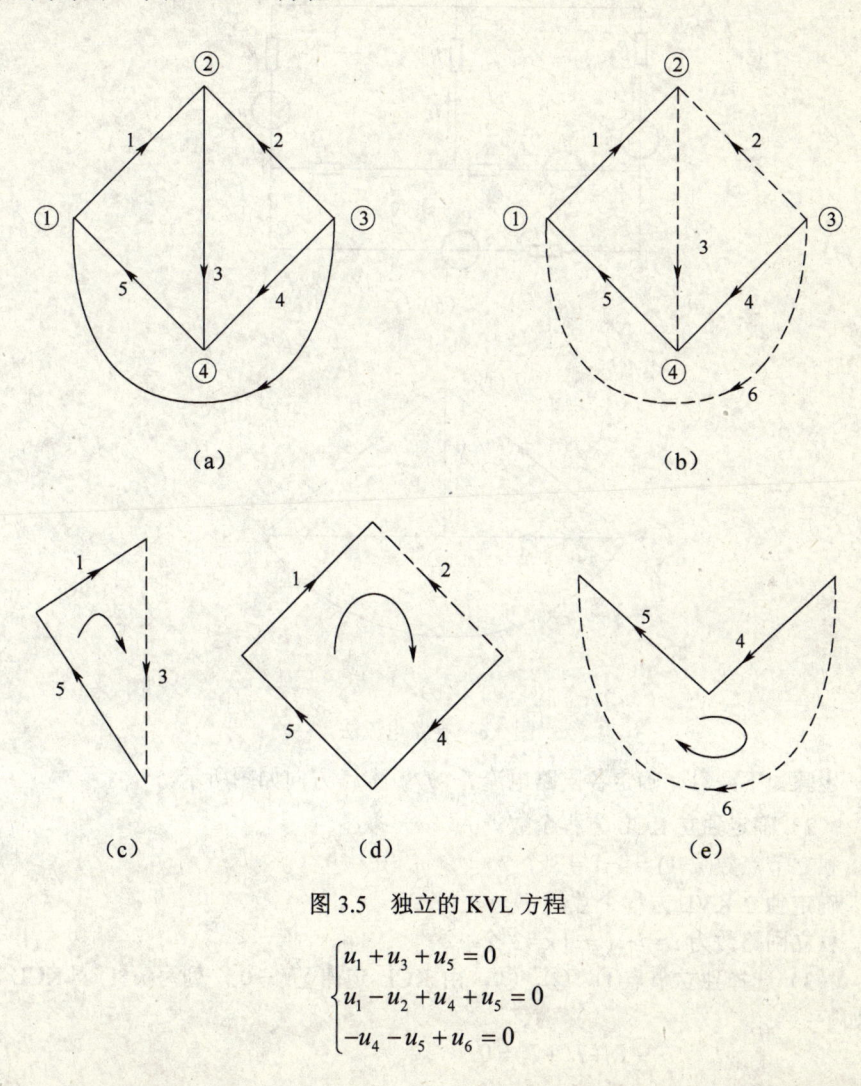

图 3.5 独立的 KVL 方程

$$\begin{cases} u_1 + u_3 + u_5 = 0 \\ u_1 - u_2 + u_4 + u_5 = 0 \\ -u_4 - u_5 + u_6 = 0 \end{cases}$$

3.2 支路电流法

支路电流法以支路电流为未知量，通过元件 VCR 关系用支路电流表示支路电压，列写 $n-1$ 个 KCL 独立电流方程及 $l=b-(n-1)$ 个 KVL 独立电压方程，然后联立求解。b 个支路电流共列 b 个方程，支路电流数与独立方程个数相等，故可求解各支路电流。支路电流法又称 1b 法。

已知元件参数及电源，求解各支路电流。以图 3.6（a）所示电路为例说明支路电流法。

（a）

（b）

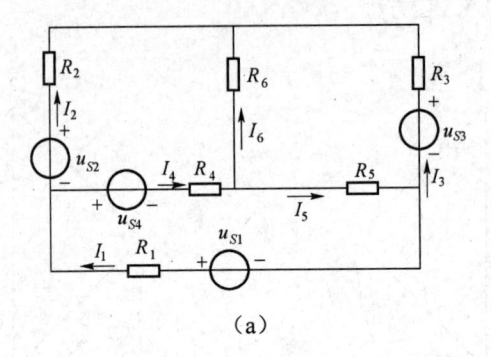

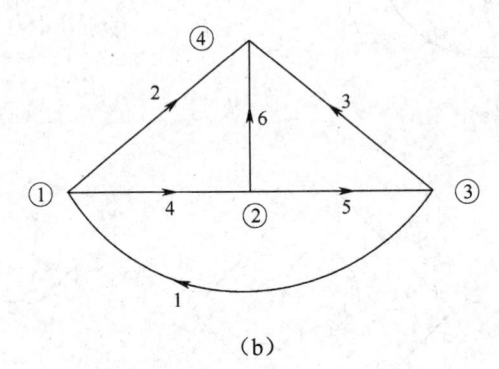

图 3.6 支路电流法

步骤如下：（1）确定各支路电流 $I_1 \sim I_6$，参考方向如图所示。

（2）确定独立 KCL 方程个数。

独立节点数 $(n-1) = 4-1 = 3$ 个

确定独立 KVL 方程个数。

独立回路数为 $l = b-(n-1) = 3$ 个

（3）选择独立节点①、②、③，由 KCL 定律 $\sum I = 0$，列写 $(n-1)$ 个 KCL 方程如下：

$$-I_1 + I_2 + I_4 = 0 \qquad ①$$
$$-I_4 + I_5 + I_6 = 0 \qquad ②$$
$$I_1 + I_3 - I_5 = 0 \qquad ③$$

（4）由 KVL 定律 $\sum IR = \sum U_S$，选取回路绕行方向，列写 l 个 KVL 方程如下：

（本电路选取网孔为独立回路，且绕行方向均设为顺时针方向）

$$I_1R_1 + I_4R_4 + I_5R_5 = u_{S1} - u_{S4} \qquad ④$$
$$I_2R_2 - I_4R_4 - I_6R_6 = u_{S2} + u_{S4} \qquad ⑤$$
$$-I_3R_3 - I_5R_5 + I_6R_6 = -u_{S3} \qquad ⑥$$

联立①~⑥求出支路电流 $I_1 \sim I_6$。

如果以支路电压为未知数，通过 VCR 关系以支路电压表示支路电流，列写 $(n-1)$ 个 KCL 方程及 $l = b - (n-1)$ 个 KVL 方程，然后联立求解 b 个方程组的方法称为支路电压法（又称 $1b$ 法）。

电压源若没有串联电阻，该电压源称为无伴电压源；电流源若没有并联电阻，该电流源称为无伴电流源。若电路中含有无伴电流源，在列写 KVL 方程时，设该电流源电压为未知量，增加一个新未知量，则要增加一个新方程，即建立该支路电流等于电流源的关系式，未知量变为 b+1 个，方程也为 b+1 个，仍然可以求解。支路电流法简单，但求解方程组较麻烦，当电路复杂支路数多时，需采用其他简便方法。

例 3-1 电路如图 3.7 所示，$R_1 = R_2 = 10\Omega$，$R_3 = 4\Omega$，$R_4 = R_5 = 8\Omega$，$R_6 = 2\Omega$，$u_{S3} = 20\text{V}$，$u_{S6} = 40\text{V}$。用支路电流法求解电流 I_5。

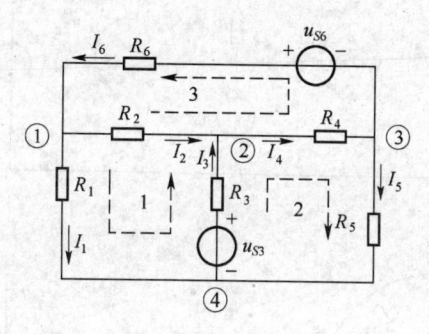

图 3.7 例 3-1 的图

解：各支路电流参考方向如图 3.7 所示。
支路 $b = 6$，独立节点 $n-1=3$ 个，独立回路 $l=6-3=3$ 个。
需列写 3 个 KCL 方程及 3 个 KVL 方程。
选取独立节点①、②、③，如图 3.8 所示，由 KCL 定律：

$$I_1 + I_2 - I_6 = 0 \qquad ①$$
$$-I_2 - I_3 + I_4 = 0 \qquad ②$$
$$-I_4 + I_5 + I_6 = 0 \qquad ③$$

选取网孔 1、2、3 绕行方向，由 KVL 定律：

$$I_1R_1 - I_2R_2 + I_3R_3 = u_{S3} \qquad ④$$

$$I_3R_3 + I_4R_4 + I_5R_5 = u_{S3} \quad ⑤$$
$$I_2R_2 + I_4R_4 + I_6R_6 = u_{S6} \quad ⑥$$

联立方程①～⑥，代入数据求解 $I_5 = -0.96\text{A}$。

3.3 网孔电流法

网孔电流法以网孔电流为未知数，由 KVL 定律列写 $l = b-(n-1)$ 个关于网孔电流的独立方程，然后联立求解网孔电流，并由此求出各支路电流的方法。比支路电流法少 n-1 个方程，从而简化分析计算。适用于平面电路节点多、网孔少的情况。

3.3.1 网孔电流的概念

已知电路元件及参数，求解各支路电流或电压，电路如图 3.8（a）所示，如果用支路电流法求解，回路选顺时针绕向。

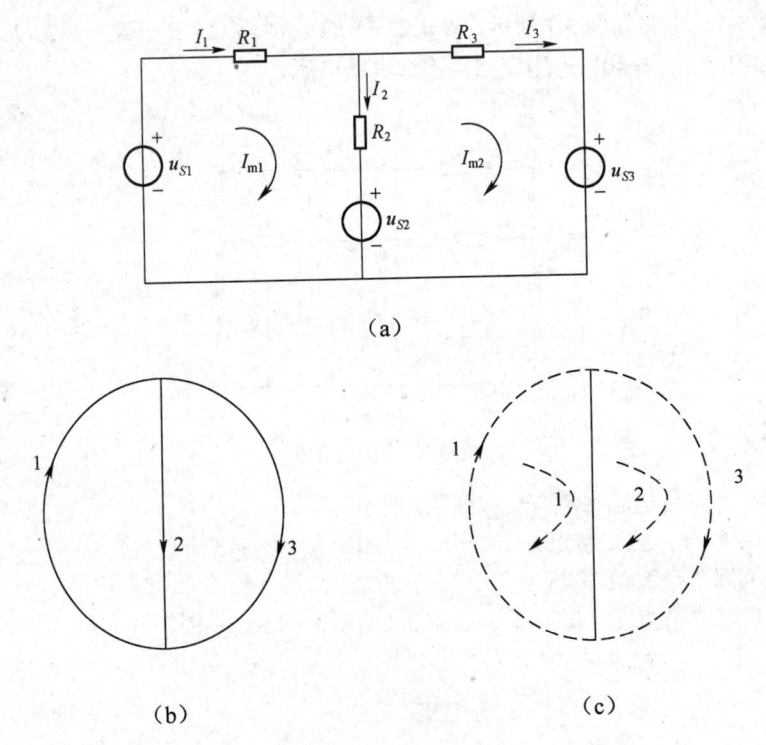

图 3.8 网孔电流法

由 KCL 定律对节点①：
$$-I_1 + I_2 + I_3 = 0 \quad (3\text{-}1)$$

由 KVL 定律对回路 1：

$$I_1R_1 + I_2R_2 = u_{S1} - u_{S2} \qquad (3-2)$$

对回路 2：

$$-I_2R_2 + I_3R_3 = u_{S2} - u_{S3} \qquad (3-3)$$

由（3-1）得：$I_2 = I_1 - I_3$，代入（3-2）、（3-3）得：

$$\left. \begin{aligned} I_1R_1 + (I_1 - I_3)R_2 &= u_{S1} - u_{S2} \\ -(I_1 - I_3)R_2 + I_3R_3 &= u_{S2} - u_{S3} \end{aligned} \right\}$$

整理：

$$\left. \begin{aligned} I_1(R_1 + R_2) - R_2 I_3 &= u_{S1} - u_{S2} \\ -I_1 R_2 + (R_2 + R_3)I_3 &= u_{S2} - u_{S3} \end{aligned} \right\} \qquad (3-4)$$

（3-4）式可以这样考虑，假设网孔 1 流过电流 $I_{m1} = I_1$，网孔 2 流过电流 $I_{m2} = I_3$，则支路 1 流过电流 I_{m1}，支路 3 流过电流 I_{m2}，支路 2 流过电流为 $I_{m1} - I_{m2}$，式（3-4）由式（3-1）代入（3-2）、（3-3）得到，故（3-4）中 KCL 定律自行满足。

3.3.2 网孔电流方程独立性讨论

从图论的观点分析，如图 3.8 所示。由上面分析可知：①设连通图如图 3.8（b）所示，选 2 为树支，则 1、3 为连支，连支流过的电流即为网孔电流，而树支流过的电流为网孔电流的代数和，因而在列写 l 个 KVL 方程时 KCL 方程已自行满足；②网孔是独立的，是单连支回路，故网孔电流方程也为独立方程，网孔数=独立回路数 l，故可由网孔电流方程求解电路。

各支路电流为：非公共支路电流即为网孔电流（该支路设为连支电流），公共支路电流是相邻网孔电流在该支路上的代数和（该支路设为树支电流），所有支路电流均可由网孔电流求出。

3.3.3 网孔电流方程的一般形式

令 $I_1 = I_{m1}$，$I_3 = I_{m2}$，将 I_{m1}、I_{m2} 代入式（3-4）可写为：

$$\begin{cases} (R_1 + R_2)I_{m1} - R_2 I_{m2} = u_{S1} - u_{S2} \\ -R_2 I_{m1} + (R_2 + R_3)I_{m2} = u_{S2} - u_{S3} \end{cases} \qquad (3-5)$$

从式（3-5）可以看出，在列写 l 个 KVL 方程时，KCL 方程已自行满足。联立求解 I_{m1}、I_{m2}，然后求出 I_1、I_2、I_3。

称 $R_{11} = R_1 + R_2$ 为网孔 1 的自电阻，$R_{12} = -R_2$ 为网孔 2 对网孔 1 的互电阻，$R_{21} = -R_2$ 为网孔 1 对网孔 2 的互电阻，$R_{22} = R_2 + R_3$ 为网孔 2 的自电阻，式（3-5）可写为：

$$\begin{cases} R_{11}I_{m1} + R_{12}I_{m2} = \sum u_{S11} \\ R_{21}I_{m1} + R_{22}I_{m2} = \sum u_{S22} \end{cases}$$

网孔电流方程的一般形式为：

$$\begin{cases} R_{11}I_{m1} + R_{12}I_{m2} + \cdots + R_{1m}I_{mm} = u_{S11} \\ R_{21}I_{m1} + R_{22}I_{m2} + \cdots + R_{2m}I_{mm} = u_{S22} \\ \cdots\cdots \\ R_{m1}I_{m1} + R_{m2}I_{m2} + \cdots + R_{mm}I_{mm} = u_{Smm} \end{cases} \quad (3-6)$$

共 m 个网孔电流方程。

式（3-6）可表述为：

本网孔电流×自电阻+相邻网孔电流×互电阻=本网孔中所有电源电压的代数和。

其中：当两个网孔电流在互电阻中流过的方向相同时，互电阻为正；反之为负。电源电压与绕行方向相反为正；相同为负。

自电阻均为正值，网孔电流方向即为电压绕行方向，所以自电阻均为正；互电阻是正还是负，要看相邻网孔电流在互电阻上流向与本网孔电流是否相同，若相同，则为正，因电压顺网孔电流方向为正；反之为负。若选网孔电流均为顺时针（或逆时针），则所有互电阻均为负值。

3.3.4 网孔法步骤

（1）确定各支路电流参考方向。设网孔电流方向，网孔数共为 $l = b - (n-1)$ 个。

（2）列写网孔电流方程。

（3）解方程求出网孔电流。

（4）由网孔电流求出各支路电流。

非公共支路（单连支）电流=网孔电流，公共支路（树支）电流为各网孔电流的代数和。其中与该支路电流方向一致的网孔电流取"+"，反之取"-"。

注意：①当电路中存在电流源与电阻的并联组合时，可以先将其等效变换为电压源与电阻的串联组合，然后再按上述方法写方程；②若电阻与电流源串联，该电流源为无伴电流源，处理方法见后；③平面电路一般选网孔为独立回路，无需再通过确定树来选择独立回路，可以简化分析；④以后列写回路电流方程时，无需再做上面推导，可按一般形式直接列写。

特别地，无伴电流源及无伴受控电流源，其端电压为未知量，列写方程时增加一个未知量，就需要建立一个新方程，即建立电流源所在支路电流与网孔电流的关系式，使方程数等于未知量个数，从而才能求解方程。电路中若不含无伴电流源及受控源，则网孔电流方程组的系数行列式是一个对称矩阵，由此可以检验方程是否正确。

例 3-2 电路如图 3.9 所示，$R_1 = R_2 = 10\Omega$，$R_3 = 4\Omega$，$R_4 = R_5 = 8\Omega$，$R_6 = 2\Omega$，$u_{S3} = 20V$，$u_{S6} = 40V$，用网孔法求解电流 I_5。

解：选网孔电流为 I_{m1}、I_{m2}、I_{m3}，方向如图 3.9 所示。

由网孔电流法列方程如下：

$$\begin{cases} (R_1+R_2+R_3)I_{m1} - R_2I_{m2} - R_3I_{m3} = u_{S3} \\ -R_2I_{m1} + (R_2+R_4+R_6)I_{m2} - R_4I_{m3} = u_{S6} \\ -R_3I_{m1} - R_4I_{m2} + (R_3+R_4+R_5)I_{m3} = -u_{S3} \end{cases}$$

代入数据，解得：$I_{m3}=0.96A$

则 $I_5 = -I_{m3} = -0.96A$

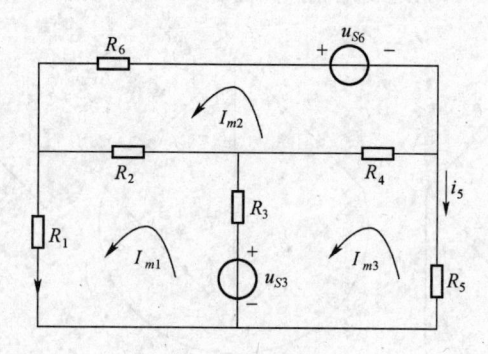

图 3.9 例 3-2 的图

3.4 回路电流法

回路电流法是以回路电流为未知数，列写一组 $l=b-(n-1)$ 个独立的 KVL 方程，然后求解电路的方法。适用于平面或非平面电路，比支路电流法少列 $n-1$ 个 KCL 方程。

3.4.1 回路电流的概念

上节网孔电流法假设网孔流过电流列写关于网孔电流的 KVL 方程，由于网孔是独立回路，所以网孔电流是独立变量，列写的网孔电流方程也是独立的，从而可以求解网孔电流。本节假设每个回路中流过电流，为使方程是独立方程，所选回路为单连支回路，假设该回路中流过的电流为回路电流，则连支电流即为回路电流。

3.4.2 关于回路电流方程独立性的讨论

由于单连支回路是独立回路，每个连支电流也是独立变量，不受其他回路电流即单连支回路电流制约，由连支回路组列写的关于连支电流即回路电流的 KVL 方程组也是独立方程组。

由图论知，对于 n 个节点 b 条支路的电路其连支数 l =独立回路数= $b-(n-1)$ 个，连支流过回路电流，树支电流是流过该树支的所有回路电流即单连支电流的代数和，可由连支电流求出，故体现了 KCL 定律的制约关系，是非独立电流，共

有 $n-1$ 个。由此所有支路电流可由 l 个回路电流表示，列回路电流方程时，因可以用回路电流表示树支电流，已满足 KCL 方程，故只需列 l 个 KVL 方程即可。

3.4.3 回路电流方程的一般形式

电路如图 3.10（a）所示，3.10（b）为该电路的图，选 2、3、4 为树支，1、5、6 为连支，i_{l1}、i_{l2}、i_{l3} 为连支电流，如图 3.10（c）、(d)、(e)、(f) 所示。

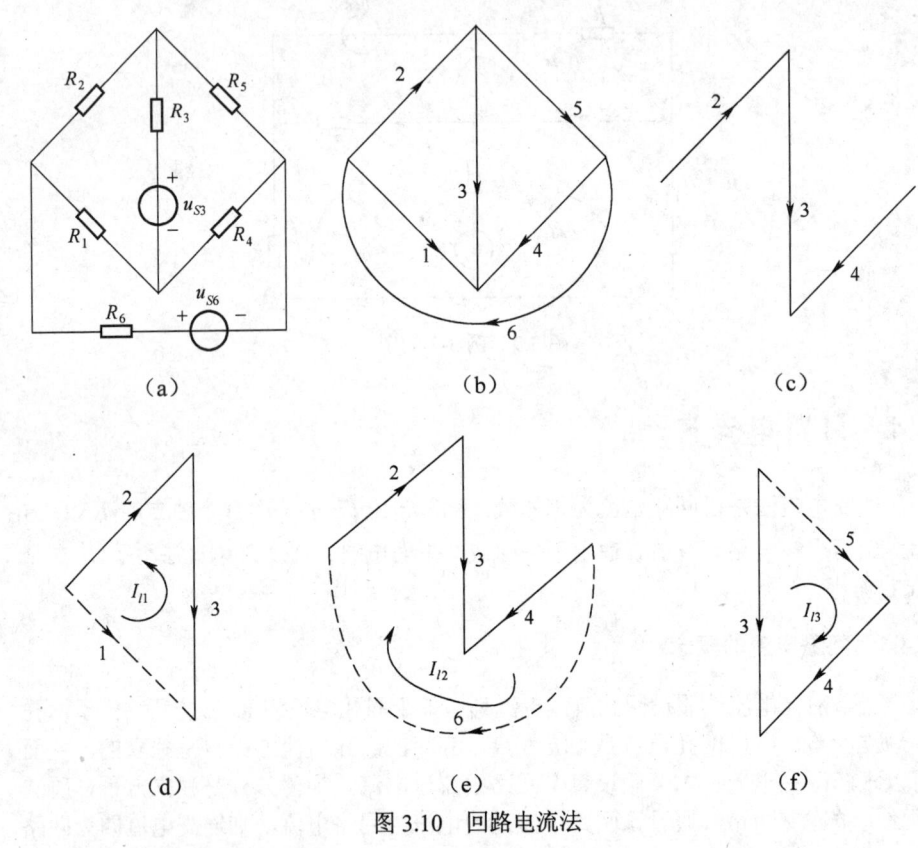

图 3.10 回路电流法

则连支电流 $I_1 = I_{l1}$，$I_5 = I_{l3}$，$I_6 = I_{l2}$，树支电流 $I_2 = -I_{l1} + I_{l2}$，$I_3 = -I_{l1} + I_{l2} - I_{l3}$，$I_4 = -I_{l2} + I_{l3}$。树选择的不同，则树支数和连支数也各不相同，而计算结果树支电流和连支电流也不一定相同，但各支路电流是一样的。

由 KVL 定律，对于回路 1、回路 2、回路 3 列写方程如下：

$$\begin{cases} (R_1 + R_2 + R_3)I_{l1} - (R_2 + R_3)I_{l2} + R_3I_{l3} = u_{S3} \\ -(R_2 + R_3)I_{l1} + (R_2 + R_3 + R_4 + R_6)I_{l2} - (R_3 + R_4)I_{l3} = u_{S6} - u_{S3} \\ R_3I_{l1} - (R_3 + R_4)I_{l2} + (R_3 + R_4 + R_5)I_{l3} = u_{S3} \end{cases} \quad (3-7)$$

求解 I_{l1}、I_{l2}、I_{l3}，即可求出 $I_1 \sim I_6$ 支路电流。

设 $R_{11} = R_1 + R_2 + R_3$，$R_{12} = R_{21} = -(R_2 + R_3)$，$R_{13} = R_{31} = R_3$，$R_{22} = R_2 + R_3 + R_4 + R_6$，$R_{23} = R_{32} = -(R_3 + R_4)$，$R_{33} = R_3 + R_4 + R_5$，其中 R_{11}、R_{22}、R_{33} 称为自电阻，其余为互电阻，如 $R_{21} = -(R_2 + R_3)$，是相邻回路 1 的电流流过回路 2 的互电阻 $R_2 + R_3$ 时产生的电压，与回路 2 电流方向即 KVL 方程的绕行方向相反，故为 "－" 号。

自电阻均为正的，互电阻的正或负要看相邻回路电流在公共支路的电阻上产生的电压，是否与本回路电流方向一致，若一致则为 "+"，反之为 "－"。说明回路电流方向代表了 KVL 方程的绕行方向。

从上式（3-7）可以看出 KCL 定律在其内自行满足。对回路 2 有：
$$R_2(-I_{l1} + I_{l2}) + R_3(I_{l2} - I_{l3} - I_{l1}) + R_4(I_{l2} - I_{l3}) + R_6 I_{l2} = u_{S6} - u_{S3}$$

用支路电流法列写方程为：
$$R_2 I_2 + R_3 I_3 + R_4 I_4 + R_6 I_6 = u_{S6} - u_{S3}$$

与支路电流法比较，在列写回路 2 的 KVL 方程时，用到了 KCL 定律。$I_2 = -I_{l1} + I_{l2}$，$I_3 = -I_{l1} + I_{l2} - I_{l3}$，$I_4 = I_{l2} - I_{l3}$，故 KCL 方程在其中自行满足，比支路电流法少列 n－1 个 KCL 方程。

回路电流方程的一般形式为：
$$\begin{cases} R_{11} I_{l1} + R_{12} I_{l2} + \cdots + R_{1l} I_{ll} = u_{S11} \\ R_{21} I_{l1} + R_{22} I_{l2} + \cdots + R_{2l} I_{ll} = u_{S22} \\ \cdots \\ R_{l1} I_{l1} + R_{l2} I_{l2} + \cdots + R_{ll} I_{ll} = u_{Sll} \end{cases} \qquad (3\text{-}8)$$

其中 R_{11}，R_{22}，$\cdots R_{ll}$ 为自电阻，分别为各回路所有电阻之和，R_{12}，R_{13}，$\cdots R_{l(l-1)}$ 为互电阻，是该回路与相邻回路的公共支路上所有电阻之和，$us_{11}, us_{22}, \cdots us_{ll}$ 为回路 1，2，… l 中所有电压源的代数和，其中与回路电流方向相同的电压源电压取 "－"，反之取 "+"。

式（3-8）表述为：

本回路自电阻×本回路电流+互电阻×相邻回路电流=本回路上所有电压源的代数和。

注意： ①若电路中有电流源和电阻的并联组合，可经过等效变换为电压源和电阻的串联组合；②若电阻与电流源串联，该电流源为无伴电流源，处理方法见后；③以后列写回路电流方程时，无需再做上面推导，可按一般形式直接列写；④电路中若不含受控源及无伴电流源，则回路电流方程组的系数行列式是一个对称矩阵，由此可以检验方程是否正确。

回路电流法步骤：

（1）确定各支路电流方向，作电路的有向图。

（2）选择一种树，确定连支、树支及单连支回路组，标示回路电流方向（即连支电流方向）。

（3）列写 $l = b-(n-1)$ 个回路电流方程。

（4）解方程，求出 l 个回路电流。

（5）求各支路电流。连支所在的支路电流等于该连支回路电流；树支所在的支路电流等于流过该树支的所有回路电流代数和，其中与树支方向一致者，回路电流取"+"，反之取"−"。

特别地，对于无伴电流源因其不能转换为电压源的形式处理，可设其端电压作为一个变量列入方程，并增加一个方程，建立无伴电流源所在支路与回路电流的关系式。也可采用简便方法：选无伴电流源所在支路为一连支，尽量避免列写该连支所在回路的回路电流方程。对于无伴受控电流源，建立 CCCS 的控制量电流（或 VCCS 的控制量电压）与回路电流的关系式。对于受控电压源用回路电流表示受控源电压，将其作为电源列于 KVL 方程右边，经整理后将回路电流写于方程左边。

对于平面电路尽量选取网孔作为回路。要注意的是列写回路电流方程，尽管未知量是电流，但方程是以电压为量纲的。

例 3-3 电路如图 3.11（a）所示，$I_S = 5A$，为无伴电流源，试用回路电流法列出电路的方程。

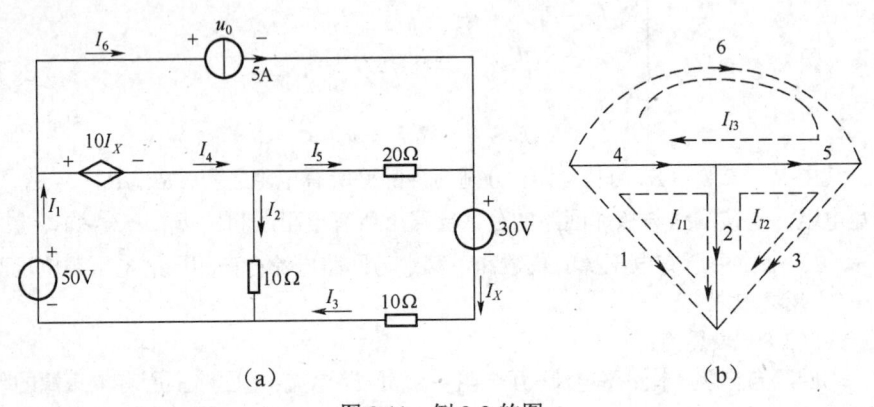

图 3.11 例 3-3 的图

解：各支路电流如图所示。

选 4、5、2 为树支，则 1、3、6 为连支，各回路电流方向如图 3.12（b）所示。

由回路电流法：

对回路 1　　　　$10I_{l1} - 10I_{l2} = 50 - 10I_X$ 　　　　　　　　（1）

对回路 2　　　　$-10I_{l1} + (10+20+10)I_{l2} - 20I_{l3} = -30$ 　　　（2）

$$I_{l2} = I_X \tag{3}$$

$$I_{l3} = 5 \tag{4}$$

联立（1）（2）（3）（4）求解 I_{l1}、I_{l2}、I_{l3}。

各支路电流 $I_1 = I_{l1}$，$I_2 = I_{l1} - I_{l2}$，$I_3 = I_{l2}$，$I_4 = I_{l1} - I_{l3}$，$I_5 = I_{l2} - I_{l3}$，

$I_6 = I_{l3} = 5\text{A}$。

上面分析中，把元件电流源 $I_S = 5\text{A}$ 所在支路选为一个连支，避开列写连支 6 所在回路 3 的回路电流方程，而受控电压源 $10I_X$ 用回路电流表示，其作为电压源列于等式右边。

另一解法：也可设 5A 无伴电流源的电压为 u_0，如图 3.11（a）所示，树支和连支选择与上面相同。

列写方程如下：

$$\begin{cases} 10I_{l1} - 10I_{l2} = 50 - 10I_X \\ -10I_{l1} + (10+20+10)I_{l2} - 20I_{l3} = -30 \\ -20I_{l2} + 20I_{l3} = -u_0 + 10I_X \\ I_{l2} = I_X \\ I_{l3} = 5 \end{cases}$$

3.5 节点电压法

节点电压法是以节点电压为未知量，列写 $n-1$ 个独立节点的 KCL 方程，然后求解电路的方法。适用于平面及非平面电路节点少、回路多的情况，比支路电流法少列 l 个方程。

3.5.1 节点电压的概念

我们知道电压与电位参考点的选取无关。每一支路连于两个节点之间，而支路电压即两节点电位之差，若选其中某一节点电位为参考电位，设为零电位，则另一节点到该点的电位即为节点电位，该节点电位也即支路电压大小。故节点电位也称为节点电压。所谓节点电压是指独立节点与参考点的电位之差。所有支路电压均可通过 KVL 方程建立与节点电位的关系，用节点电压表示，进而可表示所有支路电流。节点用①，②，③……等表示，节点电压用 u_{n1}、u_{n2}、u_{n3}、u_{n4}……等表示。

电路如图 3.12 所示，设节点④为参考节点，$u_{n4} = 0$，则节点①，②，③为独立节点，则有：

$u_1 = u_{n1} - u_{n4} = u_{n1}$，$u_2 = u_{n2} - u_{n4} = u_{n2}$，$u_3 = u_{n3} - u_{n4} = u_{n3}$

由 KVL 方程：$u_4 + u_2 - u_1 = 0$　　$u_4 = u_1 - u_2 = u_{n1} - u_{n2}$

$-u_2 + u_3 + u_5 = 0$　　$u_5 = u_2 - u_3 = u_{n2} - u_{n3}$

$-u_1 + u_3 + u_6 = 0$　　$u_6 = u_1 - u_3 = u_{n1} - u_{n3}$

由上可知，各支路电压 $u_1 \sim u_6$ 均可由节点电压表示，在此过程中，KVL 定律自行满足，所有支路电压由节点电压表示。列写 $n-1$ 个 KCL 方程时均用节点电压表示，无需再列写 KVL 方程，因此比支路电流法少列 $l = b-(n-1)$ 个方程。

(a)　　　　　　　　　　　　(b)

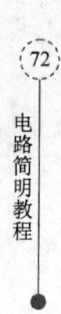

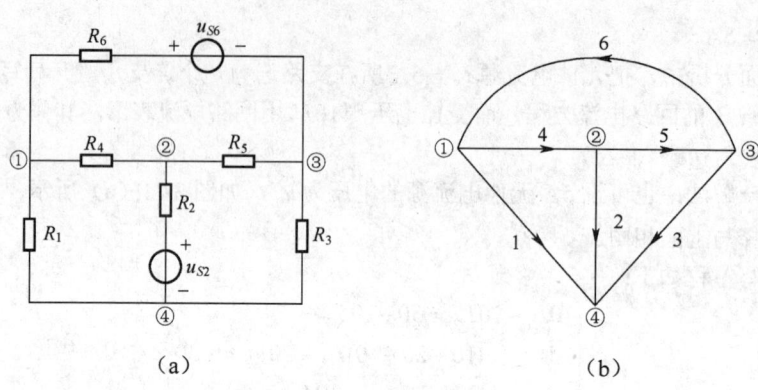

图 3.12　节点电压法

3.5.2　n–1 个节点电压方程独立性讨论

前面已分析对于 b 条支路 n 个节点的电路，n-1 个 KCL 方程是独立的，由 n-1 个节点电压根据 VCR 关系表示各支路电流，所列 KCL 方程也是独立的，而 l = b-(n-1) 个支路电压是非独立的，可由 n-1 个节点电压（支路电压）求得，而独立节点数恰好是 n-1 个，故可用独立的节点电压（电位）作为独立变量表示 b-(n-1) 个支路电压。

3.5.3　节点电压方程的一般形式

用 n-1 个 KCL 方程求解电流，通过元件 VCR 关系式（有源支路欧姆定律或无源支路欧姆定律），用节点电压表示各支路电流，然后代入 n-1 个 KCL 方程中，则 n-1 个 KCL 方程就成为关于节点电压的方程。

由 VCR 关系可用节点电压表示各支路电流。

$$\begin{aligned}
I_1 &= \frac{U_{n1}}{R_1} \\
I_2 &= \frac{U_2}{R_2} = \frac{U_{n2} - U_{S2}}{R_2} \\
I_3 &= \frac{U_{n3}}{R_3} \\
I_4 &= \frac{U_4}{R_4} = \frac{U_{n1} - U_{n2}}{R_4} \\
I_5 &= \frac{U_5}{R_5} = \frac{U_{n2} - U_{n3}}{R_5} \\
I_6 &= \frac{U_6 + U_{S6}}{R_6} = \frac{U_{n3} - U_{n1} + U_{S6}}{R_6}
\end{aligned} \qquad (3\text{-}9)$$

由 KCL 定律，对节点①、节点②、节点③列写方程如下：

$$\begin{cases} I_1 + I_4 - I_6 = 0 \\ I_2 - I_4 + I_5 = 0 \\ I_3 - I_5 + I_6 = 0 \end{cases} \quad (3\text{-}10)$$

将式（3-9）代入式（3-10）中，得：

$$\begin{cases} \dfrac{U_{n1}}{R_1} + \dfrac{U_{n1}-U_{n2}}{R_4} - \dfrac{U_{n3}-U_{n1}+U_{S6}}{R_6} = 0 \\ \dfrac{U_{n2}-U_{S2}}{R_2} - \dfrac{U_{n1}-U_{n2}}{R_4} + \dfrac{U_{n2}-U_{n3}}{R_5} = 0 \\ \dfrac{U_{n3}}{R_3} - \dfrac{U_{n2}-U_{n3}}{R_5} + \dfrac{U_{n3}-U_{n1}+U_{S6}}{R_6} = 0 \end{cases} \quad (3\text{-}11)$$

整理得：

$$\begin{cases} \left(\dfrac{1}{R_1}+\dfrac{1}{R_4}+\dfrac{1}{R_6}\right)U_{n1} - \dfrac{1}{R_4}U_{n2} - \dfrac{1}{R_6}U_{n3} = \dfrac{U_{S6}}{R_6} \\ -\dfrac{1}{R_4}U_{n1} + \left(\dfrac{1}{R_2}+\dfrac{1}{R_4}+\dfrac{1}{R_5}\right)U_{n2} - \dfrac{1}{R_5}U_{n3} = \dfrac{U_{S2}}{R_2} \\ -\dfrac{1}{R_6}U_{n1} - \dfrac{1}{R_5}U_{n2} + \left(\dfrac{1}{R_3}+\dfrac{1}{R_5}+\dfrac{1}{R_6}\right)U_{n3} = -\dfrac{U_{S6}}{R_6} \end{cases} \quad (3\text{-}12)$$

写成电导形式：

$$\begin{cases} (G_1+G_4+G_6)U_{n1} - G_4 U_{n2} - G_6 U_{n3} = G_6 U_{S6} \\ -G_4 U_{n1} + (G_2+G_4+G_5)U_{n2} - G_5 U_{n3} = G_2 U_{S2} \\ -G_6 U_{n1} - G_5 U_{n2} + (G_3+G_5+G_6)U_{n3} = -G_6 U_{S6} \end{cases} \quad (3\text{-}13)$$

令 $G_{11} = G_1 + G_4 + G_6$　　$G_{12} = -G_4 = G_{21}$　　$G_{13} = -G_6 = G_{31}$
　　$G_{22} = G_2 + G_4 + G_5$　　$G_{23} = -G_5 = G_{32}$　　$G_{33} = G_3 + G_5 + G_6$

其中 G_{11}、G_{22}、G_{33} 称为自电导，等于连于本节点上所有电阻倒数之和；其余为互电导，是本节点与相邻节点的公共支路上电阻倒数之和。自电导都是正的，因为本节点对参考点为正电位，连于本节点所有支路电流均向外流出，互电导均是负的，因为相邻节点对本节点的电位差使该支路电流流向本节点。

节点电压方程的一般形式为：

$$\begin{cases} G_{11}U_{n1} + G_{12}U_{n2} + \cdots + G_{1(n-1)}U_{n\,(n-1)} = I_{S11} \\ \cdots\cdots \\ G_{(n-1)1}U_{n1} + G_{(n-2)2}U_{n2} + \cdots + G_{(n-1)(n-1)}U_{n\,(n-1)} = I_{S\,(n-1)(n-1)} \end{cases} \quad (3\text{-}14)$$

共列写 $n-1$ 个节点电压方程。

式（3-14）表述为：

本节点电压×自电导+相邻节点电压×互电导=汇于本节点所有电流源的代数和

其中指向本节点的电流源为"+"，反之为"−"。有伴电压源电压方向背离本节点者为"+",反之为"−"。

注意：①若电路中有电压源和电阻的串联组合，可经过等效变换为电流源与电阻的并联组合；②若电阻与电压源并联，该电压源为无伴电压源，处理方法见后；③以后列写节点电压方程时，无需再推导，可按一般形式直接写出。④尽管节点电压是未知量，节点电压方程中方程式各量纲为电流；⑤电路中不含受控源和无伴电压源，则上述方程的系数行列式为对称矩阵。

弥尔曼定律：对于两个节点多个回路的电路（如图 3.13 所示）。

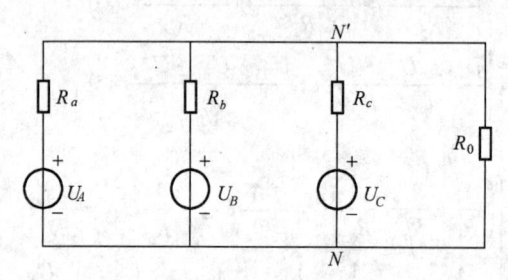

图 3.13　弥尔曼定律

用节点电压法写出方程：

$$U_{N'N} = \frac{G_a U_A + G_b U_B + G_c U_C}{G_a + G_b + G_c + G_0} \quad (3\text{-}15)$$

式（3-15）称为弥尔曼定律。

其中 $G_0 = \dfrac{1}{R_0}$，$G_a = \dfrac{1}{R_a}$，$G_b = \dfrac{1}{R_b}$，$G_c = \dfrac{1}{R_c}$。

节点电压法的步骤：

（1）确定各支路电流的参考方向。

（2）选取参考节点和 $(n-1)$ 个独立节点，并标号①，②……。

（3）列写 $n-1$ 个节点电压方程。

（4）解方程求出节点电压。

（5）求各支路电压。

最后可由 KCL 定律验证结果的正确性。

参考节点的选取是任意的，余下的 $n-1$ 个节点则是独立节点，独立与非独立是相对而言的，一般选公共支路交叉多的节点作为参考点，可简化分析。

特别地，无伴电压源因电压源支路没有串联电阻，不能转换为电流源并联形式，因此对于无伴电压源及无伴受控电压源的处理，可增设一个新的未知电流变量，同时增加一个新方程，建立节点电压与无伴（受控）电压源的关系。使方程数与未知量个数相同，才能解出方程。也可采用简便方法，对于无伴电压源及无伴受控电压源，尽量避免列写其所连节点的节点电压方程，并增加一个新方程，建立节点电压与无伴电压源的关系，或建立节点电压与无伴受控电压源电压的关系式。对于无伴受控电流源则要建立节点电压与受控电流源电流的关系式。

例 3-4 用节点电压法求图 3.14 电路中的电流 I_2、I_3。

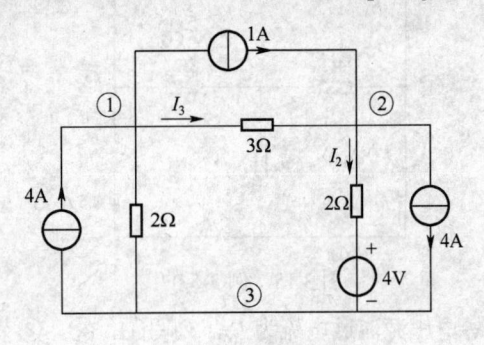

图 3.14 例 3-4 的图

解： 电路如图 3.14 所示。选节点③为参考节点，①、②为独立节点，设 U_{n1}、U_{n2} 为节点电压。

由节点电压法，写出节点电压方程如下：

$$\begin{cases} \left(\dfrac{1}{2}+\dfrac{1}{3}\right)U_{n1}-\dfrac{1}{3}U_{n2}=3 \\ -\dfrac{1}{3}U_{n1}+\left(\dfrac{1}{3}+\dfrac{1}{2}\right)U_{n2}=-1 \end{cases}$$

整理得 $\begin{cases} 5U_{n1}-2U_{n2}=18 \\ -5U_{n1}+5U_{n2}=-6 \end{cases}$

解方程得 $U_{n1}=\dfrac{78}{21}\text{V}$ $U_{n2}=\dfrac{6}{21}\text{V}$ $I_3=\dfrac{U_{n1}-U_{n2}}{3}=\dfrac{24}{21}\text{A}$

$$I_2=\dfrac{U_{n2}-4}{2}=\dfrac{\dfrac{6}{21}-4}{2}=-\dfrac{39}{21}\text{A}$$

经验证满足①、②节点 KCL 定律。

例 3-5 用节点电压法列写图 3.15 所示电路的方程。

解： 电路如图 3.15 所示。设 $U_{n4}=0$，选①、②、③为独立节点。

由节点电压法，列写②、③节点方程如下：

$$\begin{cases} -\dfrac{1}{24}U_{n1}+\left(\dfrac{1}{24}+\dfrac{1}{32}+\dfrac{1}{8}\right)U_{n2}-\dfrac{1}{8}U_{n3}=0 \\ -\dfrac{1}{8}U_{n2}+\dfrac{1}{8}U_{n3}=0.15-0.5U_X \\ U_X=U_{n2} \\ U_{n1}=20 \end{cases}$$

电压源 20V 为无伴电压源，避开列写节点①的 KVL 方程。

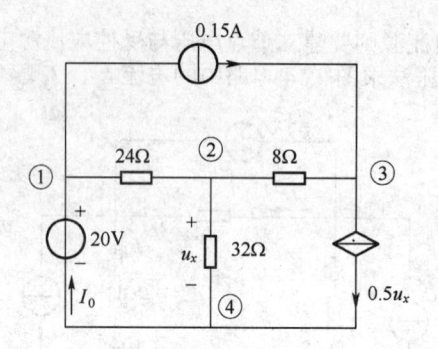

图 3.15 例 3-5 的图

方法二：设 20V 电压源流过电流为 I_0，列写①，②，③节点方程。

$$\begin{cases} \dfrac{1}{24}U_{n1} - \dfrac{1}{24}U_{n2} = I_0 - 0.15 \\ -\dfrac{1}{24}U_{n1} + \left(\dfrac{1}{24} + \dfrac{1}{32} + \dfrac{1}{8}\right)U_{n2} - \dfrac{1}{8}U_{n3} = 0 \\ -\dfrac{1}{8}U_{n2} + \dfrac{1}{8}U_{n3} = 0.15 - 0.5U_X \\ U_X = U_{n2} \\ U_{n1} = 20 \end{cases}$$

例 3-6 用节点电压法求图 3.16 所示电路的电压比值 $\dfrac{u_0}{u_1}$。

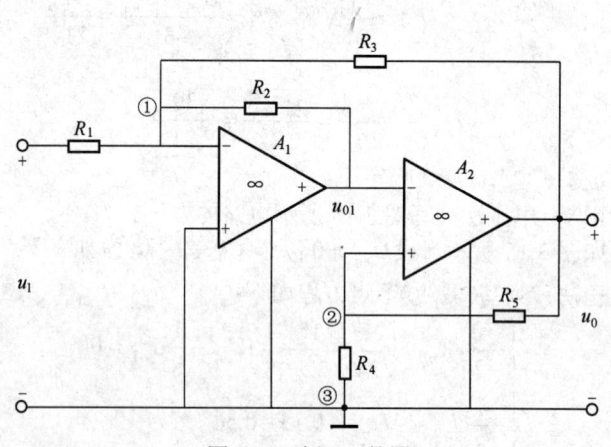

图 3.16 例 3-6 的图

解：用节点电压法。设 $U_{n3} = 0$，对节点①列写节点电压方程。

$$\left(\frac{1}{R_1}+\frac{1}{R_2}+\frac{1}{R_3}\right)u^- -\frac{1}{R_2}u_{01}-\frac{1}{R_3}u_0=\frac{u_1}{R_1} \tag{1}$$

由运放器的性质：$i^+ = i^- = 0$
$$u^+ = u^-$$

对运放器 A_1 还有：$u^+ = u^- = 0$

式（1）可写为：
$$-\frac{1}{R_2}u_{01}-\frac{1}{R_3}u_0=\frac{u_1}{R_1} \tag{2}$$

对运放器 A_2 有：$u^+ = u^- = u_{01} = u_{R4} = \dfrac{R_4}{R_4+R_5}u_0 \tag{3}$

将式（3）代入（2），整理得：
$$\frac{u_0}{u_1}=-\frac{R_2R_3(R_4+R_5)}{R_1(R_2R_4+R_3R_4+R_2R_5)}$$

方法二：此题还可以用前面（1.7 节）所学的方法求解。

根据运放器的性质：$i^+ = i^- = 0$
$$u^+ = u^-$$

对运放器 A_1 还有：$u^+ = u^- = 0 \tag{1}$

由 KCL 定律对节点①列写方程：
$$\frac{u_1-u^-}{R_1}=\frac{u^- - u_{01}}{R_2}+\frac{u^- - u_0}{R_3} \tag{2}$$

对运放器 A_2 有：$u^+ = u^- = u_{01} = u_{R4} = \dfrac{R_4}{R_4+R_5}u_0 \tag{3}$

将式（1）、（3）代入（2），整理得：
$$\frac{u_0}{u_1}=-\frac{R_2R_3(R_4+R_5)}{R_1(R_2R_4+R_3R_4+R_2R_5)}$$

章节回顾

本章讨论线性时不变电阻电路的分析计算方法，在列方程求解电路时，知道如何列方程和列几个 KCL 方程及 KVL 方程合适。

1. 本章学习有关图的知识。为了求解电路中的电流和电压等未知量，在列写电路方程时，应用图的概念选择独立变量，确定列写独立的 KCL 方程及 KVL 方程的个数。若不考虑元件本身的特性，只考虑电路的连接关系即拓扑关系，用一些线段和点组成的图形称为图，它反映了电路的结构及连接性质，应用拓扑约束特性即 KVL 定律、KCL 定律，建立方程组，从而求解未知量，要掌握支路、节点、图与电路中的支路、节点、电路图的区别，掌握有向图、连通图、回路、树、树支、连支、单连支回路、网孔、平面电路的概念。

电路中支路和节点与电路的图中的树支与连支关系：

b 条支路中，树支数($n-1$)个，从而确定独立 KCL 方程的个数；连支 l 个，确定独立 KVL 方程个数。

支路数 $b=$ 树支数($n-1$)+连支数 l

树支数=节点数 $n-1$

连支数 l=独立回路数=网孔数=$b-(n-1)$

2. 支路电流法和支路电压法是分析电路的基本方法，设电路中支路数 b 为未知量个数，根据 $n-1$ 个 KCL 方程组及 $l=b-(n-1)$个方程组联立求解电路，是本章最简单的方法，但当电路含多个支路时电路方程个数较多，求解过程较麻烦，因而不是最简便的方法。

3. 网孔法需要列写 $l=b-(n-1)$个网孔电流方程，比支路电流法少列($n-1$)个方程，此方法在列方程时 KCL 定律自行满足，因所有支路电流均可用网孔电流表示，适用于回路少、节点多的情况。网孔法适用于平面电路，采用网孔法求解电路时无需作电路的图，直接用网孔法列 m 个网孔电流方程，解方程后再用网孔电流求解各支路电流。

4. 回路电流法适用于非平面或平面等任一种电路。需要列写 $l=b-(n-1)$个回路电流方程，比支路电流法少列 $n-1$ 个方程，此方法在列回路电流方程时 KCL 定律自行满足。因所有支路电流均可以用回路电流表示。回路法在分析平面电路及非平面电路时，要作出电路的图，确定树、树支，由若干个树支和一个连支构成单连支回路，从而确定单连支回路组，由此列写 l 个方程求解电路，要注意无伴电流源、无伴受控电流源及受控电压源的处理方法。

5. 节点电压法需列写 $n-1$ 个节点电压方程，比支路电流法少列 $l=b-(n-1)$个方程，因在用节点电压表示所有支路电流时 KVL 定律自行满足。适用于节点少、回路多的情况，采用节点电压法时无需作电路的图，解出节点电压后再求出各支路电压及电流。

6. 无伴电源及无伴受控源的处理方法：

用支路电流法、网孔法及回路法分析电路时，以 KVL 定律为基础列写，当电路中含有无伴电流源及无伴受控电流源时，因不能等效变换为电压源和电阻的串联形式，需增设一个新的未知量电压表示其两端电压，同时增加一个新的方程，即建立该电流源电流与网孔电流或回路电流未知量的关系式；或者设该支路为一连支，避免列写该连支回路方程，同时添加一个新的方程，建立无伴受控电流源或无伴电流源与未知量网孔电流（回路电流）的关系式。

支路电流法、节点电压法以 KCL 方程为基础列写，当电路中含有无伴电压源及无伴受控电压源时，因不能等效变换为电流源和电阻的并联形式，需增设一个新的未知量电流表示通过其电源的电流，同时增加一个新的方程，即建立该电流与节点电压的关系式；或者避免列写该电源所连节点的节点电压方程，并添加一个新方程，即建立无伴电压源或无伴受控电压源与未知量节点电压的关系。

习题

3-1 题 3-1 图示电路标示了电流（电压）的参考方向，画出该电路的图，并求出支路数 b、节点数 n 和基本回路数 l，指出 KCL、KVL 独立方程数为多少？

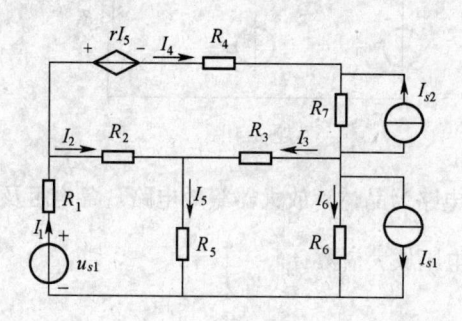

题 3-1 图

3-2 对题 3-2 图示电路画出 4 个不同的树，树支数分别为多少？

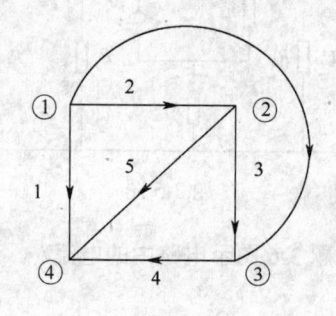

题 3-2 图

3-3 对题 3-3 图示的非平面图，设（1）选择支路（1，2，3，4）为树；（2）选择（5，6，7，8）为树，问独立回路各为多少？求其（独立）基本回路组。

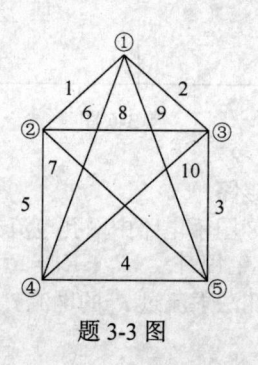

题 3-3 图

3-4 题 3-4 图示电路中，已知 $R_1 = 2\Omega$，$R_2 = 4\Omega$，$R_3 = 20\Omega$，$U_{S1} = 10\text{V}$，$U_{S2} = 20\text{V}$，求电流 i_3，并计算 R_3 的电压和其吸收的功率。

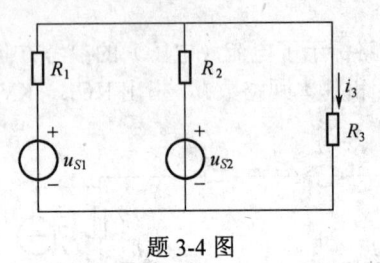

题 3-4 图

3-5 题 3-5 图示电路为晶体管放大器等效电路，各电阻及 β 均为已知，求电流放大倍数 $A_i\left(\dfrac{i_2}{i_1}\right)$ 和电压放大倍数 $A_u\left(\dfrac{u_2}{u_1}\right)$。

题 3-5 图

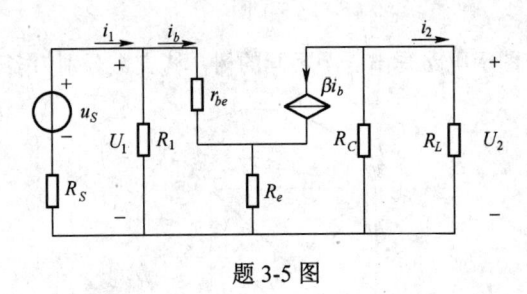

3-6 用支路电流法求题 3-6 图示电路中的电流 i_x。

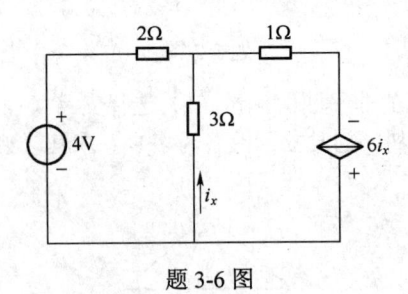

题 3-6 图

3-7 用网孔法求题 3-4 电路。
3-8 用网孔法列写题 3-8 图示电路中网孔电流方程。
3-9 已知题 3-9 图示电路中，$R_1 = R_2 = R_3 = R_4 = R_5 = 1\Omega$，$u_S = 20\text{V}$，$I_{S1} = 10\text{A}$，$I_{S2} = 5\text{A}$，用网孔法求流过 R_3 的电流 I_3。

题 3-8 图　　　　　　　　　题 3-9 图

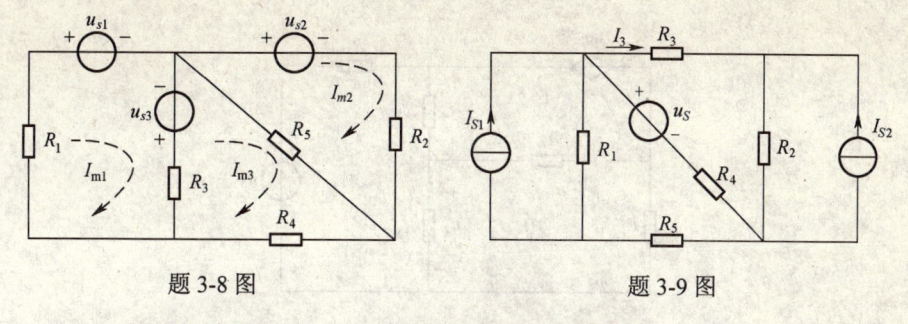

3-10　用网孔法列写题 3-10 图示电路的网孔电流方程。

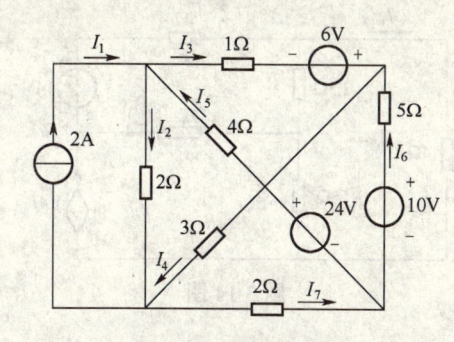

题 3-10 图

3-11　用网孔法求题 3-11 图示电路电阻 R_L 上的电流 I_L。

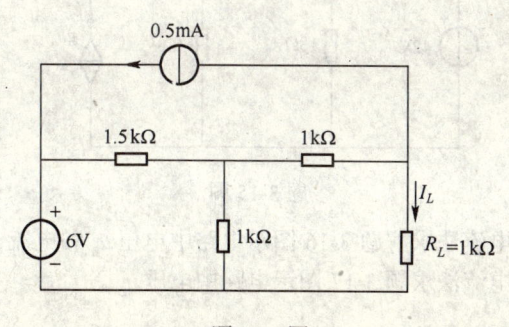

题 3-11 图

3-12　已知 $u_S = 5V$，$R_1 = R_2 = R_4 = R_5 = 1\Omega$，$R_3 = 2\Omega$，$\mu = 2$。用网孔法求题 3-12 图示电路中 u_1。

3-13　用回路电流法求题 3-11。

3-14　用回路电流法求解题 3-14 图电路中的电流 I_1 与电压 u_0。

3-15　题 3-15 图示电路，其中 $g = 0.1s$，用网孔法求流过 8Ω 电阻的电流。

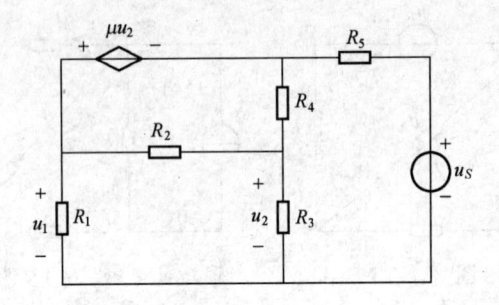

题 3-12 图

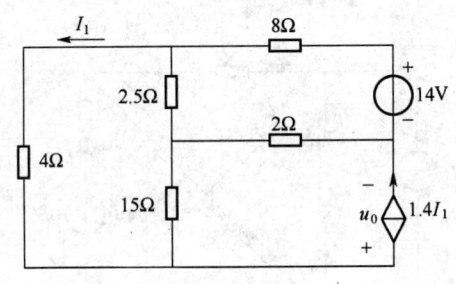

题 3-14 图

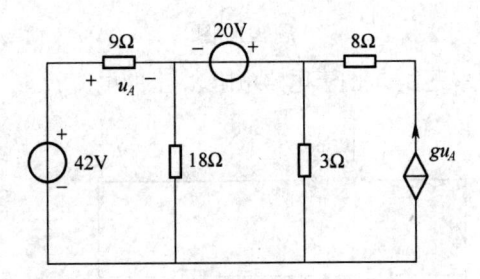

题 3-15 图

3-16 用回路电流法求解题 3-16 图示电路中电压 u_0 和电流 i_0。

3-17 用回路电流法求题 3-17 图示电路中电压 u_0。

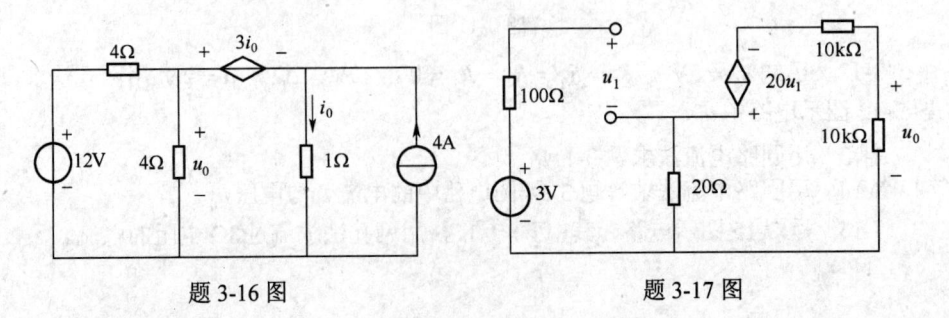

题 3-16 图　　　　　　　题 3-17 图

3-18 用回路法求题 3-18 图示电路（a）中 u_X 及（b）中 I。

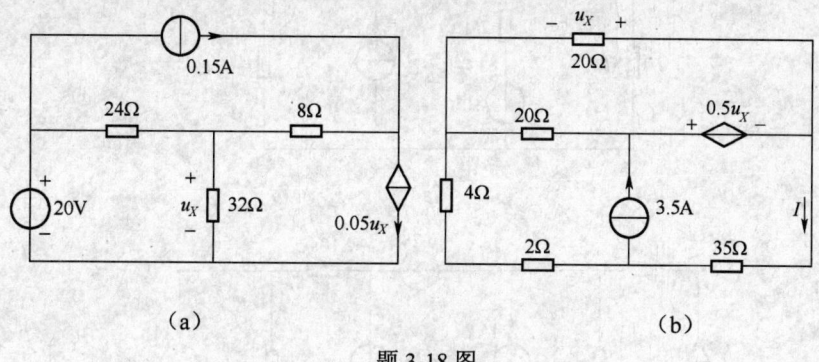

（a）

（b）

题 3-18 图

3-19 列出题 3-19 图示电路（a）、（b）的节点电压方程。

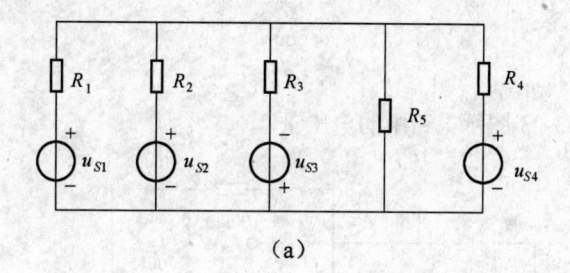

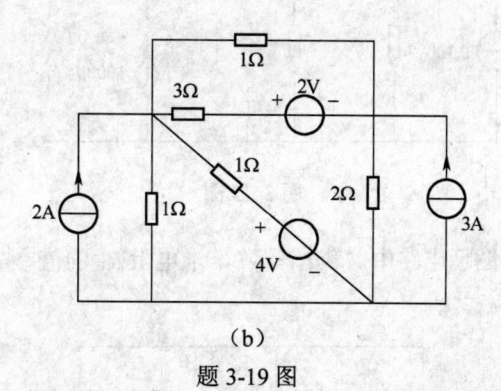

（a）

（b）

题 3-19 图

3-20 用节点电压法求题 3-16。
3-21 用节点电压法求题 3-18。
3-22 求题 3-22 图示（a）、（b）电路中电流 I。

(a)

(b)

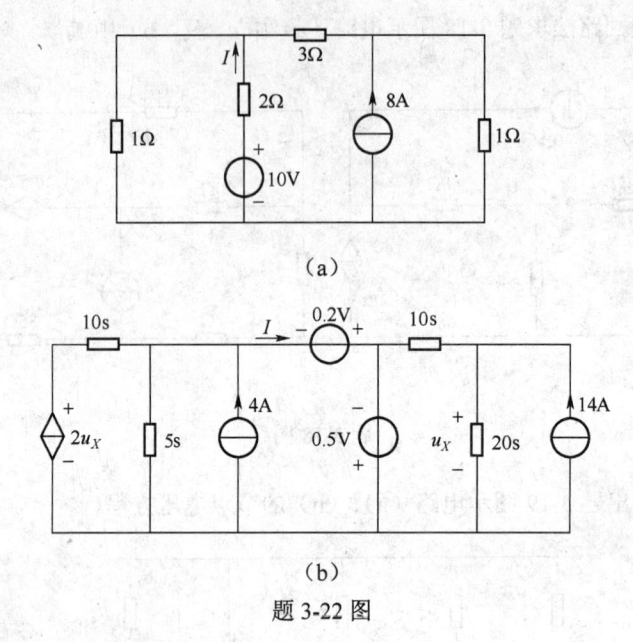

题 3-22 图

3-23 求题 3-23 图示电路中的电压 u_0。

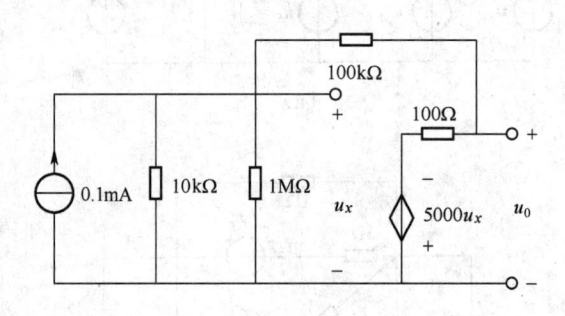

题 3-23 图

3-24 题 3-24 图示电路中，若 $i_X = \dfrac{1}{8}i$，求电阻 R_X 的值。

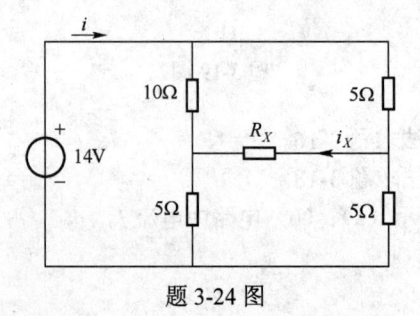

题 3-24 图

3-25 用节点法求题 3-25 图示电路中的电压 u。

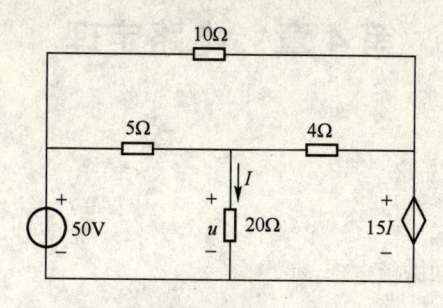

题 3-25 图

3-26 求题 3-26 图示电路 u_0 与 u_1、u_2、u_3 的关系。

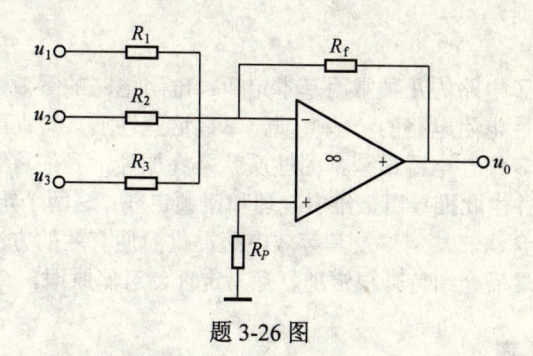

题 3-26 图

3-27 求题 3-27 图示电路 u_0 与 u_{S1}、u_{S2} 的关系。

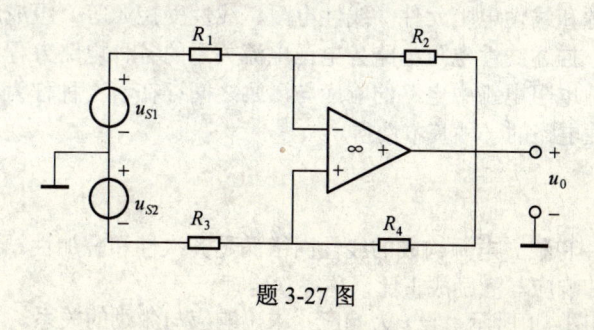

题 3-27 图

第 4 章 电路定理

本章重点

- 叠加定理。
- 戴维宁定理和诺顿定理。

本章难点

- 戴维宁定理。
- 互易定理。

前三章介绍了电路的几种常用基本定律、电阻电路的等效变换和各种分析方法。本章介绍线性电阻电路的一些性质，掌握这些性质，有助于简化线性电阻电路的分析和计算。线性电路最基本的性质就是叠加性，我们将首先讨论线性电阻电路的叠加性；并由此推导出戴维宁定理和诺顿定理。这两个定理是非常有用的，它们为求解线性含源二端网络及其等效电路提供简便有效的方法；之后介绍最大功率传输定理；最后介绍特勒根定理、互易定理、对偶原理。

4.1 叠加定理

由独立电源和线性电阻元件（线性电阻、线性受控源等）组成的电路，称为线性电阻电路。描述线性电阻电路各电压电流关系的各种电路方程，是一组线性代数方程。线性电阻电路中电路的响应与激励之间存在着一种称为叠加性的线性关系，它是线性电路的一种基本性质。

4.1.1 齐次性

由线性元件和独立电源构成的线性网络满足齐次性和叠加性。只有一个独立源的线性电路，响应与激励成正比，称齐次定理。

例 4.1 如图 4.1 所示，设 i_1 为响应，求出响应与激励的关系。

则：
$$i_1 = \frac{R_2 + R_3}{R_1 R_2 + R_2 R_3 + R_3 R_1} U_s = kU_s$$

其中：
$$k = \frac{R_2 + R_3}{R_1 R_2 + R_2 R_3 + R_3 R_1}$$

对于给定的电路，k 为常数。可以看出，激励与响应成正比，电路满足齐次定理。

图 4.1

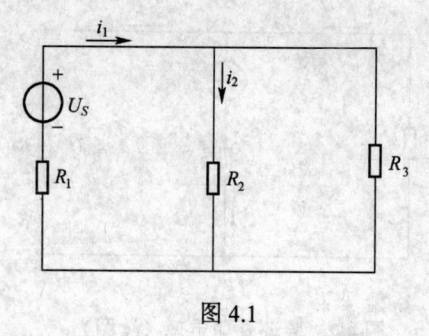

4.1.2 叠加定理

叠加定理：当线性电路中有几个电源共同作用时，各支路的电流（或电压）等于各个电源分别作用时在该支路产生的电流（或电压）的代数和（叠加）。

现在用下面的电路验证叠加定理。如图 4.2（a）所示为含有两个独立电源的电路。

（a）

（b）

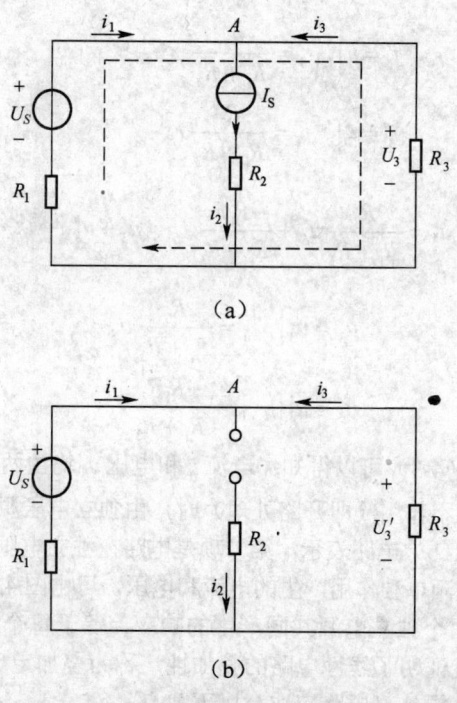

图 4.2 验证叠加定理

(c)

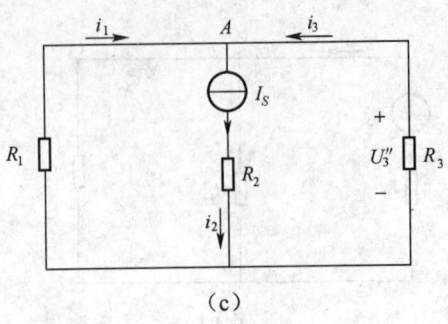

图 4.2 验证叠加定理（续图）

列出图 4.2（a）电路的 KVL 方程及节点 A 的 KCL 方程：

$$\begin{cases} R_1 i_1 - R_3 i_3 = U_S \\ i_2 = I_S = i_1 + i_3 \end{cases} \quad (4\text{-}1)$$

求解式（4-1）可得到电阻 R_1 的电流 i_1 和电阻 R_3 上电压 u_3。

$$i_1 = \frac{u_S}{R_1 + R_3} + \frac{R_3}{R_1 + R_3} I_S = i_1' + i_1'' \quad (4\text{-}2)$$

其中：

$$i_1' = i_1 \big|_{I_S = 0} = \frac{u_S}{R_1 + R_3}$$

$$i_1'' = i_1 \big|_{u_S = 0} = \frac{R_3}{R_1 + R_3} I_S$$

$$u_3 = \frac{R_3}{R_1 + R_3} u_S + \frac{-R_1 R_3}{R_1 + R_3} I_S = u_3' + u_3'' \quad (4\text{-}3)$$

其中：

$$u_3' = u_3 \big|_{I_S = 0} = \frac{R_3}{R_1 + R_3} u_S$$

$$u_3'' = u_3 \big|_{U_S = 0} = \frac{-R_1 R_3}{R_1 + R_3} I_S$$

由式（4-2）和（4-3）可以得知：电流 i_1 和电压 u_3 均由两项相加而成。第一项是电路在独立电流源不作用（即开路处理）时，由独立电压源单独作用产生的电流和电压，可由图 4.1（b）电路表示。第二项是电路在独立电压源不作用（即短路处理）时，由独立电流源单独作用产生的电流和电压，可由图 4.1（c）电路表示。

由以上可知，两个独立电源共同产生的响应，等于每个独立电源单独作用所产生响应之和。这就证明了线性电路的叠加性，称为叠加定理。

使用叠加定理分析计算电路应注意以下几点：

（1）叠加定理只能用于计算线性电路（即电路中的元件均为线性元件）的支路电流或电压（不能直接进行功率的叠加计算，请读者自己证明）。

（2）叠加的各分电路中，不作用的电源置零（电压源不作用时应视为"短路"，电流源不作用时应视为"开路"）。电路中的所有线性元件（包括电阻、电感和电容）都不予更动，受控源则保留在各分电路中。

（3）叠加时各分电路的电压和电流的参考方向取与原电路中的相同。求和时，应该注意各分量是正值还是负值。

叠加定理是线性电路普遍适用的一个基本定理，它是线性电路"齐次性"和"可加性"的体现，线性电路有许多电路定理如戴维宁定理等可由它导出，利用它还可以把多电源作用的复杂电路的计算问题，转化为单电源作用的简单电路的计算问题。

例 4-2 如图 4.3（a）所示的电路含有 4 个独立电源，用叠加定理求 3A 独立电流源发出的功率。其中 $R_1=6\Omega$，$R_2=3\Omega$，$R_3=1\Omega$。

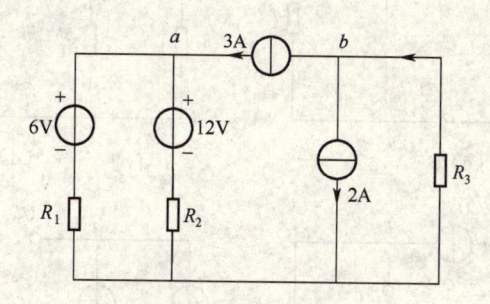

图 4.3 例 4-2 的图

分析：若能求出 3A 电流源两端电压 u_{ab}，就可以求出它产生的功率。求功率不能应用叠加定理，但求电压可以应用叠加定理。本题中含有多个独立电源，但若画出由各独立电源单独作用的电路，如图 4.4（a）、（b）、（c）和（d）所示，分解图的个数较多，不方便求解。本题的目的在于告诉读者，对于含有多个独立源的电路，可以灵活地把含独立源的电路分组，这样可以少画分解图使求解过程简单一些，如本题的分解图可简单地画为图 4.4（e）和（f）的叠加。

解 由图 4.4（e）可求出：

$$u'_{ab} = 3 \times \left(\frac{R_1 R_2}{R_1 + R_2} + R_3 \right) = 9\text{V}$$

由图（f）可求出：

$$u''_{ab} = 12 - 3 \times \left(\frac{12-6}{R_1 + R_2} \right) + 2 \times R_3 = 12\text{V}$$

可得：

$$u_{ab} = u'_{ab} + u''_{ab} = 21\text{V}$$

则 3A 独立电流源发出的功率为：

$$P = 3 \times u_{ab} = 63\text{W}$$

(a)

(b)

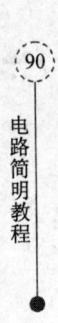

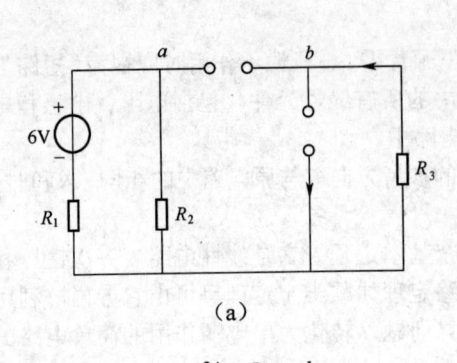

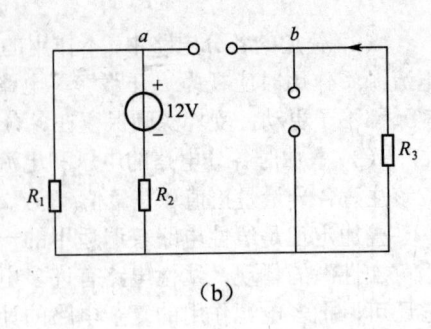

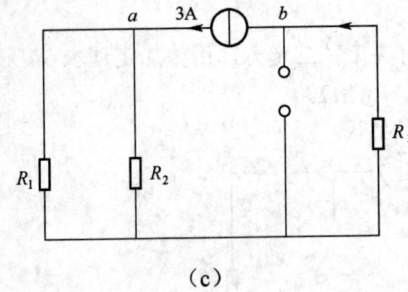

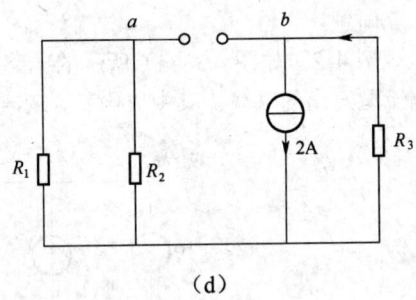

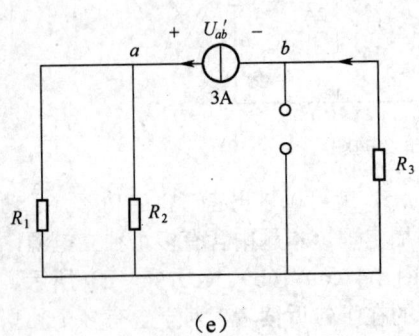

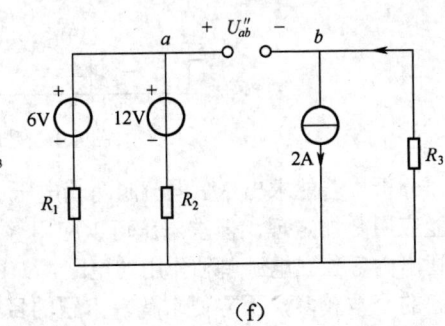

(c)

(d)

(e)

(f)

图 4.4　例 4-2 的图

例 4-3　如图 4.5 所示，用叠加定理求电流 i_1。

(a)

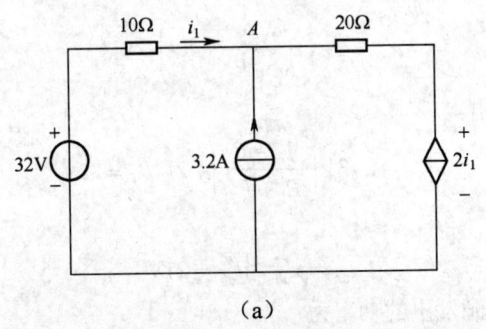

图 4.5　例 4-3 的图

(b)

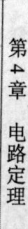

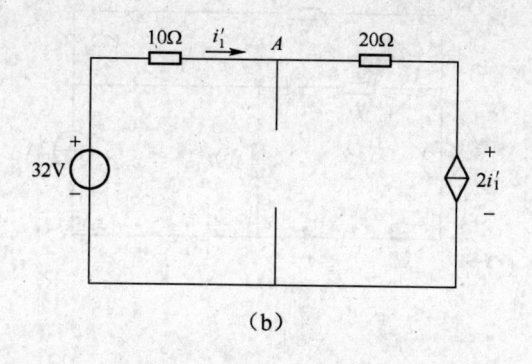

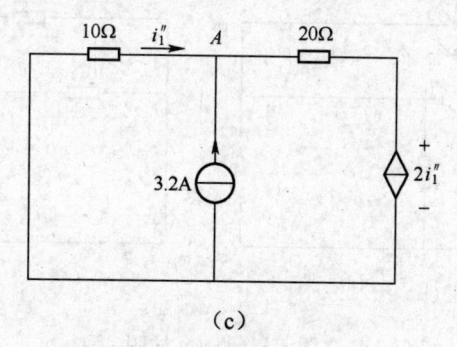

(c)

图 4.5　例 4-3 的图（续图）

解　设电压源单独作用（受控源不能单独作用），电路如图 4.5（b）所示。

$$(10+20)i_1' + 2i_1' = 32$$

$$i_1' = 1\text{A}$$

设电流源单独作用，电路如图 4.5（c）所示，用节点分析法，有：

$$\left(\frac{1}{20}+\frac{1}{10}\right)U_A = 3.2 + \frac{2i_1''}{20}$$

且

$$U_A = -10i_1''$$

求出：

$$i_1'' = -2\text{A}$$

所以，

$$i = i_1' + i_1'' = -1\text{A}$$

例 4-4　如图 4.6（a）所示，用叠加定理求电流源吸收的功率。

（a）

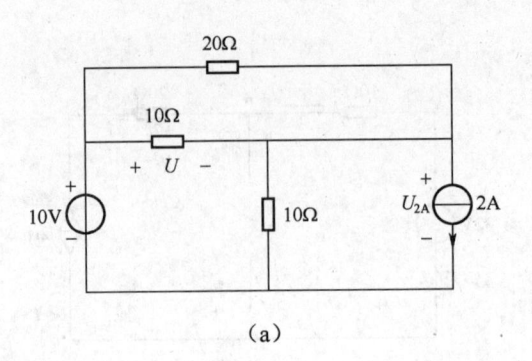

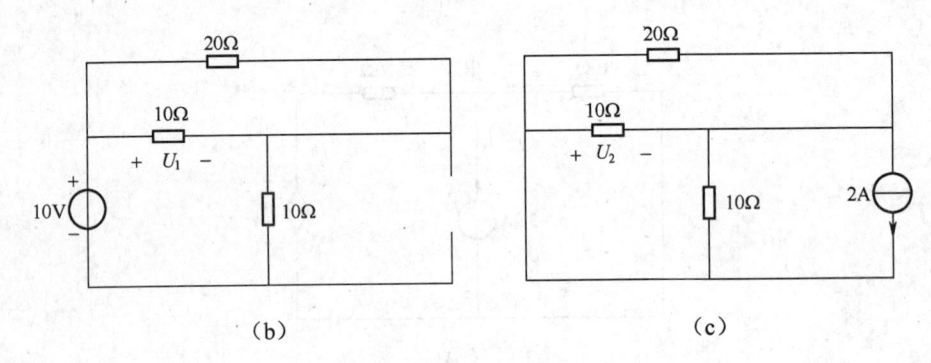

图 4.6 例 4-4 的图

解 设电压源单独作用（受控源不能单独作用），电路如图 4.6（b）所示。

$$U_1 = \frac{10//20}{10+10//20} \times 10 = 4\text{V}$$

设电流源单独作用，电路如图 4.6（c）所示。

$$U_2 = (20//10//10) \times 2 = 8\text{V}$$

$$U = U_1 + U_2 = 12\text{V}$$

电流源的端电压为：

$$U_{2A} = 10 - 12 = -2\text{V}$$

电流源吸收的功率（注意：电流源为关联参考方向）：

$$P = (-2) \times 2 = -4\text{W}$$

4.2 替代定理

替代定理也称为置换定理，是关于电路中任一支路两端的电压或其中的电流可以用电源替代的定理。网络 N 由一个电阻组成的端口电路 N_R 和一个任意端口电路 N_L 连接组成（见图 4.7（a）），若端口的电压 U 和电流 I 具有唯一解，则可用大

小和方向与 U 相同的电压源替代端口电路 N_L（见图 4.7（b）），或用大小和方向与 I 相同的电流源替代端口电路 N_L（见图 4.7（c）），替代后端口电路 N_R 中全部电压和电流都将保持原值不变。

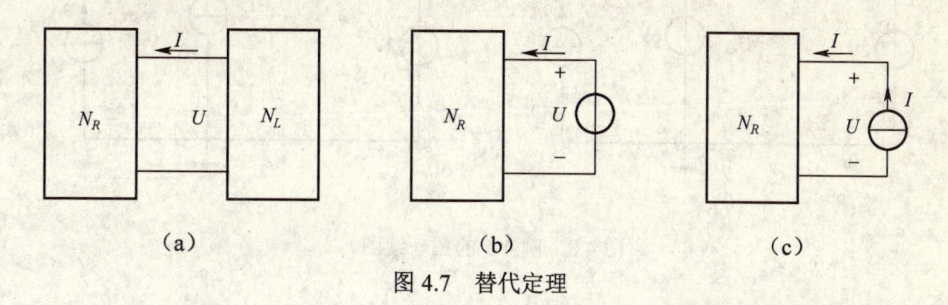

图 4.7 替代定理

这里的端口电路 N_L，可以是无源的（如仅由电阻组成），也可以是有源的（如由电压源和电阻串联组成或由电流源和电阻并联而成）。可以是线性网络，也可以是非线性网络。因为被替代处的电路的工作条件没有改变，当然不会影响电路中其他部分的工作。替代定理的意义在于，在已知网络中某支路的电压或电流时，可用一个独立电压源或电流源来替代该支路或端口电路，从而简化电路的分析计算。

下面举例说明替代定理的正确性。

例 4-5 电路如图 4.8（a）所示，①求支路电流 I_1、I_2 和支路电压 U_{ab}；②用①计算得到的 U_{ab} 作为电压源的电压替代 4V 电压源与 2Ω 电阻的串联支路，重新计算 I_1、I_2 和 U_{ab}；③用①计算得到的 I_2 替代 4V 电压源与 2Ω 电阻的串联支路，重新计算 I_1、I_2 和 U_{ab}。

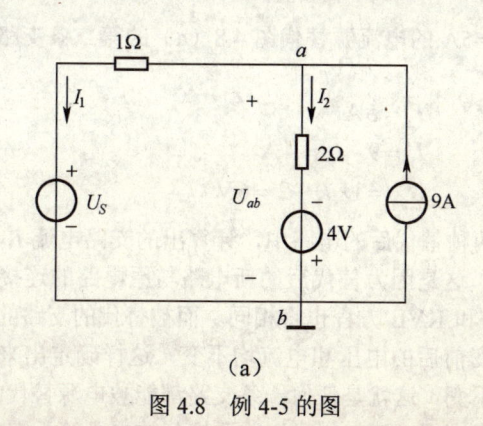

图 4.8 例 4-5 的图

(b)　　　　　　　　　　　　(c)

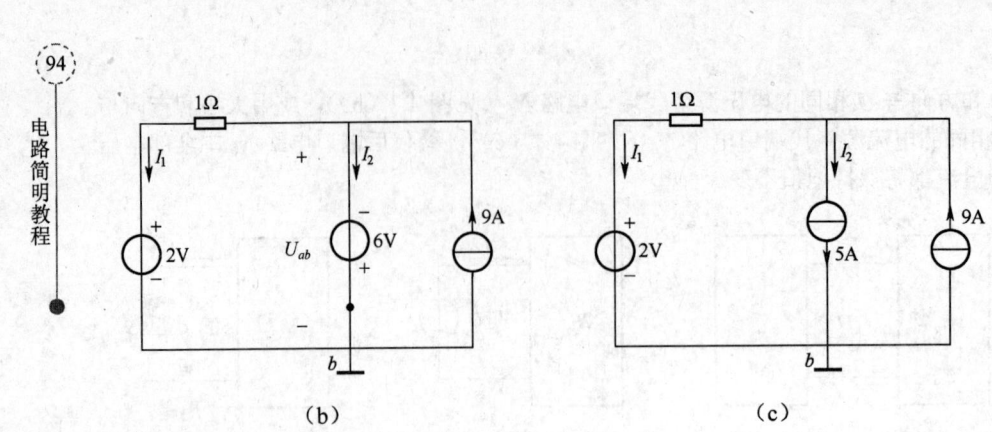

图 4.8　例 4-5 的图（续图）

解　（1）对图 4.8（a）列出节点电压方程，有

$$\left(\frac{1}{1}+\frac{1}{2}\right)U_{ab}=\frac{2}{1}-\frac{4}{2}+9$$

解得　　　　　　　$U_{ab}=6\text{V}$

支路电流　　　　$I_1=\frac{U_{ab}-2}{1}=4\text{A}$

$$I_2=\frac{U_{ab}+4}{2}=5\text{A}$$

（2）用电压 $U_{ab}=6\text{V}$ 的电压源替代图 4.8（a）的第二条支路，如图 4.8（b）所示。由图可得：

$$I_1=\frac{6-2}{1}\text{A}=4\text{A}$$
$$I_2=9-I_1=5\text{A}$$

（2）用电压 $I_2=5\text{A}$ 的电流源替代图 4.8（a）的第二条支路，如图 4.8（c）所示。由图可得：

$$I_2=5\text{A}$$
$$I_1=9-I_2=4\text{A}$$
$$U_{ab}=1\times I_1+2=6\text{V}$$

由此可知，在两种替代后的电路中，计算出的支路电流 I_1，I_2 和支路电压 U_{ab} 与原电路完全相同。这是因为替代后的新电路与原电路的连接是完全相同的，所以两个电路的 KCL 和 KVL 方程也将相同。而被替代的支路的电压或电流，由于其他支路在电路改变前后的电压和电流均不变，这样确定出来的被替代支路的电压或电流也将保持不变。这就是任何一条支路都能被电源替代的原因。

替代定理有许多应用，例如，我们前面提到的电压等于零的支路可用"短路"替代，即为电压等于零的电压源支路；电流等于零的支路可用"开路"替代，即为电流等于零的电流源支路。

通过下面的例 4-6 可以看出，替代定理在电路分析中是非常有用的。替代定理的成立在于：对于给定的具有唯一解的一组方程（线性或者非线性），若一个未知量用其解替代时，不会引起方程中其他未知量的解在数值上的改变。

使用替代定理的几点注意事项：

（1）替代定理对于线性、非线性、时变及时不变电路均适用。

（2）电路中含有受控源、耦合电感等耦合元件时，一般不能用替代定理。原因在于耦合元件与其控制量所在的支路被替代后，该支路的控制量可能不复存在。

（3）若支路的电压和电流均已知，该支路也可以用电阻值的电阻替代。

例 4-6 如图 4.9 所示，已知 $I=1A$，求电压 U。

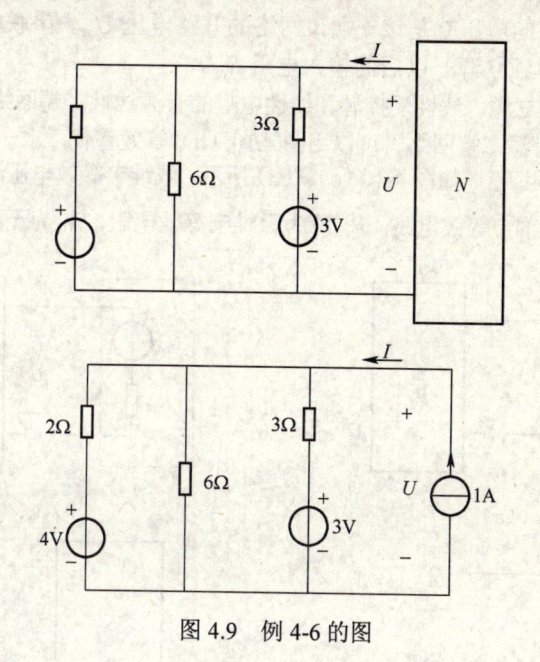

图 4.9 例 4-6 的图

解 由图可知，流出网络 N 的电流 $I=1A$，可用 1A 的电流源替代，设定零电位参考点，列出节点电压方程：

$$\left(\frac{1}{2}+\frac{1}{6}+\frac{1}{3}\right)U = \frac{4}{2} - \frac{3}{3} + 1$$

容易求得

$$U = 2V$$

4.3 等效电源定理——戴维宁定理和诺顿定理

为了简化电路的分析运算，可将任一复杂的含源线性时不变二端网络等效为一个简单的电压源模型或电流源模型，这就是等效电源定理，即戴维宁定理和诺顿定理。1883 年，由法国人 L.C.戴维宁提出。由于 1853 年德国人 H.L.F.亥姆霍兹也曾提出过，因而又称亥姆霍兹—戴维宁定理。对要研究的某一支路的两端来说，电路的其余部分就成为一个有源二端网络（或一端口网络），戴维宁定理和诺顿定理总结出有源线性二端网络可等效为一个电源模型。它既是有源线性二端网络的一个重要性质，也是电路分析的一种重要方法。

4.3.1 戴维宁定理

戴维宁定理的内容是：任意一个含独立源、线性受控源和线性电阻的有源线性二端网络（一端口网络），对外电路来说，都可以用一个理想电压源串联电阻来替代。理想电压源的电压就是该一端口网络的开路电压 U_{oc}，串联电阻就是该一端口网络内部除源（独立源）以后的输入电阻 R_{eq}。

任意一个含独立源、线性受控源和线性电阻的有源线性二端网络如图 4.10（a）所示，其中 N_S 为有源二端网络。可以用图 4.10（b）等效替代，求一端口网络的开路电压 U_{oc} 和等效电阻 R_{eq}，如图 4-10（c）、（d）所示。戴维宁等效电压源 U_{oc} 和电阻 R_{eq} 的串联组合称为戴维宁等效电路，R_{eq} 称为戴维宁等效电阻，N_0 为无源二端网络。

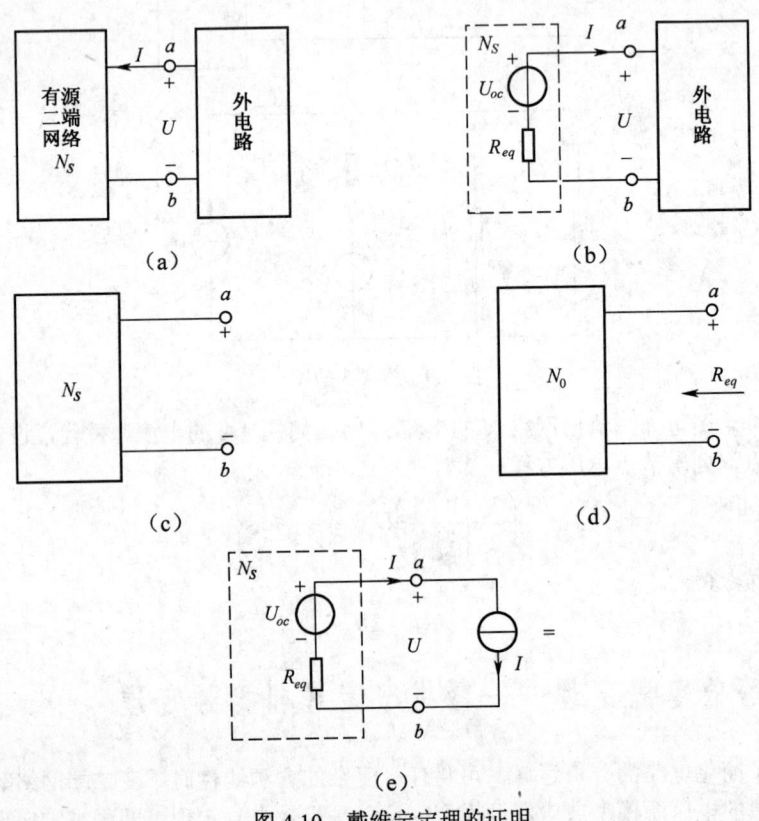

图 4.10 戴维宁定理的证明

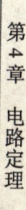

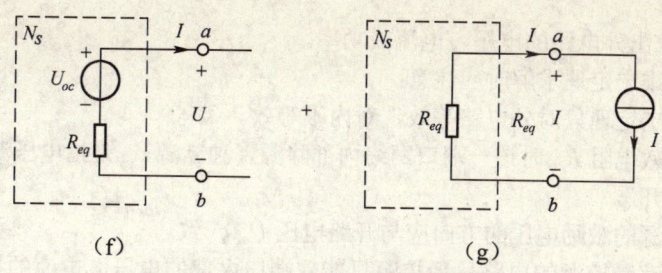

图 4.10 戴维宁定理的证明（续图）

电压和电流采用关联参考方向时，其端口电压电流关系为
$$U = U_{oc} - IR_{eq}$$

下面我们证明这个定理。

设线性二端网络与负载相连，负载可以是纯电阻，也可以含有电源；既可以是线性的，也可以是非线性的，且二端网络的电压电流关系与外接负载没有关系，由替代定理，我们可以用电流源 I 代替外电路，其大小和方向与原电路相同，此时求网络两端的电压 U，从而可以求出端口的电压电流关系。

如图 4.10（e）所示，应用叠加定理，端口电压 U 等于网络 N 所有电源产生的电压 U' 加上电流源 I 产生的电压 U''。其中 U' 是电流源 $I=0$ 时，也就是外加电流源用开路代替时网络的端电压，即网络的开路电压 U_{oc}。U'' 是网络内部所有电源都为零时，由外加的电流源产生的电压，此时产生的电压可以表示为 $R_{eq}I$。

如图 4.10（f）所示，有：
$$I' = 0$$
$$U' = U_{oc}$$

如图 4.10（g）所示，有：
$$I'' = I$$
$$U'' + I''R_{eq} = 0$$
$$U'' = -I''R = -IR_{eq}$$

由叠加定理
$$I = I' + I'' = I$$
$$U = U' + U'' = U_{oc} - IR_{eq}$$

所以有
$$U = U_{oc} - IR_{eq}$$

定理得证。

步骤：（1）确定要简化的有源线性二端网络，画出戴维宁等效电路。分清外电路以及要简化的电路。

（2）求开路电压 U_{oc}（画出电路图）。

（3）求等效电阻 R_{eq}（画出电路图）。

（4）求出外电路的电压、电流或功率。

应用戴维宁定理求解时应注意：

①戴维宁定理只对外电路等效，对内不等效。

②求等效电阻 R_{eq} 时该一端口网络内部除源（独立源），是指电压源"短接"，电流源"断开"。

③电压源的激励电压的方向应与开路电压 U_{oc} 一致。

④对含有受控源的电路，受控源只能受端口内部的电压、电流的控制，内部的电压、电流不能作为外部电路受控源的控制量。

戴维宁定理只适用于线性的有源二端网络或非线性网络的线性部分。如果有源二端网络中含有非线性元件时，则不能应用戴维宁定理求解。在应用戴维宁定理进行分析和计算时，如果待求支路以外的有源二端网络仍为复杂电路，可再次运用戴维宁定理，直至成为简单电路。在求端口开路电压 U_{oc} 时，端口电流为0。

例4-7 求图4.11中的电流 I。

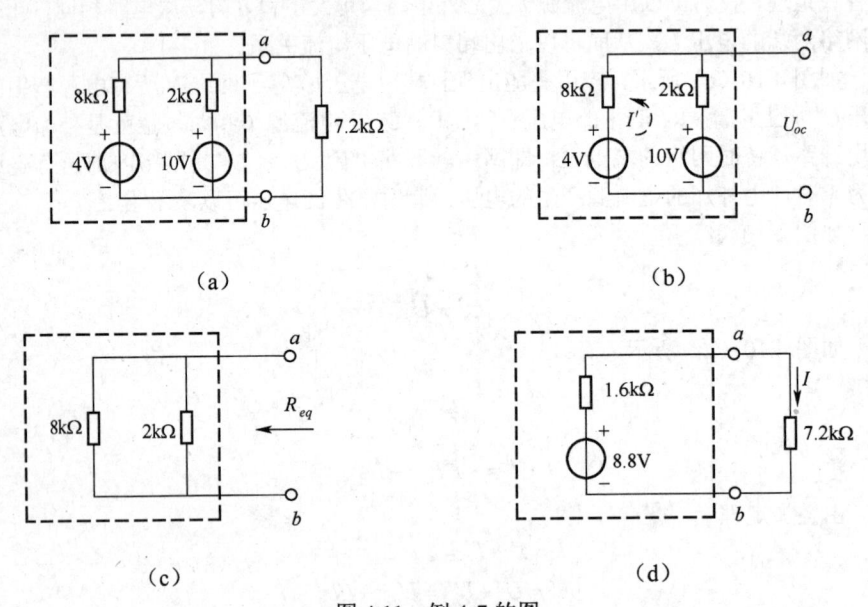

图 4.11 例 4-7 的图

解 根据戴维宁定理，除了待求的电阻 7.2kΩ 所在支路以外，其他部分所构成的含源二端网络，可以简化为一个电压源 U_{oc} 与电阻 R_{eq} 的串联等效电路。把待求支路断开，可得求解开路电压 U_{oc} 的电路，如图4.11（b）所示。

可求得：$I' = \dfrac{10-4}{2+8} = 0.6\text{mA}$

$U_{oc} = 10 - 2 \times 0.6 = 8.8\text{V}$

或 $U_{oc} = 8 \times 0.6 + 4 = 8.8\text{V}$

为求等效电阻 R_{eq}，要把图 4.11（a）中含源二端网络中的两个独立电压源置零（用短路代替），可得电路图 4.11（c）。

求等效电阻为：
$$R_{eq}=1.6\text{k}\Omega$$

可得图 4.11（d）所示的等效电路。根据这个电路，可以方便地求得 I。
$$I=\frac{8.8}{1.6+7.2}=1\text{mA}$$

还可以用网孔电流法和节点电压法求解本题，但当电阻 7.2kΩ 变换阻值时，两种方法都需要重新列写电路方程求解，而采用戴维宁定理却可以方便地求解。

例 4-8 求图 4.12 中 5Ω 电阻的端电压。

解 断开 5Ω 电阻，求余下的有源二端网络的戴维宁等效电路。利用电流源与电阻的并联和电压源与电阻的串联的等效关系，可得图 4.12（b），直接利用端口的伏安关系的方法求 U_{oc}。

$$I_1 = \frac{32}{6I_1 + 4I_1 - 2I_1} = 4\text{A}$$
$$U_{oc} = 6I_1 = 24\text{V}$$

令图 4.12（b）中的独立电压源短路，得图 4.12（c）可求等效电阻 R_{eq}。

(a)

(b)

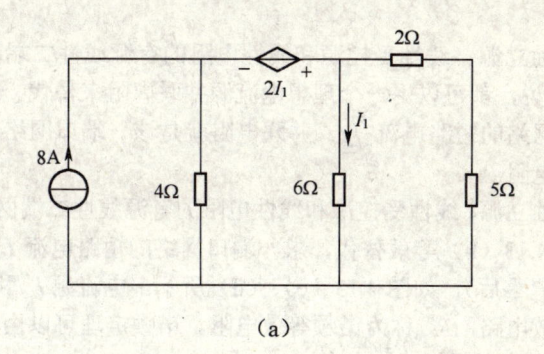

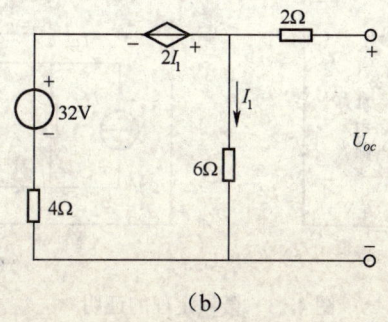

图 4.12 例 4-8 的图

(c)　　　　　　　　　　　　　　（d）

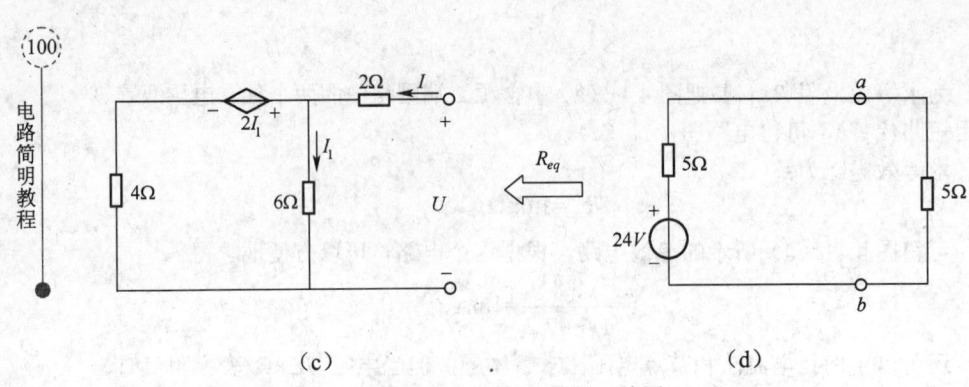

图 4.12　例 4-8 的图（续图）

由图可求：

$$I = 2I_1$$
$$U = 5I$$
$$R_{eq} = 5\Omega$$

作出戴维宁等效电路，接上 5Ω 电阻，如图 4.12（d）所示。
求出

$$U_{ab} = 12\text{V}$$

4.3.2　诺顿定理

任意一个含独立源、线性受控源和线性电阻的有源线性二端网络（一端口网络），对外电路来说，都可以用一个理想电流源并联内阻来替代。理想电流源的电流就是该一端口网络的短路电流 I_{sc}，并联电阻就是该一端口网络内部除源（独立源）以后的输入电阻 R_{eq}。

任意一个含独立源、线性受控源和线性电阻的有源线性二端网络如图 4.13（a）所示，可以用图 4.13（b）等效替代，求一端口网络的短路电流 I_{sc} 和等效电阻 R_{eq}（N_s 内部独立源置零后），如图 4.13（c）、（d）所示。电流源 I_{sc} 和电阻 R_{eq} 的并联组合称为诺顿等效电路，R_{eq} 称为诺顿等效电阻。诺顿定理可以由戴维宁定理等效变换得到。

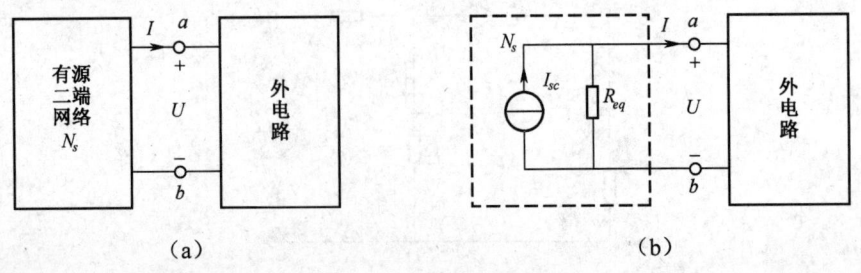

(a)　　　　　　　　　　　　　　（b）

图 4.13　诺顿定理的证明

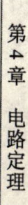

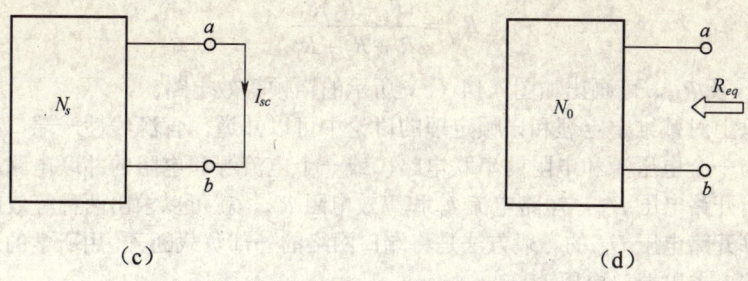

图 4.13 诺顿定理的证明（续图）

根据诺顿定理，线性含源二端网络端口的电压电流关系可表示为：

$$I = I_{sc} - \frac{U}{R_{eq}}$$

例 4-9 求如图 4.14 所示的单口网络的诺顿等效电路。

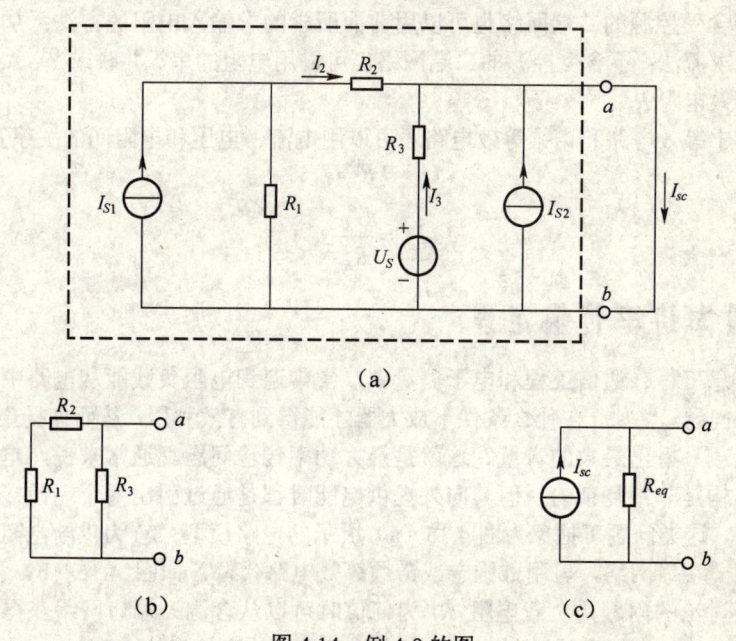

图 4.14 例 4-9 的图

解 将单口网络从外部短路，并标出短路电流 I_{sc} 及其参考方向，如图 4.14（a）所示。由电路定律可求得

$$I_{sc} = I_2 + I_3 + I_{S2} = \frac{R_1}{R_1 + R_2}I_{S1} + \frac{U_S}{R_3} + I_{S2}$$

为求得 R_{eq}，将单口网络内电压源用短路代替，电流源用开路代替，得图 4.14（b）所示电路，可求得

$$R_{eq} = \frac{(R_1 + R_2)R_3}{R_1 + R_2 + R_3}$$

由 I_{sc} 及 R_{eq}，可画出如图 4.14（c）所示的诺顿等效电路。

从以上对戴维宁定理和诺顿定理的讨论中可以知道，含源线性一端口网络可以等效为一个电压源和电阻的串联电路，或一个电流源和电阻的并联电路。只要能计算出开路电压 U_{oc}，短路电流 I_{sc} 和等效电阻 R_{eq}，就可以求出两种等效电路。

计算开路电压 U_{oc} 的一般方法是将端口网络的外部负载断开，用所学的任一种分析方法，求出端口电压 U_{oc}。

计算短路电流 I_{sc} 的一般方法是将端口网络从外部短路，用所学的任一种分析方法，求出短路电流 I_{sc}。

计算等效电阻 R_{eq} 的一般方法是用 U_{oc} 和 I_{sc} 求出：

$$R_{eq} = \frac{U_{oc}}{I_{sc}}$$

对于含受控源的二端网络也可以用前面所学的求输入电阻的方法：加流求压法或加压求流法；不含受控源的二端网络也可以用电阻的串、并联或 Y-Δ 变换方法求出等效电阻 R_{eq}。

戴维宁等效电路和诺顿等效电路还可以用电流、电压和电阻间的关系互换：

$$U_{oc} = R_{eq}I_{sc}$$

$$I_{sc} = \frac{U_{oc}}{R_{eq}}$$

4.4 最大功率传输定理

在信息工程、通信工程和电子测量中，常常遇到电阻负载能从电路中获得最大功率的问题。譬如，在什么条件下放大器才能得到有效利用，从而使扬声器（放大器的负载）播出最大的音量？这就是最大功率传输问题。通常来说，电子设备的内部结构是非常复杂的，但其向外提供电能时都是通过引出两个端钮接到负载上。因此，这类问题可抽象为图 4.15（a）所示的电路模型。N_S 为供给电阻负载能量的含源一端口网络，可用戴维宁或诺顿等效电路代替，如图 4.15（b）和（c）所示。要讨论的问题是负载电阻 R_L 为何值时可以从含源一端口网络获得最大功率？由图 4.15（b）可见，负载 R_L 为任意值时吸收功率的表达式为：

$$P = I^2 R_L = \left(\frac{U_{OC}}{R_{eq} + R_L}\right)^2 R_L$$

当 $\dfrac{\mathrm{d}P}{\mathrm{d}R_L} = 0$ 时，P 获得最大值，即

$$\frac{\mathrm{d}P}{\mathrm{d}R_L} = \frac{(R_{eq} - R_L)^2}{(R_{eq} + R_L)^4} U_{OC}^2 = 0$$

由此求得负载电阻获取最大功率的条件是
$$R_L = R_{eq}$$
最大功率传输问题实际上是等效电源定理的应用问题。

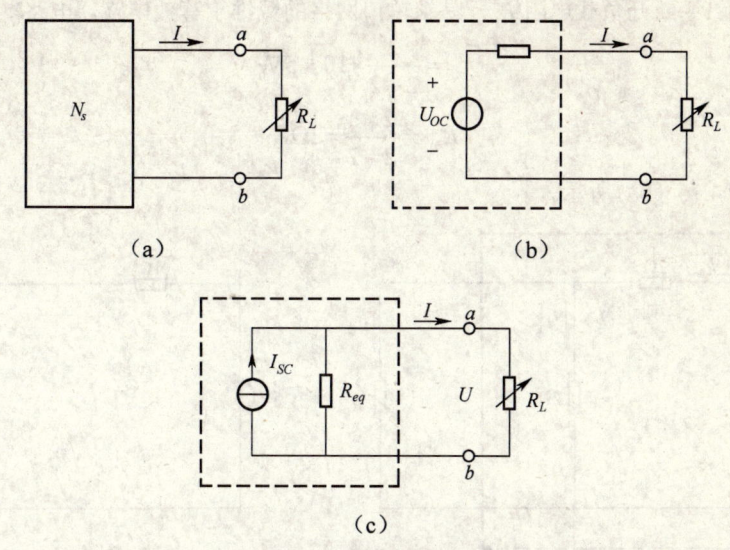

图 4.15 最大功率传输

获得的最大功率为：$P_{max} = I^2 R_L = \left(\dfrac{U_{OC}}{R_{eq} + R_L}\right)^2 R_L \bigg|_{R_L = R_{eq}} = \dfrac{U_{OC}^2}{4R_{eq}}$

若将有源二端网络等效为图 4.15（c）所示的诺顿等效电路，在 I_{SC} 和 R_{eq} 保持不变、而 R_L 可变时，同理可以推得当 $R_L = R_{eq}$ 时，负载 R_L 获得最大的功率，其最大功率为

$$P_{max} = \dfrac{I_{SC}^2}{4G_{eq}} = \dfrac{1}{4} I_{SC}^2 R_{eq}$$

归纳以上结果，可得以下结论：

设一可变负载电阻 R_L 接在有源线性二端网络 N_s 上，且二端网络的开路电压和等效电阻为已知，或者二端网络的短路电流和等效电阻为已知，则在 $R_L = R_{eq}$ 时，负载 R_L 可获得最大的功率，其最大功率为：

$$P_{max} = \dfrac{U_{OC}^2}{4R_{eq}} \qquad P_{max} = \dfrac{1}{4} I_{SC}^2 R_{eq}$$

该结论称为最大功率传输定理。

在使用最大功率传输定理时要注意，对于含有受控源的有源线性网络，其戴维宁等效电阻可能为零或负值，在这种情况下，该最大功率传输定理不再适用。

下面举例说明最大功率传输定理的应用。

例 4-10　电路如图 4.16 所示，求（1）R_L 为何值时获得最大功率；（2）R_L 获得的最大功率。

解：（1）断开负载电阻 R_L，易求单口网络的戴维宁等效电路，电路参数为

$$U_{oc} = \frac{2}{2+2} \times 10 = 5\text{V}$$

$$R_{eq} = \frac{2 \times 2}{2+2} = 1\Omega$$

如图 4.16（b）所示。

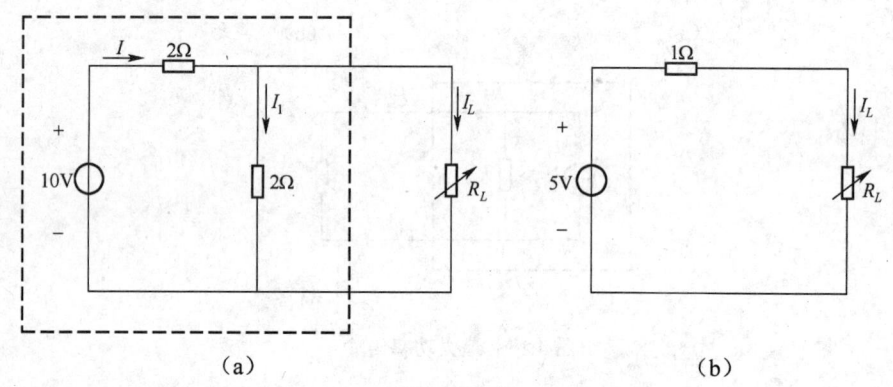

图 4.16　例 4-10 的图

由此可知，当 $R_L=1\Omega$ 时，可获得最大功率。

（2）R_L 获得的最大功率为

$$P_{\max} = \frac{U_{oc}^2}{4R_L} = \frac{25}{4} = 6.25\text{W}$$

例 4-11　电路如图 4.17（a）所示，求 R_L 为何值时获得最大功率，并求出该最大功率。

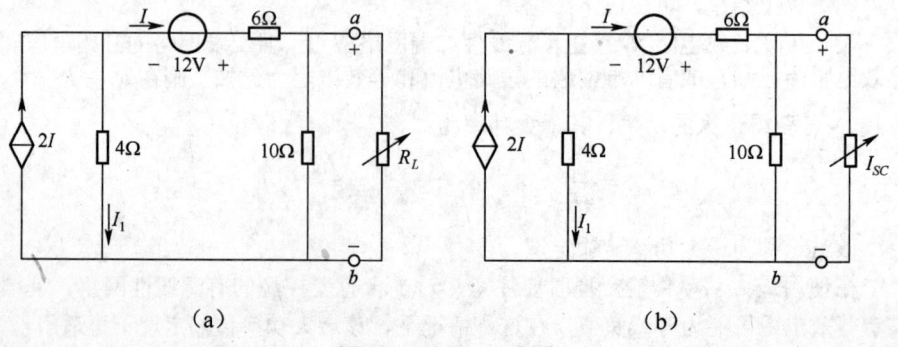

图 4.17　例 4-11 的图

(c)

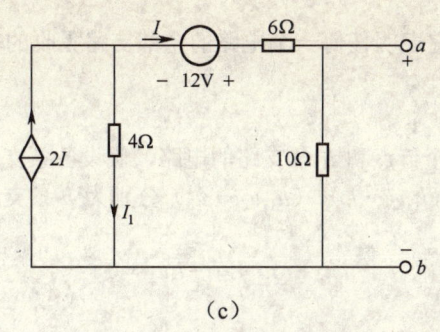

图 4.17 例 4-11 的图（续图）

解 断开负载电阻 R_L，将端口 a、b 短路并设短路电流为 I_{SC}，如图 4.17（b）所示。由图可知，$I_{SC} = I$，$I_1 = 2I - I = I$，列写回路的 KVL 方程

$$-12 + 6I - 4I_1 = 0$$

$$6I_{SC} - 4I_{SC} = 12$$

$$I_{SC} = 6\text{A}$$

将图 4.17（b）中的短路线用开路代替，并设开路电压为 U_{OC}，如图 4.17（c）所示。列写 KVL 方程

$$-12 + 6I + 10I - 4I_1 = 0$$

又因 $I_1 = I$，则

$$I = 1\text{A}$$

开路电压

$$U_{OC} = 10I = 10 \times 1 = 10\text{V}$$

所以，等效内阻为

$$R_{eq} = \frac{U_{OC}}{I_{SC}} = \frac{10}{6}\Omega = \frac{5}{3}\Omega$$

由最大功率传输定理可得，当 $R_L = R_{eq} = \frac{5}{3}\Omega$ 时负载电阻上可获得最大功率。最大功率为：

$$P_{\max} = \frac{1}{4} R_{eq} I_{SC}^2 = \frac{1}{4} \times \frac{5}{3} \times 6^2 = 15\text{W}$$

*4.5 特勒根定理

特勒根定理（Tellegen's theorem）是对任何具有线性、非线性、时不变、时变元件的集总电路都普遍适用的一个定理。这个定理是在基尔霍夫定律的基础上发展起来的一条重要的定理，且与电路元件的性质无关。特勒根定理实质上是功率守恒的数学表达式，它表明任何一个电路的全部支路吸收的功率之和恒等于零。它有两种形式。

特勒根定理 1

对于一个具有 n 个节点和 b 条支路的电路，假设各条支路电流和支路电压取关联参考方向，并令 $(i_1, i_2, \cdots, i_b)$、$(u_1, u_2, \cdots, u_b)$ 分别为 b 条支路的电流和电压，则对于任何时间 t，有

$$i_1 u_1 + i_2 u_2 + \cdots + i_b u_b = 0$$

即

$$\sum_{k=1}^{b} i_k u_k = 0$$

此定理可用如图 4.18 所示电路的拓扑图证明如下。

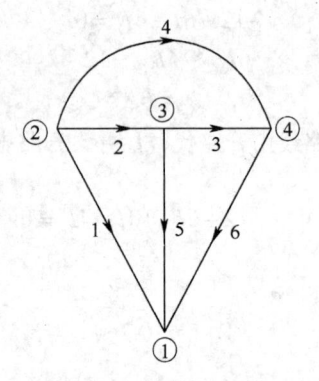

图 4.18 特勒根定理 1

证明：令图中节点①为参考节点，u_{n2}、u_{n3}、u_{n4} 分别为节点②、③、④的节点电压。用 i_1、i_2、i_3、i_4、i_5、i_6 分别表示各支路的电流。u_1、u_2、u_3、u_4、u_5、u_6 分别表示各支路的电压。各支路的电压与节点电压的关系为

$$\begin{cases} u_1 = u_{n2} \\ u_2 = u_{n2} - u_{n3} \\ u_3 = u_{n3} - u_{n4} \\ u_4 = -u_{n2} + u_{n4} \\ u_5 = u_{n3} \\ u_6 = u_{n4} \end{cases}$$

对节点②、③、④，由 KCL 可得支路电流之间的关系为

$$\begin{cases} i_1 + i_2 - i_4 = 0 \\ -i_2 + i_3 + i_5 = 0 \\ -i_3 + i_4 + i_6 = 0 \end{cases}$$

可求各支路电压电流乘积的代数和为

$$\sum_{k=1}^{6} i_k u_k = i_1 u_1 + i_2 u_2 + i_3 u_3 + i_4 u_4 + i_5 u_5 + i_6 u_6$$

把支路电压用节点电压表示后代入上式整理得

$$\sum_{k=1}^{6} i_k u_k = i_1 u_{n2} + i_2(u_{n2} - u_{n3}) + i_3(u_{n3} - u_{n4}) + i_4(-u_{n2} + u_{n4}) + i_5 u_{n3} + i_6 u_{n4}$$

即 $\sum_{k=1}^{6} i_k u_k = u_{n2}(i_1 + i_2 - i_4) + u_{n3}(-i_2 + i_3 + i_5) + u_{n4}(-i_3 + i_4 + i_6) = 0$

上述证明也可推广到具有 n 个节点和 b 条支路的电路，即有

$$\sum_{k=1}^{b} i_k u_k = 0$$

从上式的证明过程可以看出，证明时只根据电路的拓扑性质应用了基尔霍夫定律，并没有涉及支路的具体内容。因此，特勒根定理对任何具有线性、非线性、时不变、时变元件的集总电路都普遍适用。

特勒根定理2

当 a、b 两个电路有相同的拓扑结构、相同的支路编号、相同的支路方向时，a 电路的支路电压（电流）乘以 b 电路相应的支路电流（电压）的代数和为零。设 a、b 两个电路各支路电压、支路电流分别为 $(u_1, u_2, \ldots u_b)$、$(i_1, i_2, \cdots i_b)$ 和 $(\hat{u}_1, \hat{u}_2, \ldots \hat{u}_b)$、$(\hat{i}_1, \hat{i}_2, \ldots \hat{i}_b)$，则特勒根定理2的表达式为

$$\sum_{k=1}^{b} \hat{i}_k u_k = 0$$

$$\sum_{k=1}^{b} i_k \hat{u}_k = 0$$

特勒根定理2的证明也可以根据基尔霍夫定律导出，请读者自己证明。

*4.6 互易定理

互易定理是线性网络的一个重要定理。概括的说，在线性无源电路中，若只有一个独立电源作用，则在一定的激励与响应的定义（电压源激励时，响应是电流；电流源激励时，响应是电压）下，二者的位置互易后，响应与激励的比值不变。

根据激励和响应是电压还是电流，互易定理有三种形式：

4.6.1 互易定理的第一种形式

图 4.19（a）所示电路在方框内部仅含线性电阻，不含任何独立电源和受控源。接在 1-1′ 端口的支路 1 为电压源 u_S，接在 2-2′ 端口的支路 2 为短路，其中的电流为 i_2，它是电路中唯一的激励（即 u_S）产生的响应。如果把激励和响应位置互换，如图 4.19（b）所示，此时接于 2-2′ 端的支路 2 为电压源 $\hat{u}_S$，而响应则是接于 1-1′ 支路 1 中的短路电流 $\hat{i}_1$。假设把图（a）和（b）中的电压源

置零，则除图（a）和（b）方框内的内部电路完全相同外，接于 1-1′ 和 2-2′ 的两个支路均为短路；就是说，在激励和响应互换位置的前后，如果把电压源置零，则电路保持不变。

（a）

（b）

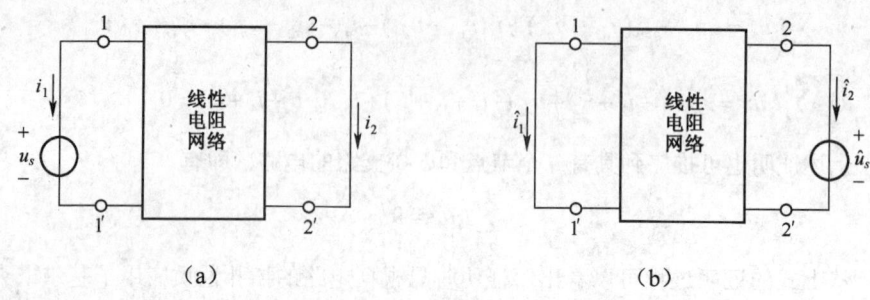

图 4.19　互易定理的第一种形式

对于图 4.19（a）和（b）应用特勒根定理，有

$$u_1\hat{i}_1 + u_2\hat{i}_2 + \sum_{k=3}^{b} u_k\hat{i}_k = 0$$

$$\hat{u}_1 i_1 + \hat{u}_2 i_2 + \sum_{k=3}^{b} \hat{u}_k i_k = 0$$

式中求和号遍及方框内所有支路，并规定所有支路中电流和电压都取关联参考方向。

由于方框内部仅为线性电阻，故 $u_k = R_k i_k$、$\hat{u}_k = R_k \hat{i}_k$（$k = 3,\cdots,b$），将它们分别代入上式后有：

$$u_1\hat{i}_1 + u_2\hat{i}_2 + \sum_{k=3}^{b} R_k i_k \hat{i}_k = 0$$

$$\hat{u}_1 i_1 + \hat{u}_2 i_2 + \sum_{k=3}^{b} R_k \hat{i}_k i_k = 0$$

故有

$$u_1\hat{i}_1 + u_2\hat{i}_2 = \hat{u}_1 i_1 + \hat{u}_2 i_2$$

对图 4.19（a），$u_1 = u_S$，$u_2 = 0$；对图 4.19（b），$\hat{u}_1 = 0$，$\hat{u}_2 = \hat{u}_S$，代入上式得

$$u_S \hat{i}_1 = \hat{u}_S i_2$$

即

$$\frac{i_2}{u_S} = \frac{\hat{i}_1}{\hat{u}_S}$$

如果 $u_S = \hat{u}_S$，则 $i_2 = \hat{i}_1$。这就是互易定理的第一种形式，即对一个仅含线性电阻的电路，在单一电压源作激励而响应为电流时，当激励和响应互换位置时，将不改变同一激励产生的响应。

4.6.2 互易定理的第二种形式

在图 4.20（a）中，接在 1–1' 的支路 1 为电流源 i_S，接在 2–2' 的支路 2 为开路，它的电压为 u_1。如把激励和响应互换位置，如图 4.20（b）所示，此时接于 2–2' 的支路 2 为电流源 $\hat{i}_S$，接于 1–1' 的支路 1 为开路，其电压为 $\hat{u}_1$。假设把电流源置零，则图（a）和图（b）的两个电路完全相同。

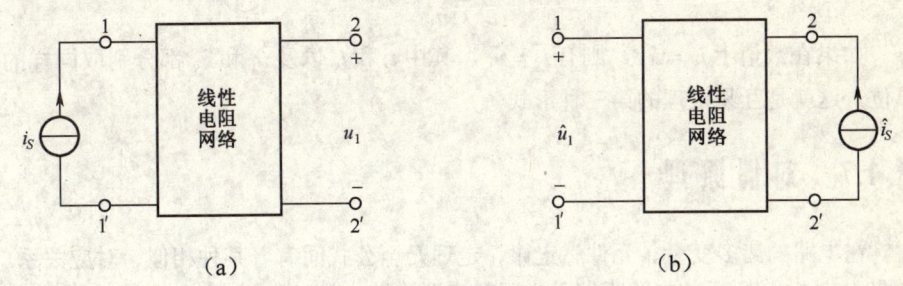

图 4.20 互易定理的第二种形式

对图 4.20（a）和（b）应用特勒根定理，不难得出与式（4-12）相同的下列关系式

$$u_1\hat{i}_1 + u_2\hat{i}_2 = \hat{u}_1 i_1 + \hat{u}_2 i_2$$

代入 $i_1 = -i_S$，$i_2 = 0$，$\hat{i}_1 = 0$，$\hat{i}_2 = -\hat{i}_S$，有

$$u_2 \hat{i}_S = \hat{u}_1 i_S$$

即

$$\frac{u_2}{i_S} = \frac{\hat{u}_1}{\hat{i}_S}$$

如果 $i_S = \hat{i}_S$，则 $u_2 = \hat{u}_1$。这就是互易定理的第二种形式。

4.6.3 互易定理的第三种形式

在图 4.21（a）中，接在 1–1' 的支路 1 为电流源 i_S，接在 2–2' 的支路 2 为短路，其电流为 i_2。如果把激励改为电压源 $\hat{u}_S$，且接于 2–2'，接于 1–1' 的为开路，其电压为 $\hat{u}_1$，见图 4.21（b）。假设把电流源和电压源置零，不难看出激励和响应互换位置后，电路保持不变。

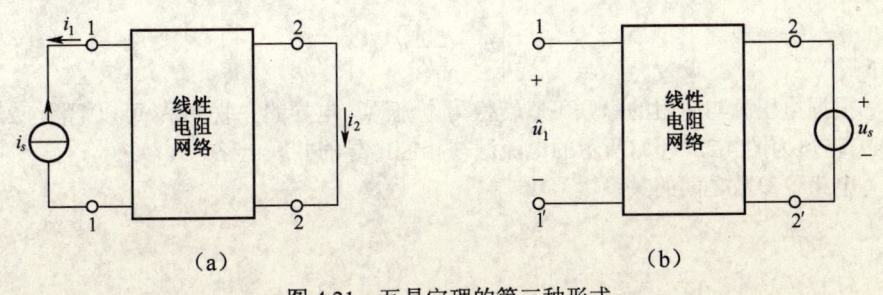

图 4.21 互易定理的第三种形式

对图 4.21（a）和（b）应用特勒根定理，有
$$u_1\hat{i}_1 + u_2\hat{i}_2 = \hat{u}_1 i_1 + \hat{u}_2 i_2$$
代入 $i_1 = -i_S$，$u_2 = 0$，$\hat{i}_1 = 0$，$\hat{u}_2 = \hat{u}_S$，得到
$$-\hat{u}_1 i_S + \hat{u}_S i_2 = 0$$
即
$$\frac{i_2}{i_S} = \frac{\hat{u}_1}{\hat{u}_S}$$

如果在数值上 $i_S = \hat{u}_S$，则有 $i_2 = \hat{u}_1$，其中 i_2 和 i_S 以及 $\hat{u}_1$ 和 $\hat{u}_S$ 都分别取同样的单位。这就是互易定理的第三种形式。

*4.7 对偶原理

在电路的诸多变量、元件、定律、定理乃至公式间有着某种相似、对应关系。如图 4.22（a）所示的电路为若干电阻的串联电路。

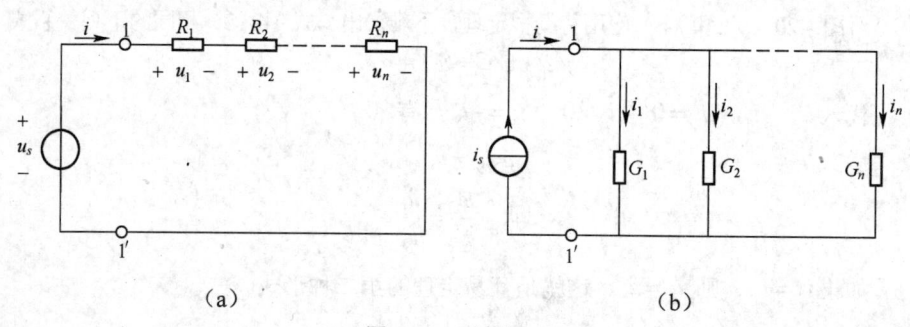

图 4.22 对偶原理

可以写出电路各参数之间的关系
$$\begin{cases} R = \sum_{k=1}^{n} R_k \\ i = \dfrac{u}{R} \\ u_k = \dfrac{R_k}{R} u \end{cases}$$

根据电压源与电阻的串联可以转换为电流源与电导的并联关系，可以把图 4.22（a）转化为图 4.22（b）所示的电流源与相应电导的并联电路。

电路各参数之间的关系

$$\begin{cases} G = \sum_{k=1}^{n} G_k \\ u = \dfrac{i}{G} \\ i_k = \dfrac{G_k}{G} i \end{cases}$$

可以看出，电压源与电阻的串联电路（见图 4.22（a））转换为电流源与电导的并联关系（见图 4.22（b））时，得到的两组关系式，它们具有相同的数学形式，若将对应的参数 R 与 G、u 与 i 互换，则上述两组关系式可以互换。这样的关系式称为对偶关系式。关系式中能够互换的元素称为对偶元素，符合对偶关系式的两个电路相互称为对偶电路。由此可以归纳出电路的对偶原理，其表述为：

如果电路中某一关系式是成立的，则将其中的元素用其相应的对偶元素置换后所得到的新关系式也将是成立的。

电路理论中的许多概念、许多公式都是成对出现的，其表述方式、数学关系具有完全的相似性。

例如，欧姆定律的数学表示式：

$$\begin{cases} u = Ri \\ i = uG \end{cases}$$

例如，基尔霍夫定律的表述：

每个节点上各支路电流的代数和恒等于零，$\sum i_k = 0$。

每一回路上各支路电压的代数和恒等于零，$\sum u_k = 0$。

则可以说：节点←→回路，电流←→电压为对偶元素。

研究结果标明，只有平面电路才有对偶电路，非平面电路不可能有对偶电路。下面举例说明以加深理解对偶原理。如图 4.23（a）、（b）所示的两个平面电路，根据元件和电路的结构特点可以看出，（a）、（b）两个电路为对偶电路。

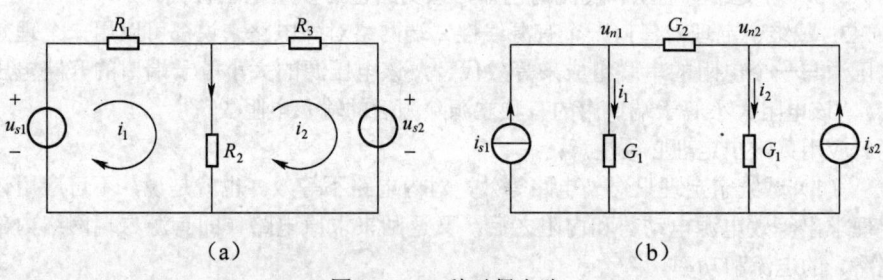

图 4.23 一种对偶电路

（a）电路的网孔电流方程为

$$\begin{cases} (R_1 + R_2)i_1 - R_2 i_2 = u_{S1} \\ -R_2 i_1 + (R_2 + R_3)i_2 = u_{S2} \end{cases}$$

将上述方程的各元素变成与其对应的对偶元素后,可以得到一组方程
$$\begin{cases}(G_1+G_2)u_{n1}-G_2u_{n2}=i_{S1}\\-G_2u_{n1}+(G_2+G_3)u_{n2}=i_{S2}\end{cases}$$

可以看出,此方程正好就是对偶网络图 4.23(b)的节点电压方程式。这就验证了对偶原理的正确性。

对偶原理的内容十分丰富,该原理具有广泛的应用价值。根据对偶原理,若已知原网络的电路方程及其解,则可以直接写出其对偶网络的电路方程及其解答。例如,我们前面讨论过的戴维宁定理和诺顿定理,它们也是对偶电路,只要证明了戴维宁定理的正确性,应用对偶原理,诺顿定理的正确性就不言而喻了。因此,对偶原理在电路中的应用是非常广泛的。

章节回顾

1. 叠加定理:线性网络中任一支路的电压或电流为网络中各电源单独作用于该支路时电压或电流的叠加。

在使用叠加定理分析计算电路时应注意以下几点:

(1)叠加定理只能用于计算线性电路的支路电流或电压;功率不可叠加。

(2)单个电源作用的电路中,其他电源置零。电路中的所有线性元件都不予更动,受控源则保留在电路中。

(3)注意待求量的参考方向。

2. 替代定理:使用替代定理的几点注意事项:

(1)替代定理对于线性、非线性、时变及时不变电路均适用。

(2)电路中含有受控源、耦合电感等耦合元件时,耦合元件所在的支路与其控制量所在的支路,一般不能用替代定理。原因在于替代后该支路的控制量可能不复存在。

(3)若支路的电压和电流均已知,该支路也可以用电阻替代。

3. 戴维宁定理:任何一个有源线性二端网络对外电路来说都可以用一个理想电压源与一个电阻的串联组成来等效代替,该电压源的大小等于端口的开路电压 U_{OC},该电阻大小等于端口内的有独立源除源后的输入电阻 R_{eq}。

应用戴维宁定理必须注意:

(1)戴维宁定理只对外电路等效,对内电路不等效。也就是说,不可应用该定理求出等效电源电动势和内阻之后,又返回来求原电路(即有源二端网络内部电路)的电流和功率。

(2)应用戴维宁定理进行分析和计算时,如果待求支路后的有源二端网络仍为复杂电路,可再次运用戴维宁定理,直至成为简单电路。

(3)戴维宁定理只适用于线性的有源二端网络。如果有源二端网络中含有非线性元件时,则不能应用戴维宁定理求解。

4. 诺顿定理：任何一个有源线性二端网络对外电路来说都可以用一个理想电流源与一个电阻的并联组成来等效代替，该电该源的大小等于端口的短路电流 I_{SC}，该电阻大小等于端口内所有独立源除源后的输入电阻 R_{eq}。诺顿电路可由戴维宁定理等效交换得到。

5. 负载获得最大功率的条件：
$$R_L = R_0$$
式中 R_L 为负载电阻；R_0 为电源内阻。

6. 特勒根定理是对任何线性、非线性、时不变、时变元件的集总电路都普遍适用的一个定理，特勒根定理 1 实质上是功率守恒的数学表达式，表明任何一个电路全部支路吸收的功率之和恒等于零。即 $\sum_{k=1}^{b} i_k u_k = 0$。

特勒根定理 2 是对两个电路的有向图完全相同时，a 电路一条支路的电压（电流）乘以 b 电路相应支路的电流（电压）的代数和为零。又称为拟功率守恒，仅有功率守恒的形式。即：$\sum_{k=1}^{b} \hat{i}_k u_k = 0$，$\sum_{k=1}^{b} i_k \hat{u}_k = 0$。

7. 互易定理表明了一个仅含线性电阻和仅有一个激励源的电路所具有的性质，共有三种形式：

第一种形式 $\dfrac{i_2}{u_s} = \dfrac{\hat{i}_1}{\hat{u}_s}$ 第二种形式 $\dfrac{u_2}{i_s} = \dfrac{\hat{u}_1}{\hat{i}_s}$ 第三种形式 $\dfrac{i_2}{i_s} = \dfrac{\hat{u}_1}{\hat{u}_s}$

8. 对偶原理是对电路分析中出现的相似性即对偶性的归纳和总结，内容有：对偶电路、对偶元素、对偶元件、对偶公式（方程）、对偶定理。意义在于如果在某电路中导出某一关系式和结论，就等于解决了与它对偶的另一个电路中的关系式和结论。

最大功率为：$p_{\max} = \dfrac{U_{OC}^2}{4R_{eq}}$ 或 $p_{\max} = \dfrac{1}{4} I_{SC}^2 R_{eq}$

习题

4-1 电路如题 4-1 图，已知 $U_S = -4\text{V}$，利用齐次定理求 $i_1=$?

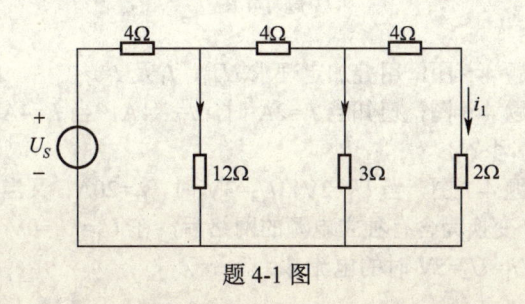

题 4-1 图

4-2 电路如题 4-2 图，利用叠加定理求支路电流 i_1、i_2。

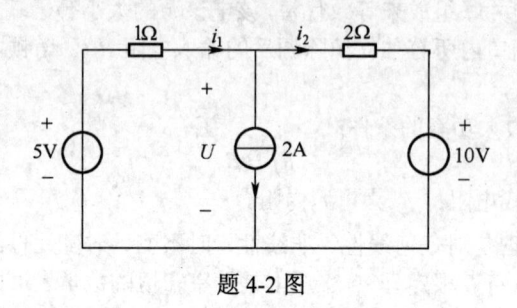

题 4-2 图

4-3 电路如题 4-3 图，利用叠加定理求电流 i。

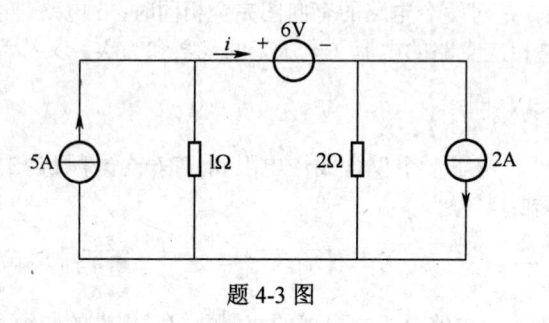

题 4-3 图

4-4 电路如题 4-4 图，用叠加定理求电流 i。

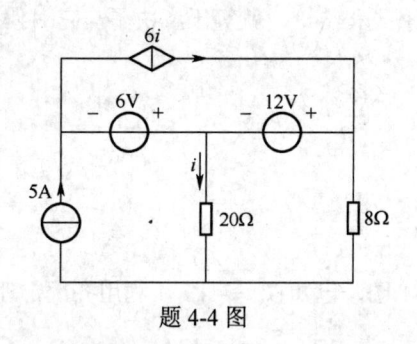

题 4-4 图

4-5 电路如题 4-5 图，用叠加定理求 U_{AB}、I_1 及 I_2。

4-6 电路如题 4-6 图，已知当 I_s=2A 时，I=−1A，当 I_s=4A 时，I=0。问若要使 I=1A，I_s 应为多少？

4-7 电路如题 4-7 图，当 U_1=2V，U_2=3V 时，i_x=20A；又当 U_1=−2V，U_2=1V 时，i_x=0；若将 N 变换为含有独立电源的网络后，在 U_1=U_2=0V 时，i_x=−10A，求网络变换后，当 U_1=U_2=5V 时的电流 i_x。

题 4-5 图

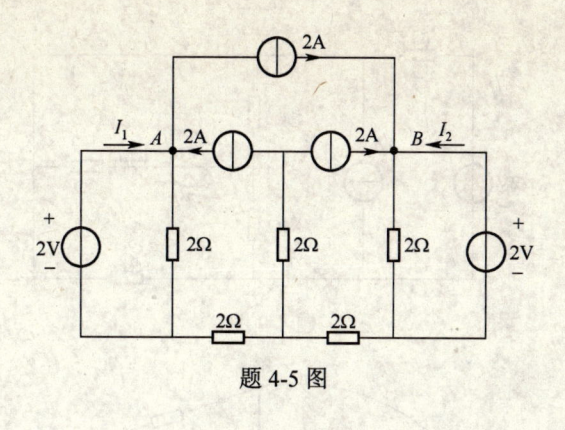

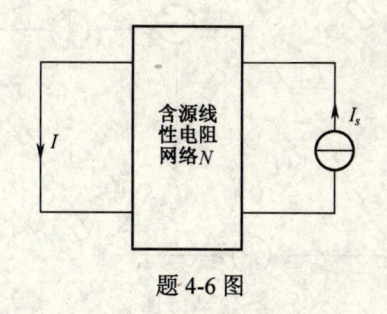

题 4-6 图

4-8 电路如题 4-8 图，已知 $I_{s1}=I_{s2}=5A$ 时，$I=0$；$I_{s1}=8A$，$I_{s2}=6A$ 时，$I=4A$。求 $I_{s1}=3A$，$I_{s2}=4A$ 时，$I=?$

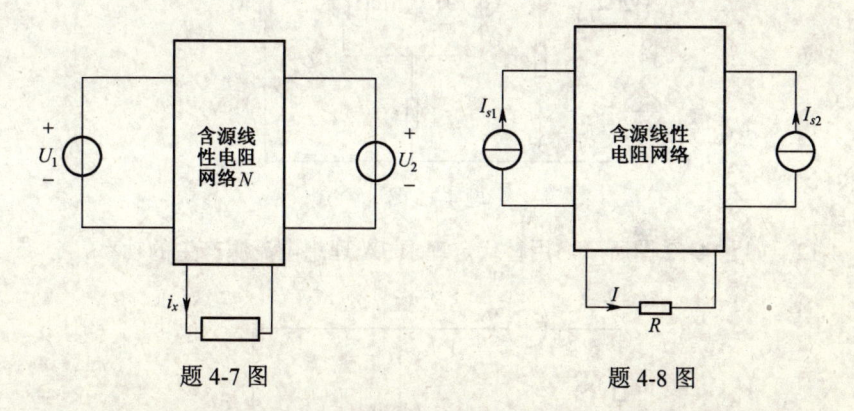

题 4-7 图　　　　　题 4-8 图

4-9 电路如题 4-9 图，电路参数如图所示，用叠加定理求 I。
4-10 电路如题 4-10 图，电路参数如图所示，用叠加定理求 I。
4-11 如题 4-11 图所示，用替代定理求电压 U。

题 4-9 图

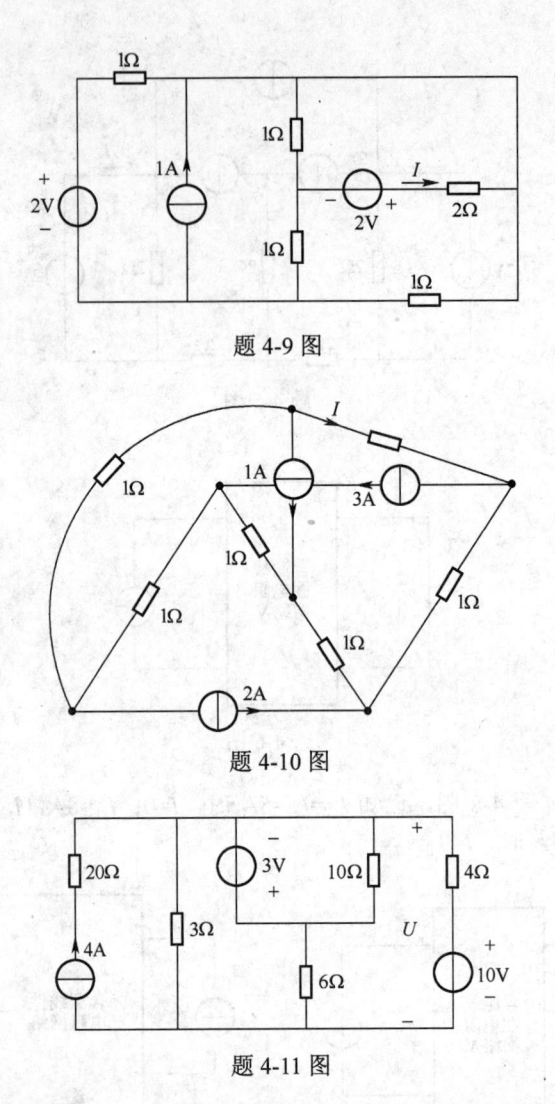

题 4-10 图

题 4-11 图

4-12 如题 4-12 图所示，用替代定理求 3A 理想电流源产生的功率。

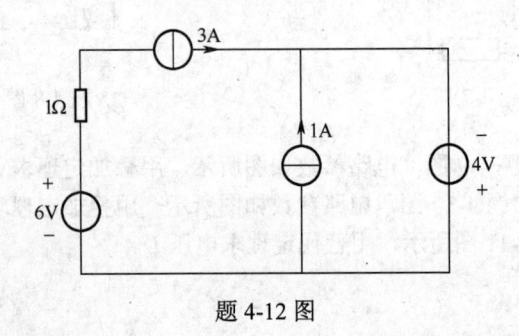

题 4-12 图

4-13　如题 4-13 图所示，用替代定理求电压 U。

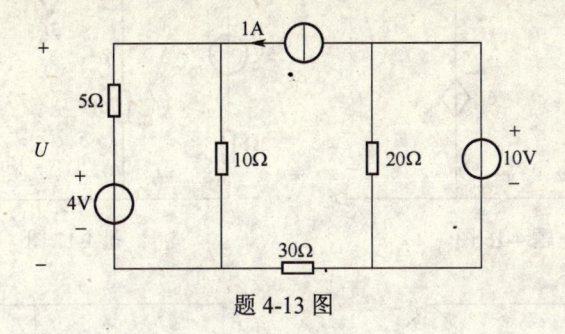

题 4-13 图

4-14　如题 4-14 图所示，求电路中的电流 I。

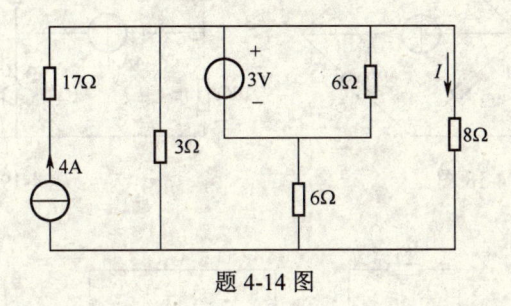

题 4-14 图

4-15　求题 4-15 图示电压 U。

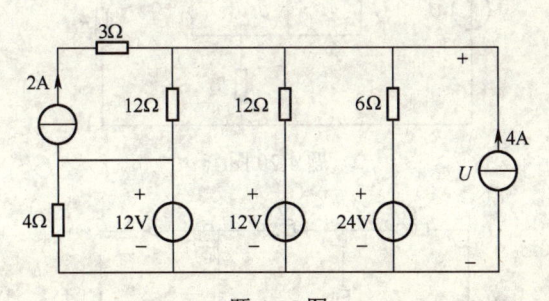

题 4-15 图

4-16　求题 4-16 图所示电路中的电压 U_{oc} 的值。
4-17　求题 4-17 图所示电路中戴维宁等效电阻 R_{eq}。
4-18　求题 4-18 图所示电路中 U。
4-19　求题 4-19 图示二端口网络的戴维宁等效电路。
4-20　求题 4-20 图示电路中的电流 I_L。
4-21　求题 4-21 图示电路中的 U 和 I。

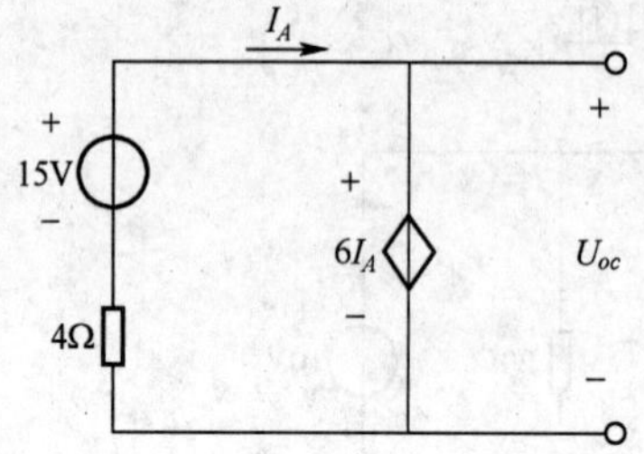

题 4-16 图

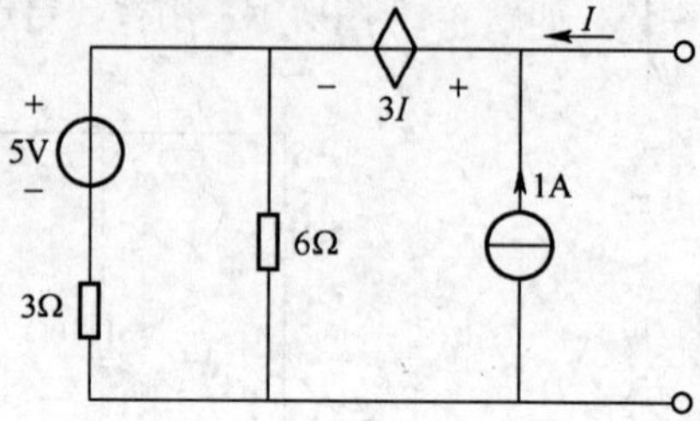

题 4-17 图

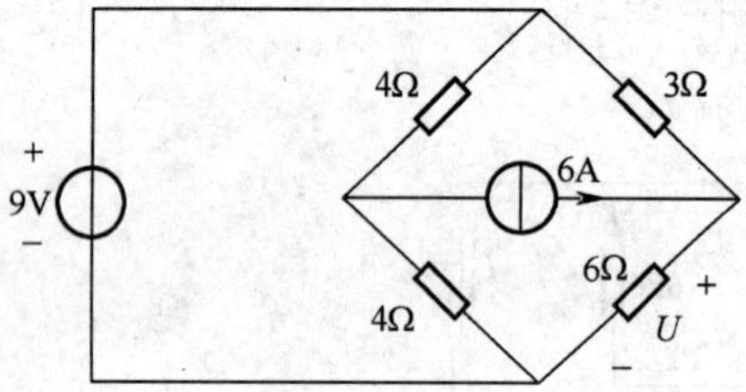

题 4-18 图

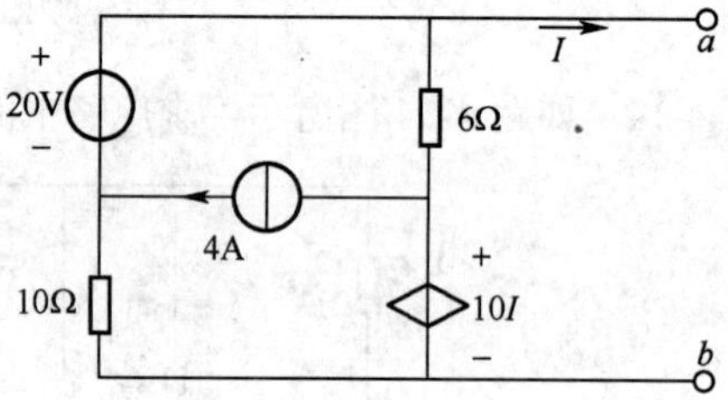

题 4-19 图

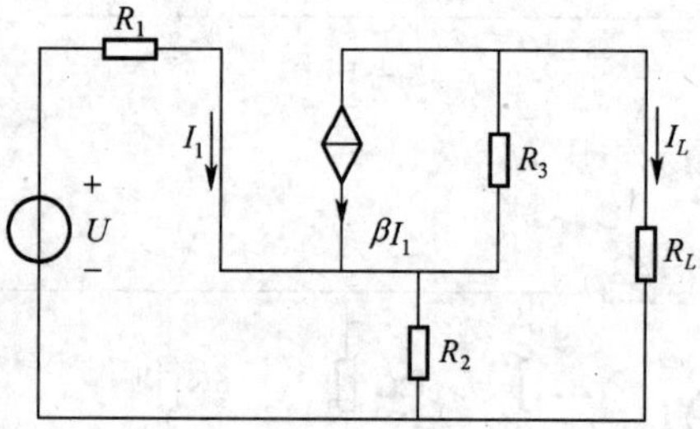

题 4-20 图

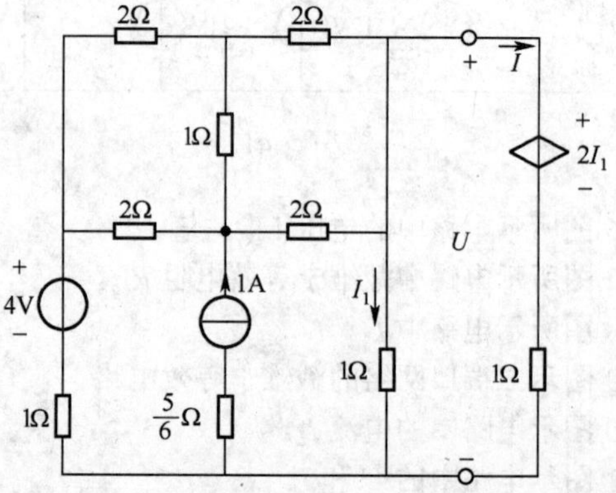

题 4-21 图

4-22 求题 4-22 图示电路中 R 为多大值时，R 上获得最大功率？此最大功率是多少？

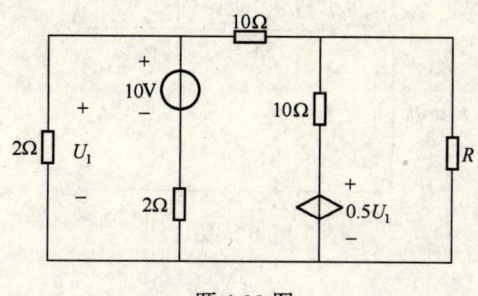

题 4-22 图

4-23 求题 4-23 图示电路中的电阻 R 所获得的最大功率。

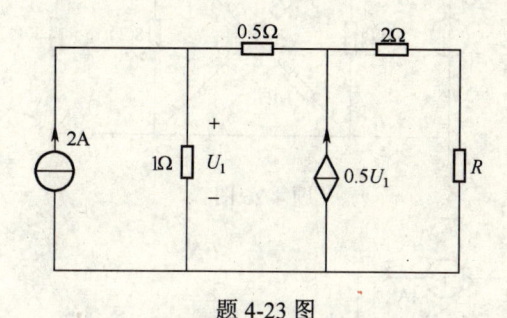

题 4-23 图

4-24 用诺顿定理求题 4-24 图示电路中的电流 I。

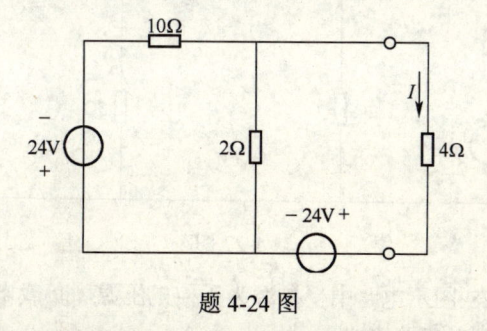

题 4-24 图

4-25 用诺顿定理求题 4-25 图示电路的诺顿等效电路。
4-26 用诺顿定理求题 4-26 图示电路中的电流 I。
4-27 如题 4-27 图示电路，用诺顿定理求：
（1）$R_x=3\Omega$ 时的电压 U_{ab}。
（2）$R_x=9\Omega$ 时的电压 U_{ab}。

题 4-25 图

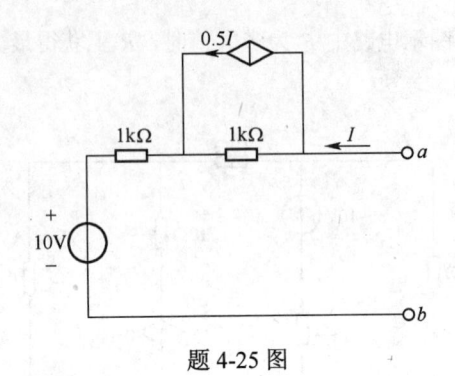

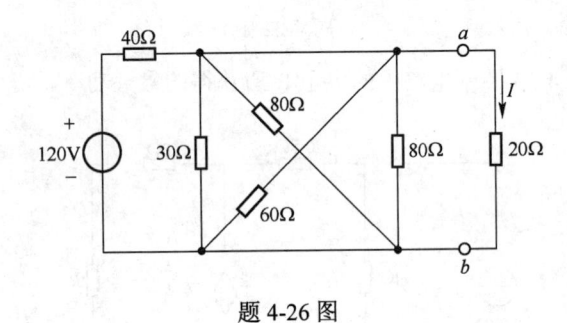

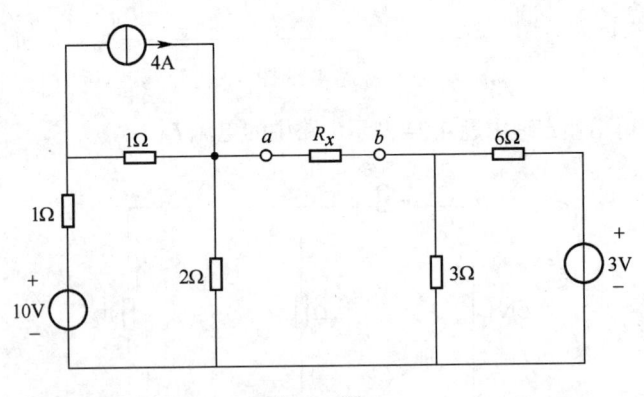

题 4-26 图

题 4-27 图

4-28 如题 4-28 图示电路中受控源为压控电压源，负载电阻为多大值时能获得最大功率？此最大功率为多少？

4-29 如题 4-29 图示电路中负载电阻 R_L 所获得的最大功率。

4-30 如题 4-30 图示电路中，当 S 闭合时求：

（1）负载电阻 R_L 为何值时获得最大功率？

（2）R_L 所获得的最大功率是多少？

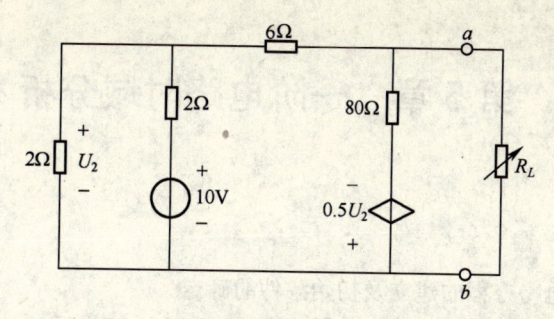

题 4-28 图

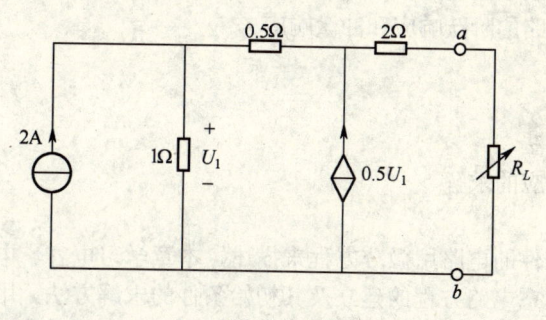

题 4-29 图

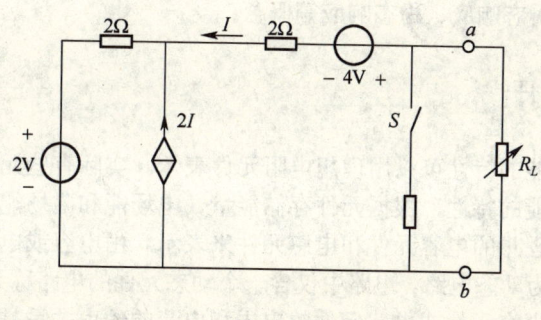

题 4-30 图

第 5 章　一阶电路时域分析

本章重点

- 动态电路方程的建立及初始条件的确定
- 一阶电路的零输入响应、零状态响应和全响应求解
- 三要素法求全响应
- 一阶电路的阶跃响应和冲激响应

本章难点

- 三要素法
- 冲激响应的求解

含有动态元件的电路用微分方程来描述，本章学习电容、电感两种动态元件的伏安关系，动态电路方程的建立及其初始条件的求解方法，用经典法分析一阶动态电路 RC 和 RL 的过渡过程，求解零输入响应、零状态响应和全响应，以及在此基础上的简便求解方法——三要素法，学习阶跃响应、冲激响应的分析方法，介绍时间常数、瞬态响应、稳态响应等概念。

5.1　动态元件

元件消耗电能的特性可以用理想电阻元件表示。实际有些元件除了消耗电能以外还有存储电能的特性，根据元件存储能量（电场能和磁场能）形式的不同，可以将其分别用理想的电容元件和电感元件来表示。由电容或电感等无源动态元件构成的电路称为动态电路。电路中仅含一个动态元件的电路称为一阶动态电路。在一阶电路中，电容元件或电感元件的电压和电流的约束关系是通过导数或积分来表达的，所以称为动态元件，即用 u、i 的微积分关系来表征的元件。

5.1.1　电容元件

电容器是一种存储电场能量的部件，具有存储电荷的能力，电容元件是其电路模型，常见的平板电容器如图 5.1（a）所示，由两个平板形电极和极板间绝缘介质构成。电容元件的大小决定于极板的几何形状、尺寸和极板间绝缘物质的介电常数。C 既代表电容元件又代表该元件的容值，其大小为：

$$C = \varepsilon \frac{S}{d}$$

式中 S-极板面积；d-极板间的距离；ε-极板间绝缘介质的介电常数。

(a)

(b)

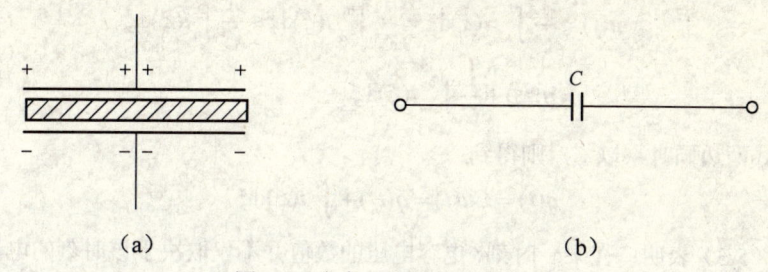

图 5.1 电容元器件结构及符号

在任何时刻电容极板上的电荷 q 与电压 u 成正比，库伏特性为一条过原点的直线，称具有这种特性的电容为线性时不变电容（简称电容），符号如图 5.1（b）所示，电路及库伏特性曲线如图 5.2（a）、(b) 所示。本书讨论线性时不变电容。

对于线性时不变电容有：

$$C = \frac{q}{u} \quad 或 \quad q = Cu \qquad (5\text{-}1)$$

电容 C 的单位：F（法拉）、μF（微法）、pF（皮法）。$1F = 10^6 \mu F = 10^9 nF = 10^{12} pF$。

量纲为：法拉 $= \dfrac{库仑}{伏特} = \dfrac{安培 \times 秒}{伏特} = \dfrac{秒}{欧姆}$

(a)

(b)

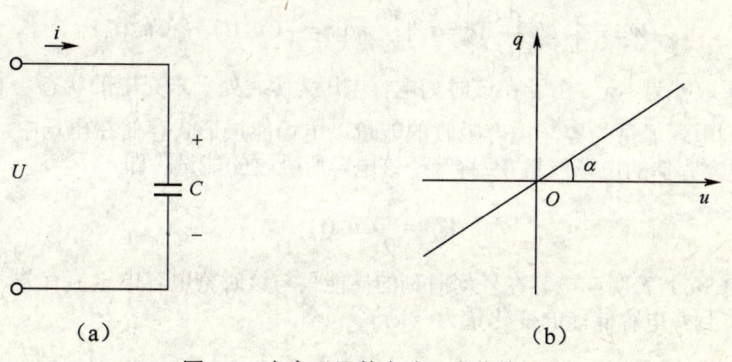

图 5.2 电容元器件电路及库伏特性

如图 5.2（a）所示，流过电容的电流为 i、电压为 u，设 u、i 为关联参考方向。根据式（5-1）可得：

$$i = \frac{dq}{dt} = C\frac{du}{dt} \qquad (5\text{-}2)$$

可见，流过电容的电流 i 与电压的变化率成正比。若 u 为直流（$f = 0$），电压的变化率为 0，则 $i=0$，电容对直流相当于开路，所以电容具有隔直通交的作用，说明电容是一个动态元件。

由（5-2）式可得

$$u(t) = \frac{1}{C}\int_{-\infty}^{t} i(\xi)d\xi = \frac{1}{C}\int_{-\infty}^{t_0} i(\xi)d\xi + \frac{1}{C}\int_{0}^{t} i(\xi)d\xi$$
$$= u(t_0) + \frac{1}{C}\int_{-\infty}^{t_0} i(\xi)d\xi \qquad (5\text{-}3)$$

上式两边同时乘以 C，则得到：

$$q(t) = Cu(t) = q(t_0) + \int_{t_0}^{t} i(\xi)d\xi$$

式（5-3）表明：在某一时刻 t 电容电压的数值并不仅取决于该时刻的电流值，还取决于从 $-\infty$ 到 t 所有时刻的电流值，也就是说与电流过去全部历史有关。所以，电容电压具有"记忆"电流的作用，电容是一种"记忆元件"。如果知道了初始时刻 t_0 开始作用的电压 $u(t_0)$ 以及电容的电流就能确定 $t_0 \sim t$ 的任一时刻 t 的电容电压 $u(+)$。

在电压和电流关联参考方向下，线性电容吸收的瞬时功率为

$$p_C = ui = u \times C\frac{du}{dt} = Cu\frac{du}{dt} \qquad (5\text{-}4)$$

实际电路中通过电容的电流 i 为有限值，则电容电压 u 必定是时间的连续函数，即电容电压不跃变。

从时刻 $t_0 \sim t$，电容吸收的电能

$$W_C = \int_{t_0}^{t} Cu\frac{du}{d\xi}d\xi = C\int_{u(t_0)}^{u(t)} udu = \frac{1}{2}Cu^2(t) - \frac{1}{2}Cu^2(t_0) \qquad (5\text{-}5)$$

如果取 t_0 为 $-\infty$，由于在该时刻电容电压为零，处于未充电的状态，于是可认为该时刻电场能量为零。电容吸收的能量以电场能量形式存储在电场中，在任何时刻 t 电容存储的电场能量 W_C 将等于该电容所吸收的能量，即

$$W_C = \frac{1}{2}Cu^2(t) \qquad (5\text{-}6)$$

式（5-6）表明：电容在任何时刻的储能只与该时刻电容电压值有关。

从 t_1 到 t_2 电容储能的变化量为

$$W_C = W_C(t_2) - W_C(t_1) = \frac{1}{2}Cu^2(t_2) - \frac{1}{2}Cu^2(t_1) = \frac{1}{2C}q^2(t_2) - \frac{1}{2C}q^2(t_1)$$

若 $t_2 > t_1$ 时，$|u(t_2)| > |u(t_1)|$，$W_C(t_2) > W_C(t_1)$，则在此时间内元件吸收能量，电容元件充电；若 $|u(t_2)| < |u(t_1)|$，$W_C(t_2) < W_C(t_1)$，释放能量，电容元件放电。若电容原来没有充电，则在充电时吸收并储存起来的能量一定又在放电完毕时全部释放，它本身不消耗能量。故电容元件是一种储能元件。同时，电容元件也不会释放出多于它吸收或储存的能量，所以它又是一种无源元件。在实际使用电容器

时,还要注意它的额定电压,若电压超过额定电压,电容就有可能会因介质被击穿而损坏。

例 5-1 由一个三角形电流脉冲驱动一个未充电的 0.2μF 电容。电流脉冲描述如下:

$$i(t) = \begin{cases} 0 & t \leq 0 \\ 5000t & 0 < t \leq 20\mu s \\ 0.2 - 5000t & 20 < t \leq 40\mu s \\ 0 & t > 40\mu s \end{cases}$$

求:(1) 推导上边四个时间间隔中电容的电压、功率和能量的表达式。

(2) 电流为零后电压是否为零,如不为零为什么能保持?

解:(1) $t \leq 0$ 时,u,P 和 W 都为零。

$0 < t \leq 20\mu s$ 时:

$$u = 5 \times 10^6 \int_0^t 5000\tau d\tau + 0 = 12.5 \times 10^9 t^2 \text{V}$$

$$P = ui = 62.5 \times 10^{12} t^3 \text{W}$$

$$W = 0.5Cu^2 = 15.625 \times 10^{12} t^4 \text{J}$$

$20 < t \leq 40\mu s$ 时:前面时间间隔结束时,电容上的电压是 5V:

$$u = 5 \times 10^6 \int_{20\mu s}^t (0.2 - 5000\tau)d\tau + 5 = (10^6 t - 12.5 \times 10^9 t^2 - 10)\text{V}$$

$$P = ui = (62.5 \times 10^{12} t^3 - 7.5 \times 10^9 t^2 + 2.5 \times 10^5 t - 2)W$$

$$W = 0.5Cu^2 = (15.625 \times 10^{12} t^4 - 2.5 \times 10^9 t^3 + 0.125 \times 10^6 t^2 - 2t + 10^{-5})\text{J}$$

$t > 40\mu s$ 时:

$$u = 10\text{V}$$
$$P = ui = 0\text{W}$$
$$W = 0.5Cu^2 = 10\mu\text{J}$$

(2) 功率在电流脉冲持续期间总是正的,表明能量被连续地存储在电容中。当电流为零时,由于理想电容没有能量损耗,电容电压仍存在。

5.1.2 电感元件

电感线圈是一种存储磁场能量的部件,电感元件是其电路模型。当线圈中通以电流 i,在线圈中就会产生磁通量 Φ,储存磁场能量于线圈中。表征电感元件(简称电感)产生磁通,这种存储磁场的能力用电感表示,符号为 L,称为自感系数,它在数值上等于单位电流产生的磁通链,L 在任何时刻电感上产生的磁通链 Ψ 与通入的电流 i 成正比,其韦安特性是一条过原点的直线,称具有这种特性的电感为线性时不变电感(简称电感)。电感元件的电路符号及韦安特性如图 5.3(a)、(b)所示。本书讨论线性时不变电感。

(a)   (b)

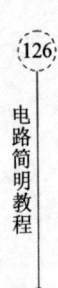

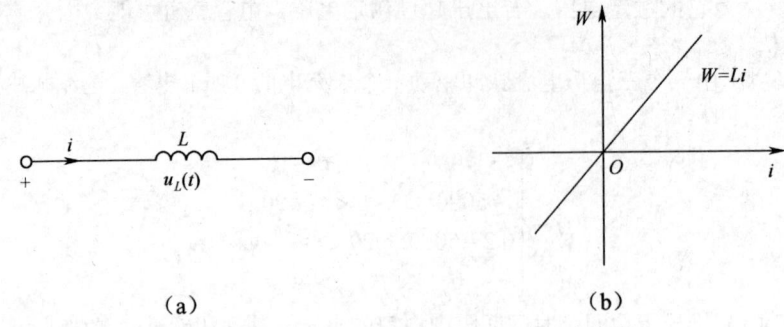

图 5.3 线性电感元件的图形符号及其韦安特性

对于线性时不变电感元件有：

$$L = \frac{\psi}{i} \quad 或 \quad \psi = Li \tag{5-7}$$

电感 L 的单位：H（亨）、mH（毫亨）。量纲为亨 $= \dfrac{韦伯}{安装} = \dfrac{伏特 \times 秒}{安培} = 欧姆 \times 秒$

$$\psi = N\Phi$$

Ψ 为电感元件的自感磁通链，当电感电流发生变化时，自感磁链也相应发生变化，该电感上将出现感应电压 u。根据电磁感应定律：

$$e = -\frac{d\psi}{dt} = -N\frac{d\phi}{dt} \tag{5-8}$$

由图 5.3（a）中 e 和 u 的参考方向可知，$u = -e$，电感电压

$$u = \frac{d\psi}{dt} = L\frac{di}{dt} \tag{5-9}$$

电感电压的参考方向与自感磁链的参考方向符合右手螺旋定则。

由此可见，通过电感的电压 u 与电感电流 i 的变化率成正比。若 i 为直流（$f=0$），电流的变化率为 0，则 $u = 0$，电感对直流相当于短路，所以电感具有通直阻交的作用，说明电感是一个动态元件。

当电压和电流为非关联参考方向时，电感伏安关系应为

$$u = -\frac{d\psi}{dt} = -L\frac{di}{dt}$$

电感的电流 i 也可以表示为电压 u 的函数，对式（5-9）积分可得

$$i(t) = \frac{1}{L}\int_{-\infty}^{t} u d\xi = \frac{1}{L}\int_{-\infty}^{t_0} u d\xi + \frac{1}{L}\int_{t_0}^{t} u d\xi = i(t_0) + \frac{1}{L}\int_{t_0}^{t} u d\xi \tag{5-10}$$

式（5-10）表明，在某一时刻 t，电感电流的数值并不仅取决于该时刻的电压值，还取决于从 $-\infty \sim t$ 所有时刻的电压值，电感电流具有"记忆"电压的作用，电感是一种"记忆元件"。如果知道了由初始时刻 t_0 开始作用的电压 $u(t)$ 以及电感的初始电流 $i(t_0)$，就能确定 $t \geq t_0$ 时某一时刻 t 的电感电流 $i(t)$。

在电压和电流关联参考方向下，线性电感吸收的瞬时功率

$$p_L = ui = i \cdot L\frac{\mathrm{d}i}{\mathrm{d}t} = Li\frac{\mathrm{d}i}{\mathrm{d}t} \qquad (5\text{-}11)$$

实际电路中通过电感的电压 u 为有限值，则电感电流 i 必定是时间的连续函数，即电感电流不跃变。

从时刻 $t_0 \sim t$，电感吸收的电能

$$W_L = \int_{t_0}^{t} Li\frac{\mathrm{d}i}{\mathrm{d}\xi}\mathrm{d}\xi = \frac{1}{2}Li^2(\xi)\Big|_{i(t_0)}^{i(t)} = \frac{1}{2}Li^2(t) - \frac{1}{2}Li^2(t_0) \qquad (5\text{-}12)$$

若 t_0 为 $-\infty$，$i(-\infty) = 0$，则

$$W_L = \frac{1}{2}Li^2(t) \qquad (5\text{-}13)$$

式（5-13）表明，电感在任何时刻的储能只与该时刻电感电流值有关。$|i(t_2)| > |i(t_1)|$，$W_L(t_2) > W_L(t_1)$，故在此时间内电感存储磁场能量；$|i(t_2)| < |i(t_1)|$，$W_L(t_2) < W_L(t_1)$，电感释放磁场能量。若原来没有储能，则储存的能量一定又在放能完毕时全部释放，它本身不消耗能量。故电感元件是一种储能元件。同时，电感元件也不会释放出多于它吸收或储存的能量，所以它又是一种无源元件。

5.2 动态电路的方程及其初始条件

5.2.1 动态电路

在建立电路方程时，电路中除支路电流和支路电压受 KCL 和 KVL 约束外，元件还要受伏安关系约束。在含有储能元件（电容、电感）的电路中，由于电容、电感的伏安关系是微分或积分关系，因此使建立的电路方程是一组以电流、电压为变量的微分方程或微分－积分方程。

由电容或电感等动态元件构成的电路称为动态电路。当电路含有电感 L 或电容 C 时，描述电路状态的是以电流或电压为变量的微分方程。一阶电路（first-ordercircuit）是指由一个动态元件和电阻构成的电路。二阶电路（second-order circuit）是指由两个动态元件和电阻构成的电路。n 阶电路（n-ordercircuit）是指由 n 个动态元件和电阻构成的电路。动态电路的一个特征是当电路发生换路，即电路的结构或元件的参数发生变化时，动态电路从原来的稳定工作状态转变为新的稳定工作状态中间所经历的过程称为过渡过程。

5.2.2 动态电路的初始条件

由有关的高等数学知识我们知道，求解微分方程时，n 阶常系数线性微分方程的通解中含有 n 个待定的积分常数，它们需要由微分方程的初始条件来确定。而

描述动态电路的初始条件，是指方程中输出变量 $r(t)$ 在 $t=t_{0+}$ 时 $0\sim n-1$ 阶的初始值 $r^{(0)}(t_{0+})$，$r^{(1)}(t_{0+})$，$r^{(2)}(t_{0+})$，……$r^{(n-1)}(t_{0+})$，对于一阶电路，仅指零阶输出变量的初始值 $r^{(0)}(t_{0+})$。首先看两个概念。

换路（Switching）——在电路分析中，我们把电路与电源的接通、断开、电路参数的突然改变、电路连接方式的突然改变等，统称为换路。

过渡过程——电路在换路时由一种状态改变为另一种状态中间所经历的过程，称为过渡过程（又称为暂态过程）。

如果电路在 $t=t_0$ 时换路，则将换路前的一瞬间记为 $t=t_{0-}$，而将换路后的初始瞬间记为 $t=t_{0+}$。一般来说，为方便计算与分析，往往将电路换路的瞬间定为计时起点 $t=0$，那么 $t=0_-$ 和 $t=0_+$ 表示换路前和换路后的瞬间。

根据电容、电感元件的伏安关系可知，在有限电容电流（有限电感电压）的条件下，电容的电压（电感的电流）不能跃变，也就是说在有限电容电流（有限电感电压）的条件下，电容的电压（电感的电流）在电路换路瞬间保持不变，这是我们计算分析电路的初始值的重要前提。实际上，从能量的观点来看，电容电压与电感电流不能跃变，是受电场能量（$W_C=\frac{1}{2}Cu_C^2$）和电磁能量（$W_L=\frac{1}{2}Li_L^2$）不能跃变的约束，如果能量有跃变的情况，则跃变瞬间电源需要对电路供给无穷大的功率，在实际系统中，这是不可能的（理论的讨论请同学们自己研究）。

在动态电路中，在 $t=0_-$ 到 $t=0_+$ 瞬间，有：

$$\begin{cases} q(0_+)=q(0_-) \\ u_C(0_+)=u_C(0_-) \end{cases} \tag{5-14}$$

$$\begin{cases} \Psi(0_+)=\Psi(0_-) \\ i_L(0_+)=i_L(0_-) \end{cases} \tag{5-15}$$

则电容的电压、电感的电流不能跃变。把

$$\begin{aligned} u_C(0_+)&=u_C(0_-) \\ i_L(0_+)&=i_L(0_-) \end{aligned} \tag{5-16}$$

式（5-16）又称为换路定律。

在求解电路的初始条件时，分为三个步骤：

（1）根据换路前 $t=0_-$ 状态的电路，求出换路前的电容电压（或电感电流）$u_C(0_-)$ 或 $i_L(0_-)$。

（对于直流电源，$f=0$，L 相当于"短接"，C 相当于"断开"。）

（2）根据换路定律式（5-16）求出 $t=0_+$ 的 $u_C(0_+)$ 或 $i_L(0_+)$。

$$u_C(0_+)=u_C(0_-) \text{ 或 } i_L(0_+)=i_L(0_-)$$

（3）根据换路后 $t=0_+$ 状态的电路，计算其他各量在 $t=0_+$ 的值。

（L 相当于电流源，C 相当于电压源）

例 5-2 电路如图 5.4（a）所示，换路前电路已处稳态，在 $t=0$ 时开关 S 打开，求 $u_C(0+)$、$i_L(0+)$、$i_C(0+)$、$u_L(0+)$ 和 $u_{R3}(0+)$。

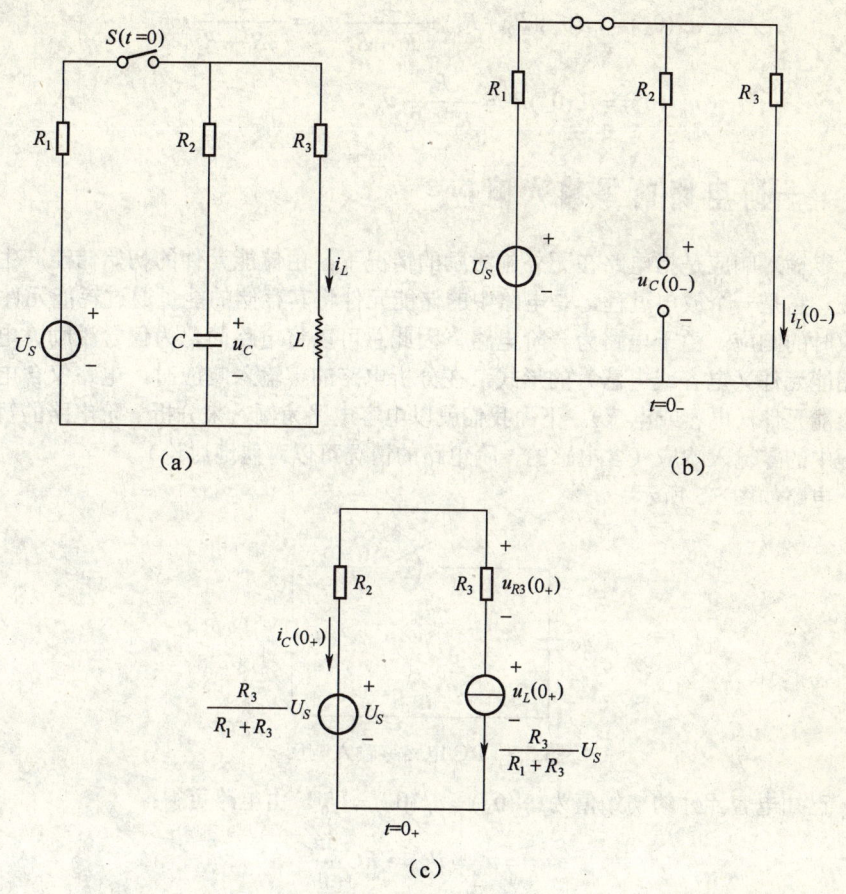

图 5.4 例 5-2 的电路

解 先画出 $t=0_-$ 时的电路，如图 5.4（b）所示，电容用开路来替代，电感用短路来替代。根据此电路，得

$$u_C(0_-) = \frac{R_3}{R_1+R_3}u_S \qquad i_L(0_-) = \frac{u_S}{R_1+R_3}$$

该电路跃变时，u_C 和 i_L 都不会跃变，根据换路定律，得

$$u_C(0_+) = \frac{R_3}{R_1+R_3}u_S \qquad i_L(0_+) = \frac{u_S}{R_1+R_3}$$

画出 $t=0_+$ 时的电路，如图 5.4（c）所示。电容用电压为 $u_C(0_+)$ 的电压源来替代，电感用电流为 $i_L(0_+)$ 的电流源来替代。根据此电路，得

$$i_C(0_+) = -i_L(0_-) = -\frac{u_S}{R_1+R_3}$$

$$u_C(0_+) = i_C(0_+)(R_2+R_3) + \frac{R_3}{R_1+R_3}u_S = -\frac{R_2}{R_1+R_3}u_S$$

$$u_{R3}(0_+) = iL(0_+)R_3 = \frac{R_3}{R_1+R_3}u_S$$

5.3 一阶电路的零输入响应

零输入响应是指电路在无外施激励的情况下，由储能元件的初始储能产生的响应。它是一个放电过程，是电路中的储能元件将其存储的能量通过耗能元件 R 释放时的响应。由于电路为一阶电路，因此总可以将电路简化为仅含激励、电阻与储能元件（电容或电感）的形式，在分析电路的零输入响应时，电路仅含电阻与储能元件（电容或电感）。下面我们就以电容电路为例，来分析一阶电路的暂态过程中的零输入响应（含电感的一阶电路的情况可以对偶地讨论）。

电路如图 5.5 所示。

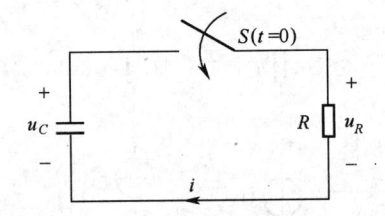

图 5.5 RC 电路零输入响应

已知电容元件的初始值为 $u_C(0_+) = u_C(0_-) = U_0$。由电路可得：

$$u_R = u_C = iR = -RC\frac{du_C}{dt}$$

根据 KVL 定律得到：$u_R - u_C = 0$

则电路方程为：

$$u_C + RC\frac{du_C}{dt} = 0 \tag{5-17}$$

该方程是一阶常系数线性齐次微分方程。

设通解为 $uc = Ae^{Pt}$，代入式（5-17）方程中，得到该齐次微分方程的特征方程为

$$(RCp+1) = 0 \tag{5-18}$$

其特征根为

$$p = -\frac{1}{RC} \tag{5-19}$$

则微分方程的通解为：$u_C = A\mathrm{e}^{-\frac{1}{RC}t}$

将初始条件代入该通解中，就可得积分常数 $A = u_C(0_+) = U_0$。

所以方程的解为

$$u_C = U_0 \mathrm{e}^{-\frac{1}{RC}t} = U_0 \mathrm{e}^{-\frac{t}{\tau}} \qquad (5\text{-}20)$$

其中 $\tau = RC$，为电路的时间常数，单位为秒。

实际上，零输入响应的暂态过程即为电路储能元件的放电过程，由该式可知，当时间 $t \to \infty$ 时，电容电压趋近于零，放电过程结束，电路处于另一个稳态。而在工程中，常常认为电路经过 $3\tau \sim 5\tau$ 时间后放电结束。

一阶电路的零输入响应曲线如图 5.6 所示。

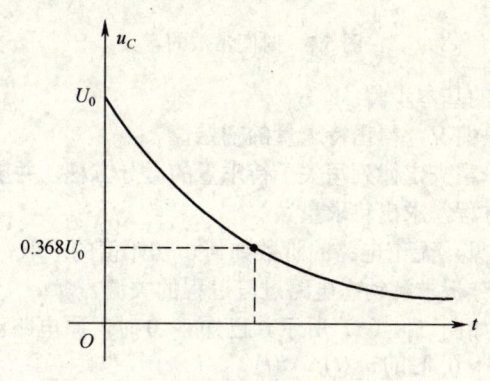

图 5.6 一阶电路的零输入响应曲线

由曲线可知：

（1）电压是随时间按指数规律衰减的函数。

（2）响应与初始状态成线性关系，其衰减快慢与 RC 有关。

（3）τ 为一阶电路的时间常数，τ 的大小反映了电路过渡过程时间的长短。τ 越大，u_C 衰减越慢，过渡过程越长。τ 从曲线上看是 u_C 从 $u_C(0_+)$ 衰减到 $36.8\% u_C(0_+)$ 所需要的时间。它只与电路的结构与参数有关，而与激励无关。由图 5.7 可知，在相同初始值情况下，τ 越大，放电时间越长。衰减到 $36.8\% u_C(0_+)$ 所需要的时间越长，即有：$\tau_3 > \tau_2 > \tau_1$，如图 5.7 所示。

（4）对于一阶 RC 电路，$\tau = RC$；对于一阶 RL 电路，$\tau = \dfrac{L}{R}$。

（5）一阶电路方程的特征根 $p = -\dfrac{1}{RC}$，它具有频率的量纲，称为"固有频率"（natural frequency）。

由此可知，初始值、稳态值和时间常数便确定了一阶电路的零输入响应曲线。其中初始值由换路前的电路确定，稳态值由换路后新的稳态电路确定，而 τ 由暂态电路中的电容和电容两端的等效电阻确定。

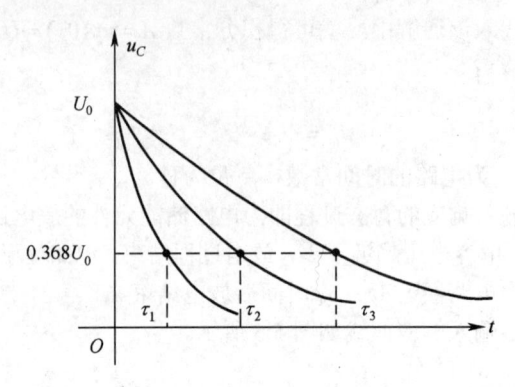

图 5.7 时间常数的意义

求解动态电路的基本步骤:
(1) 分析电路情况,得出待求量的初始值。
(2) 根据基尔霍夫定律列写关于待求量的微分方程,并整理。
(3) 解微分方程,求出待求量。

由上述步骤可见,无论电路的阶数如何,初始值的求取、电路方程的列写和微分方程的求解是分析求解动态电路过渡过程的关键。

例 5-3 电路如图 5.8(a)所示。已知 $t<0$ 时,原电路已稳定,$t=0$ 时,S 由 a 合向 b,求:$t>0_+$ 时的 $u_C(t)$、$i(t)$。

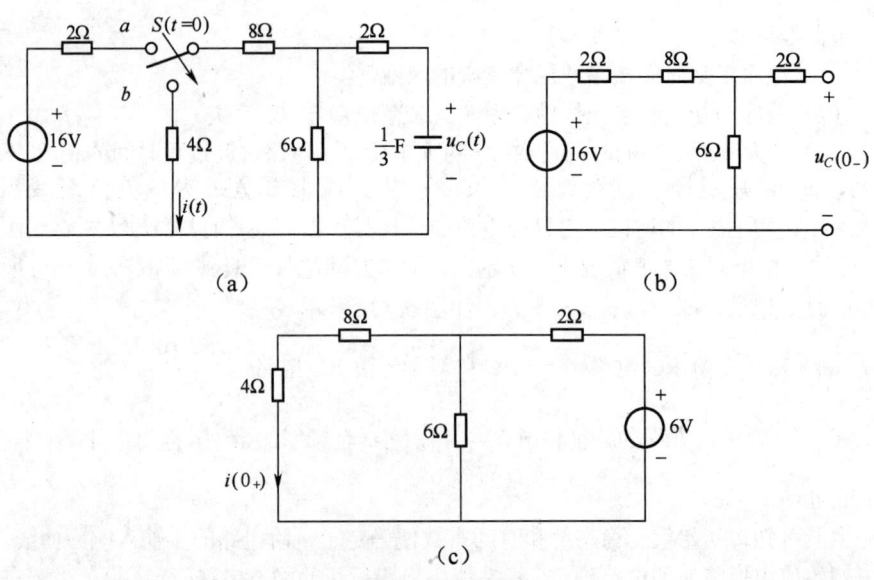

图 5.8 例 5-3 的图

(d)   (e)

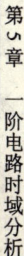

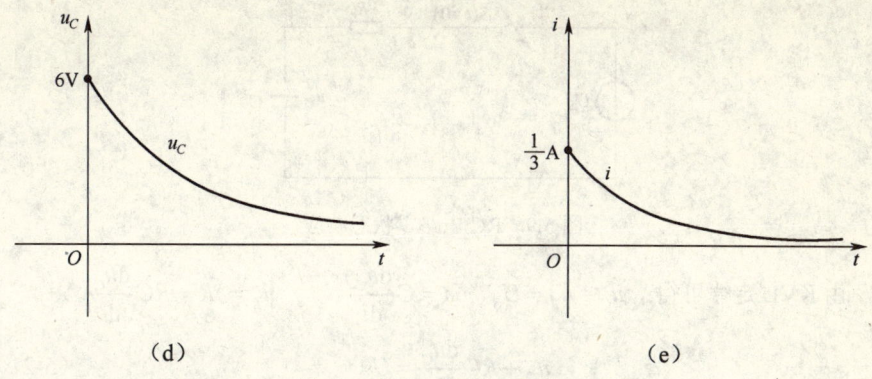

图 5.8 例 5-3 的图（续图）

解：1. 求 $u_C(0_+)$、$i(0_+)$

当 $t=0_-$ 时，等效电路如图 5.8（b）所示。

$$u_C(0_-) = \frac{6}{2+8+6} \times 16 = 6\text{V}$$

$$u_C(0_+) = u_C(0_-) = 6\text{V}$$

$t=0_+$ 时，等效电路如图 5.8（c）所示。

$$i(0_+) = \frac{6}{2+\frac{(8+4)\times 6}{(8+4)+6}} \times \frac{6}{(4+8)+6} = \frac{1}{3}\text{A}$$

2. 求 τ。电路如图 5.8（c）所示。

$$R_{eq} = 2 + \frac{(4+8)\times 6}{(4+8)+6} = 6\Omega$$

$$\tau = R_{eq}C = 2\text{s}$$

$$u_C(t) = 6\text{e}^{-\frac{t}{2}}\text{V} \qquad (t \geq 0_+)$$

$$i(t) = \frac{1}{3}\text{e}^{-\frac{t}{2}}\text{A} \qquad (t \geq 0_+)$$

零输入响应曲线如图 5.8（d）、(e) 所示。

5.4 一阶电路的零状态响应

零状态响应是指电路中储能元件的初始储能为零，由外施电源激励产生的响应。此过程是电源为储能元件输入能量的充电过程。

初始条件为 $u_C(0_+) = u_C(0_-) = 0$

电路如图 5.9 所示。

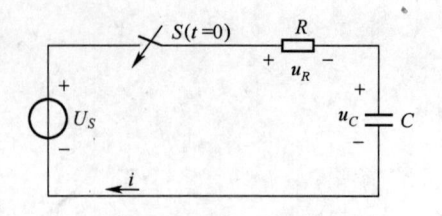

图 5.9 RC 电路零状态响应

由 KVL 定律可得：$u_C + u_R = U_S$ $i = C\dfrac{\mathrm{d}u_C}{\mathrm{d}t}$ $u_R = iR = RC\dfrac{\mathrm{d}u_C}{\mathrm{d}t}$

$$u_C + RC\dfrac{\mathrm{d}u_C}{\mathrm{d}t} = U_S \tag{5-21}$$

该方程为一阶常系数线性非齐次微分方程。

由高等数学知识可知，该微分方程的解由齐次方程的通解 u'_C 与非齐次方程的特解 u''_C 两部分组成。

$$u_C(t) = u'_C(t) + u''_C(t)$$

其中通解 u'_C 取决于对应齐次方程的解，特解 u''_C 则取决于激励函数的形式。

上述微分方程对应的齐次方程为 $u_C + RC\dfrac{\mathrm{d}u_C}{\mathrm{d}t} = 0$

特征方程为 $(RCp + 1) = 0$

其特征根即为 $p = -\dfrac{1}{RC}$

分析与前面零输入响应相同。

则电路方程对应的齐次方程的通解形式为：

$$u'_C = A\mathrm{e}^{pt} = A\mathrm{e}^{-\frac{t}{\tau}}$$

而微分方程的特解 $u''_C = U_S$ 代入（5-21）成立。

电容电压全解为 $u_C = u'_C + u''_C = A\mathrm{e}^{-\frac{t}{\tau}} + U_S$

由初始条件：当 $t = 0$ 时，$u_C(0_+) = u_C(0_-) = 0$，代入上式

$$u_C(0_+) = A\mathrm{e}^{-\frac{0}{\tau}} + U_S = A + U_S = 0$$

得： $A = -U_S$

因此当电压源为直流电压源时，满足初始条件的电路方程的全解为

$$u_C = -U_S\mathrm{e}^{-\frac{t}{\tau}} + U_S = U_S(1 - \mathrm{e}^{-\frac{t}{\tau}}) \tag{5-22}$$

其中，$\tau = RC$，为电路的时间常数，单位为秒。

实际上，零状态响应的暂态过程即为电路储能元件的充电过程，由该式可知，当时间 $t \to \infty$ 时，电容电压趋近于充电值，放电过程结束，电路处于另一个稳态。

而在工程中，常常认为电路经过 $3\tau \sim 5\tau$ 时间后充电结束。

一阶电路的零状态响应曲线见图 5.10。由曲线可知：

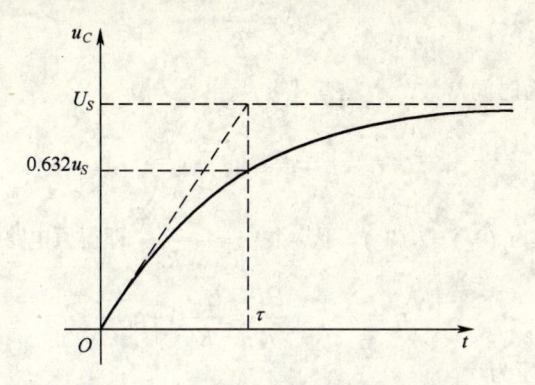

图 5.10 一阶电路的零状态响应曲线

（1）电容电压是随时间按指数规律变化上升的函数。$t \to \infty$ 时，电路达到稳定状态，电压为电源电压。

（2）响应变化的快慢由时间常数 $\tau = RC$ 决定；τ 大，充电慢，过渡过程就长。τ 指 $u_C(t)$ 从 0 上升到 $63.2\%U_S$ 时所经历的时间。

（3）响应与外加激励成线性关系。

由此可见，初始值、稳态值和时间常数确定了一阶电路的零状态响应曲线，与前面零输入响应的分析相同。其中，初始值由换路前的电路确定，稳态值由换路后的电路确定，而 τ 由电路中的电容和电容两端的等效电阻确定，其意义与前面的相同。

在图 5.9 所示的电路中，若将电容换成电感，则电路如图 5.11 所示。已知 $i_L(0_-) = 0\text{A}$，换路后，根据 KVL 定律，有

$$L\frac{\mathrm{d}i}{\mathrm{d}t} + Ri = U_S \tag{5-23}$$

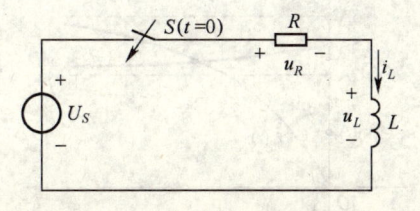

图 5.11 RL 电路零状态响应

该式为一阶线性非齐次微分方程，其解的结构为

$$i_L = i_L' + i_L''$$

i_L' 是齐次方程的通解，i_L'' 是特解。可得特解和齐次方程的通解分别为

$$i'_L = A\mathrm{e}^{-\frac{t}{\tau}}$$

$$i''_L = \frac{U_S}{R}$$

其中 $\tau = \frac{L}{R}$ 为时间常数，于是有

$$i_L = i'_L + i''_L = A\mathrm{e}^{-\frac{t}{\tau}} + \frac{U_S}{R}$$

根据零状态有 $i_L(0_+) = i_L(0_-)$，代入得 $A = -\frac{U_S}{R}$，即得原电路中电感电流的解为

$$i_L = A\mathrm{e}^{-\frac{t}{\tau}} + \frac{U_S}{R} = \frac{U_S}{R}(1 - \mathrm{e}^{-\frac{t}{\tau}}) \tag{5-24}$$

电阻两端电压为

$$u_R(t) = Ri(t) = U_S(1 - \mathrm{e}^{-\frac{R}{L}t}) \tag{5-25}$$

例 5-4 电路如图 5.12（a）所示。已知 $i_L(0) = 0$，$t < 0$ 时，原电路已稳定，$t=0$ 时合上 S，求：$t \geqslant 0_+$ 时的 $i_L(t)$ 和 $i_0(t)$。

（a）

（b）

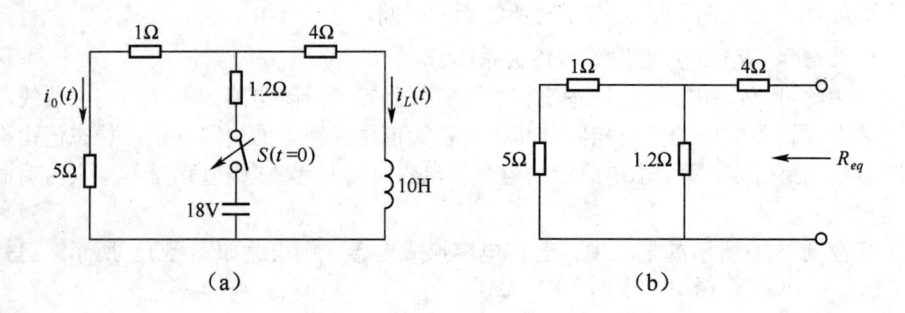

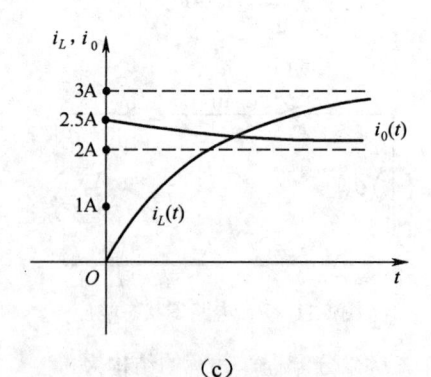

（c）

图 5.12 例 5-4 的图

解：1. 求 $i_L(\infty)$。

当 $t \to \infty$ 时，电感相当于短路，则
$$i_L(\infty) = 3\text{A}$$

2. 求 τ

当 $t \geq 0_+$ 时，电感的戴维宁等效电路如图 5.12（b）所示。
$$\because R_{eq} = 5\Omega$$
$$\tau = \frac{L}{R} = \frac{10}{5} = 2\text{s}$$

$$\therefore i_L(t) = 3(1-e^{-\frac{t}{2}})\text{A} \quad (t \geq 0)$$

$$i_0(t) = \frac{4i_L + 10\dfrac{\text{d}i_L}{\text{d}t}}{6} = 2 + 0.5e^{-\frac{t}{2}}\text{A} \quad (t \geq 0)$$

零状态响应曲线如图 5.12（c）所示。

5.5 一阶电路的全响应

5.5.1 直流电源激励下的全响应

储能元件有初始储能的情况下，电路在外施激励下产生的响应，称为全响应。初始条件为 $u_C(0_+) = u_C(0_-) = U_0$

电路如图 5.13 所示。

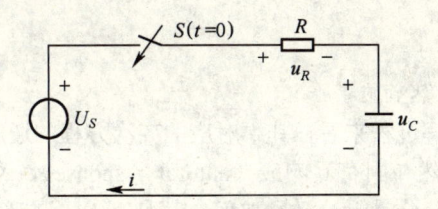

图 5.13 RC 电路零状态响应

由 KVL 定律可得：$u_C + u_R = U_S \quad u_R = iR = RC\dfrac{\text{d}u_C}{\text{d}t}$

$$u_C + RC\frac{\text{d}u_C}{\text{d}t} = U_S \tag{5-26}$$

该方程为一阶常系数线性非齐次微分方程。此方程与前面所学的零状态响应的分析求解过程相同，不同的是电压 u_C 初始值不为 0。

解由齐次方程的通解 u_C' 与非齐次方程的特解 u_C'' 两部分组成。

$$u_C(t) = u_C'(t) + u_C''(t)$$

先求通解。特征方程为：
$$(RCp+1)=0$$
特征根为
$$p=-\frac{1}{RC}$$
则电路方程对应的齐次方程的通解形式为：
$$u'_C = Ae^{pt} = Ae^{-\frac{t}{\tau}}$$
再求特解　令 $u''_C = U_S$　代入式（5-26）成立。所以

电容电压全解为　$u_C = u'_C + u''_C = Ae^{-\frac{t}{\tau}} + U_S$

由初始条件：当 $t=0$ 时，$u_C(0_+) = u_C(0_-) = U_0$，代入上式
$$u_C(0_+) = Ae^{-\frac{0}{\tau}} + U_S = A + U_S = U_0$$
$$A = U_0 - U_S$$

通解为：$u'_C = Ae^{-\frac{t}{\tau}} = (U_0 - U_S)e^{-\frac{t}{\tau}}$

全解为
$$u_C = u'_C + u''_C = (U_0 - U_S)e^{-\frac{t}{\tau}} + U_S \qquad (5\text{-}27)$$

通解即为电路的暂态值，特解即为电路的稳态值。

其中 $\tau = RC$ 为电路的时间常数，单位为秒。τ 指 $u_C(t)$ 从 $u_C(0_+) = U_0$ 变化了 $|U_0 - U_S| \times 63.2\%$ 时所经历的时间。

5.5.2　全响应的分解

1. 自由分量（自然响应）

从电路方程的求解过程来看，其中对应的齐次方程的通解与输入函数（激励）无关，称为电路的自然（固有）响应（natural response），又称为自由分量（free component）。这一部分分量无论激励如何，都具有 Ke^{pt} 的形式，它总是随着时间按指数规律衰减到零，也称为暂态响应（transient response）。

2. 强制分量（强迫响应）

电路方程解中的特解部分与电路的激励形式有关，或者说受到电路输入函数的约束，因此这一部分分量也被称为强制分量（forced component），或称为强制响应（forced response）。如果强制响应为常量或周期函数，那么该响应也称为稳态响应（steady state response）。

$$u_C = \underset{\text{强制响应}}{u''_C} + \underset{\text{自由响应}}{[u_C(0_+) - u''_C(0_+)]e^{-\frac{t}{\tau}}}$$

$$= [u_C(0_+)\mathrm{e}^{-\frac{t}{\tau}}] + [u_C''(1-\mathrm{e}^{-\frac{t}{\tau}})]$$
零输入响应　　零状态响应　　　　　　　（5-28）

对于线性电路，全响应为零状态响应与零输入响应之和。此为线性动态电路的一个普遍规律，它来源于线性电路的叠加性。

5.5.3 一阶动态电路的正弦稳态响应

在图 5.14 所示的电路中，已知激励 $u_S(t) = U_m \cos(\omega t + \varphi)$。

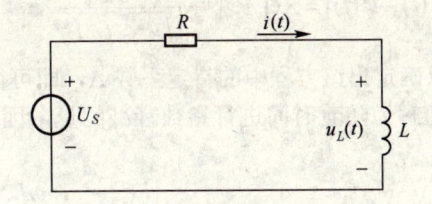

图 5.14　一阶电路的正弦响应

根据欧拉公式：$\mathrm{e}^{\mathrm{j}\beta} = \cos\beta + \mathrm{j}\sin\beta$

$$U_m \cos(\omega t + \varphi) = \mathrm{Re}[U_m \mathrm{e}^{\mathrm{j}(\omega t + \varphi)}]$$

这样我们使用指数函数 $U_m \mathrm{e}^{\mathrm{j}(\omega t + \varphi)}$ 作为激励进行计算，最后将计算结果 $i_L(t)$ 取实部，就可以得到我们所求的响应 $i_L(t)$。

首先对电路列写微分方程：

$$L\frac{\mathrm{d}i_L}{\mathrm{d}t} + Ri_L = U_m \mathrm{e}^{\mathrm{j}(\omega t + \varphi)}$$

即：

$$L\frac{\mathrm{d}i_L}{\mathrm{d}t} + Ri_L = (U_m \mathrm{e}^{\mathrm{j}\varphi})\mathrm{e}^{\mathrm{j}\omega t}$$

则该方程的通解为

$$i_L'(t) = A\mathrm{e}^{-\frac{t}{\tau}}, \quad 其中 \tau = \frac{L}{R}$$

设方程的特解形式为

$$i_L''(t) = I_m \mathrm{e}^{\mathrm{j}\omega t}$$

将该特解代入原电路方程：

$$\mathrm{j}\omega L I_m \mathrm{e}^{\mathrm{j}\omega t} + RI_m \mathrm{e}^{\mathrm{j}\omega t} = (U_m \mathrm{e}^{\mathrm{j}\varphi})\mathrm{e}^{\mathrm{j}\omega t}$$

即为

$$\mathrm{j}\omega L I_m + RI_m = U_m \mathrm{e}^{\mathrm{j}\varphi}$$

所以

$$I_m = \frac{U_m e^{j\varphi}}{R + j\omega L} = \frac{U_m e^{j\varphi}}{\sqrt{R^2 + (\omega L)^2} e^{j\arctan(\frac{\omega L}{R})}} = \frac{U_m}{\sqrt{R^2 + (\omega L)^2}} e^{j(\varphi - \arctan\frac{\omega L}{R})}$$

所以方程的特解为

$$i_L''(t) = I_m e^{j\omega t} = \frac{U_m}{\sqrt{R^2 + (\omega L)^2}} e^{j(\varphi - \arctan\frac{\omega L}{R})} \cdot e^{j\omega t} = \frac{U_m}{\sqrt{R^2 + (\omega L)^2}} e^{j[(\omega t + \varphi) - \arctan\frac{\omega L}{R}]}$$

所以方程的解为

$$i_L(t) = \mathrm{Re}[i_L'(t) + i_L''(t)] = \mathrm{Re}[Ae^{-\frac{t}{\tau}} + \frac{U_m}{\sqrt{R^2 + (\omega L)^2}} e^{j(\omega t + \varphi - \arctan\frac{\omega L}{R})}]$$

根据初始条件可以确定出该方程中的待定系数 A，即可得解。

而由于方程中的通解为随着时间进行指数衰减的量，因此电路的正弦稳态响应为

$$i(t) = \frac{U_m}{\sqrt{R^2 + (\omega L)^2}} \cos(\omega t + \varphi - \arctan\frac{\omega L}{R})$$

由此可见，在正弦激励的作用下，流过电感的电流与其两端电压之间的大小关系与相位关系。

同样可以分析含有电容的一阶电路的正弦稳态响应。

$$i(t) = \frac{U_m}{\sqrt{R^2 + (\frac{1}{\omega C})^2}} \cos(\omega t + \varphi + \arctan\frac{1}{\omega CR})$$

5.5.4 三要素法

一、三要素法的计算公式

对于求解直流激励作用的一阶电路中的各响应的问题，均可以直接根据电路中电压（或电流）的初始值、稳态值和时间常数三个要素来决定要求的解。这种方法是求解直流激励下全响应的重要方法。

可以证明，在直流输入的情况下，一阶动态电路中的任意支路电压、电流均可用三要素法来求解。其计算公式为：

$$y(t) = y(\infty) + [y(0_+) - y(\infty)]e^{-\frac{t}{\tau}} \tag{5-29}$$

其中，$y(t)$ 为暂态过程任意瞬时电路中的全响应——待求电压或电流，$y(0_+)$ 为其初始值（t=0+时的值），$y(\infty)$ 为其相应的稳态值，τ 为时间常数。

二、三要素法的计算步骤

1. 计算初始值

首先画出 0− 电路,计算换路前电路中的 $u_C(0_-)$ 及 $i_L(0_-)$；在换路后的电路中，用电压源或电流源替代 C 或 L（大小分别为 $u_C(0_-)$ 及 $i_L(0_-)$），计算出待求量的初

始值 $y(0_+)$。

2. 计算稳态值

用换路后的电路计算 $t \to \infty$ 时待求量的稳态值 $y(\infty)$。在计算稳态值时，电容作"断路"处理，电感作"短路"处理。

3. 计算时间常数

用戴维宁或诺顿等效电路计算暂态电路的时间常数。对于电容电路：$\tau = R_{eq}C$；对于电感电路：$\tau = \dfrac{L}{R_{eq}}$。

注意：当电路中存在电容、电感串并联的情况时，时间常数计算中的 C（L）同样可以用求 R 的方法用戴维宁或诺顿等效来计算。而电容、电感的串并联计算公式为（公式的得出请同学们自行推导）：

电容串联：$\dfrac{1}{C} = \dfrac{1}{C_1} + \dfrac{1}{C_2}$ 并联：$C = C_1 + C_2$

电感串联：$L = L_1 + L_2$ 并联：$\dfrac{1}{L} = \dfrac{1}{L_1} + \dfrac{1}{L_2}$

4. 响应曲线（如图 5.15 所示）

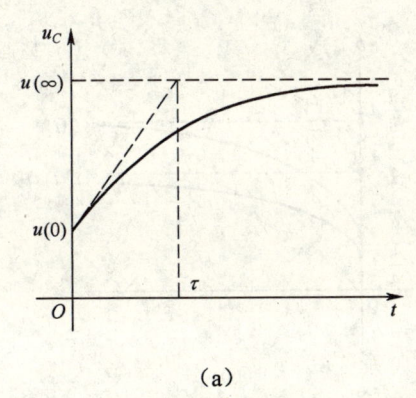

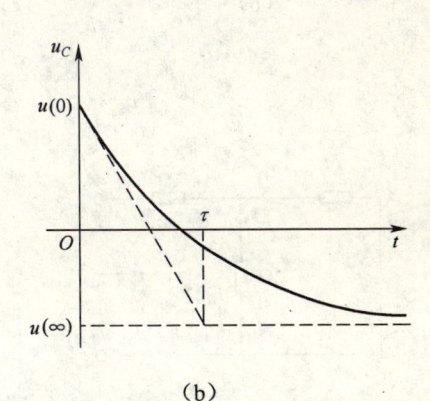

（a）   （b）

图 5.15   一阶电路的全响应曲线

由此可见，同样，初始值、稳态值和时间常数确定了一阶电路的全响应曲线。图 5.15（a）为 $y(0_+) < y(\infty)$，（b）为 $y(0_+) > y(\infty)$ 的情况。

例 5-5   电路如图 5.16（a）所示。已知 $t<0$ 时，原电路已稳定，$t=0$ 时，S 由 a 合向 b，求：$t \geq 0_+$ 时的 $i_L(t)$，$i_0(t)$。

解：（1）求 $i_L(0_+)$，$i_0(0_+)$。

当 $t=0_+$ 时，电路等效为图 5.16（b）所示。

$$i_0(0_+) = \dfrac{1}{\dfrac{2\times 1}{2+1}+2} = \dfrac{3}{8}\text{A}$$

$$i_L(0_+) = \frac{2}{2+1} \times \frac{3}{8} = \frac{1}{4}\text{A}$$

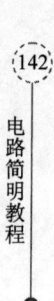

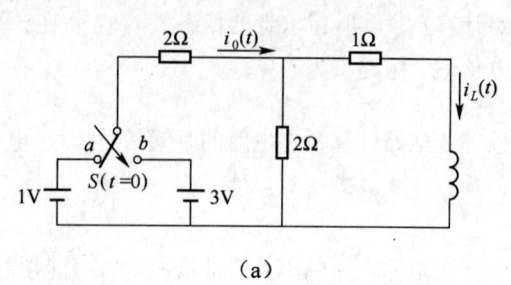

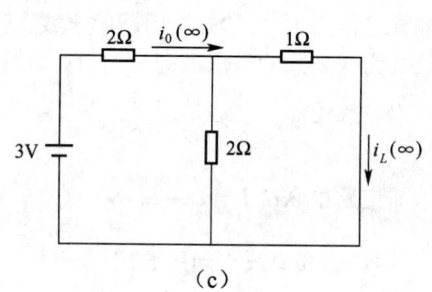

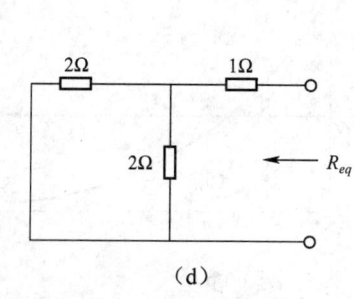

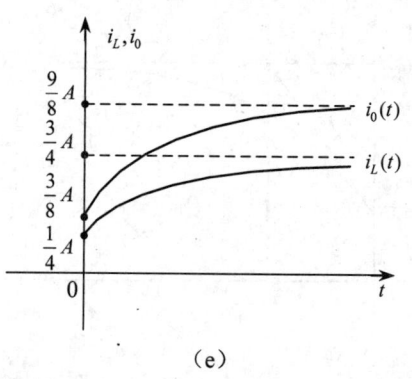

图 5.16 例 5-5 的图

(2) 求 $i_L(\infty)$，$i_0(\infty)$。

$t \to \infty$ 时，电路等效为图 5.16（c）所示。

$$i_L(\infty) = \frac{3}{4}\text{A}, \quad i_0(\infty) = \frac{9}{8}\text{A}$$

(3) 求 τ。求电感两端戴维宁等效电阻如图 5.16（d）所示。

$$i_L(t) = \frac{3}{4} - \frac{1}{2}\text{e}^{-2t}\text{A} \qquad (t \geq 0_+)$$

$$i_0(t) = \frac{9}{8} - \frac{3}{4}\text{e}^{-2t}\text{A} \qquad (t \geq 0_+)$$

全响应曲线如图 5.16（e）所示。

例 5-6 电路如图 5.17（a）所示。已知 $t<0$ 时，原电路已稳定，$t=0$ 时，合上开关 S，求：$t \geq 0_+$ 时的 $u_C(t)$，$i(t)$。

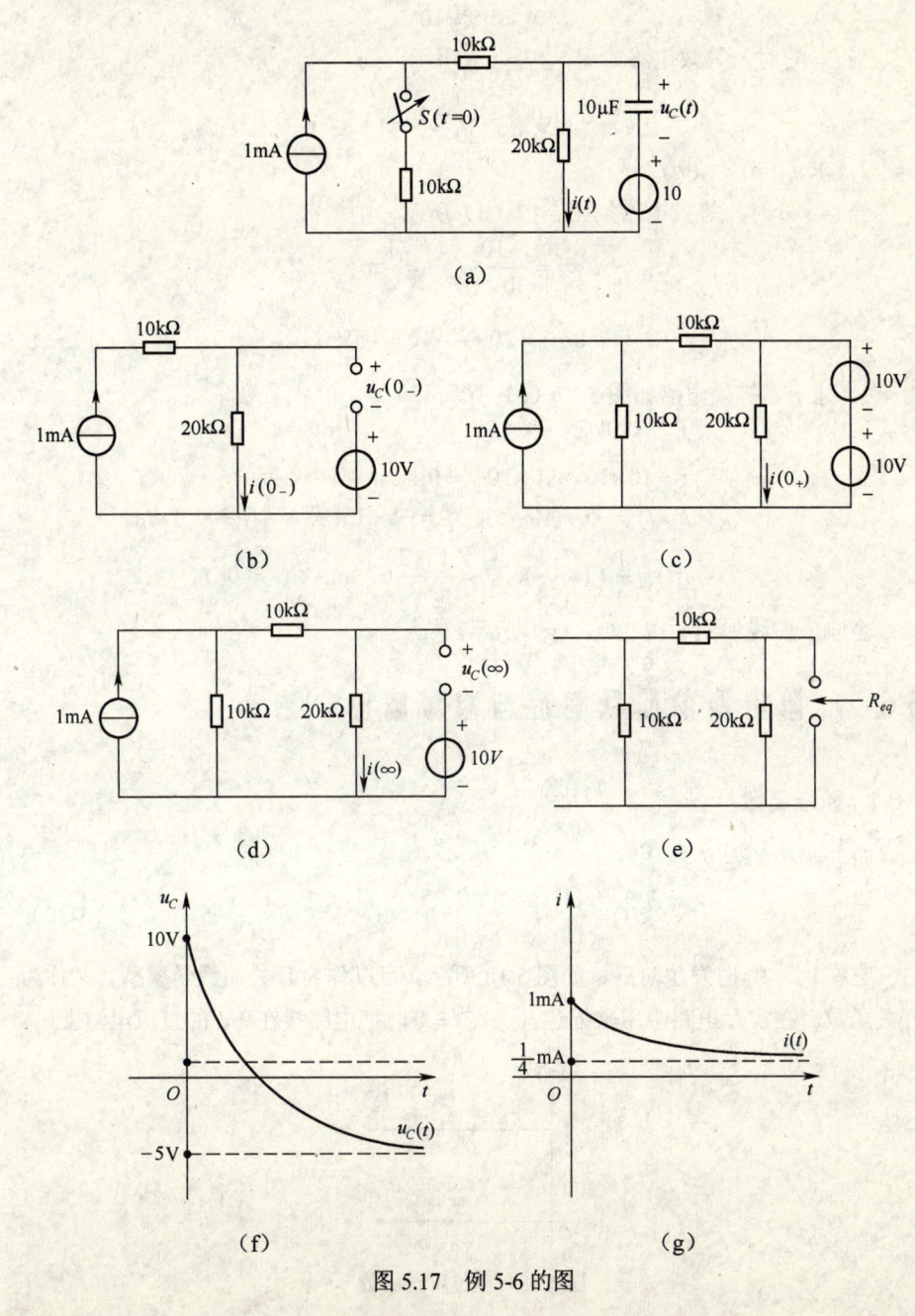

图 5.17 例 5-6 的图

1. 求 $u_C(0_+)$，$i(0_+)$

当 $t = 0_-$ 时，等效电路如图 5.17（b）所示，则
$$u_C(0_-) = 20 \times 1 - 10 = 10\text{V}$$
$$u_C(0_+) = 10\text{V}$$

当 $t = 0_+$ 时，等效电路如图 5.17（c）所示，则
$$i(0_+) = \frac{20}{20} = 1\text{mA}$$

2. 求 $u_C(\infty)$，$i(\infty)$

当 $t \to \infty$ 时，等效电路如图 5.17（d）所示，则
$$i(\infty) = \frac{10}{30+10} \times 1 = \frac{1}{4}\text{mA}$$
$$u_C(\infty) = 20 \times \frac{1}{4} - 10 = -5\text{V}$$

3. 求 τ。 等效电路如图 5.17（e）所示。
$$R_{eq} = 10\text{k}\Omega$$
$$\tau = 10 \times 10^3 \times 10 \times 10^{-6} = 0.1\text{s}$$
$$u_C(t) = -5 + (10+5)e^{-10t} = -5 + 15e^{-10t}\text{V} \quad (t \geq 0_+)$$
$$i(t) = \frac{1}{4} + (1 - \frac{1}{4})e^{-10t} = \frac{1}{4} + \frac{3}{4}e^{-10t}\text{mA} \quad (t \geq 0_+)$$

全响应曲线如图 5.17（f）、（g）所示。

5.6 一阶电路的阶跃响应与冲激响应

5.6.1 阶跃函数

阶跃函数的定义

$$\varepsilon(t) = \begin{cases} 1 & t > 0_+ \\ 0 & t < 0_- \end{cases} \qquad (5-30)$$

它在 $0_- \sim 0_+$ 时发生阶跃，如图 5.18 所示。可以作为开关的数学模型，又称为开关函数。在实际电路中用来描述开关在 $t = 0$ 时把电路接在 1V 的直流电源上。

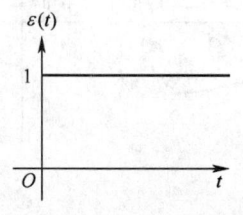

图 5.18 单位阶跃函数

延时 t_0 的单位阶跃函数

$$\varepsilon(t-t_0) = \begin{cases} 0 & t < t_{0-} \\ 1 & t > t_{0+} \end{cases}$$

认为它在 $t_{0-} \sim t_{0+}$ 时发生阶跃，如图 5.19 所示。

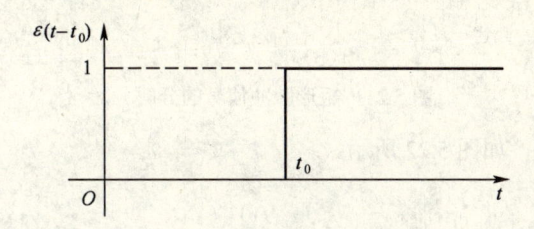

图 5.19 延时的单位阶跃函数

在实际电路中用来描述开关在 $t=0$ 时把电路接在 1V 的直流电源上。如：

$$\varepsilon(t) = \begin{cases} 0 & t < 0 \\ U & t > 0 \end{cases}$$

它在 $t=0$ 时发生阶跃，阶跃幅度为 U。又如：

$$\varepsilon(t-t_0) = \begin{cases} 0 & t < t_{0-} \\ U & t > t_{0+} \end{cases}$$

它在 $t=t_0$ 时发生阶跃，阶跃幅度为 U。

我们常常用阶跃函数表示开关动作。电路如图 5.20（a）、（b）所示，用于描述开关在 $t=0$ 时把电路接在 U 伏的直流电源上，也可以用阶跃函数表示开关动作，如图 5.20（b）所示。

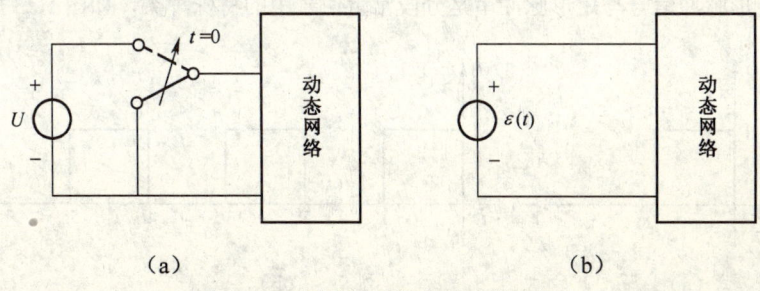

图 5.20 用阶跃函数表示开关动作

阶跃函数常用于表示矩形脉冲信号和分段常量信号。

矩形脉冲信号如图 5.21（a）所示，分解为两个阶跃信号叠加，如图 5.21（b）、（c）所示，其响应可直接用阶跃响应的叠加来计算。即

$$f(t) = \varepsilon(t) - \varepsilon(t-t_0)$$

（a） （b） （c）

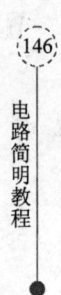

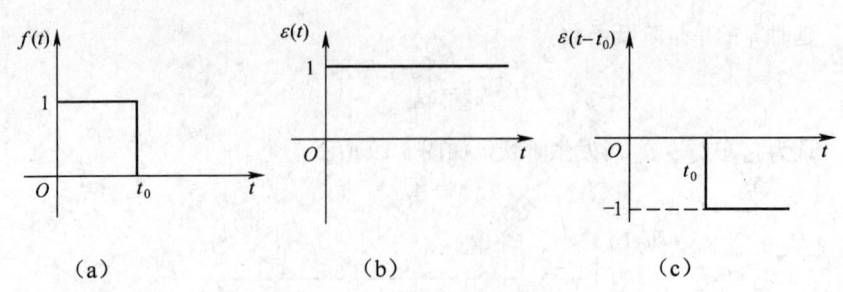

图 5.21 矩形脉冲信号的分解

分段常量信号，如图 5.22 所示。

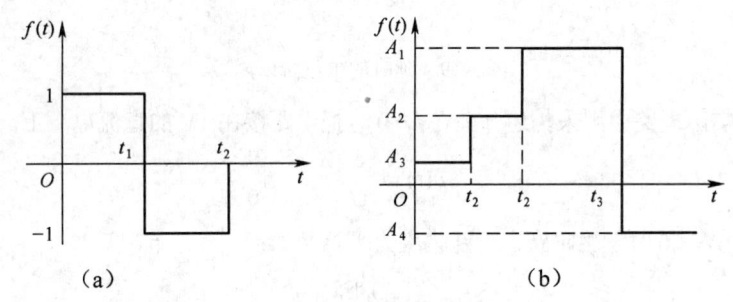

（a） （b）

图 5.22 分段常量信号

分段常量信号均可用阶跃函数表示，图 5.22（a）表示为
$$f(t) = \varepsilon(t) - 2\varepsilon(t-t_1) + \varepsilon(t-t_2);$$
图 5.22（b）表示为
$$f(t) = A_3\varepsilon(t) + (A_2 - A_3)\varepsilon(t-t_1) + (A_1 - A_2)\varepsilon(t-2t_2) + (A_4 - A_1)\varepsilon(t-3t_3)$$
矩形脉冲信号与矩形脉冲串是分段常量信号中的特殊种类，如图 5.23 所示。

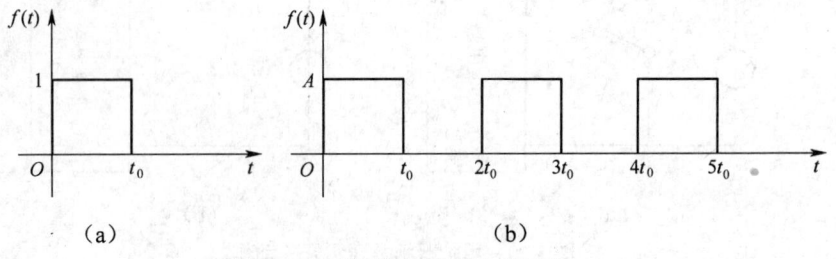

（a） （b）

图 5.23 矩形脉冲信号与脉冲串

图 5.23（b）表示为 $f(t) = A\varepsilon(t) - A(t-t_0) + A\varepsilon(t-2t_0) - A\varepsilon(t-3t_0) + \cdots$。
在用阶跃函数表示时注意观察上升沿、下降沿及变化的幅度。

5.6.2 单位阶跃响应

定义：电路在单位阶跃信号激励下的零状态响应。

单位阶跃响应与求解直流激励的零状态响应相同，直接用零状态响应的计算公式或者三要素法进行计算。

激励为 $\varepsilon(t)$ 时，响应为 $u_C(t) = (1-e^{-\frac{t}{\tau}})\varepsilon(t)$

激励为 $A\varepsilon(t)$ 时，响应为 $u_C(t) = A(1-e^{-\frac{t}{\tau}})\varepsilon(t)$

激励为 $\varepsilon(t-t_0)$ 时，响应为 $u_C(t) = (1-e^{-\frac{t-t_0}{\tau}})\varepsilon(t-t_0)$

激励为 $A\varepsilon(t-t_0)$ 时，响应为 $u_C(t) = A(1-e^{-\frac{t-t_0}{\tau}})\varepsilon(t-t_0)$

单位矩形脉冲响应：由迭加原理

激励为 $\varepsilon(t) = \varepsilon(t) - \varepsilon(t-t_0)$，响应为 $s(t) = (1-e^{-\frac{t}{\tau}})\varepsilon(t) - (1-e^{-\frac{t-t_0}{\tau}})\varepsilon(t-t_0)$

或 0—t_0 表示为零状态响应：$s(t) = (1-e^{-\frac{t}{\tau}})\varepsilon(t)$

t_0—∞ 表示为零输入响应：$s(t) = (1-e^{-\frac{t-t_0}{\tau}})s(t_0)$

注意两点：①激励接入时刻是在 $t=0$ 还是在 $t=t_0$；②响应可以直接用阶跃函数表示。

例 5-7 求如图 5.24（a）所示电路的单位阶跃响应 $S_C(t)$、$S_R(t)$。

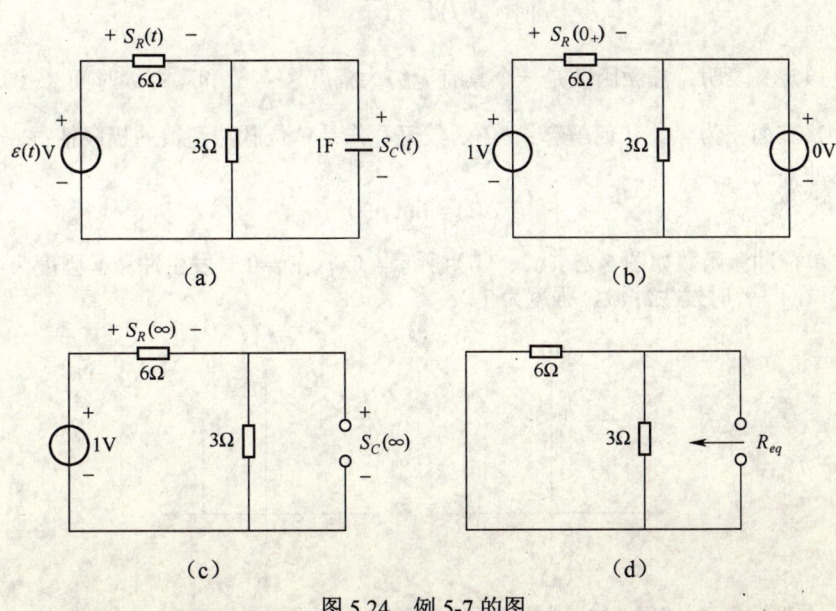

图 5.24 例 5-7 的图

解 利用三要素法

1. 求 $S_C(0+)$、$S_R(0+)$

当 $t=0_+$ 时，等效电路如图 5.24（b）所示，则可得

$$S_C(0_+) = 0\text{V}, \quad S_R(0_+) = 1\text{V}$$

2. 求 $S_C(\infty)$、$S_R(\infty)$。

当 $t \to \infty$ 时，等效电路如图 5.24（c）所示，则可得

$$S_C(\infty) = \frac{1}{3}\text{V}, \quad S_R(\infty) = \frac{2}{3}\text{V}$$

3. 求 τ

等效电路如图 5.24（d）所示，则可得

$$R_{eq} = 2\Omega \Rightarrow \tau = 2\text{s}$$

$$\therefore S_C(t) = \frac{1}{3}(1-e^{-\frac{t}{2}})\varepsilon(t)\text{V}$$

$$S_R(t) = \left(\frac{2}{3} + \frac{1}{3}e^{-\frac{t}{2}}\right)\varepsilon(t)\text{V}$$

5.6.3 冲激函数

1. 单位冲激函数 $\delta(t)$ 的定义

（1）$\delta(t)$ 是一种奇异函数，其定义为：

$$\begin{cases} \delta(t) = 0 & t \neq 0 \\ \int_{-\infty}^{+\infty} \delta(t)\mathrm{d}t = 1 \end{cases} \tag{5-31}$$

该定义表明：冲激函数是一个具有无穷大幅度（$\frac{1}{\Delta}$）和零持续时间（Δ）的脉冲，其面积为 1。几何解释：$\delta(t)$ 函数可看作是单位脉冲函数的极限情况。$p(t)$ 为脉冲幅度。

$$\delta(t) = \lim_{\Delta \to 0} p(t)$$

单位冲激函数如图 5.25（a）、（b）所示。（a）在 $t=0$ 时发生冲激，强度为 1；（b）在 $t=t_0$ 时发生冲激，强度为 1。

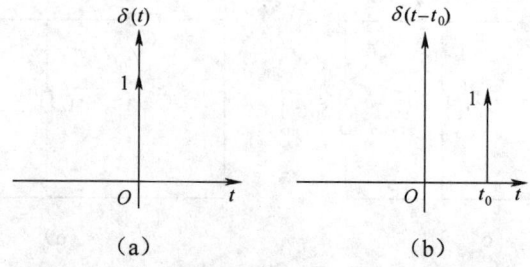

图 5.25 单位冲激函数及延时的单位冲激函数

（2）关于单位冲激函数的理解。

实际上可以理解为某些规则函数的极限，如矩形脉冲、三角脉冲函数、双边指数函数、钟形函数、抽样函数等，如图 5.26 所示。它们对应的曲线与横轴包围的面积均为 1，当脉冲宽度趋近于零时，其函数的幅度就趋近于无穷大。此时，这些函数就等效为单位冲激函数。

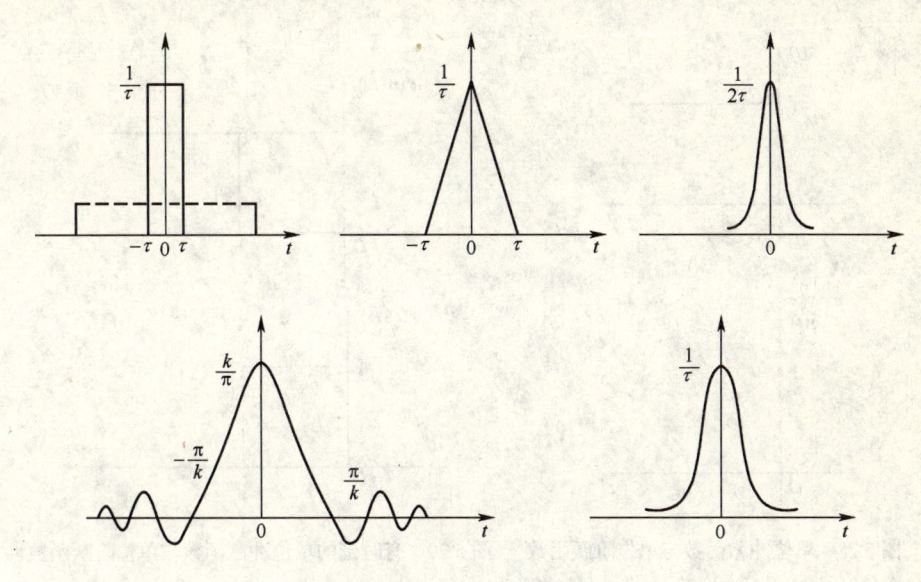

图 5.26　冲激函数对应的规则函数

（3）冲激函数的强度。

冲激函数的强度定义为对应的规则函数与横轴包围的面积，即若包围的面积为 K，其强度就为 K。如图 5.27（a）、（b）所示。

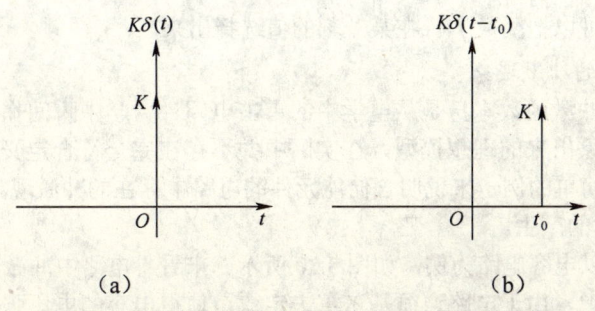

（a）　　　　　　　　　　　（b）

图 5.27　强度为 K 的冲激函数及延时的冲激函数

2. 单位冲激函数的特性

（1）$\delta(t)$ 与 $\varepsilon(t)$ 的关系。

$\delta(t)$ 与 $\varepsilon(t)$ 互为微积分关系：

$$\int_{-\infty}^{t} \delta(\tau)d\tau = \varepsilon(t) \qquad (5\text{-}32)$$

$$\frac{d\varepsilon(t)}{dt} = \delta(t) \qquad (5\text{-}33)$$

图 5.28 及图 5.29 分别为阶跃函数和冲激函数在 $t=0$ 和 $t=t_0$ 时的情况。

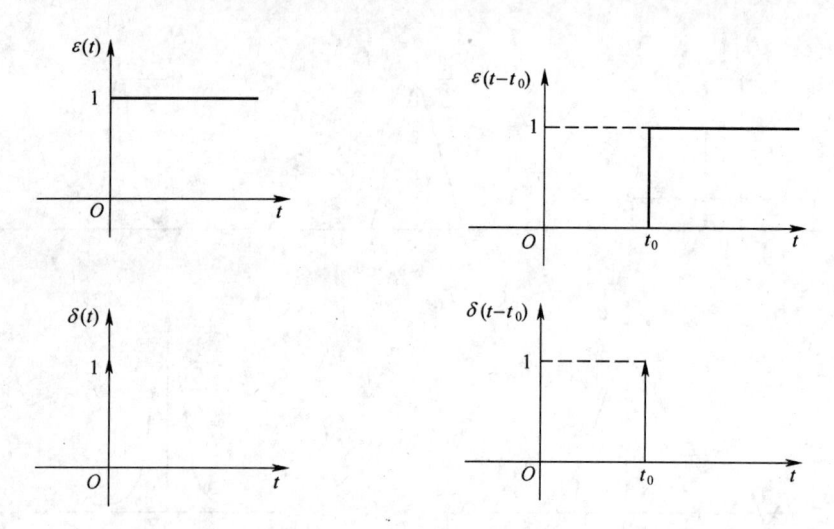

图 5.28　单位冲激函数与单位阶跃函数　　图 5.29　有时延的单位冲激函数与单位阶跃函数

（2）筛分特性：

$$f(t)\delta(t) = f(0)\delta(t) \qquad (5\text{-}34)$$

$$\int_{-\infty}^{+\infty} f(t)\delta(t)dt = \int_{-\infty}^{+\infty} f(0)\delta(t)dt = f(0)\int_{-\infty}^{+\infty} \delta(t)dt = f(0)$$

$$\int_{-\infty}^{+\infty} f(t)\delta(t-t_0)dt = \int_{-\infty}^{+\infty} f(t_0)\delta(t-t_0)dt = f(t_0)\int_{-\infty}^{+\infty} \delta(t-t_0)dt = f(t_0)$$

冲激函数可以把函数 $f(t)$ 在某一刻的值选择出来。

3. 电路中的冲激现象

实际上，冲激函数本身是从电学中的雷击电闪、力学中瞬间作用的冲击力等物理现象中抽象出来的理想模型，在实际中并不存在完全符合定义的物理量。下面我们以一个简单的例子来说明含储能元件的电路中存在的冲激现象。

（1）冲激的产生。

下面我们以电容电路为例，如图 5.30 所示，来看看电路中冲激电流的产生。

在该电路中，由于电路遵循基尔霍夫定律，使得电容的电压强制跃变为电源电压，也就是说，电容两端的电压在 0_- 到 0_+ 的瞬间跃变为电源电压 U，即 $u_C = U\varepsilon(t)$，那么电容电流即为一个冲激电流：

$$i(t) = C\frac{\mathrm{d}u_C}{\mathrm{d}t} = CU\frac{\mathrm{d}\varepsilon(t)}{\mathrm{d}t} = CU\delta(t)$$

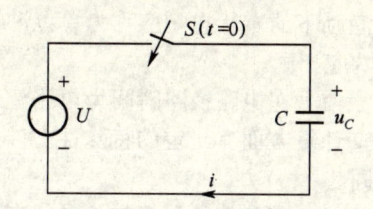

图 5.30 冲激电流的产生

注意：电路中存在冲激电流（电压）的情况有三种：
（a）有冲激电源。
（b）电容与电压源并联（电感与电流源串联）。
（c）不同初值的电容并联（不同初值的电感串联）。
（2）冲激电路中初值的计算。

在前面讲到电路换路时我们曾经提到，在电路初始值计算时，常常是电容电压与电感电流在换路前后相等，即这两个量不跃变。

对于电容电路，我们知道，$u_C(t) = u_C(t_0) + \frac{1}{C}\int_{t_0}^{t} i_C(t)\mathrm{d}t$，设 $t_0 = 0_-$，$t = 0_+$，则：

$u_C(0_+) = u_C(0_-) + \frac{1}{C}\int_{0_-}^{0_+} i_C(t)\mathrm{d}t$，这样当其中的电流为连续函数或阶跃函数时，该式中的积分项为零，此时，$u_C(0_+) = u_C(0_-)$，这正是我们前面介绍的一般情况下，动态电路初始值确定的原则。而当 $i_C(t)$ 为冲激函数时，如设 $i_C(t) = A\delta(t)$，则

$$u_C(0_+) = u_C(0_-) + \frac{1}{C}\int_{0_-}^{0_+} A\delta(t)\mathrm{d}t = u_C(0_-) + \frac{A}{C} \tag{5-35}$$

电感元件的初始值 $i_L(0_+)$ 的计算可以对偶地得出：而当 $u_L(t)$ 为冲激函数时，如设 $u_L(t) = A\delta(t)$，则

$$i_L(0_+) = i_L(0_-) + \frac{1}{L}\int_{0_-}^{0_+} A\delta(t)\mathrm{d}t = i_L(0_-) + \frac{A}{L} \tag{5-36}$$

若存在冲激电流，电路初值的计算就不能再直接用 $u_C(0_+) = u_C(0_-)$、$i_L(0_+) = i_L(0_-)$ 的方法，而是要根据动态元件的特性，采用上述的计算公式。其他的初值计算与前面讲述的方法相同。实际上，当其中的电流为连续函数或阶跃函数时，电路的初值也是可以通过这种方式得出的，只不过该式中的积分项为零，若电流为冲激电流时，这一项将为一个常数而已。

（3）产生冲激的电路中的功率分析。

我们知道，功率是单位时间内能量的变化，由于在电容电压（电感电流）跃变的情况下，电容的电场能（电感的磁场能）也发生了跃变，此时电源在瞬间为电容（电感）元件提供无限大的功率。

5.6.4 冲激响应

电路在单位冲激信号激励下的零状态响应称为单位冲激响应。实质上电路的冲激响应与电路的零输入响应相同。

冲激响应的计算：冲激信号在电路换路瞬间为电路建立了一个初始状态。而冲激响应的计算除了在初值计算方面有一定的特殊性之外，其他方面计算分析与零输入响应的计算完全相同。

当电路中存在冲激信号时，其初值的计算方法是：在冲激电流流过电容的瞬间（$t=0$），应该将电容视为短路；有冲激电压作用在电感两端时，将电感视为开路，然后根据前面有关 $i_C(t)$（或 $u_L(t)$）的积分公式（5-35）、（5-36）来计算相应的 $u_C(0_+)$（或 $i_L(0_+)$）。

1. 单位冲激响应 $h(t)$ 的求法

（1）求初值（$0_- \sim 0_+$）$u_C(0_+)$、$i_L(0_+)$。

$$u_C(0_+) = u_C(0_-) + \frac{1}{C}\int_{0_-}^{0_+} i_C \mathrm{d}t = \frac{1}{C}\int_{0_-}^{0_+} \delta_i \mathrm{d}t = \frac{1}{C}$$

$$i_L(0_+) = i_L(0_-) + \frac{1}{L}\int_{0_-}^{0_+} u_L \mathrm{d}t = \frac{1}{L}\int_{0_-}^{0_+} \delta_u \mathrm{d}t = \frac{1}{L}$$

对于一阶 RC 并联电路，有

$$i_R + i_C = \delta_i(t) \quad \frac{u_C(t)}{R} + C\frac{\mathrm{d}u_C}{\mathrm{d}t} = \delta_i(t)$$

$$\int_{0_-}^{0_+} \frac{u_C(t)}{R}\mathrm{d}t + \int_{0_-}^{0_+} C\frac{\mathrm{d}u_C}{\mathrm{d}t}\mathrm{d}t = \int_{0_-}^{0_+} \delta_i(t)\mathrm{d}t = 1$$

$$\int_{0_-}^{0_+} C\frac{\mathrm{d}u_C}{\mathrm{d}t}\mathrm{d}t = 1 \quad C[u_C(0_+) - u_C(0_-)] = 1$$

$$u_C(0_+) = u_C(0_-) + \frac{1}{C}$$

对于一阶 RL 串联电路，有

$$u_R + u_L = \delta_u(t) \quad Ri_L(t) + L\frac{\mathrm{d}i_L}{\mathrm{d}t} = \delta_u(t)$$

$$\int_{0_-}^{0_+} Ri_L \mathrm{d}t + \int_{0_-}^{0_+} L\frac{\mathrm{d}i_L}{\mathrm{d}t}\mathrm{d}t = \int_{0_-}^{0_+} \delta u(t)\mathrm{d}t = 1$$

$$\int_{0_-}^{0_+} L\frac{\mathrm{d}i_L}{\mathrm{d}t}\mathrm{d}t = 1 \quad L[i_L(0_+) - i_L(0_-)] = 1$$

$$i_L(0+) = i_L(0-) + \frac{1}{L}$$

（2）求零输入响应（$0_+ \rightarrow \infty$）

对于一阶 RC 电路，有

$$u_C(t) = u_C(0_+)e^{-\frac{t}{\tau}} \qquad (\tau = R_{eq} \cdot C) \qquad (t \geq 0_+)$$

$$i_C(t) = C\frac{du_C(t)}{dt} = -\frac{u_C(0_+)}{R}e^{-\frac{t}{\tau}}\varepsilon(t) \qquad (t \geq 0_+)$$

$$i_C(t) = \delta_i(t) - \frac{u_C(0_+)}{R}e^{-\frac{t}{\tau}}\varepsilon(t) \qquad (t \geq 0_-)$$

对于一阶 RL 电路，有

$$i_L(t) = i_L(0_+)e^{-\frac{t}{\tau}} \qquad (\tau = \frac{L}{R_{eq}}) \qquad (t \geq 0_+)$$

$$u_L(t) = L\frac{di_L(t)}{dt} = -Ri_L(0_+)e^{-\frac{t}{\tau}}\varepsilon(t) \qquad (t \geq 0_+)$$

$$u_L(t) = \delta u(t) - Ri_L(0_+)e^{-\frac{t}{\tau}}\varepsilon(t) \qquad (t \geq 0_-)$$

2. 冲激响应与阶跃响应关系

对于线性非时变电路，若 $x \to y$，则 $\frac{dx}{dt} \to \frac{dy}{dt}$，$\int x dt \to \int y dt + K$。因此，电路的冲激响应为其阶跃响应的导数。由于一个电路的阶跃响应的计算非常方便，则冲激响应可以通过阶跃响应的计算来求得，反之也可以。即：

$$\frac{d\varepsilon(t)}{dt} = \delta(t) \qquad \text{则有} \quad \frac{ds(t)}{dt} = h(t) \qquad (5-37)$$

$$\int_{-\infty}^{t} \delta(\tau)d\tau = \varepsilon(t) \qquad \int_{-\infty}^{t} h(\tau)d\tau = s(t) \qquad (5-38)$$

例 5-8 已知电路如图 5.31 所示，其中 $i(t) = 10^{-4}\delta(t)\text{A}$，$u_{C_1}(0_-) = 100\text{V}$，$u_{C_2}(0_-) = -50\text{V}$。求：初始值 $u_{C_1}(0_+)$ 及 $u_{C_2}(0_+)$。

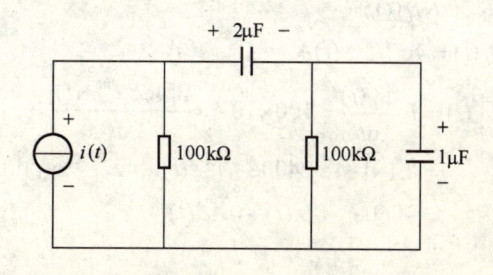

图 5.31 例 5-8 电路图

解：已知 $i_{C_1}(t) = i_{C_2}(t) = 10^{-4}\delta(t)\text{A}$，由式（5-35）得

$$u_{C_1}(0_+) = u_{C_1}(0_-) + \frac{1}{C_1}\int_{0_-}^{0_+} i_{C_1}(t)dt = 100 + \frac{1}{10^{-6}}\int_{0_-}^{0_+} 10^{-4}\delta(t)dt = 200\text{V}$$

$$u_{C_2}(0_+) = u_{C_2}(0_-) + \frac{1}{C_2}\int_{0_-}^{0_+} i_{C_2}(t)dt = -50 + \frac{1}{10^{-6}}\int_{0_-}^{0_+} 10^{-4}\delta(t)dt = 50\text{V}$$

例 5-9 已知电路如图 5.32 所示，求：初始值 $i_L(0_+)$ 及响应 $i_L(t)$。

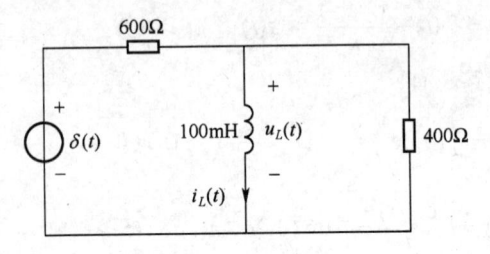

图 5.32 例 5-9 电路图

解：用三要素法求解。

求初始值 $u_L(t) = \dfrac{400}{400+600} \times \delta(t) = 0.4\delta(t)\text{V}$

由式（5-36）得：

$$i_L(0_+) = i_L(0_-) + \frac{1}{L}\int_{0_-}^{0_+} u_L(t)dt = 0 + \frac{1}{100\times 10^{-3}}\int_{0_-}^{0_+} 0.4\delta(t)dt = 4\text{A}$$

求稳态值：$i_L(\infty) = 0$

时间常数 $\tau = \dfrac{L}{R} = \dfrac{L}{R_1 // R_2} = \dfrac{100\times 10^{-3}}{240} = \dfrac{1}{2400}(s)$

则响应为

$$i_L(t) = i_L(\infty) + [i_L(0) - i_L(\infty)]\,e^{-\frac{t}{\tau}} = 0 + (4-0)\,e^{-2400t} = 4e^{-2400t}\text{A} \quad (t \geq 0_+)$$

可以用阶跃函数表示 $i_L(t)$：

$$i_L(t) = 4e^{-2400t}\varepsilon(t)\text{A}$$

$$u_L(t) = L\frac{di_L(t)}{dt} = 100\times 10^{-3} \times \frac{d[4e^{-2400t}\varepsilon(t)]}{dt}$$

$$= 0.1\times[-4\times 2400e^{-2400t}\varepsilon(t) + 4e^{-2400t}\delta(t)]$$

$$= -960e^{-2400t}\varepsilon(t) + 0.4\delta(t)$$

章节回顾

1. 对于直流电压，电容表现为开路。
2. 对于直流电流，电感表现为短路。
3. RL 电路的时间常数等于等效电感除以等效电感两端看到的戴维宁电阻，

即 $\tau = \dfrac{L}{R_{eq}}$。

4. RC 电路的时间常数等于等效电容乘以等效电容两端看到的戴维宁电阻，即 $\tau = R_{eq}C$。

5. 电容电压和电感电流是连续的，即它们在 $t=0_-$ 和 $t=0_+$ 时具有相同的值。电容电流和电感电压可以是不连续的，即它们在 $t=0_-$ 和 $t=0_+$ 时有不相同的值。

6. 在直流输入的情况下，一阶动态电路中的任意支路电压、电流均可用三要素法来求解。其计算公式为：

$$y(t) = y(\infty) + [y(0) - y(\infty)]e^{-\frac{t}{\tau}}$$

其中，$y(t)$ 为任意瞬时电路中的待求电压或电流，$y(0)$ 为相应所求量的初始值（$t=0_+$ 时的值），$y(\infty)$ 为相应的稳态值，τ 为时间常数。

7. RL 和 RC 电路的阶跃响应的求解，有关电流或电压的初值、终值及电路的时间常数。

习题

5-1 题 5-1 图示电路原来处于稳态，$t=0$ 时开关 S 打开。求换路后 $t=0_+$ 时刻各支路电流与动态元件电压、电流的初始值。

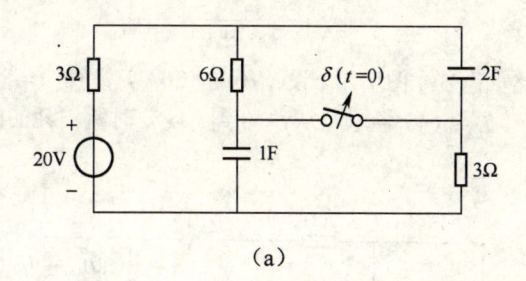

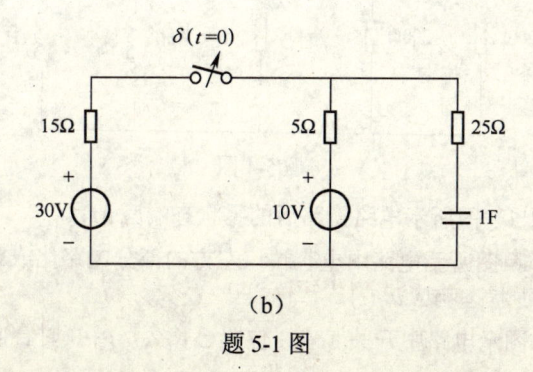

(a)

(b)

题 5-1 图

5-2 试求题 5-2 图所示电路中电容上电荷量的初始值以及电容上电荷量在 $t=0.02\text{s}$ 时的值。设换路前电路已工作了很长的时间。

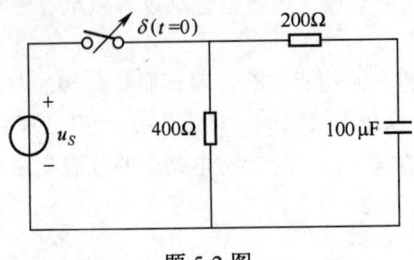

题 5-2 图

5-3 如题 5-3 图示电路中，已知 $R_1=R_2=R_3=R_4=10\Omega$，$L=1\text{H}$，$U_S=15\text{V}$。设换路前电路已工作了很长的时间，试求零输入响应 $i_L(t)$。

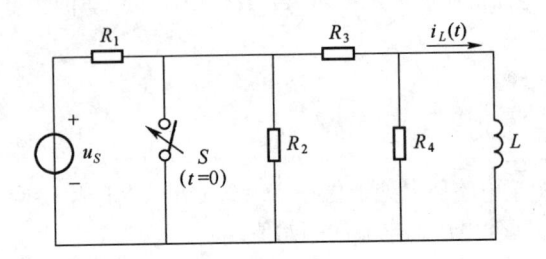

题 5-3 图

5-4 给定电路如题 5-4 图所示。设 $i_{L1}(0_-)=20\text{A}$，$i_{L2}(0_-)=5\text{A}$。求：（1）$i(t)$；（2）$u(t)$；（3）i_{L1}、i_{L2}；（4）各电阻从 $t=0$ 到 $t\to\infty$ 时所消耗的能量；（5）$t\to\infty$ 时电感中的能量。

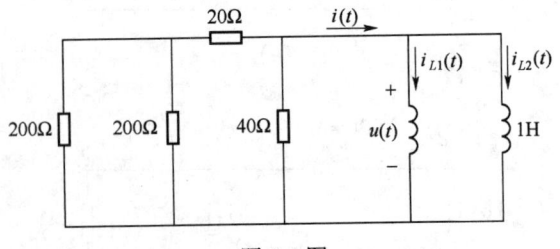

题 5-4 图

5-5 试求题 5-5 图所示电路换路后的零状态响应 $i(t)$。

5-6 将题 5-6 图所示电路中电容端口左方的部分电路化成戴维宁模型，然后求解电容电压的零状态响应 $u_C(t)$。

5-7 题 5-7 图示电路中开关 S 在 1 位置已长久，$t=0$ 时合向 2 位置，求换路后 $u_C(t)$ 与 $i(t)$。

题 5-5 图

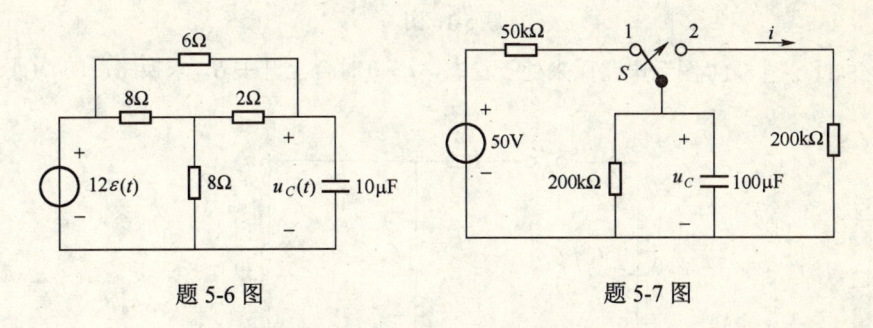

题 5-6 图

题 5-7 图

5-8 题 5-8 图所示电路中开关 S 在 1 位置已长久，$t=0$ 时合向 2 位置，求换路后 $i(t)$ 与 $u_L(t)$。

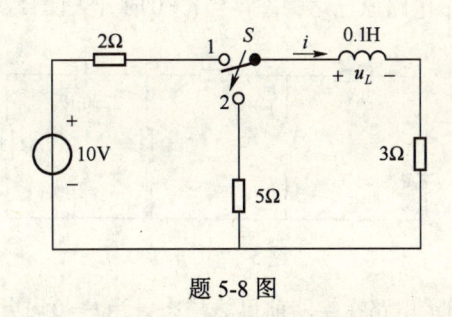

题 5-8 图

5-9 题 5-9 图示电路原处稳态，$t=0$ 时把开关 S 合上，求换路后 $i(t)$ 和 $i_1(t)$。

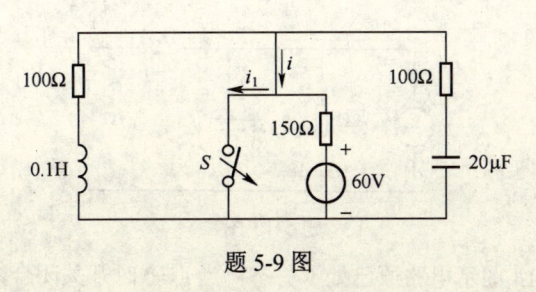

题 5-9 图

5-10 题 5-10 图示电路原处稳态，$t=0$ 时合上开关 S，求换路后的 $i_L(t)$ 和 $i(t)$。

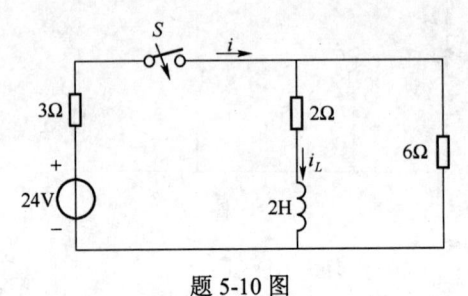

题 5-10 图

5-11 题 5-11 图示电路原来处于稳态，$t=0$ 时合上开关 S。求换路后的 $i_L(t)$。

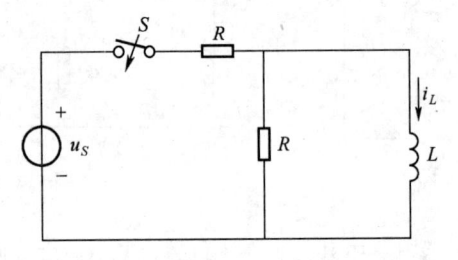

题 5-11 图

5-12 题 5-12 图示电路原已达稳态，当 $t=0$ 时开关闭合，求 $i(t)$，$t \geqslant 0$。

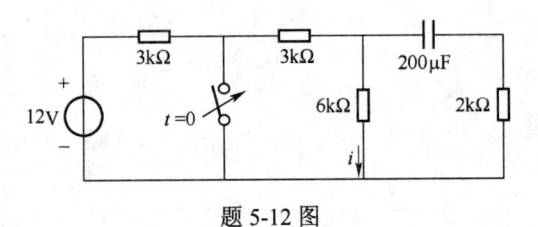

题 5-12 图

5-13 题 5-13 图示电路在换路前已达稳态。当 $t=0$ 时开关接通，求 $t>0$ 的 $u_C(t)$。

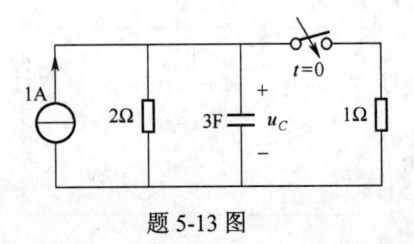

题 5-13 图

5-14 题 5-14 图示电路原已处于稳态，当 $t=0$ 时开关闭合，求 $i(t)$、$u(t)$。

题 5-14 图

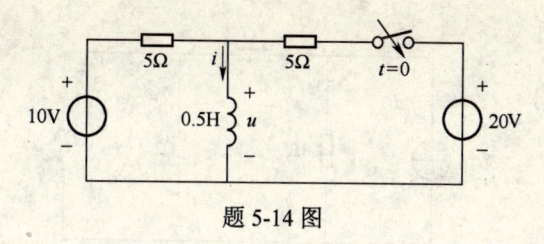

5-15　电路如题 5-15 图所示，当 $t=0$ 时开关闭合，闭合前电路已处于稳态。试求 $i(t)$。

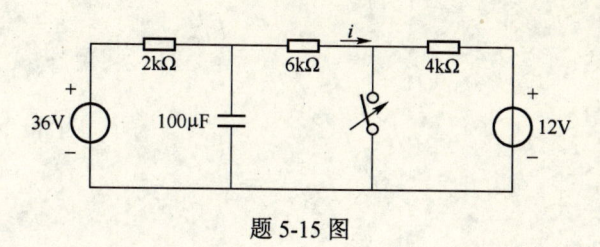

题 5-15 图

5-16　求题 5-16 图示电路的零状态响应电压 $u_C(t)$ 和电流 $i(t)$。

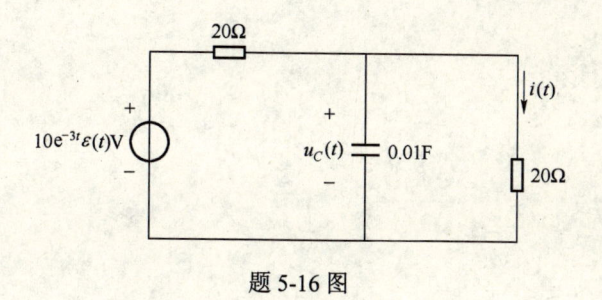

题 5-16 图

5-17　试求题 5-17 图示电路的零状态响应 $u(t)$。

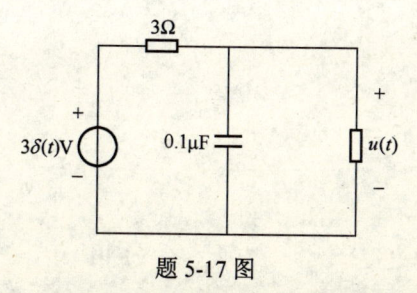

题 5-17 图

5-18　试求题 5-18 图示电路的零状态响应 $u(t)$，并画出它的曲线。

题 5-18 图

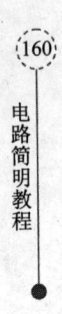

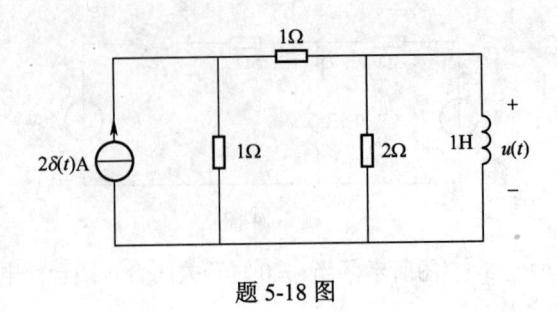

第6章 二阶电路时域分析

本章重点

- 电路微分方程的建立
- 经典法分析二阶电路的过渡过程
- 二阶电路的零输入响应、零状态响应、全响应的分析求解
- 阶跃响应和冲激响应的分析求解

本章难点

- 电路微分方程的解及其物理意义
- 不同特征根的讨论计算

本章学习二阶电路的时域分析。含有两个动态元件、用二阶微分方程描述的电路称为二阶电路。求解微分方程需要两个初始条件 $y(0_+)$、$y'(0_+)$。在二阶电路中，电压或电流在不同条件下随时间变化的规律称为响应，它们也要经历过渡过程，分别是零输入响应、零状态响应、全响应、阶跃响应和冲激响应。RLC 串联电路和 GLC 并联电路是最基本的二阶动态电路，本章从这两种电路入手分析求解各种响应，然后再深入学习较复杂的二阶电路的分析方法。

6.1 二阶电路的零输入响应

二阶电路中无外施电源激励，仅在动态元件初始储能作用下产生的响应称为零输入响应。

R、L、C 串联的二阶电路如图 6.1 所示，其中电容电压的初始值为 $u_C(0_+) = u_C(0_-) = U_0$，电感电流的初始值为 $i_L(0_+) = i_L(0_-) = 0$。

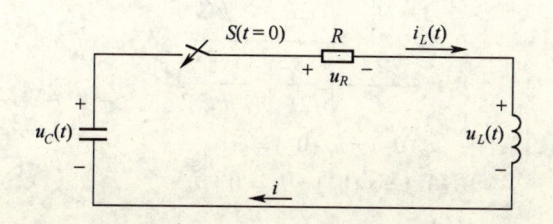

图 6.1 R、L、C 串联的二阶电路

根据 KVL 定律，电路方程为
$$-u_C + u_R + u_L = 0$$

电路电流为：$i = -C\dfrac{\mathrm{d}u_C}{\mathrm{d}t}$

各个元件电压为：$u_R = Ri = -RC\dfrac{\mathrm{d}u_C}{\mathrm{d}t}$，$u_R = L\dfrac{\mathrm{d}i}{\mathrm{d}t} = -LC\dfrac{\mathrm{d}^2 u_C}{\mathrm{d}t^2}$

代入：
$$LC\dfrac{\mathrm{d}^2 u_C}{\mathrm{d}t^2} + RC\dfrac{\mathrm{d}u_C}{\mathrm{d}t} + u_C = 0 \tag{6-1}$$

这是一个二阶线性常系数齐次微分方程。由高等数学知识，其通解由两部分组成。设 $u_C(t) = A\mathrm{e}^{pt}$，代入式（6-1）中得到二阶齐次微分方程的特征方程。

特征方程为
$$LCp^2 + RCp + 1 = 0 \tag{6-2}$$

特征根为
$$p = -\dfrac{R}{2L} \pm \sqrt{\left(\dfrac{R}{2L}\right)^2 - \dfrac{1}{LC}} \tag{6-3}$$

由特征根的性质（不等根、等根或共轭复根）就可以确定通解的具体形式。再根据电路的初始条件即可得出通解中的待定系数。下面分三种情况讨论。

1. 过阻尼情况（$R > 2\sqrt{\dfrac{L}{C}}$）

二阶微分方程的特征根为两个不等的实根，响应是一个非振荡放电过程。即当 $\left(\dfrac{R}{2L}\right)^2 > \dfrac{1}{LC}$，$R > 2\sqrt{\dfrac{L}{C}}$ 时，特征根 p_1、p_2 为不相等的负实数，此时固有频率为不相等的负实数。

当特征根为不相等的实数时，微分方程的解的形式为
$$u_C(t) = A_1 \mathrm{e}^{p_1 t} + A_2 \mathrm{e}^{p_2 t} \tag{6-4}$$

其中：
$$p_1 = -\dfrac{R}{2L} + \sqrt{\left(\dfrac{R}{2L}\right)^2 - \dfrac{1}{LC}} \tag{6-5}$$

$$p_2 = -\dfrac{R}{2L} - \sqrt{\left(\dfrac{R}{2L}\right)^2 - \dfrac{1}{LC}} \tag{6-6}$$

由电路的初始条件：$u_C(0_+) = u_C(0_-) = U_0$
$$i_L(0_+) = i_L(0_-) = I_0 = 0$$

而由 $i = -C\dfrac{\mathrm{d}u_C}{\mathrm{d}t}$ 得：$\left.\dfrac{\mathrm{d}u_C}{\mathrm{d}t}\right|_{t=0_+} = -\dfrac{I_0}{C}$

先讨论 $U_0 \neq 0$、$I_0 = 0$ 的情况。$U_0 \neq 0$、$I_0 \neq 0$ 的情况分析方法与之相同。

$$\left.\frac{du_C}{dt}\right|_{t=0_+} = -\frac{I_0}{C} = -\frac{0}{C} = 0$$

初始条件为：
$$u_C(0_+) = U_0$$
$$\left.\frac{du_C}{dt}\right|_{t=0_+} = 0$$

上式代入式（6-4）中，就可以解出其中的待定系数，

$$\begin{cases} A_1 = -\dfrac{p_2}{p_1 - p_2} U_0 \\ A_2 = \dfrac{p_1}{p_1 - p_2} U_0 \end{cases} \quad (6\text{-}7)$$

零输入响应为

$$u_C(t) = \frac{U_0}{p_1 - p_2}(p_1 e^{p_2 t} - p_2 e^{p_1 t}) \quad (6\text{-}8)$$

$$i_C(t) = -C\frac{du_C}{dt} = -\frac{CU_0 p_1 p_2}{p_2 - p_1}(e^{p_1 t} - e^{p_2 t})$$

$$= -\frac{U_0}{L(p_2 - p_1)}(e^{p_1 t} - e^{p_2 t}) \quad (6\text{-}9)$$

$$u_L = L\frac{di}{dt} = \frac{-U_0}{(p_2 - p_1)}(p_1 e^{p_1 t} - p_2 e^{p_2 t}) \quad (6\text{-}10)$$

上述推导利用了 $p_1 p_2 = \dfrac{1}{LC}$ 的关系。

注意： u_C 与 i 为非关联参考方向，u_L 与 i 为关联参考方向。

从式（6-8）可以看出，由于 $p_1 > p_2$，$e^{p_1 t} > e^{p_2 t}$，且 $\dfrac{p_2}{p_2 - p_1} > \dfrac{p_1}{p_2 - p_1} > 0$。所以 $t > 0$ 时 u_C 一直为正。

从式（6-9）可以看出，当 $t > 0$ 时，i 也一直为正，但是进一步分析可知，当 $t = 0$ 时，$i(0_+) = 0$，当 $t \to \infty$ 时，$i(\infty) = 0$，这表明 $i(t)$ 将出现极值，可以求一阶导数得到，即

$$\frac{di_C}{dt} = p_1 e^{p_1 t} - p_2 e^{p_2 t} = 0$$

$$p_1 e^{p_1 t} - p_2 e^{p_2 t} = 0$$

故

$$t_{\max} = \frac{1}{p_2 - p_1}\ln\frac{p_2}{p_1} \quad (6\text{-}11)$$

其中 t_{max} 为电流达到最大的时刻。

从式（6-10）可以看出，由 $u_L = L\dfrac{di}{dt}$ 知道，u_L 与 $\dfrac{di}{dt}$ 有关，u_L 有正有负，$\dfrac{di}{dt} = 0$ 时 $u_L = 0$，u_L 由正过零变负，由 $\dfrac{du_L}{dt} = 0$ 可确定 u_L 为最小时的 t'。

$$(p_1^2 e^{p_1 t'} - p_2^2 e^{p_2 t'}) = 0$$

$$t' = \dfrac{2\ln\dfrac{p_2}{p_1}}{p_1 - p_2} = 2t_m \tag{6-12}$$

由此可知：u_L 为最小时的时间为 $t' = 2t_m$。

u_C、i、u_L 的波形如图 6.2 所示。

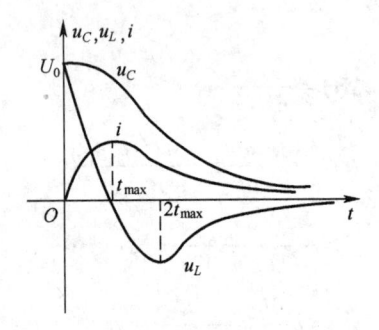

图 6.2　过阻尼放电过程中 u_C、i、u_L 的波形

从图 6.2 可以看出，$u_C(t)$、$i_C(t)$ 和 $u_L(t)$ 均为随着时间衰减的函数，电路的响应为非振荡响应。电容在整个过程中一直在释放储存的电能，称之为非振荡放电。当 $t < t_m$ 时，电感吸收能量，建立磁场；当 $t > t_m$ 时，电感释放能量，磁场衰减，趋向消失；当 $t = t_m$ 时，电感电压过零点。

由于电路中的电阻较大，电容的电场能量很快转变为热量消耗掉，响应没有经过振荡过程就衰减消失了，所以称此过渡过程为过阻尼。因而非振荡放电也称为过阻尼放电。

2. 临界阻尼情况（$R = 2\sqrt{\dfrac{L}{C}}$）

二阶微分方程的特征根为两个相等的实根，响应是一个临界非振荡放电过程。即当 $\left(\dfrac{R}{2L}\right)^2 = \dfrac{1}{LC}$，$R = 2\sqrt{\dfrac{L}{C}}$ 时，特征根 p_1、p_2 为相等的负实数 p，此时固有频率为相等的负实数。这是介于振荡与非振荡的临界情况。

当特征根为相等的实数时，微分方程的解的形式为

$$u_C(t) = (A_1 + A_2 t)e^{pt} \tag{6-13}$$

由式（6-5）、(6-6) 可得 $p_1 = p_2 = p = -\dfrac{R}{2L} = -\delta$，则解为

$$u_C = A_1 e^{-\delta t} + A_2 t e^{-\delta t} = (A_1 + A_2 t)e^{-\delta t}$$

根据初始条件求待定系数。

由初始条件 $\begin{cases} u_c(0_+) = U_0 \to A_1 = U_0 \\ \dfrac{du_c}{dt}(0_+) = 0 \to A_1(-\delta) + A_2 = 0 \end{cases}$

得：$\begin{cases} A_1 = U_0 \\ A_2 = U_0 \delta \end{cases}$

代入（6-10）中得：

$$u_C = U_0 e^{-\delta t}(1 + \delta t) \tag{6-14}$$

$$i_C = -C\dfrac{du_C}{dt} = \dfrac{U_0}{L} t e^{-\delta t} \tag{6-15}$$

$$u_L = L\dfrac{di}{dt} = U_0 e^{-\delta t}(1 - \delta t) \tag{6-16}$$

$u_C(t)$ 还可以利用非振荡放电过程的解，令 $p_1 \to p_2 = p = -\dfrac{R}{2L} = -\delta$，取极限得出。

非振荡放电过程的解为：$u_C(t) = \dfrac{U_0}{p_1 - p_2}(p_1 e^{p_2 t} - p_2 e^{p_1 t})$，令 $p_1 \to p_2 = p = -\dfrac{R}{2L} = -\delta$，取极限，根据罗必塔法则：

$$u_C(t) = U_0 \lim_{p_2 \to p_1} \dfrac{\dfrac{d(p_1 e^{p_2 t} - p_2 e^{p_1 t})}{dp_2}}{\dfrac{d(p_2 - p_1)}{dp_2}} = U_0(e^{p_1 t} - p_1 t e^{p_1 t}) = U_0 e^{-\delta t}(1 + \delta t)$$

$$i_L(t) = -C\dfrac{du_C}{dt} = \dfrac{U_0}{L} t e^{-\delta t}$$

由此可见，$u_C(t)$ 和 $i_L(t)$ 也为随着时间衰减的指数函数，仍然为非振荡响应。其中

$$t_m = \dfrac{1}{\delta}$$

临界阻尼时响应曲线的变化规律与过阻尼时的情况类似。显然，u_C、i、u_L 不作振荡变化，随着时间的推移逐渐衰减，其衰减过程的波形与图 6-8 类似。此种状态是振荡过程与非振荡过程的分界线，所以将 $R = 2\sqrt{\dfrac{L}{C}}$ 的过程称为临界非振荡过程，该电阻称为临界电阻。

3. 欠阻尼情况（$R < 2\sqrt{\dfrac{L}{C}}$）

二阶微分方程的特征根为两个共轭复根，响应是一个振荡放电过程。即 $\left(\dfrac{R}{2L}\right)^2 < \dfrac{1}{LC}$，$R < 2\sqrt{\dfrac{L}{C}}$ 时，特征根 p_1、p_2 为一对共轭复数，其实部为负数。

当特征根为不相等共轭复根时，微分方程的解的形式为

$$u_C(t) = A_1 e^{p_1 t} + A_2 e^{p_2 t}$$

其中：

$$p_1 = -\dfrac{R}{2L} + \sqrt{\left(\dfrac{R}{2L}\right)^2 - \dfrac{1}{LC}}$$

$$p_2 = -\dfrac{R}{2L} - \sqrt{\left(\dfrac{R}{2L}\right)^2 - \dfrac{1}{LC}}$$

令 $\begin{cases} \delta = \dfrac{R}{2L} \\ \omega_0 = \sqrt{\dfrac{1}{LC}} \\ \omega = \sqrt{\omega_0^2 - \delta^2} \end{cases}$ （6-17）

δ 称为衰减系数，ω_0 称为谐振角频率，ω 称为固有振荡角频率。
如图 6.3 所示，设 ω 与 δ 及 ω_0 之间存在三角关系。

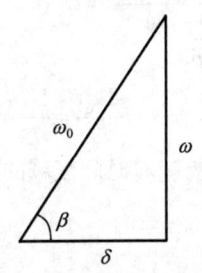

图 6.3 ω、δ 及 ω_0 之间的关系

即 $\omega_0 = \sqrt{\delta^2 + \omega^2}$

$$\beta = \arctan\dfrac{\omega}{\delta}$$

则 $\delta = \omega_0 \cos\beta$，$\omega = \omega_0 \sin\beta$。
根据欧拉公式：

$$\begin{cases} e^{j\beta} = \cos\beta + j\sin\beta \\ e^{-j\beta} = \cos\beta - j\sin\beta \end{cases} \quad \begin{cases} \sin(\omega t+\beta) = \dfrac{e^{j(\omega t+\beta)} - e^{-j(\omega t+\beta)}}{j2} \\ \cos(\omega t+\beta) = \dfrac{e^{j(\omega t+\beta)} + e^{-j(\omega t+\beta)}}{2} \end{cases}$$

可将特征根写为：$\begin{cases} p_1 = -\delta + j\omega \\ p_2 = -\delta - j\omega \end{cases}$

则

$$\begin{cases} p_2 - p_1 = -j2\omega \\ p_1 p_2 = \dfrac{1}{LC} = \omega_0^2 \end{cases}$$

$$p_1 = -\delta + j\omega = -(\delta - j\omega)$$
$$= -\sqrt{\delta^2 + \omega^2}\left(\frac{\delta}{\sqrt{\delta^2+\omega^2}} - j\frac{\omega}{\sqrt{\delta^2+\omega^2}}\right)$$
$$= -\omega_0\left(\frac{\delta}{\omega_0} - j\frac{\omega}{\omega_0}\right) = -\omega_0 e^{-j\beta}$$

$$p_2 = -\delta - j\omega = -(\delta + j\omega)$$
$$= -\sqrt{\delta^2 + \omega^2}\left(\frac{\delta}{\sqrt{\delta^2+\omega^2}} + j\frac{\omega}{\sqrt{\delta^2+\omega^2}}\right)$$
$$= -\omega_0\left(\frac{\delta}{\omega_0} + j\frac{\omega}{\omega_0}\right) = -\omega_0 e^{j\beta}$$

根据初始条件式（6-8）求待定系数。

$$u_C(0_+) = U_0 \rightarrow A_1 + A_2 = U_0$$

$$\left.\frac{du_C}{dt}\right|_{(0_+)} \rightarrow p_1 A_1 + p_2 A_2 = 0$$

$$\begin{cases} A_1 = \dfrac{p_2}{p_2 - p_1} U_0 \\ A_2 = \dfrac{-p_1}{p_2 - p_1} U_0 \end{cases}$$

$$u_C = \frac{U_0}{p_2 - p_1}(p_2 e^{p_1 t} - p_1 e^{p_2 t})$$
$$= \frac{U_0}{-j2\omega}\left[\left(-\omega_0 e^{j\beta}\right)e^{(-\delta+j\omega)t} - \left(-\omega_0 e^{-j\beta}\right)e^{(-\delta-j\omega)t}\right]$$
$$= \frac{U_0 \omega_0}{\omega} e^{-\delta t} \frac{e^{j(\omega t+\beta)} - e^{-j(\omega t+\beta)}}{j2}$$

$$= \frac{U_0 \omega_0}{\omega} e^{-\delta t} \sin(\omega t + \beta) \qquad (6\text{-}18)$$

$$i_L(t) = -C \frac{du_C}{dt}$$

$$= -C \frac{U_0 \omega_0}{\omega} \left[(-\delta) e^{-\delta t} \sin(\omega t + \beta) + \omega e^{-\delta t} \cos(\omega t + \beta) \right]$$

$$= C \frac{U_0 \omega_0^2}{\omega} e^{-\delta t} \left[\frac{\delta}{\omega_0} \sin(\omega t + \beta) - \frac{\omega}{\omega_0} \cos(\omega t + \beta) \right]$$

$$= \frac{U_0}{\omega L} e^{-\delta t} \sin \omega t \qquad (6\text{-}19)$$

$$u_L(t) = L \frac{di_L}{dt}$$

$$= \frac{U_0}{\omega} \left[(-\delta) e^{-\delta t} \sin(\omega t) + \omega e^{-\delta t} \cos(\omega t) \right]$$

$$= -\frac{U_0 \omega_0}{\omega} e^{-\delta t} \left[\frac{\delta}{\omega_0} \sin(\omega t) - \frac{\omega}{\omega_0} \cos(\omega t) \right]$$

$$= -\frac{U_0 \omega_0}{\omega} e^{-\delta t} \sin(\omega t - \beta) \qquad (6\text{-}20)$$

从上述情况分析可以看出，u_C、i、u_L 的波形呈振荡衰减状态。u_C、i、u_L 的波形如图 6.4 所示。

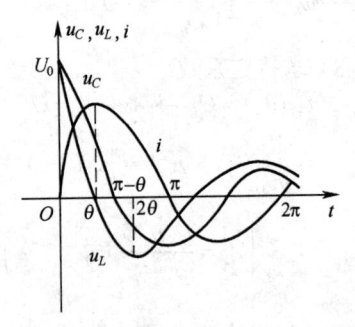

图 6.4 欠阻尼情况下 u_C、i、u_L 的波形

在衰减过程中，两种储能元件相互交换能量，见表 6-1。

表 6-1

	$0 < \omega t < \beta$	$0 < \omega t < \pi - \beta$	$\pi - \beta < \omega t < \pi$
电容	释放	释放	吸收
电感	吸收	释放	释放
电阻	消耗	消耗	消耗

在欠阻尼情况时，u_C、i、u_L 的表达式还能得到以下结论：

1) $\omega t = k\pi - \beta$，$k = 0,1,2,3\ldots$ 为电容电压 u_C 的过零点。
2) $\omega t = k\pi$，$k = 0,1,2,3\ldots$ 为电流 i 的过零点，即 u_C 的极值点。
3) $\omega t = k\pi + \beta$，$k = 0,1,2,3\ldots$ 为电感电压 u_L 的过零点，即电流 i 的极值点。

由于电路中的电阻较小，电容的电场能量不会很快转变为热量消耗掉，响应经过振荡过程逐渐衰减消失，所以称此过渡过程为欠阻尼。

在欠阻尼情况下，可以直接设电路方程的通解为 $y = Ae^{-\delta t}\sin(\omega t + \varphi)$。然后用初始值确定其中的待定系数 A 与 φ。

4. 无阻尼的情况

无阻尼情况是欠阻尼的一种特殊情况。在上述欠阻尼的情况中，当 $R = 0$，$\delta = 0$ 时，此时 p_1、p_2 为一对共轭虚数。

$$p_1 = j\omega_0 \qquad p_2 = -j\omega_0$$

当 $\delta = 0$ 时，$\omega = \omega_0 = \dfrac{1}{\sqrt{LC}}$，$\beta = \dfrac{\pi}{2}$

此时的响应为

$$u_C(t) = U_0 \sin\left(\omega_0 t + \frac{\pi}{2}\right) \tag{6-21}$$

$$i_L(t) = \frac{U_0}{\omega_0 L}\sin\omega_0 t = U_0\sqrt{\frac{C}{L}}\sin\omega_0 t \tag{6-22}$$

$$u_L = -U_0 \sin\left(\omega_0 t - \frac{\pi}{2}\right)$$

$$= U_0 \sin\left(\omega_0 t + \frac{\pi}{2}\right) \tag{6-23}$$

$$u_L = u_C$$

由此可见，$u_C(t)$、$u_L(t)$ 和 $i_L(t)$ 均为正弦函数，其幅值不随时间衰减，电路的响应为等幅振荡响应，如图 6.5 所示，ω_0 称为系统的固有频率，当二阶电路的激励为与之同频率的正弦函数时，则此时电路发生谐振。

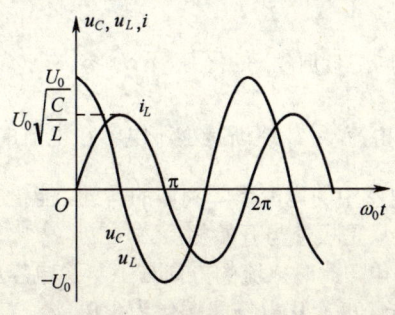

图 6.5 LC 零输入电路无阻尼时 u_C、i、u_L 波形

GLC 并联电路与 RLC 串联电路为对偶电路，其零输入响应可根据对偶原理对应求出。

二阶电路中的能量振荡

现在具体研究二阶电路含电容与电感的理想情况，即来讨论 $R=0$，无阻尼情况的电量及能量变化情况，如图 6.6 所示。

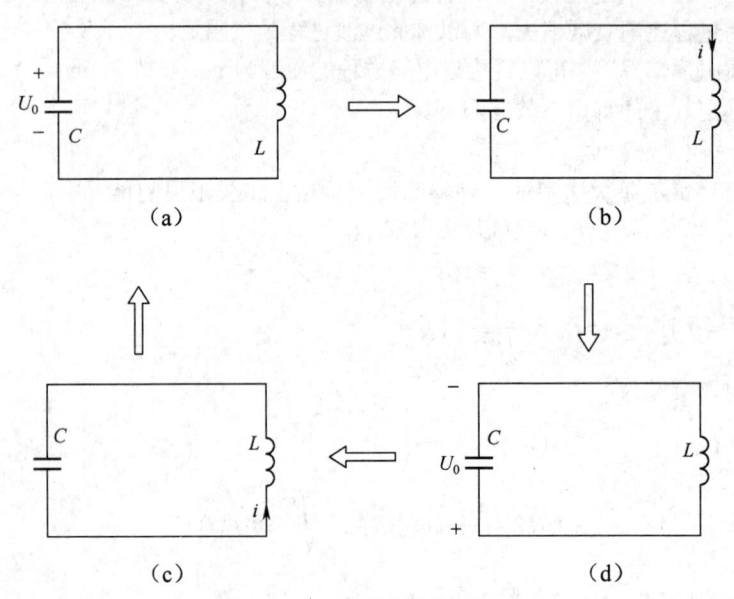

图 6.6 LC 电路中的能量振荡

设电容的初始电压为 U_0，电感的初始电流为零。在初始时刻，能量全部存储于电容中，电感中没有储能。此时电流为零，电流的变化率不为零（$\because u_C = u_L = L\dfrac{\mathrm{d}i}{\mathrm{d}t} \neq 0$，$\therefore \dfrac{\mathrm{d}i}{\mathrm{d}t} \neq 0$），这样电流将不断增大，原来存储在电容中的电能开始转移，电容的电压开始逐渐减小。当电容电压下降到零时，电感电压也为零，此时电流的变化率也就为零，电流达到最大值 I_0，此时电场能全部转化为电磁能，存储在电感中。

电容电压虽然为零，但其变化率不为零（$\because i_C = i_L = I_0 = C\dfrac{\mathrm{d}u_C}{\mathrm{d}t} \neq 0$，$\therefore \dfrac{\mathrm{d}u_C}{\mathrm{d}t} \neq 0$），电路中的电流从 I_0 逐渐减小，电容在电流的作用下被充电（电压的极性与以前不同），当电感中的电流下降到零的瞬间，能量再度全部存储在电容中，电容电压又达到最大，只是极性与开始相反。

之后电容又开始放电，此时电流的方向与上一次电容放电时的电流方向相反，与刚才的过程相同，能量再次从电场能转化为电磁能，直到电容电压的大小与极性与初始情况一致，电路回到初始情况。

上述过程将不断重复，电路中的电压与电流也就形成周而复始的等幅振荡。

可以想象，当存在耗能元件时的情况。一种可能是电阻较小，电路仍然可以形成振荡，但由于能量在电场能与电磁能之间转化时，不断地被电阻元件消耗掉，所以形成的振荡为减幅振荡，即幅度随着时间衰减到零；另一种可能是电阻较大，电容存储的能量在第一次转移时就有大部分被电阻消耗掉，电路中的能量已经不可能在电场能与电磁能之间往返转移，电压、电流将直接衰减到零。

6.2 二阶电路的零状态响应、全响应

6.2.1 RLC 串联电路的零状态响应

如果二阶电路中动态元件的储能（电容储存的电场能与电感储存的磁场能）均为零，电路中的响应仅由外施激励产生，称为二阶电路的零状态响应。

电路如图 6.7 所示，开关 S 闭合前，电容和电感电流均为零，即 $u_C(0_-) = 0$，$i_L(0_-) = 0$。$t = 0$ 时，开关 S 闭合。

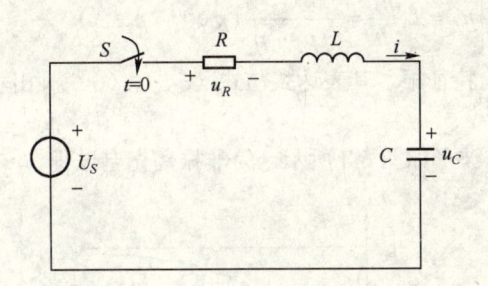

图 6.7 RLC 串联电路的零状态响应

以 u_C 为电路的变量，根据 VCR 和 KVL，有

$$LC\frac{d^2 u_C}{dt^2} + RC\frac{du_C}{dt} + u_C = U_S \tag{6-24}$$

方程（6-24）为二阶线性常系数非齐次微分方程，其解由两部分组成，一部分为非齐次方程的特解 $u_C'' = U_S$，另一部分为对应齐次方程的通解 $u_C' = Ae^{pt}$，即 $u_C = u_C' + u_C'' = Ae^{pt} + U_S$。

方程（6-24）对应的齐次微分方程

$$LC\frac{d^2 u_C}{dt^2} + RC\frac{du_C}{dt} + u_C = 0 \tag{6-25}$$

方程（6-25）与方程（6-1）完全相同，其对应的特征方程的根也有三种情况。齐次通解形式与零输入响应相同，由此写出全解。

对于过阻尼和欠阻尼两种情况，全解形式为 $u_C(t) = A_1 e^{p_1 t} + A_2 e^{p_2 t} + U_S$ 代入初始条件 $\begin{matrix} u_C(0_-) = u_C(0_+) = 0 \\ i_C(0_-) = i_C(0_+) = 0 \end{matrix}$，$\left.\dfrac{du_C}{dt}\right|_{0_+} = \dfrac{i_L(0_+)}{C} = 0$，解得：$\begin{cases} A_1 = -\dfrac{P_2}{P_2 - P_1} U_S \\ A_2 = \dfrac{P_1}{P_2 - P_1} U_S \end{cases}$。

对于临界阻尼情况，全解形式为 $u_C(t) = (A_1 + A_2 t)e^{pt} + U_S$ 代入上述初始条件，解得 $\begin{cases} A_1 = -U_S \\ A_2 = pU_S = -\delta U_S \end{cases}$，则全解为 $u_C(t) = -(1+\delta)u_S e^{-\delta t} + u_S$

1. $R > 2\sqrt{\dfrac{L}{C}}$，过阻尼非振荡过程

电路响应表示为

$$\begin{cases} u_C = u'_C + u''_C = -\dfrac{U_S}{p_2 - p_1}(p_2 e^{p_1 t} - p_1 e^{p_2 t}) + U_S \\ i = C\dfrac{du_C}{dt} = -\dfrac{U_S}{L(p_2 - p_1)}(e^{p_1 t} - e^{p_2 t}) \\ u_L = L\dfrac{di_L}{dt} = -\dfrac{U_S}{p_2 - p_1}(p_1 e^{p_1 t} - p_2 e^{p_2 t}) \end{cases} \quad (6\text{-}26)$$

其中 p_1、p_2 为特征根，其表达式与式（6-5）、（6-6）相同。注意 u_C、u_L 与 i 为关联参考方向。

u_L、i 和 u_C 的波形如图 6.8 所示，为非振荡充电过程。

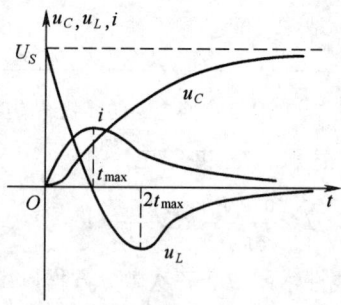

图 6.8　u_L、i 和 u_C 的波形图

其中 $t_{max} = \dfrac{1}{p_1 - p_2}\ln\dfrac{p_2}{p_1}$，是电感电压过零点，也是电流 i 达到最大值的时刻。电感电压在 $2t_{max}$ 达到负的最大。

2. $R < 2\sqrt{\dfrac{L}{C}}$，欠阻尼振荡过程

电路的零状态响应为

$$\begin{cases} u_C = -\dfrac{U_S \omega_0}{\omega} e^{-\delta t} \sin(\omega t + \beta) + U_S \\ i_L(t) = \dfrac{U_S}{\omega L} e^{-\delta t} \sin \omega t \\ u_L(t) = -\dfrac{U_S \omega_0}{\omega} e^{-\delta t} \sin(\omega t - \beta) \end{cases} \quad (6\text{-}27)$$

为振荡充电过程。

3. $R = 2\sqrt{\dfrac{L}{C}}$，临界阻尼非振荡过程

$$\begin{cases} u_C = -U_S(1+\delta t)e^{-\delta t} + U_S \\ i = C\dfrac{du_C}{dt} = \dfrac{U_S}{L} t e^{-\delta t} \\ u_L = U_S e^{-\delta t}(1-\delta t) \end{cases} \quad (6\text{-}28)$$

其中 $\delta = -\dfrac{R}{2L}$，此情况下的充电过程也为非振荡充电。

6.2.2 RLC 并联电路的零状态响应

二阶 RLC 并联电路如图 6.9 所示，$u_C(0_-) = 0$，$i_L(0_-) = 0$。$t > 0$ 时，开关 S 断开。根据 KCL 有

$$i_C + i_R + i_L = i_S$$

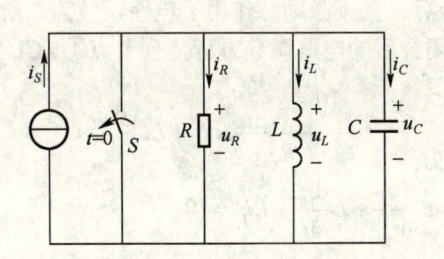

图 6.9 RLC 并联电路的零状态响应

如果以 i_L 为待求变量，则有

$$LC\dfrac{d^2 i_L}{dt^2} + \dfrac{L}{R}\dfrac{di_L}{dt} + i_L = i_S \quad (6\text{-}29)$$

式（6-29）是二阶线性非齐次常微分方程，与一阶电路零状态响应式（5-21）的求解过程相同，其通解由特解 i_L'' 和对应齐次微分方程通解 i_L' 两部分组成。如果 i_S 为直流激励或正弦激励，则取稳态解 i_L'' 为特解而通解 i_L' 与零输入响应形式相同，其积分常数由初始条件来确定。GLC 并联电路与 RLC 串联电路为对偶电路，其零输入响应可根据对偶原理对应求出。

6.2.3 二阶电路的全响应

在前两节讨论的二阶电路中，要么只有初始储能，要么只有外施激励。分别得到二阶微分方程，求解的方法非常相似。如果二阶电路既有初始储能又接入了外施激励，则电路的响应称为二阶电路的全响应。分析一阶电路的全响应的方法在二阶电路中同样适用，一般用零输入响应与零状态响应叠加来计算全响应。

例 6-1 电路如图 6.10 所示，已知 $u_C(0_-) = 0$，$i_L(0_+) = 0.5\text{A}$，$t = 0$ 时开关 S 闭合，求开关闭合后电感中的电流 $i_L(t)$。

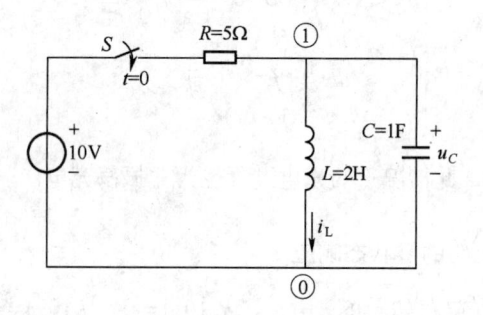

图 6.10 例 6-1 的图

解：选 $i_L(t)$ 为待求变量。开关 S 闭合前，电感中的电流 $i_L(0_-) = 0.5\text{A}$，具有初始储能；开关 S 闭合后，直流激励源作用于电路，故为二阶电路的全响应。

（1）列出开关闭合后的电路微分方程，列节点①KCL 方程有

$$\frac{10 - L\dfrac{di_L}{dt}}{R} = i_L + LC\frac{d^2 i_L}{dt^2}$$

即

$$RLC\frac{d^2 i_L}{dt^2} + L\frac{di_L}{dt} + Ri_L = 10$$

将参数代入得

$$\frac{d^2 i_L}{dt^2} + \frac{1}{5}\frac{di_L}{dt} + \frac{1}{2}i_L = 1$$

设电路全响应为 $i_L'(t) = i_L' + i_L''$。

（2）根据 $t \to \infty$ 的稳态分量计算出特解为

$$i_L'' = \frac{10}{5} = 2\text{A}$$

（3）为确定通解，首先列出特征方程为

$$p^2 + \frac{1}{5}p + \frac{1}{2} = 0$$

特征根为：
$$p_1 = -0.1 + j0.7$$
$$p_2 = -0.1 - j0.7$$

特征根 p_1、p_2 是一对共轭复根，所以换路后暂态过程的性质为欠阻尼情况，即
$$i_L'' = Ae^{-0.1t}\sin(0.7t + \beta)$$

（4）全响应为
$$i_L(t) = i_L' + i_L''$$
$$= 2 + Ae^{-0.1t}\sin(0.7t + \beta)$$

又因为初始条件为
$$i_L(0_+) = i_L(0_-) = 0.5\text{A}$$
$$\frac{di_L}{dt}\Big|_{t=0+} = \frac{u_C(0_-)}{L} = 0$$

所以有
$$\begin{cases} 2 + A\sin\beta = 0.5\text{A} \\ 0.7A\cos\beta - 0.1A\sin\beta = 0 \end{cases}$$

求解得
$$A = 1.52$$
$$\beta = 261.9°$$

所以电流 i_L 的全响应为
$$i_L(t) = [2 + 1.52e^{-0.1t}\sin(0.7t + 261.9°)]\text{A}$$

6.3 二阶电路的阶跃响应与冲激响应

6.3.1 二阶电路的阶跃响应

一、定义

二阶电路在阶跃激励下的零状态响应，称为阶跃响应。如图 6.11 所示。

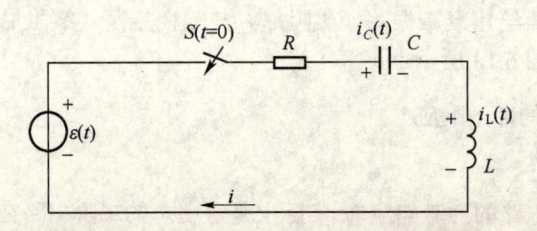

图 6.11 RLC 串联的二阶电路的阶跃响应电路

二、求解的步骤

二阶电路的阶跃响应的求取类似于一阶电路的阶跃响应的求取方法。其步骤为

1. 计算电路的初始值

$$i_L(0_+)、\left.\frac{di_L}{dt}\right|_{0_+}$$

或

$$u_C(0_+)、\left.\frac{du_C}{dt}\right|_{0_+}$$

2. 列写电路微分方程

根据 KCL 或 KVL 定理列写电路方程,将其整理成有关电容电压或电感电流(状态变量)的二阶微分方程。

3. 计算电路方程的特解

因为是阶跃响应,所以电路方程的特解为常数 A,将其代入微分方程中求出 A。

4. 计算电路方程的通解

而电路方程的通解为齐次方程的解,因此根据其特征方程求得电路方程的特征根为 p。

当 p 为两个不相等的实数 p_1、p_2 时,$y = A_1 e^{p_1 t} + A_2 e^{p_2 t}$

当 p 为两个相同的实根 p 时,$y = (A_1 + A_2 t)e^{pt}$

当 p 为两个共轭的复根 p_1、p_2 时,$p_{1,2} = -\alpha \pm j\omega$ 时,$y = e^{(\delta + j\omega)t} = e^{-\delta t}(A_1 \cos\omega t + A_2 \sin\omega t)$。实际上,在此情况下(欠阻尼),可以直接设电路方程的通解为 $y = Ae^{-\delta t}\sin(\omega t + \varphi)$。然后用初始值确定其中的待定系数 A 与 φ。

5. 计算电路的初始值

原电路方程的解即为通解与特解之和,再根据电路的初始条件计算出各个待定系数。

这样即可得出电路方程的解。

三、响应曲线

图 6.12 给出过阻尼、临界阻尼、欠阻尼三种情况下电路响应的曲线,可以看出,三种情况下的稳态值相同。

另外,我们再给出衰减振荡(欠阻尼)与等幅振荡(零阻尼)情况下的响应曲线示意图,如图 6.13 所示。

6.3.2 二阶电路的冲激响应

1. 定义

所谓"二阶电路的冲激响应",实际上是零状态的二阶电路在冲激源的作用下所产生的响应,即为二阶电路在冲激源作用下,建立一个初始状态后产生的零输入响应。电路如图 6.14 所示。

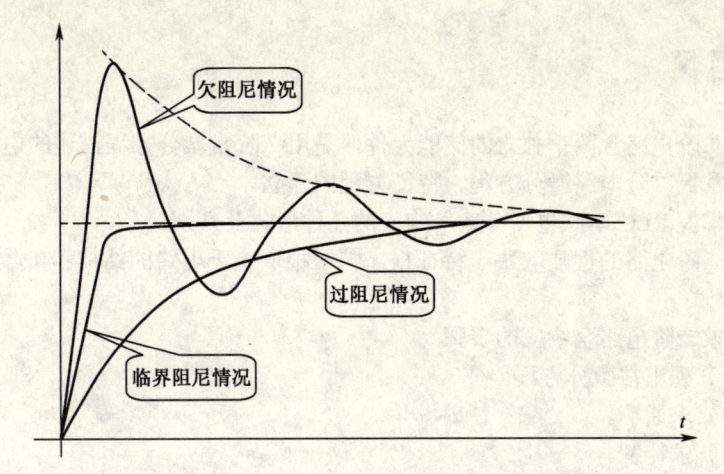

图 6.12 二阶电路的阶跃响应的响应曲线示意图

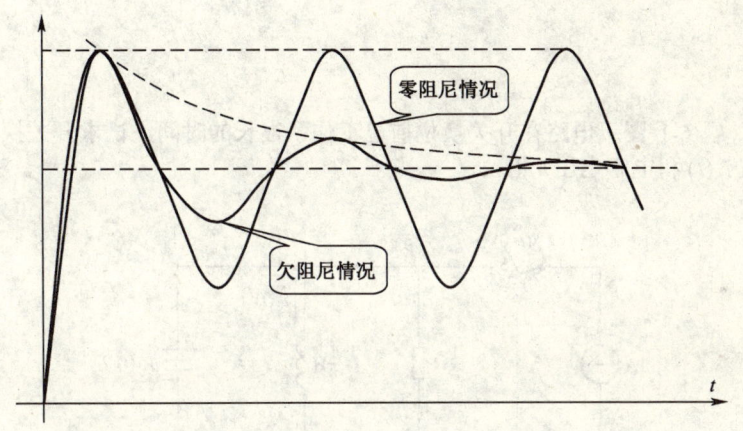

图 6.13 二阶电路阶跃响应的等幅振荡与衰减振荡曲线示意图

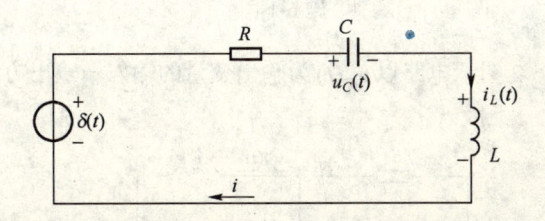

图 6.14 RLC 串联的二阶电路的冲激响应电路

2. 解法

因为已知初始状态的二阶电路的零输入响应的求法在前面的章节中已经有详细的介绍，因此要求解二阶电路的冲激响应，关键在于求出冲激激励所产生的电路初始值。

章节回顾

1. 二阶电路含两个独立的储能元件，是用二阶常微分方程描述的电路。
2. 掌握二阶电路微分方程、特征方程的建立。
3. 掌握 RLC 串联电路零输入响应的几种形式及判别。
4. 二阶电路的性质取决于特征根，特征根取决于电路的结构和参数，与激励和初值无关。
5. 求二阶电路全响应的步骤
（1）列出常微分方程。
（2）求通解。
（3）求特解。
（4）全响应=强制分量+自由分量。

习题

6-1 题 6-1 图示电路在开关换位前已工作了很长的时间，试求开关换位后的电感电流 $i_L(t)$ 和电容电压 $u_C(t)$。

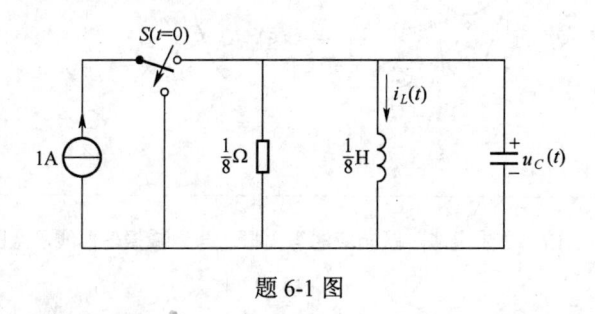

题 6-1 图

6-2 写出题 6-2 图示电路以 $u_C(t)$ 为输出变量的输入－输出方程。

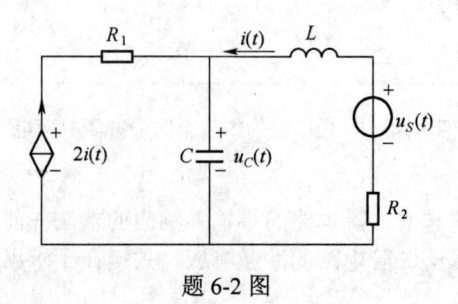

题 6-2 图

6-3 题 6-3 图示电路在换路前已工作了很长的时间，试求换路后 30Ω电阻支路电流的初始值。

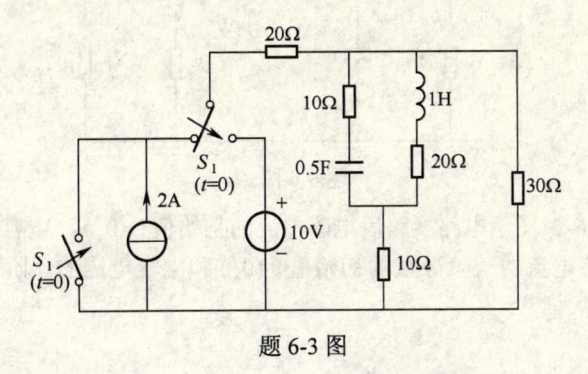

题 6-3 图

6-4 题 6-4 图示电路在换路前已工作了很长的时间，试求电路的初始状态以及开关断开后电感电流和电容电压的一阶导数的初始值。

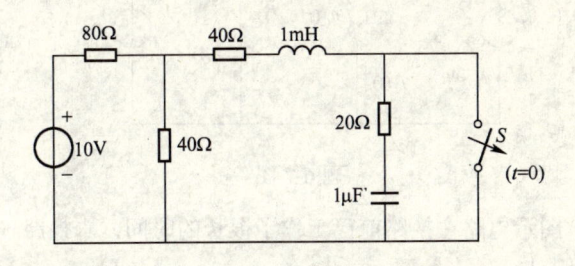

题 6-4 图

6-5 题 6-5 图示电路在换路前已工作了很长的时间，试求开关闭合后电感电流和电容电压的一阶导数的初始值。

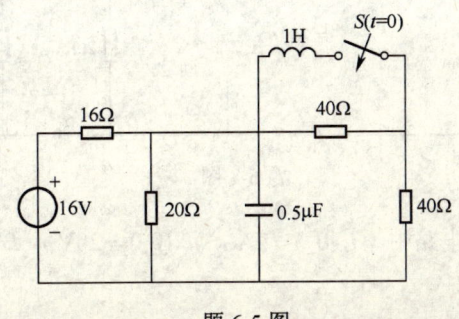

题 6-5 图

6-6 求题 6-6 图示电路的初始状态、电容电压一阶导数的初始值和电感电流一阶导数的初始值。已知：$R_1 = 15\Omega$，$R_2 = R = 5\Omega$，$L = 1H$，$C = 10\mu F$。

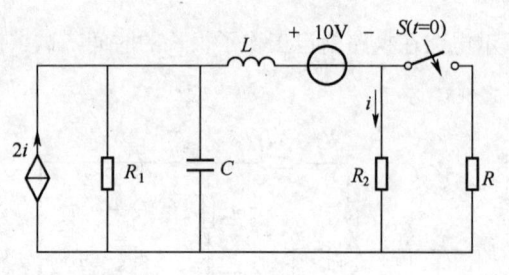

题 6-6 图

6-7 求题 6-7 图示电路换路后电感电流的初始值 $i_L(0_+)$、电容电压的初始值 $u_C(0_+)$ 以及电感电流的一阶导数的初始值 $i'_L(0_+)$ 和电容电压的一阶导数的初始值 $u'_C(0_+)$。

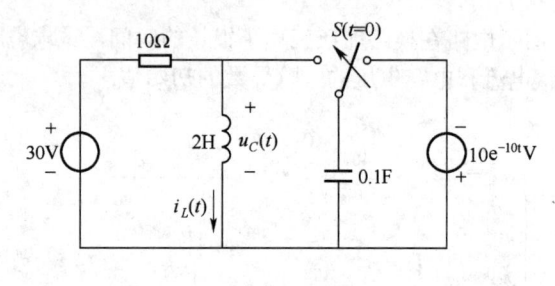

题 6-7 图

6-8 题 6-8 图示电路在换路前已工作了很长的时间，求换路（S 闭合）后的初始值 $i(0_+)$ 及 $i'(0_+)$。

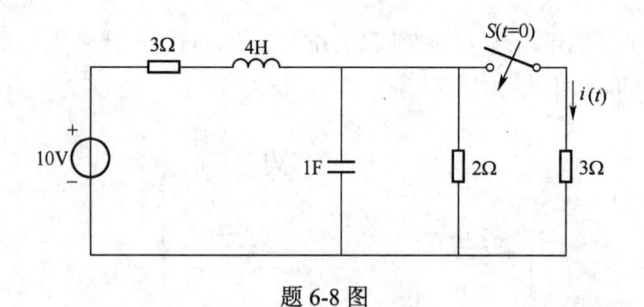

题 6-8 图

6-9 题 6-9 图示电路中，$i_L(0_+) = 2A$，$u_C(0_+) = 20V$，$R = 9\Omega$，$C = 0.05F$，$L = 1H$。

（1）求零输入响应电压 $u_C(t)$；

（2）求零输入响应电流 $i_L(t)$。

6-10 求题 6-10 图示电路的零状态响应 $i(t)$。

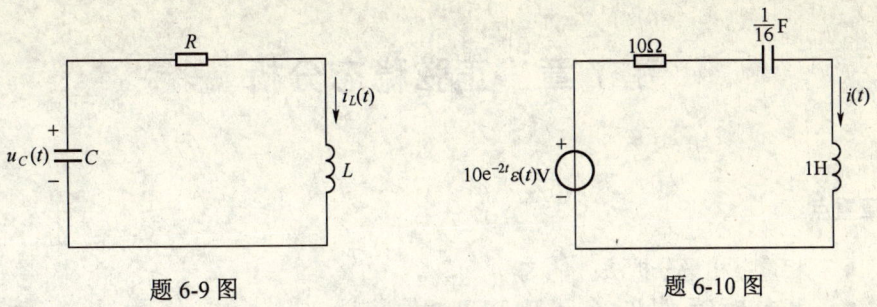

题 6-9 图　　　　　　　　　题 6-10 图

6-11　求题 6-11 图示电路的零状态响应 $u_C(t)$。

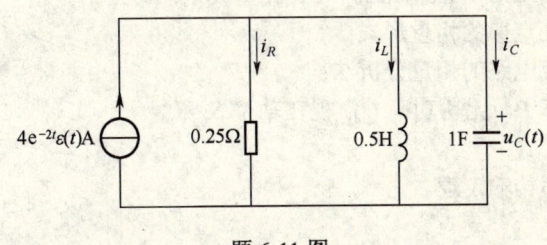

题 6-11 图

6-12　求题 6-12 图示电路的冲激响应 $i_L(t)$ 和 $u_C(t)$。

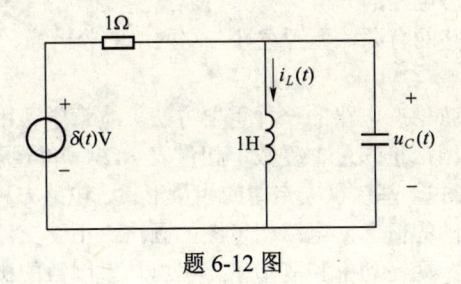

题 6-12 图

第 7 章　正弦稳态分析

本章重点

- 相量；相量分析法；
- 基本电路元件 R、L、C 的 VCR 相量形式；
- 复阻抗；RLC 串联电路的 VCR 相量关系；
- 复导纳；RLC 并联电路的 VCR 相量关系；
- 基尔霍夫定律的相量形式；
- 正弦交流电路的相量分析法；
- 有功功率 P，无功功率 Q，视在功率 S；
- 复功率 $\bar{S}$；
- 最大功率传输定理。

本章难点

- 相量分析法；
- 复杂正弦稳态电路的分析；
- 含受控源电路的有源、无源线性二端网络的分析。

相量法是分析正弦稳态电路的一种重要方法。本章学习用相量法求解分析正弦交流电路。主要介绍：正弦量、复数、相量表示法、单一元件（电阻、电感和电容）的 VCR 相量形式、基尔霍夫定律的相量形式、电路方程及电路定理的相量形式。学习阻抗和导纳的概念，电路相量图的画法，正弦交流电路的瞬时功率、有功功率、无功功率、视在功率和复功率，引出功率因数的概念，并讨论了最大功率的传输问题。

7.1　正弦量

大小和方向随时间按正弦规律变化的电流或电压，称为正弦量（也称正弦交流电）。含有正弦交流电源的电路称为正弦交流电路。

一个正弦量与时间的关系可由三个特征来描述，即频率、初相位、振幅，称为正弦交流电的三要素，它是区分不同正弦量的主要依据，任一正弦量，如果三要素确定，则正弦量就唯一确定，若三要素中有一要素不同则表示不同的正弦量。正弦量可以用正弦函数或余弦函数来描述，本书采用余弦函数。

正弦交流电的数学表达式为：
$$i(t) = I_m \cos(\omega t + \psi) \tag{7-1}$$
式中 ω、ψ、I_m 分别称为角频率、初相位、振幅，如图 7.1 所示。

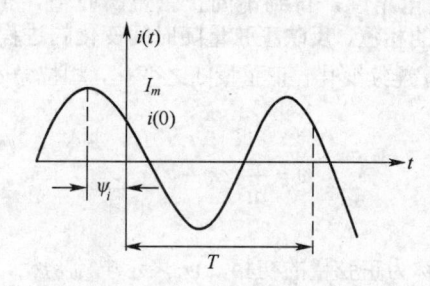

图 7.1 正弦交流电的波形

7.1.1 变化的快慢 —— T、f、ω

正弦量随时间按正弦规律变化，其变化快慢用角频率 ω、周期 T、频率 f 均可表示。

1. T

正弦交流电循环往复变化一周所需的时间称为周期，用 T 表示，单位为秒（s）。

T 愈大，表示正弦量变化一周所需要时间愈长，波形变化愈慢；反之 T 小，变化快。

2. f

单位时间（每秒）正弦量变化的次数称为频率，用 f 表示，单位赫兹（Hz 或 1/s），频率高时为千赫兹（kHz）、兆赫兹（MHz）。

频率 f 愈大，正弦量变化愈快；反之愈慢。

T 与 f 的关系：$f = \dfrac{1}{T}$

我国发电厂发出的交流电能频率为 50Hz，美国、日本等国家采用 60Hz，各种工程领域应用的交流电频率不同，如音频频率为 20Hz~20kHz，有线通信频率为 300Hz~5000Hz，无线通信频率为 30kHz~30000MHz，高频加热频率为 200Hz~300kHz 等。

3. 角频率 ω

正弦交流电变化一个周期，相当于正弦函数变化 2π 弧度，称为电角度。每秒钟内交流电变化的角度即相位随时间变化的速率称为角频率，单位为弧度/秒（rad/s）。

$$\omega = \frac{2\pi}{T} = 2\pi f$$

7.1.2 变化的起始位置——ψ

1. 相位 $\omega t + \psi$

不同时刻对应不同电角度，得到不同正弦量瞬时值，把随时间变化的角度 $\omega t + \psi$ 称为正弦交流电的相位，反映正弦量随时间变化的进程，单位用弧度（rad）或度（°）表示。相位随 t 连续变化，正弦量随之变化，相位角 $\omega t + \psi$ 与角频率 ω 的关系为：

$$\omega = \frac{d}{dt}(\omega t + \psi)$$

2. 初相位 ψ

把 $t = 0$ 的相位角称为正弦量的初相，ψ_i 表示电流初相，ψ_u 表示电压初相，反映正弦量在计时开始瞬间，正弦交流电所处的状态（称为计时零点）。初相与选择的时间起点有关，起点不同，初相角不同，对应初相角的正弦值不同，离纵轴最近的最大值若在计时零点之左，ψ 为正值，反之 ψ 为负值，如图 7.1 中 $\psi > 0$。

3. 相位差 φ

两个同频率的正弦量在任一时刻的相位角之差称为相位差，反映两个同频率正弦量的相对位置关系，若 $u(t) = U_m \cos(\omega t + \psi_u)$ 及 $i(t) = I_m \cos(\omega t + \psi_i)$，则 $u(t)$ 与 $i(t)$ 的相位差角 φ 为两个正弦量初相角之差。

$$\varphi = (\omega t + \psi_u) - (\omega t + \psi_i) = \psi_u - \psi_i$$

相位差角 φ 与计时起点无关。无论何时计时，两正弦量之间的相位关系不变。

若 $\varphi > 0$，即 $\psi_u > \psi_i$，则 $u(t)$ 超前 $i(t)$；若 $\varphi < 0$，则 $\psi_u < \psi_i$，则 $u(t)$ 滞后 $i(t)$；特殊地 $\varphi = 0$，即 $\psi_u = \psi_i$，则 $u(t)$ 与 $i(t)$ 同相位；$\varphi = \pm \frac{\pi}{2}$，$\psi_u = \psi_i \pm \frac{\pi}{2}$，则 $u(t)$ 与 $i(t)$ 正交；$\varphi = \pm \pi$，$\psi_u = \psi_i \pm \pi$，则 $u(t)$ 与 $i(t)$ 反相。波形如图 7.2 所示。

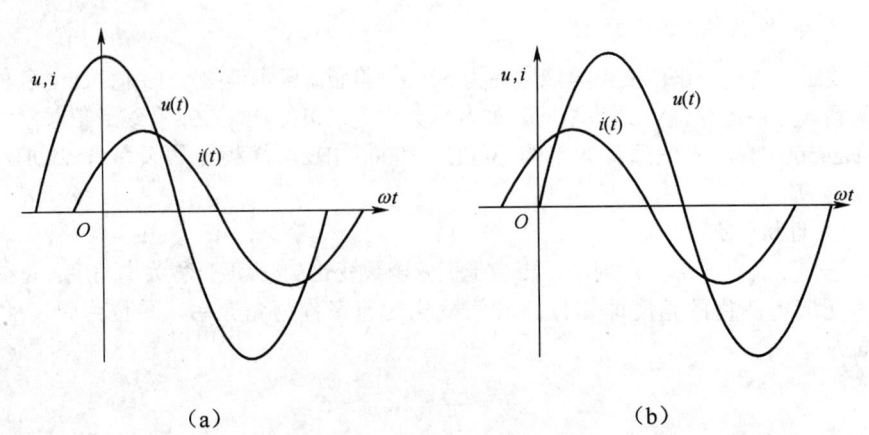

(a)　　　　　　　　　　(b)

图 7.2 $u(t)$ 与 $i(t)$ 的相位差

(c)

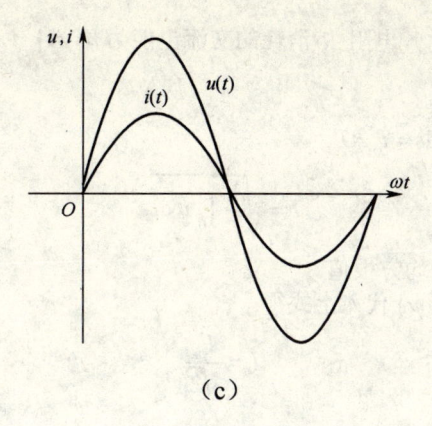

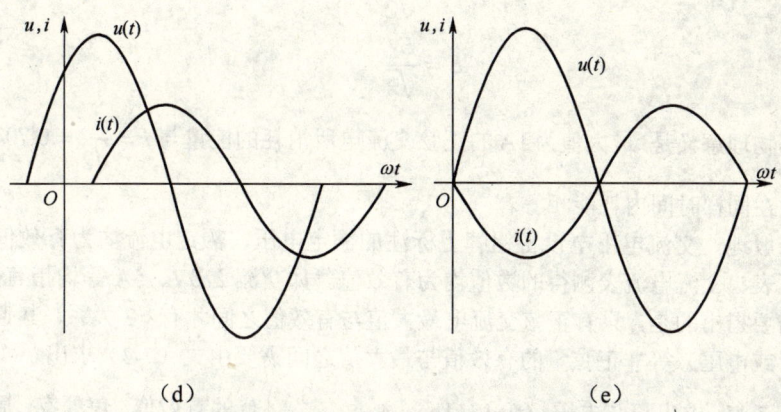

(d) (e)

图 7.2 $u(t)$ 与 $i(t)$ 的相位差（续图）

说明：（1）$t=0$ 是任意选取的，是计时起点，但并非 $i(t)$ 在 $t=0$ 时才开始有电流，稳态分析认为电路中各正弦量都已达稳定状态。

（2）为方便分析，一般把初相位为零的正弦量作为参考正弦量，目的是方便找出其他正弦量与该参考正弦量的相位关系，这样处理不会影响分析，即相对位置不改变。

7.1.3 有效值

正弦量可用瞬时值、最大值和有效值表示。

瞬时值只能反映某一瞬间正弦量的大小，一般用小写字母 u、i、e 表示。最大值（幅值）是最大瞬时值，一般用大写字母 U_m、I_m、E_m 表示，瞬时值在测量和使用时不方便且不确定，电工中常用有效值反映正弦量在电路中产生的做功效果（即热能，机械能，光能等效应），用大写字母 U、I、E 表示。交流电的有效值是指在相同时间内与交流正弦量平均做功能力等效的直流电数值。

在一个周期 T 内，电阻 R 消耗的交流电能为 $W = \int_0^T i^2 R dt$，而 R 消耗的直流电能为 $W = I^2 RT$。

由定义知 $\int_0^T i^2 R dt = I^2 RT$

$$I = \sqrt{\frac{1}{T} \int_0^T i^2 dt} \tag{7-2}$$

故有效值又称为均方根值。

将 $i = I_m \cos(\omega t + \psi)$ 代入上式得：

$$I = \frac{I_m}{\sqrt{2}} \tag{7-3}$$

同理有：

$$U = \frac{U_m}{\sqrt{2}}$$

$$E = \frac{E_m}{\sqrt{2}}$$

其物理意义是：最大值为1A的正弦交流电所消耗的能量与 $I = \frac{1}{\sqrt{2}} = 0.707\text{A}$ 的直流电在同样时间内耗能相等。

一般地，交流电用电设备铭牌上标注的额定电压、额定电流均为有效值。交流电压表、交流电流表测得的数值均为有效值。如交流 220V、5A 等均指有效值。

需要指出的是，只有正弦交流电最大值与有效值之间才有 $\sqrt{2}$ 关系，其他周期电流（或电压）等非正弦量的有效值与最大值之间需要由式（7-2）求出。

例 7-1 求出正弦电压 $u(t) = 311\cos\left(6.28t + \frac{3}{2}\pi\right)$ 伏的有效值、角频率、周期和初相，并绘出其波形图。

解： $U_m = 311\text{V}$ $\quad U = \frac{311}{\sqrt{2}} = 220 \text{ V}$

$\omega = 6.28 \text{rad/s}$，由 $\omega = 2\pi f = \frac{2\pi}{T}$

$T = \frac{2\pi}{\omega} = \frac{2\pi}{6.28} = 1\text{s} \qquad f = \frac{1}{T} = 1\text{Hz}$

$\psi = \frac{3}{2}\pi = -\frac{\pi}{2}$

波形图如图 7-3 所示。

例 7-2 指出 $u_1(t) = 2\cos(\omega t + 30°)$ 与 $u_2(t) = 5\cos\left(\omega t + \frac{\pi}{3}\right)$ 的相位差，并指出其相位关系。

解：$\psi_1 = 30°$　$\psi_2 = \dfrac{\pi}{3} = 60°$　$\varphi = \psi_1 - \psi_2 = 30° - 60° = -30°$

$u_1(t)$ 滞后 $u_2(t)$ 30°。

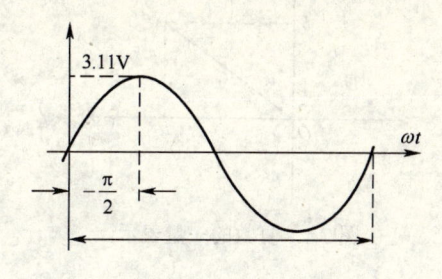

图 7.3　例 7-1 的图

7.2　复数

在电路分析中，经常遇到正弦量的加、减和微分、积分等运算，尽管计算结果是同频率的正弦量，但幅值（有效值）、初相不同，用我们曾经学习的有关知识求解很麻烦，需借助数学中的复数作为工具来求解，用复数表示正弦量，以复数运算为基础，用相量分析法分析电路。

本节复习有关复数知识，以后再讨论如何用复数表示正弦量并计算正弦量。

7.2.1　复数的形式

复数有四种表示形式。

1. 代数形式

$$\dot{A} = a + jb \tag{7-4}$$

其中 a 为实部，b 为虚部，$j = \sqrt{-1}$ 为虚数单位，为避免与交流电 $i(t)$ 混淆，虚数单位改为 j，为区别于其他复数，将 A 上加点即 $\dot{A}$ 表示，"+" 为关系符号，不是运算符号。

2. 三角形式

$$\dot{A} = A(\cos\psi + j\sin\psi) \tag{7-5}$$

$$\begin{cases} A = \sqrt{a^2 + b^2} \\ \psi = \arctan\dfrac{b}{a} \\ a = A\cos\psi \\ b = A\sin\psi \end{cases} \tag{7-6}$$

其中 A——幅模，ψ——辐角

复数 $\dot{A}$ 与复平面上的点一一对应。复平面指由+1 实轴及+j 虚轴组成的坐标平面，如图 7.4 所示。

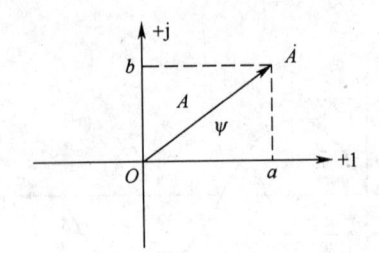

图 7.4 复数的矢量表示

3. 复指数形式

由欧拉公式：

$$\cos\psi = \frac{e^{j\psi} + e^{-j\psi}}{2} \qquad \sin\psi = \frac{e^{j\psi} - e^{-j\psi}}{j2},$$

代入式（7-5）得

$$\dot{A} = Ae^{j\psi} \tag{7-7}$$

4. 极坐标形式

$$\dot{A} = A\angle\psi \tag{7-8}$$

为了书写方便，常将复数的三角形式和复指数形式简写成极坐标形式。上述四种表示形式可以互换，由任一形式通过式（7-6）转换为其他三种形式。它们表示同一复数，只是表示形式不同，一般复数加减运算写成代数形式，乘除运算写为复指数或极坐标形式。

7.2.2 复数的运算

（1）复数的加减：设有两个复数 $\dot{A}_1 = a_1 + jb_1$，$\dot{A}_2 = a_2 + jb_2$

$$\dot{A}_1 \pm \dot{A}_2 = (a_1 \pm a_2) + j(b_1 \pm b_2) \tag{7-9}$$

复数的加减运算即是实部与实部相加减，虚部与虚部相加减，复数相加或相减可在复数平面上用矢量相加减表示，如图 7.5 所示。

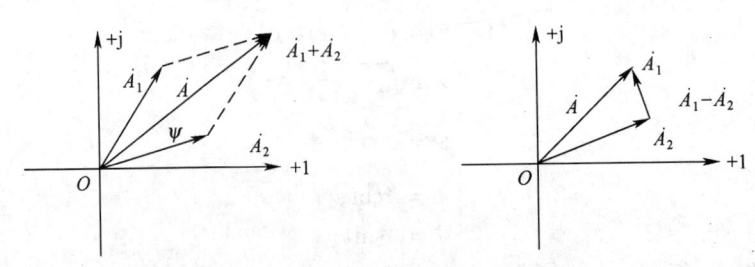

图 7.5 复数矢量的加、减

（2）复数的乘、除

$$\dot{A}_1 \cdot \dot{A}_2 = A_1 \cdot A_2 \angle \psi_1 + \psi_2 \tag{7-10}$$

即模相乘，辐角相加。在复平面上将复数 $\dot{A}_1$ 逆时针旋转 ψ_2 角、并将其扩大 A_2 倍，如图 7.6（a）所示。

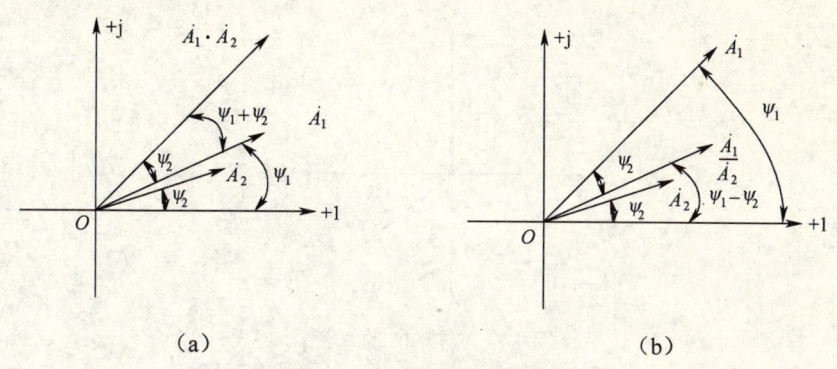

图 7.6 复数矢量的乘、除

$$\frac{\dot{A}_1}{\dot{A}_2} = \frac{A_1}{A_2} \angle \psi_1 + \psi_2 \tag{7-11}$$

即模相除，辐角相减。在复平面上将复数 $\dot{A}_1$ 顺时针旋转 ψ_2 角、并将其缩小 A_2 倍，如图 7.6（b）所示。

（3）复数相等。

若 $\dot{A}_1 = \dot{A}_2$，则有 $a_1 = a_2$，$b_1 = b_2$。

两复数相等，实部与实部相等，虚部与虚部相等。

（4）复数等于 0。

若 $\dot{A}_1 = 0$，则 $a = 0$，$b = 0$。

复数为零，其实部与虚部均为零。

（5）旋转 90° 算子 j。

$$\begin{aligned}
j &= 0 + j = 1e^{j90°} = 1\angle 90° \\
j^2 &= 1e^{j180°} = 1\angle 180° = -1 \\
j^3 &= e^{j270°} = 1\angle 270° = -j \\
j^4 &= e^{j360°} = 1\angle 0° = 1
\end{aligned} \tag{7-12}$$

若有一个复数 $\dot{A}$ 乘以 j，则有：

$$\begin{aligned}
\dot{A} \cdot j &= \dot{A}\angle 90° = A\angle \psi + 90° = \dot{A} \cdot j \\
\dot{A} \cdot j^2 &= \dot{A}\angle 180° = A\angle \psi + 180° = -\dot{A} = (\dot{A} \cdot j) \cdot j \\
\dot{A} \cdot j^3 &= \dot{A}\angle 270° = A\angle \psi + 270° = (\dot{A} \cdot j^2) \cdot j
\end{aligned} \tag{7-13}$$

$$\dot{A} \cdot j^4 = \dot{A} \angle 360° = A \angle \psi + 0° = \dot{A} = (\dot{A} \cdot j^3) \cdot j$$

在复平面上复数 $\dot{A}$ 乘以 j 就表示模不变，辐角加 90°，在复平面上将复数 $\dot{A}$ 逆时针转 90°，故称 j 为旋转 90° 的算子。任何复数乘以 j，均逆时针旋转 90°，如图 7.7 所示。

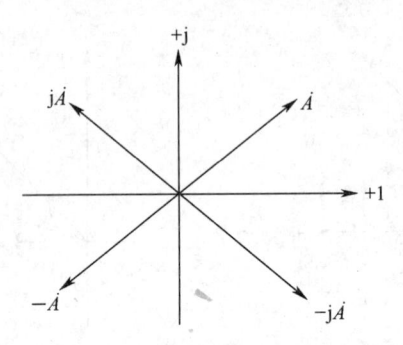

图 7.7 旋转 90° 的算子 j

（6）旋转因子 $e^{j\omega t}$，模为 1，辐角为 ωt，旋转角速度 ω 为一常数，辐角随时间 t 变化，故在复平面上它是一个不断旋转的旋转复数，轨迹是一个单位圆，如图 7.8 所示。

若有一个复数 $\dot{A}$，乘以 $e^{j\omega t}$，则

$$\dot{A}e^{j\omega t} = Ae^{j\psi} \cdot e^{j\omega t} = Ae^{j(\omega t+\psi)} = A \angle \omega t + \psi \tag{7-14}$$

在复平面上复数 $\dot{A}$ 乘以 $e^{j\omega t}$ 其结果是模不变，辐角为时间的函数 $\omega t+\psi$，在复平面上相当于把复数 $\dot{A}$ 逆时针方向以 ω 角频率不断旋转，轨迹是一个半径为 A 的圆，故把 $e^{j\omega t}$ 称为旋转因子，任何复数乘以 $e^{j\omega t}$ 后均变为旋转复数，如图 7.9 所示。

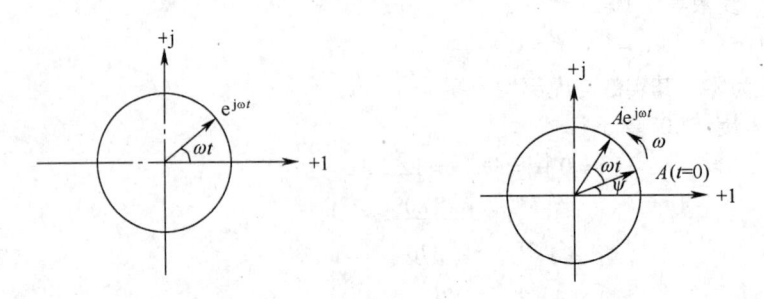

图 7.8 旋转因子

图 7.9 旋转复数

以后讨论的各个正弦量通常具有相同的角频率 ω，故它们具有相同的旋转因子，画在同一复平面上，这些复数变为旋转复数，它们都相对静止。

例 7-3 已知 $\dot{A}_1 = 3 - j4 = 5\angle -53.1°$ $\dot{A} = -4.33 + j2.5 = 5\angle 150°$，求 $\dot{A}_1 + \dot{A}_2$，$\dot{A}_1 - \dot{A}_2$，$\dot{A}_1 \cdot \dot{A}_2$ 及 $\dot{A}_1 / \dot{A}_2$。

解：

$$\dot{A}_1 + \dot{A}_2 = (3-j4)+(-4.33+j2.5) = -1.33-j1.5$$
$$= \sqrt{(-1.33)^2+(-1.5)^2}\underline{/\arctan\dfrac{-1.5}{-1.33}-\pi}$$
$$= 1.98\angle -131.6°$$

$$\dot{A}_1 - \dot{A}_2 = (3-j4)-(-4.33+j2.5) = 7.33-j6.5$$
$$= \sqrt{7.33^2+6.5^2}\underline{/\arctan\dfrac{6.5}{7.33}-\dfrac{\pi}{2}}$$
$$= 9.8\angle -48.4°$$

$$\dot{A}_1 \cdot \dot{A}_2 = 5\angle -53.1° \times 5\angle 150° = 25\underline{/96.9°} + j25\sin 96.9° = -3+j24.8$$

$$\dfrac{\dot{A}_1}{\dot{A}_2} = \dfrac{5\angle -53.1°}{5\angle 150°} = 1\angle -203.1° = 1\angle 156.9°$$
$$= \cos 156.9° + j\sin 156.9° = -0.92+j0.39$$

7.3 相量表示法

用复数形式可以表示正弦量，用复数表示的正弦量称为相量，为了与其他复数区别，用 $\dot{I}$、$\dot{U}$、$\dot{E}$ 表示，即在 I、U、E 符号上方标记圆点"·"，表示电流相量、电压相量、电动势相量。

用复数如何表示正弦量？

由式（7-14）可知一个复数 $\dot{A}$ 乘以 $e^{j\omega t}$ 后得：

$$\dot{A}e^{j\omega t} = A\angle \omega t+\psi = A\cos(\omega t+\psi)+jA\sin(\omega t+\psi)$$

可以看到上式实部与正弦量形式相同。如果复数 $\dot{A}=A\angle\psi$ 其幅模 A 表示正弦量的振幅（$A=I_m$），幅角 ψ 表示正弦量的初相（$\psi=\psi_i$），则可以用 $\dot{I}_m$ 表示复数，写成：

$$\dot{I}_m = I_m\angle \psi_i \qquad (7\text{-}15)$$

称为正弦量的幅值相量。若 $j\omega t$ 中 ω 表示正弦量的角频率，则 $\dot{I}_m$ 乘以 $e^{j\omega t}$ 得：

$$\dot{I}_m e^{j\omega t} = I_m e^{j\psi_i}e^{j\omega t} = I_m\angle \omega t+\psi_i = I_m\cos(\omega t+\psi_i)+jI_m\sin(\omega t+\psi_i)$$

对上式取实部，即得正弦电流：

$$i(t) = \mathrm{Re}[\dot{I}_m e^{j\omega t}]$$
$$= \mathrm{Re}[I_m e^{j\omega t}e^{j\psi_i}]$$
$$= I_m\cos(\omega t+\psi_i) \qquad (7\text{-}16)$$

其中 $\dot{I}_m e^{j\omega t}$ 称为旋转相量，$\dot{I}_m = I_m e^{j\psi_i}$ 称为复常数。

相量和复数一样，可以在复平面上用矢量表示出来，如图 7.10 所示，在复平面上表示的相量称为相量图。图 7.10（a）也可用图 7.10（b）表示。

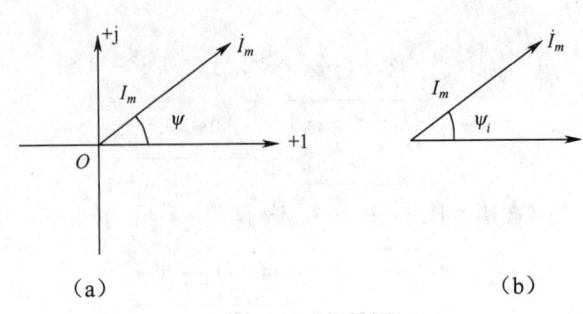

图 7.10 相量图

$i(t)$ 在复平面上表示为最大值相量（幅值相量）$\dot{I}_m$ 以 ω 角频率逆时针旋转，在任一时刻在实轴上的投影，如图 7.11 所示。旋转相量旋转一周，对应实轴上的投影点往复变化一周，则交流电变化一个周期，如图 7.12 所示。若 ω 大，则旋转相量旋转速度加快，在实轴上投影点变化加快，对应交流电变化一个周期所需时间变短。

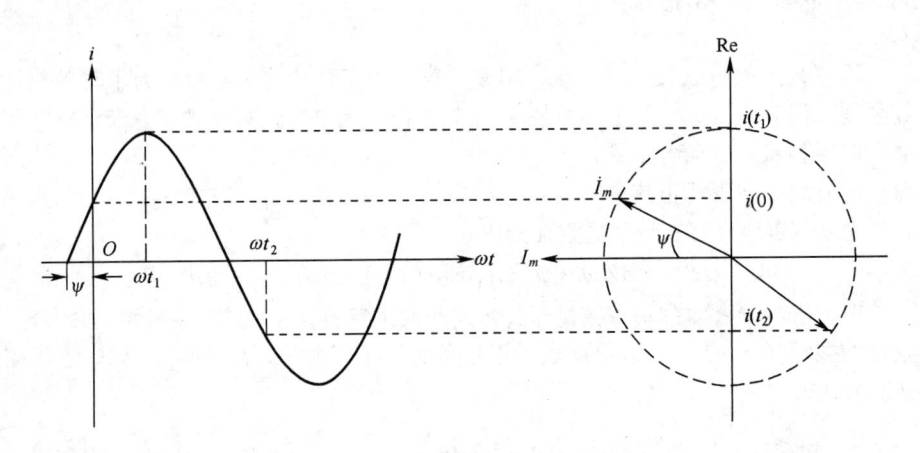

图 7.11 旋转相量　　图 7.12 旋转相量与正弦量的对应

任何相量、旋转相量、正弦量均是一一对应的，且唯一对应。正弦量可表示为相量，相量也可表示为正弦量。但应注意的是，正弦量不等于相量，也不等于旋转相量，用相量表示正弦量，仅是一种数学变换。

即　　$i(t) \longleftrightarrow \dot{I}_m$　　$i(t) = I_m \cos(\omega t + \psi_i) \longleftrightarrow \dot{I}_m = I_m e^{j\psi_i}$

同理可写出 $u(t)$、$e(t)$ 与相量的对应关系：

$$U(t) \longleftrightarrow \dot{U}_m \qquad e(t) \longleftrightarrow \dot{E}_m$$

电压相量、电流相量可画在同一相量图上，但用不同的单位标准。应注意的是，只有同频率的正弦量其相量才能画在同一复平面上。

正弦量常用有效值表示，则把正弦量的有效值相量称为相量。记为 $\dot{I}$ 。

$$\dot{I} = Ie^{j\psi_i} = I\angle\psi_i$$

$$i(t) \longleftrightarrow \dot{I} \tag{7-17}$$

$$\dot{I} = \frac{\dot{I}_m}{\sqrt{2}}$$

同理：

$$\dot{U} = \frac{\dot{U}_m}{\sqrt{2}}$$

$$\dot{E} = \frac{\dot{E}_m}{\sqrt{2}}$$

以电流为例说明如何用相量表示正弦量。

（1）将正弦量写为余弦函数形式（不是余弦形式的转换为余弦形式）。

（2）将余弦函数表示为复指数形式取实部。

$$i(t) = I_m \cos(\omega t + \psi_i) = \mathrm{Re}\left[I_m e^{j\psi_i} e^{j\omega t}\right] = \mathrm{Re}[\dot{I}_m e^{j\omega t}]$$

或

$$i(t) = \sqrt{2}I\cos(\omega t + \psi_i) = \mathrm{Re}\left[\sqrt{2}Ie^{j\omega t}e^{j\psi_i}\right] = \mathrm{Re}[\sqrt{2}\dot{I}e^{j\omega t}]$$

（3）写出相量形式：即用幅值（或有效值）和初相表示的复数去掉符号"Re"及旋转因子 $e^{j\omega t}$，得到幅值相量为：

$$\dot{I}_m = I_m e^{j\psi_i} = I_m \angle\psi_i$$

去掉符号"Re"、"$e^{j\omega t}$"、"$\sqrt{2}$"，得到有效值相量为：

$$\dot{I} = Ie^{j\psi_i} = I\angle\psi_i$$

若线性受控源控制量电压或电流为正弦量，则受控量电压或电流为同频率的正弦量。受控源的相量形式为：

$$\begin{aligned}
\text{VCVS} \quad & u_2(t) = \mu u_1(t) \longleftrightarrow \dot{U}_2 = \mu\dot{U}_1 \\
\text{VCCS} \quad & i_2(t) = gU_1(t) \longleftrightarrow \dot{I}_2 = g\dot{U}_1 \\
\text{CCVS} \quad & u_2(t) = ri_1(t) \longleftrightarrow \dot{U}_2 = r\dot{I}_1 \\
\text{CCCS} \quad & i_2(t) = \alpha i_1(t) \longleftrightarrow \dot{I}_2 = \alpha\dot{I}_1
\end{aligned} \tag{7-18}$$

如 VCCS 电路模型及其相量模型如图 7.13 所示。

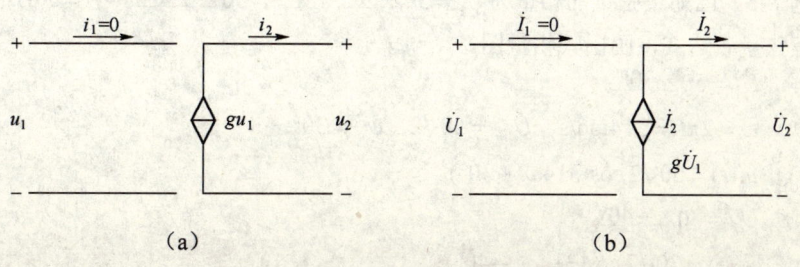

图 7.13 VCCS 电路模型及其相量模型

例 7-4 已知 $i_1(t) = 5\cos(314t + 60°)$A，$i_2(t) = 8\sin(314t + \dfrac{\pi}{3})$A，$u(t) = -10\cos(2t + 60°)$V，写出各正弦量相量，并画出相量图。

解： $i_1(t) = 5\cos(314t + 60°) = \text{Re}\left[5e^{j60°}e^{j314t}\right] = \text{Re}[\dot{I}_{m1}e^{j\omega t}]$

$$\dot{I}_{m1} = 5e^{j60°} = 5\angle 60° \qquad \dot{I}_1 = 2.5\sqrt{2}\angle 60°$$

$$i_2(t) = 8\sin\left(314t + \dfrac{\pi}{3}\right) = 8\cos\left(314t + \dfrac{\pi}{3} - \dfrac{\pi}{2}\right) = 8\cos\left(314t - \dfrac{\pi}{6}\right)$$

$$= \text{Re}\left[8e^{j(-\frac{\pi}{6})}e^{j314t}\right] = \text{Re}[\dot{I}_{m2}e^{j\omega t}]$$

$$\dot{I}_{m2} = 8\angle -30° \qquad \dot{I}_2 = 4\sqrt{2}\angle -30°$$

$$u(t) = -10\sin(2t + 60°) = 10\cos(2t + 60° - 180°) = 10\cos(2t - 120°)$$

$$= \text{Re}\left[10e^{j120°}e^{j2t}\right] = \text{Re}[\dot{U}_m e^{j\omega t}]$$

$$\dot{U}_m = 10e^{j(-120°)} = 10\angle -120° \qquad \dot{U} = 5\sqrt{2}\angle -120°$$

相量图如图 7.14 所示，（a）为 $\dot{I}_{m1}$、$\dot{I}_{m2}$ 相量，（b）为 $\dot{U}_m$ 相量，因为 ω 不同，$\dot{U}_m$ 不能与 $\dot{I}_{m1}$、$\dot{I}_{m2}$ 画在同一相量图上。

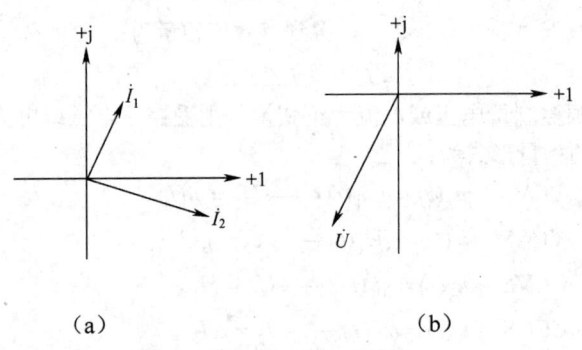

(a)   (b)

图 7.14 例 7-4 的图

例 7-5 已知正弦量的相量为 $\dot{U}_1 = 50\angle 30°$，$\dot{U}_2 = 30\angle -40°$，$f = 50$Hz，写出各正弦量表达式，画出其相量图。

解： $\dot{U}_1 = 50\angle 30°$

$$\omega = 2\pi f = 314 \text{rad/s}, \quad U_{1m} = 50\sqrt{2}, \quad \psi_u = 30°$$

$$u_1(t) = 50\sqrt{2}\cos(314\omega t + 30°)$$

$$\dot{U}_2 = 30\angle -40°$$

$$u_2(t) = 30\sqrt{2}\cos(314\omega t - 40°)$$

相量图如图 7.15 所示。

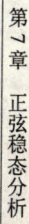

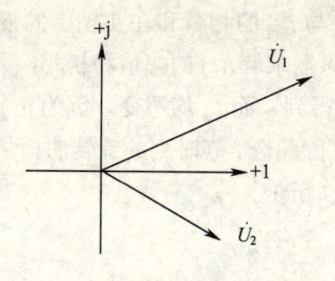

图 7.15　例 7-5 的图

7.4　相量法基础

相量法指相量分析法，用相量运算代替正弦量运算有其优越性。

在电路分析中，经常进行同频率正弦量的运算，如加、减运算和微、积分运算。相量法的重点是将时域内正弦量变换为复数（即相量）进行运算，然后再由复数变为时域正弦量。

7.4.1　相量法步骤

（1）用相量表示正弦量。
（2）建立相量关系式，由已知相量求解未知相量。
（3）将求解的未知相量变换为正弦量。

7.4.2　基本相量运算

1. 求和运算

已知两支路电流 $i_1(t) = I_{m1}\cos(\omega t + \psi_1)$，$i_2(t) = I_{m2}\cos(\omega t + \psi_2)$

求和电流 $i(t) = i_1(t) + i_2(t)$

由所学知识，两正弦量之和仍为同频率正弦量，设 $i(t) = I_m\cos(\omega t + \psi)$

由相量表示法：$i_1(t) = \text{Re}\left[I_{m1}e^{j\psi_1}e^{j\omega t}\right] = \text{Re}\left[\dot{I}_{m1}e^{j\omega t}\right]$

$$i_2(t) = \text{Re}\left[I_{m2}e^{j\psi_2}e^{j\omega t}\right] = \text{Re}\left[\dot{I}_{m2}e^{j\omega t}\right]$$

$$i(t) = \text{Re}\left[I_m e^{j\psi}e^{j\omega t}\right] = \text{Re}\left[\dot{I}_m e^{j\omega t}\right]$$

由 $i(t) = i_1(t) + i_2(t)$，得

$$\text{Re}[\dot{I}_m e^{j\omega t}] = \text{Re}[\dot{I}_{m1}e^{j\omega t}] + \text{Re}[\dot{I}_{m2}e^{j\omega t}]$$

仅当：$\dot{I}_m e^{j\omega t} = \dot{I}_{m1}e^{j\omega t} + \dot{I}_{m2}e^{j\omega t}$

有：$\dot{I}_m = \dot{I}_{m1} + \dot{I}_{m2}$

任一时刻 t，$i_1(t)$ 和 $i_2(t)$ 均有和电流 $i(t)$，由相量表示法可知在复平面上它们

相对静止，两电流相量 $\dot{I}_{m1}$ 与 $\dot{I}_{m2}$ 的相量和在实轴上的投影即是和电流 $i(t)$，如图 7.16 所示。由于 ω 相同，只需求解 $i(t)$ 的幅值和初相，即求 $\dot{I}_m = I_m\angle\psi$，可由任一时刻 t 的 $\dot{I}_{m1}$ 与 $\dot{I}_{m2}$ 求和得到，而 $\dot{I}_m$ 均不变。因为 $i(t) = I_m\cos(\omega t+\psi)$ 中三要素 I_m，ψ，ω 均不变，t 变化。因此选 $t=0$ 时刻的旋转的相量即复值常量即可求出 $\dot{I}_m$，其辐角即为初相，如图 7.17 所示。

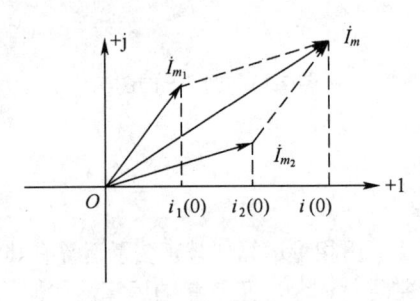

图 7.16 和电流的相量表示

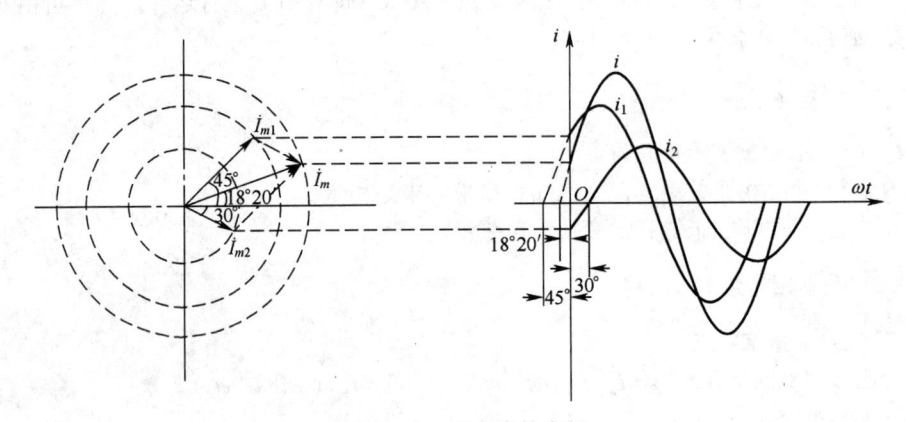

图 7.17 和电流的求解

$$i_1(0)+i_2(0)=i(0)\rightarrow \dot{I}_{m1}+\dot{I}_{m2}=\dot{I}_m \qquad (7\text{-}19)$$

$t=0$ 时，和电流相量的投影，等于各电流相量投影之和，则有和电流相量等于电流相量之和。

上式也可写为：

$$\dot{I}_1+\dot{I}_2=\dot{I} \qquad (7\text{-}20)$$

2. 求差

已知两个正弦量 $i_1(t)$，$i_2(t)$，求 $i_3(t)=i_1(t)-i_2(t)$，该式可写为 $i_2(t)+i_3(t)=i_1(t)$
由上面推导可知 $\dot{I}_{m3}=\dot{I}_{m1}-\dot{I}_{m2}$

3. 求微分

若已知 $i(t)=\sqrt{2}I\cos(\omega t+\psi_i)$，求 $\dfrac{\mathrm{d}i}{\mathrm{d}t}$ 的相量。

由 $\dfrac{di}{dt} = -\sqrt{2}\omega I \sin(\omega t + \psi_i) = \sqrt{2}\omega I \cos(\omega t + \psi_i + 90°)$

$\qquad = \mathrm{Re}\left[\sqrt{2}\omega I e^{j\psi_i} e^{j90°} e^{j\omega t}\right]$

$\qquad = \mathrm{Re}\left[\sqrt{2}j\omega \dot{I} e^{j\omega t}\right]$

可知在时域内微分运算 $\dfrac{\mathrm{d}i}{\mathrm{d}t}$，是将 $i(t)$ 幅值扩大 ω 倍，相位比 $i(t)$ 超前 $90°$ 得到，用相量表示为：$\omega I \angle \psi_i + 90° = j\omega \dot{I}$，即

若 $i(t) \longleftrightarrow \dot{I}$

则

$$\dfrac{\mathrm{d}i}{\mathrm{d}t} \longleftrightarrow j\omega \dot{I} \qquad (7\text{-}21)$$

可以推导：

$$\dfrac{\mathrm{d}^n i(t)}{\mathrm{d}t^n} \longleftrightarrow (j\omega)^n \dot{I} \qquad (7\text{-}22)$$

或 $\qquad \dfrac{\mathrm{d}}{\mathrm{d}t}\mathrm{Re}\left[\dot{I}_m e^{j\omega t}\right] = \mathrm{Re}\left[\dfrac{\mathrm{d}}{\mathrm{d}t}\dot{I}_m e^{j\omega t}\right] = \mathrm{Re}\left[j\omega \dot{I}_m e^{j\omega t}\right]$

这里取实部运算 "Re" 与求导运算可以互换。

4. 求积分

$\int i \mathrm{d}t = \int \sqrt{2}I\cos(\omega t + \psi_i)\mathrm{d}t = \dfrac{\sqrt{2}I}{\omega}\sin(\omega t + \psi_i) = \sqrt{2}\dfrac{I}{\omega}\cos(\omega t + \psi_i - 90°)$

$\qquad = \mathrm{Re}\left[\sqrt{2}\dfrac{I}{\omega}e^{j\psi_i}e^{j(-90°)}e^{j\omega t}\right] = \mathrm{Re}\left[\sqrt{2}\dfrac{I}{j\omega}e^{j\omega t}\right]$

在时域内，积分运算将 i 大小缩小 ω 倍，相位比 $i(t)$ 滞后 $90°$，用相量表示为：

$\dfrac{I}{\omega}\angle \psi_i - 90° = \dfrac{I}{j\omega}\angle \psi_i = \dfrac{\dot{I}}{j\omega}$

若 $i(t) \longleftrightarrow \dot{I}$

则

$$\int i(t)\mathrm{d}t \longleftrightarrow \dfrac{\dot{I}}{j\omega} \qquad (7\text{-}23)$$

对正弦量的 n 重积分，其相量形式为

$$\dfrac{\mathrm{d}^{(-n)} i(t)}{\mathrm{d}t^{(-n)}} \longleftrightarrow \dfrac{\dot{I}}{(j\omega)^n} \qquad (7\text{-}24)$$

或 $\qquad \int \mathrm{Re}\left[\dot{I}_m e^{j\omega t}\right]\mathrm{d}t = \mathrm{Re}\left[\int \dot{I}_m e^{j\omega t}\mathrm{d}t\right] = \mathrm{Re}\left[\dfrac{\dot{I}_m}{j\omega}e^{j\omega t}\right]$

上式取实部运算 "Re" 和求积分运算 "$\int$" 可以互换。

由上述分析可知，由于正弦量求和、差、微分、积分运算的结果仍为同频率正弦量，故正弦量频率是已知的，只需求未知正弦量的另两个要素：振幅（或有效值）和初相（也就是相量）。由于任何时刻 t 各相量相对静止，大小和相位关系不变，只需求某一时刻的相量即可，因此为简化分析，只考虑 $\omega t = 0$ 时刻。应注意的是，相量法的前提条件是各正弦量是同频率的。

相量法实质是将同频率正弦量变换为复数形式，在复数域内进行计算，用复数运算代替三角函数的运算，这样正弦量的和、差、微、积分运算变为相量的和、差、乘、除运算，从而简化了运算，故相量法是分析正弦交流电路的一种数学工具。

相量分析法包括相量解析法和相量图法。相量解析法用复数表示正弦量，大小和相位计算可在同一式中进行，用复数的四则运算求解未知正弦量；相量图法把电压、电流相量画在复平面内作出相量图，借助相量图建立关系式，分别求出未知相量大小及相位，是相量解析法的辅助分析方法。

例 7-6 已知 $u_1(t) = 20\cos(\omega t - 30°)\text{V}$，$u_2(t) = 40\cos(\omega t + 60°)\text{V}$，用相量法求同频率正弦量的和（$u_1 + u_2$）与差（$u_1 - u_2$）、$\dfrac{du_1}{dt}$、$\int u_2 dt$。

解：（1）求 $u_1 + u_2$，用相量法分析：

$$u_1(t) \longleftrightarrow 20\angle -30° \qquad u_2(t) \longleftrightarrow 40\angle 60°$$

由 $\dot{U}_1 + \dot{U}_2 = \dot{U}$

得

$$\dot{U} = \dot{U}_1 + \dot{U}_2 = 20\angle -30° + 40\angle 60°$$
$$= 20\cos(-30°) + 40\cos 60° + j[20\sin(-30°) + 40\sin 60°]$$
$$= 37.32 + j24.64$$
$$= \sqrt{37.32^2 + 24.64^2} \angle \arctan\dfrac{24.64}{37.32}$$
$$= 44.7\angle 33.43°$$

则 $u(t) = 44.7\sqrt{2}\cos(\omega t + 33.43°)$。

用三角变换方法：

$$u(t) = u_1(t) + u_2(t) = 20\cos(\omega t - 30°) + 40\cos(\omega t + 60°)$$
$$= 20\cos\omega t \cos 30° + 20\sin\omega t \sin 30° + 40\cos\omega t \cos 60° - 40\sin\omega t \sin 60°$$
$$= (20\cos 30° + 40\cos 60°)\cos\omega t + (20\sin 30° - 40\sin 60°)\sin\omega t$$
$$= 37.32\cos\omega t - 24.64\sin\omega t$$
$$= \sqrt{37.32^2 + 24.64^2}\cos(\omega t + \angle\arctan\dfrac{24.64}{37.32})$$
$$= 44.7\cos(\omega t + 33.43°)$$

（2）求 $u_1 - u_2$，用相量法分析：

$$\dot{U} = \dot{U}_1 - \dot{U}_2 = 20\angle -30° - 40\angle 60°$$
$$= 20\cos(-30°) - 40\cos 60° + j[20\sin(-30°) - 40\sin 60°]$$

$$= -2.68 - j44.64$$
$$= \sqrt{2.68^2 + 44.64^2} \angle 180° + \arctan\frac{2.68}{44.64}$$
$$= 44.7 \angle 183.44°$$

则 $u(t) = 44.7\sqrt{2}\cos(\omega t + 183.44°)$。

用三角变换方法：
$$u(t) = u_1(t) - u_2(t) = 20\cos(\omega t - 30°) - 40\cos(\omega t + 60°)$$
$$= 20\cos\omega t\cos 30° + 20\sin\omega t\sin 30° - 40\cos\omega t\cos 60° + 40\sin\omega t\sin 60°$$
$$= (20\cos 30° - 40\cos 60°)\cos\omega t + (20\sin 30° + 40\sin 60°)\sin\omega t$$
$$= -2.68\cos\omega t + 44.64\sin\omega t$$
$$= -(2.68\cos\omega t - 44.64\sin\omega t)$$
$$= -\sqrt{2.68^2 + 44.64^2}\cos\left(\omega t + \angle\arctan\frac{2.68}{44.64}\right)$$
$$= -44.7\cos(\omega t + 3.44°)$$
$$= 44.7\cos(\omega t + 183.44°)$$

（3）求 $\dfrac{\mathrm{d}u_1}{\mathrm{d}t}$，用相量法：
$$u_1(t) = 20\cos(\omega t - 30°) \leftrightarrow \dot{U}_1 = \frac{20}{\sqrt{2}}\angle -30°$$
$$\frac{\mathrm{d}u_1}{\mathrm{d}t} \longleftrightarrow j\omega\dot{U}_1 = j\omega\frac{20}{\sqrt{2}}\angle -30° = \frac{40}{\sqrt{2}}\angle 60°$$
$$= 40\cos(\omega t + 60°)$$

用三角变换方法：
$$\frac{\mathrm{d}u_1}{\mathrm{d}t} = \frac{\mathrm{d}}{\mathrm{d}t}[20\cos(\omega t - 30°)] = 2 \times 20[-\sin(\omega t - 30°)] = 40\cos(\omega t + 60°)$$

（4）求 $\int u_2 \mathrm{d}t$

用相量法：$u_2(t) \longleftrightarrow \dot{U}_2 = \dfrac{40}{\sqrt{2}}\angle 60°$

$$\int u_2 \mathrm{d}t \longleftrightarrow \frac{\dot{U}_2}{j\omega} = \frac{\frac{40\angle 60°}{\sqrt{2}}}{j \times 2} = \frac{20}{\sqrt{2}}\angle -30°$$
$$\int u_2 \mathrm{d}t = 20\cos(\omega t - 30°)$$

用三角变换方法：
$$\int u_2 \mathrm{d}t = \int 40\cos(\omega t + 60°)\mathrm{d}t = 20\int\cos(\omega t + 60°)\mathrm{d}(\omega t + 60°)$$
$$= 20\sin(\omega t + 60°) = 20\cos(\omega t + 60° - 90°)$$
$$= 20\cos(\omega t - 30°)$$

比较相量法和三角变换方法，相量法运算过程简便，而三角变换方法繁琐。

例 7-7 图 7.18 所示电路中，RC 串联电路 $R = 2\text{k}\Omega$，$C = 1\mu\text{F}$，外施电压 $u_S(t) = 30\cos(2\pi \times 10^3 t)\text{V}$，在 $t=0$ 时开关 S 与电路接通，计算 $t \geqslant 0$ 时的 $u_C(t)$ 的稳态响应（特解）。

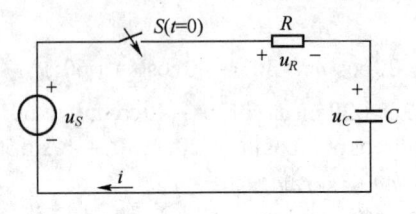

图 7.18 例 7-7 的图

解：由 $t \geqslant 0_+$，电路接通，由基尔霍夫电压定律得：

$$u_R + u_C = u_S \qquad i = i_C = C\frac{du_C}{dt}$$

$$Ri + u_C = 30\cos(2\pi \times 10^3 \pi t) \qquad RC\frac{du_C}{dt} + u_C = 30\cos(2\pi \times 10^3 t)$$

则特解为 $u_p(t) = u_c(t)''$ 为正弦函数稳态响应。

用相量法。设 $U_C \leftrightarrow \dot{U}_C$，则 $\dfrac{du_C}{dt} \leftrightarrow j\omega\dot{U}_C$

$$U_S(t) \leftrightarrow \dot{U}_{Sm} = 30\angle 0° , \quad i_C(t) \leftrightarrow \dot{I}_{Cm} = j\omega C\dot{U}_{Cm}$$

$$Rj\omega C\dot{U}_{Cm} + \dot{U}_{Cm} = 30\angle 0° \qquad \dot{U}_{Cm}(1+j\omega RC) = 30\angle 0°$$

$$\omega = 2\pi \times 10^3$$

$$\dot{U}_{Cm} = \frac{30\angle 0°}{1+j\omega RC}$$

$$= \frac{30\angle 0°}{1+j2\pi \times 10^3 \times 2 \times 10^3 \times 1 \times 10^{-6}}$$

$$= \frac{30\angle 0°}{1+j12.56}$$

$$= 2.38\angle -85.44°$$

则 $t \geqslant 0$，$u_C(t)$ 稳态解 $u_C''(t) = 2.38\cos(2\pi \times 10^3 t - 85.44°)$

7.5 基尔霍夫定律的相量形式

连于某节点上的所有支路电流均为同频率的正弦量，仅是各电流初相和幅值不同；同样，在某一回路中各部分电压均为同频率正弦量，仅是各个电压初相和幅值不同，用相量法可建立电路中任一节点各支路电流相量的关系，以及任一回路各部分电压相量的关系。

7.5.1 KCL 定律的相量形式

若电路处于正弦稳态时,所有激励和响应均为同频率正弦量,由 KCL 定律,在任一瞬时有:$\sum i(t) = 0$

$$\sum i(t) = \sum \mathrm{Re}\left[\sqrt{2}\dot{I}\mathrm{e}^{\mathrm{j}\omega t}\right] = \mathrm{Re}\left[\sqrt{2}(\sum \dot{I})\mathrm{e}^{\mathrm{j}\omega t}\right] = 0$$

将求和与取实部运算次序交换,即各旋转相量取实部之和等于各旋转相量求和取实部,从相量图上看,若旋转相量 $\sum \dot{I}\mathrm{e}^{\mathrm{j}\omega t}$ 在任何时刻投影等于零,则必然有相量 $\sum \dot{I}$ 恒等于零。即有

$$\sum \dot{I} = 0 \tag{7-25}$$

在正弦交流电路中,汇于任一节点的各电流相量的代数和恒等于零,其中设流出为"+",流入为"−"。

其涵义是:汇于某节点各正弦电流旋转相量取实部的代数和,等于所有旋转相量的代数和取实部,且在任一瞬时恒等于零。

如图 7.19 所示,由 KCL 定律:$\sum i(t) = 0 \quad -i_1 + i_2 - i_3 + i_4 = 0$

写成相量形式:$\sum \dot{I} = 0 \quad -\dot{I}_1 + \dot{I}_2 - \dot{I}_3 + \dot{I}_4 = 0$

图 7.19 KCL 定律的相量形式

7.5.2 KVL 定律的相量形式

在任一瞬时,对任一回路,沿着任一方向绕行一周,各部分正弦电压之代数和为零,其中绕向相同者取"+",反之取"−"。

$$\sum u(t) = 0$$

$$\sum u(t) = \sum \mathrm{Re}\left[\sqrt{2}\dot{U}\mathrm{e}^{\mathrm{j}\omega t}\right] = \mathrm{Re}\left[\sqrt{2}(\sum \dot{U}\mathrm{e}^{\mathrm{j}\omega t})\right] = 0$$

各旋转相量取实部之和等于各旋转相量之和取实部,且在任一瞬时恒等于零。从相量图上看,若旋转相量 $\sum \dot{U}\mathrm{e}^{\mathrm{j}\omega t}$ 在任何时刻投影恒等于零,则相量 $\sum \dot{U}$ 恒等于零。有

$$\sum \dot{U} = 0 \tag{7-26}$$

对任一回路,各部分电压相量之和为零,其中与绕向相同者取"+",反之取

"-"。

例7-8 电路如图 7.20 所示，已知 $i_1(t) = 10\cos(\omega t + 30°)\text{A}$，$i_2(t) = 5\cos(\omega t - 120°)$。

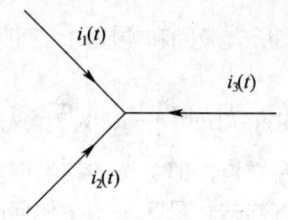

图 7.20 例 7-8 的图

解： $\dot{I}_{m1} = 10\angle 30°$ $\dot{I}_{m2} = 5\angle -120°$

由 KVL 相量形式得：

$$\dot{I}_{m3} = \dot{I}_{m1} + \dot{I}_{m2} = 10\angle 30° + 5\angle -120°$$
$$= 10(\cos 30° + \text{j}\sin 30°) + 5[\cos(-120°) + \text{j}\sin(-120°)]$$
$$= 8.66 + \text{j}0.67$$
$$= 8.69\angle 4.42°$$

则 $i_3(t) = 8.69\cos(\omega t + 4.42°)$

例7-9 如图 7.21 所示，已知某正弦交流电路中，$u_1(t) = 6\sqrt{2}\cos(314t + 15°)\text{ V}$，$u_2(t) = 4\sqrt{2}\cos(314t + 40°)\text{ V}$，$u_4(t) = 7\sqrt{2}\cos(314 - 60°)\text{ V}$，求 $u_3(t)$。

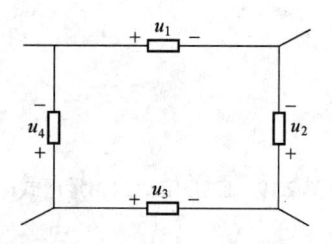

图 7.21 例 7-9 的图

解： 用相量法：$\dot{U}_1 = 6\angle 15°$ $\dot{U}_2 = 4\angle 40°$ $\dot{U}_4 = 7\angle -60°$

由 KVL 定律的相量形式：$\sum \dot{U} = 0$

$$\dot{U}_1 - \dot{U}_2 - \dot{U}_3 + \dot{U}_4 = 0$$
$$\dot{U}_3 = \dot{U}_1 - \dot{U}_2 + \dot{U}_4$$
$$= 6\angle 15° - 4\angle 40° + 7\angle -60°$$
$$= (5.795 + \text{j}1.552) - (3.064 + \text{j}2.571) + (3.5 - \text{j}6.062)$$
$$= 6.23 - \text{j}7.08$$

$$= \sqrt{6.23^2 + (-7.08)^2} \bigg/ \arctan \frac{-7.08}{6.23}$$
$$= 9.43\angle -48.65°$$

∴ $u_3(t) = 9.43\sqrt{2}\cos(314t - 48.65°)$

7.6 电阻、电感、电容的 VCR 相量形式

电阻 R、电感 L、电容 C 等基本电路元件，在正弦交流电路的正弦激励下，其响应为同频率的正弦量，本节求出这些线性电路元件的 VCR 相量关系式，为以后用相量法分析电路打下基础。

7.6.1 电阻元件

1. 时域 VCR 关系式

如图 7.22（a）所示电路，在正弦激励电流（或电压）下，$u(t)$, $i(t)$ 为关联正方向，线性 R 元件的时域 VCR 关系为：

$$u(t) = Ri(t) \tag{7-27}$$
$$\sqrt{2}U\cos(\omega t + \psi_u) = R\sqrt{2}I\cos(\omega t + \psi_i) \tag{7-28}$$

电压是电流的 R 倍，二者相位相同，波形图如图 7.22（b）所示。

2. VCR 相量关系式

由式（7-28）根据复数运算线性性质得：

$$\text{Re}[\sqrt{2}\dot{U}e^{j\omega t}] = R\cdot\text{Re}[\sqrt{2}\dot{I}e^{j\omega t}]$$

对任何时刻 t 均有：

$$\dot{U} = R\dot{I} \tag{7-29}$$

大小及相位关系为：

$$\begin{cases} U = RI \\ \psi_u = \psi_i \end{cases} \tag{7-30}$$

由此可知电压与电流大小关系及相位关系如下：

$\dot{U}$ 比 $\dot{I}$ 扩大 R 倍，$\dot{U}$ 与 $\dot{I}$ 同相位，将 $\dot{U}$、$\dot{I}$ 画在同一复平面上，相量图如图 7.22（c）所示，相量模型如图 7.22（d）所示。

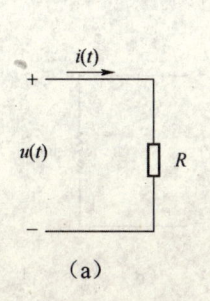

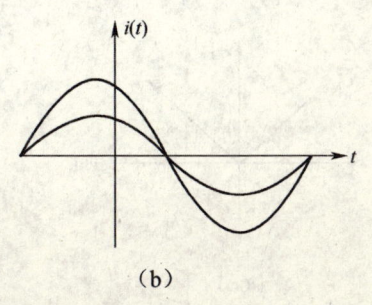

图 7.22 电阻元件

(c)

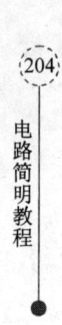

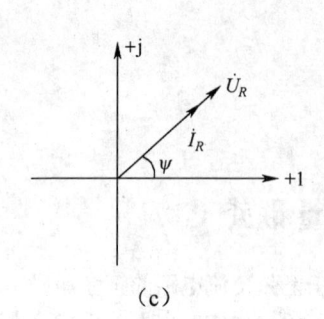

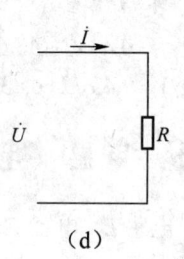

(d)

图 7.22 电阻元件（续图）

7.6.2 电感元件

1. VCR 时域关系式

电路如图 7.23（a）所示，在 $u(t)$，$i(t)$ 关联正方向下有：

$$u_L(t) = L \frac{di_L}{dt} \tag{7-31}$$

$$\sqrt{2}U\cos(\omega t + \psi_u) = L\frac{d}{dt}\left[\sqrt{2}I_L\cos(\omega t + \psi_i)\right]$$

$$= \sqrt{2}\omega L I_L \cos\left(\omega t + \psi_i + \frac{\pi}{2}\right) \tag{7-32}$$

由此知：U_L 的大小为 I_L 的 ωL 倍，u_L 相位超前 i_L 的相位 $\frac{\pi}{2}$，波形图见图 7.23（b）。

(a)

(b)

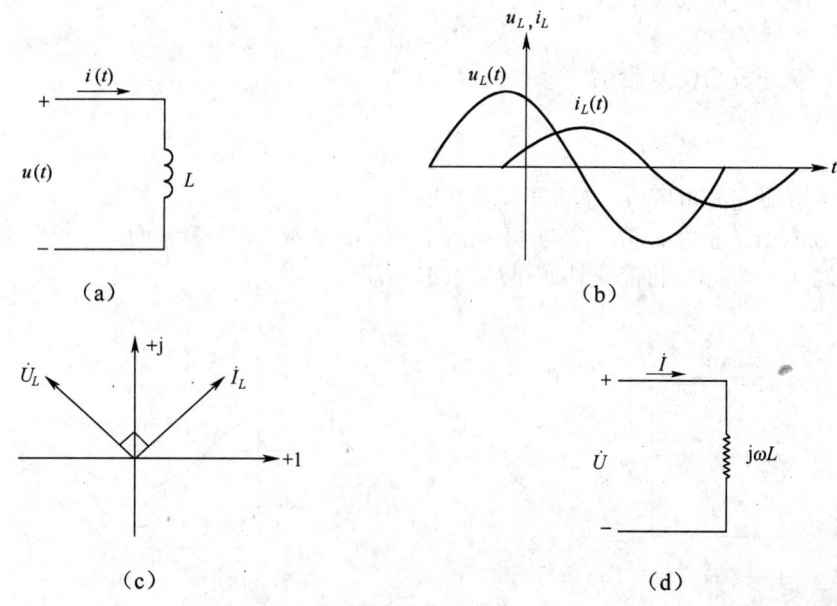

(c)

(d)

图 7.23 电感元件

(e)

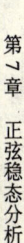

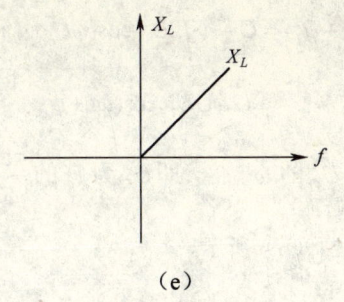

图 7.23 电感元件

2. VCR 相量关系式

由式（7-32）

$$\text{Re}\left[\sqrt{2}\dot{U}_L e^{j\omega t}\right] = L\frac{d}{dt}\text{Re}\left[\sqrt{2}\dot{I}_L e^{j\omega t}\right]$$

$$= L\text{Re}\left[\frac{d}{dt}\sqrt{2}\dot{I}_L e^{j\omega t}\right]$$

$$= j\omega L \cdot \text{Re}\left[\sqrt{2}\dot{I}_L e^{j\omega t}\right]$$

$$\dot{U}_L = j\omega L \dot{I}_L \tag{7-33}$$

$$\begin{cases} U_L = \omega L I_L = X_L I_L \\ \psi_u = \psi_i + \dfrac{\pi}{2} \end{cases} \tag{7-34}$$

其中 $X_L = \omega L$，称为电感电抗，简称感抗，单位欧姆（Ω）

相量图如图 7.23（c）所示，在复平面上，$\dot{U}_L$ 比 $\dot{I}_L$ 扩大 X_L 倍，$\dot{U}_L$ 比 $\dot{I}_L$ 超前 $\dfrac{\pi}{2}$。即把 $\dot{I}_L$ 逆时针转 $\dfrac{\pi}{2}$ 再扩大 X_L 倍得 $\dot{U}_L$，相量模型如图 7.23（d）所示。

3. 感抗 X_L

$$X_L = \omega L = \frac{U_L}{I_L} = \frac{U_{Lm}}{I_{Lm}}$$

X_L 与 f、L 成正比。L 越大，感应作用越强，受到阻碍越大，X_L 越大；f 越大，变化越快，阻碍作用越大，X_L 越大，说明电感具有阻高频通低频的作用。常用于滤波电路。特殊地，直流时 $f=0$，$X_L=0$，L 相当于短路。L 一定时，X_L 与 f 的关系如图 7.23（e）所示。

7.6.3 电容元件

1. VCR 关系

电路如图 7.24（a）所示，在 u_C、i_C 关联正方向下

$$i_C(t) = C\frac{du_C}{dt} \tag{7-35}$$

$$\sqrt{2}I_C\cos(\omega t+\psi_i)=C\frac{\mathrm{d}}{\mathrm{d}t}(\sqrt{2}U_C\cos(\omega t+\psi_u))$$

$$=\sqrt{2}\omega CU_C\cos(\omega t+\psi_u+\frac{\pi}{2}) \tag{7-36}$$

由此可知，I_C 大小为 U_C 的 ωC 倍，即 U_C 为 I_C 的 $\frac{1}{\omega C}$ 倍，$i_C(t)$ 相位超前 $u_C(t)$ 的相位 $\frac{\pi}{2}$。波形图如图 7.24（b）所示。

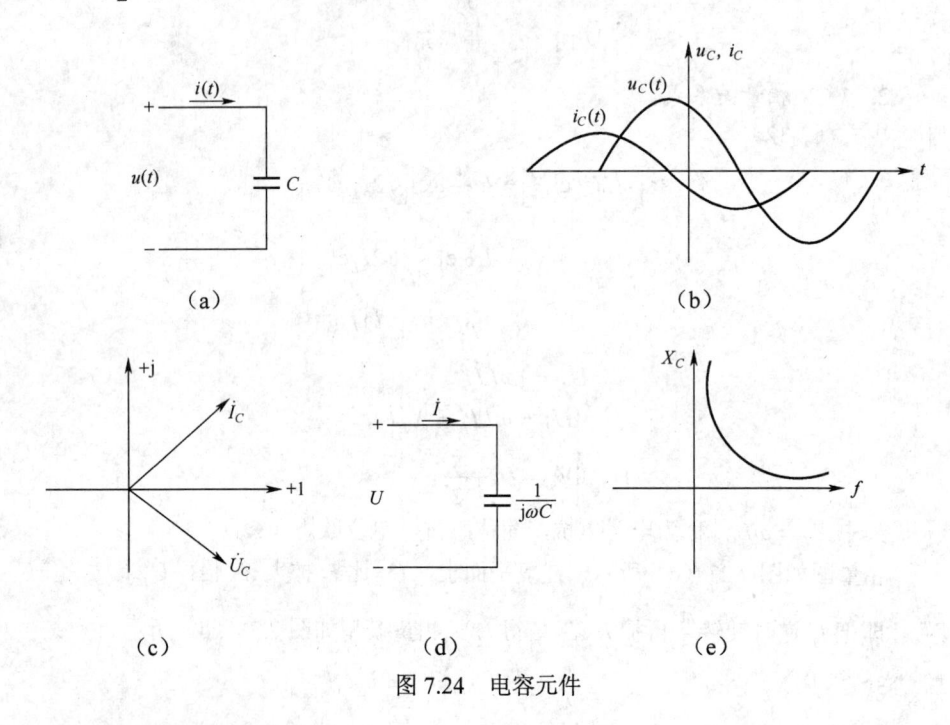

图 7.24 电容元件

2. VCR 相量关系式

由式（7-36）

$$\mathrm{Re}[\sqrt{2}\dot{I}_C\mathrm{e}^{\mathrm{j}\omega t}]=C\frac{\mathrm{d}}{\mathrm{d}t}\mathrm{Re}[\sqrt{2}\dot{U}_C\mathrm{e}^{\mathrm{j}\omega t}]$$

$$=C\mathrm{Re}\left[\frac{\mathrm{d}}{\mathrm{d}t}\sqrt{2}\dot{U}_C\mathrm{e}^{\mathrm{j}\omega t}\right]$$

$$=\mathrm{Re}[\mathrm{j}\omega C\sqrt{2}\dot{U}_C\mathrm{e}^{\mathrm{j}\omega t}]$$

$$=\mathrm{j}\omega C\mathrm{Re}[\sqrt{2}\dot{U}_C\mathrm{e}^{\mathrm{j}\omega t}]$$

$$\dot{I}_C=\mathrm{j}\omega C\dot{U}_C \tag{7-37}$$

$$\begin{cases} I_C = \omega C U_C \\ \psi_i = \psi_u + \dfrac{\pi}{2} \end{cases} \qquad (7\text{-}38)$$

上式还可写为：

$$\dot{U}_C = \frac{1}{j\omega C}\dot{I}_C = -j\frac{1}{\omega C}\dot{I}_C \qquad (7\text{-}39)$$

$$\begin{cases} U_C = \dfrac{1}{\omega C} I_C = X_C I_C \\ \psi_u = \psi_i - \dfrac{\pi}{2} \end{cases} \qquad (7\text{-}40)$$

其中 $X_C = \dfrac{1}{\omega C}$，称为电容电抗，简称容抗，单位欧姆（Ω）

相量图如图7.24（c）所示，在复平面上，$\dot{U}_C$ 比 $\dot{I}_C$ 扩大 X_C 倍，$\dot{U}_C$ 比 $\dot{I}_C$ 滞后 $\dfrac{\pi}{2}$。即把 $\dot{I}_C$ 缩小 X_C 倍再顺时针旋转 $\dfrac{\pi}{2}$ 得 $\dot{U}_C$ 相量模型，如图7.24（d）所示。

3. 容抗 X_C

$$X_C = \frac{1}{\omega C} = \frac{U_C}{I_C} = \frac{U_{Cm}}{I_{Cm}}$$

X_C 与 f（或 ω）、C 成反比。存储电荷量 C 愈大，电荷变化率愈大，则阻碍小；X_C 小，f 愈大，变化愈快，阻碍作用愈大，X_C 小，说明元件 C 具有通高频阻低频的作用。常用于滤波电路。特殊地，$f=0$ 直流电路中 $\dfrac{1}{\omega C} \to \infty$，$C$ 相当于开路，具有隔直作用，如晶体管放大电路 C 的隔直作用稳定工作点。X_C 与 f 的关系如图7.24（e）所示。

例7-10 把一个0.1H的电感元件接到 $u(t)=10\sqrt{2}(\cos 314t + 30°)$ V 的正弦电源上，求电流 $i(t)$。若保持电压不变，而电源频率改变为5000Hz，此时电流为多少？

解： $L=0.1$H $\quad u(t)=10\sqrt{2}\cos(314t+30°)$

用相量法 $\quad \dot{U}_L = 10\angle 30° \quad\quad \omega = 314$ rad/s

$X_L = \omega L = 314 \times 0.1 = 31.4\Omega \quad\quad f = \dfrac{\omega}{2\pi} = \dfrac{314}{2 \times 3.14} = 50$Hz

由 $\dot{U}_L = jX_L \dot{I}_L$ 得

$$\dot{I}_L = \frac{\dot{U}_L}{jX_L} = \frac{10\angle 30°}{j31.4} = 0.32\angle -60°\ \text{A}$$

$$i(t) = \sqrt{2} \times 0.32 \cos(314t - 60°)$$

若频率改为扩大100倍，$X_L = \omega L = 31400 \times 0.1 = 3140\Omega$

$$\dot{I}_L = \frac{\dot{U}_L}{jX_L} = \frac{10\angle 30°}{j3140} = \sqrt{2}\times 0.32\times 10^{-2}\angle -60° \text{ A}$$

$$i_L(t) = \sqrt{2}\times 0.3\times 10^{-2}\cos(31400t-60°)$$

可见电压一定时，频率愈高，电感电流愈小，L 具有通低频阻高频的作用。

例 7-11 把一个 $C=4\mu F$ 的电容元件接到交流电源上去，已知 $i(t)=0.1\sqrt{2}\cos(314t-60°)$A，求 $u(t)$。若电源电压不变，频率扩大 100 倍，求 $i(t)$。

解： $C=4\mu F = 4\times 10^{-6}$ F $\dot{I}=0.1\angle -60°$

$$X_C = \frac{1}{\omega C} = \frac{1}{314\times 4\times 10^{-6}} = 796\Omega$$

由 $\dot{I}_C = j\omega C\dot{U}_C$ $\dot{U}_C = \frac{\dot{I}_C}{j\omega C} = \frac{0.1\angle -60°}{j314\times 4\times 10^{-6}} = 79.6\angle -150°$ V

$$u_C(t) = \sqrt{2}\times 79.6\cos(314t-150°)$$

若频率扩大 100 倍，$\omega = 31400$rad/s $X_C = \frac{1}{\omega L} = \frac{1}{31400\times 4\times 10^{-6}} = 7.96\Omega$

则 $\dot{U}_C = \frac{\dot{I}_C}{j\omega C} = \frac{\dot{I}_C}{j\times 31400\times 4\times 10^{-6}} = 79.6\angle -150°$

$$\dot{I}_C = j\omega C\dot{U}_C = j\times 31400\times 4\times 10^{-6}\times 79.6\angle -150° = 10\angle -60° \text{ A}$$

$$= 10\sqrt{2}\cos(314t-60°)$$

说明频率愈高，容抗愈小，电压一定时，电流增大，C 具有通高频阻低频作用。

7.7 阻抗与导纳

无源线性二端网络 N_0，在正弦电源激励下达到稳态时，其端口电压、电流是同频率的正弦量，如图 7.25 所示，分别为：

$$u(t) = \sqrt{2}U\cos(\omega t+\psi_u)$$
$$i(t) = \sqrt{2}I\cos(\omega t+\psi_i)$$

对应的相量分别为 $\dot{U}=U\angle\psi_u$，$\dot{I}=I\angle\psi_i$，则端口电压与电流有效值之比为一常数，电压与电流的相位差是固定值，其对外呈现的这种特性用两个参数均可以描述，即阻抗和导纳。

定义一端口的电压相量与电流相量之比为该端口的阻抗，用 Z 表示，单位为欧姆（Ω）。

$$Z = \frac{\dot{U}}{\dot{I}} = \frac{\dot{U}_m}{\dot{I}_m} \tag{7-41}$$

则

$$\dot{U} = Z\dot{I} \tag{7-42}$$

称为一端口欧姆定律（VCR）的相量形式，等效电路如图 7.26 所示。

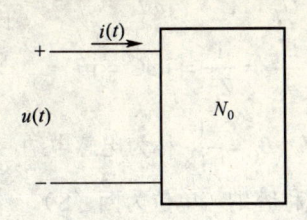

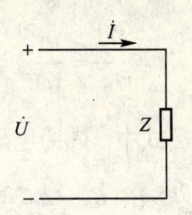

图 7.25 正弦电源激励下的二端网络   图 7.26 阻抗 Z

则

$$Z = \frac{\dot{U}}{\dot{I}} = \frac{U}{I} \angle \psi_u - \psi_i = |Z| \angle \varphi_Z \tag{7-43}$$

其中 $|Z| = \dfrac{U}{I}$ ——阻抗模，$\varphi_Z = \psi_u - \psi_i$ ——阻抗角。

定义阻抗的倒数为该端口的导纳，即一端口的电流相量与电压相量之比，用 Y 表示，单位为西（S）。

$$Y \xlongequal{\text{def}} \frac{1}{Z} \tag{7-44}$$

则 $Y = \dfrac{\dot{I}}{\dot{U}}$

$$\dot{I} = Y\dot{U} \tag{7-45}$$

为一端口欧姆定律（VCR）的另一种相量形式，等效电路如图 7.27 所示。

$$Y = \frac{\dot{I}}{\dot{U}} = \frac{I}{U} \angle \psi_i - \psi_u = |Y| \angle \varphi_Y \tag{7-46}$$

其中：$|Y| = \dfrac{I}{U}$ ——导纳模，$\varphi_Y = \psi_i - \psi_u$ ——导纳角。

7.7.1 单一元件 R、L、C 的阻抗

由上节讨论的三种基本元件 R、L、C 的 VCR 相量形式为：

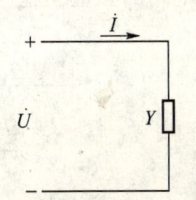

$$\begin{cases} \dot{U}_R = R\dot{I}_R \\ \dot{U}_L = j\omega L \dot{I}_L \\ \dot{U}_C = \dfrac{1}{j\omega C} \dot{I}_C \end{cases}$$

图 7.27 导纳 Y

由复阻抗的定义得：

$$Z_R = \frac{\dot{U}_R}{\dot{I}_R} = R \qquad Y_R = \frac{\dot{I}_R}{\dot{U}_R} = \frac{1}{Z_R} = G$$

$$Z_L = \frac{\dot{U}_L}{\dot{I}_L} = j\omega L = jX_L \qquad Y_L = \frac{\dot{I}_L}{\dot{U}_L} = \frac{1}{Z_L} = \frac{1}{j\omega L} = -jB_L$$

$$Z_C = \frac{\dot{U}_C}{\dot{I}_C} = \frac{1}{j\omega C} = -jX_C \qquad Y_C = \frac{\dot{U}_C}{\dot{I}_C} = \frac{1}{Z_C} = j\omega C = jB_C$$

上述公式中，G 为电导，单位为西（S）；$B_L = \dfrac{1}{\omega L}$ 称为电感电纳，简称感纳，单位为西（S）；$B_C = \omega C$ 称为电容电纳，简称容纳，单位为西（S）。

7.7.2 RLC 串联电路的阻抗

R、L、C 串联电路时域模型如图 7.28 所示，在正弦电压 $u(t)$ 激励下，电流 $i(t)$ 为正弦量 $i(t) = \sqrt{2}I\cos(\omega t + \psi_i)$，各元件在时域的 VCR 关系分别为：

$$\begin{cases} u_R = Ri_R \\ u_L = L\dfrac{di_L}{dt} \\ u_C = \dfrac{1}{C}\int i_C dt \end{cases}$$

由 KVL 定律得：$u_R + u_L + u_C = u(t)$

即：

$$iR + L\frac{di}{dt} + \frac{1}{C}\int i dt = u(t) \qquad (7\text{-}47)$$

1. 用相量解析法

令 $\dot{I} = I\angle\psi_i \quad \dot{U}_R = R\dot{I} \quad \dot{U}_L = j\omega L\dot{I} \quad \dot{U}_C = \dfrac{1}{j\omega C}\dot{I}$

电路的相量模型，如图 7.29 所示。

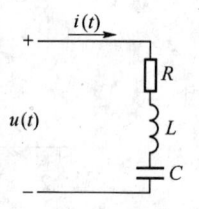

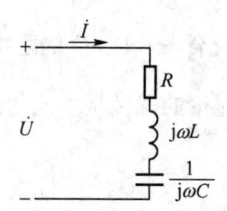

图 7.28 RLC 串联电路时域模型　　图 7.29 RLC 串联电路相量模型

KVL 定律的相量形式，上式可写为：

$$\dot{U} = \dot{U}_R + \dot{U}_L + \dot{U}_C = R\dot{I} + j\omega L\dot{I} + \frac{1}{j\omega C}\dot{I}$$

$$= (R + j\omega L + \frac{1}{j\omega C})\dot{I} = \left[R + j\left(\omega L - \frac{1}{\omega C}\right)\right]\dot{I} \qquad (7\text{-}48)$$

令 $X = \omega L - \dfrac{1}{\omega C} = X_L - X_C$，称为电抗，单位为欧姆（Ω），则有：

$$\dot{U} = \dot{I}(R + jX) = \dot{I}Z \tag{7-49}$$

令
$$\dot{Z} = R + jX = R + j\left(\omega L - \dfrac{1}{\omega C}\right)$$

$$= \sqrt{R^2 + X^2}\ \bigg/\!\arctan\dfrac{X}{R}$$

$$= \sqrt{R^2 + \left(\omega L - \dfrac{1}{\omega C}\right)^2}\ \bigg/\!\arctan\dfrac{\omega L - \dfrac{1}{\omega C}}{R}$$

$$= |Z|\angle\varphi_Z \tag{7-50}$$

Z 称为 RLC 串联电路的复阻抗，Z 参数模型如图 7.30 所示。

其中：$|Z| = \sqrt{R^2 + X^2}$，$\varphi_Z = \arctan\dfrac{X}{R}$。

2. 相量图解法

令 $\dot{I} = I\angle\psi_i$

由各元件相量模型 $\dot{U}_R = R\dot{I}$　　$\dot{U}_L = j\omega L\dot{I}$　　$\dot{U}_C = \dfrac{1}{j\omega C}\dot{I}$

在复平面上作出 $\dot{U}_R$、$\dot{U}_L$、$\dot{U}_C$。

由 KVL 定律：
$$\dot{U} = \dot{U}_R + \dot{U}_L + \dot{U}_C = \dot{U}_R + \dot{U}_X \tag{7-51}$$
$$\dot{U}_X = \dot{U}_L + \dot{U}_C$$

$\dot{U}_X$ 称为电抗电压。

在相量图上作出叠加，设 $X_L > X_C$，则 $U_L > U_C$，先作 $\dot{U}_X = \dot{U}_L + \dot{U}_C$，再由平行四边形求和法则作出 $\dot{U} = \dot{U}_R + \dot{U}_X$ 直角三角形，如图 7.31 所示。

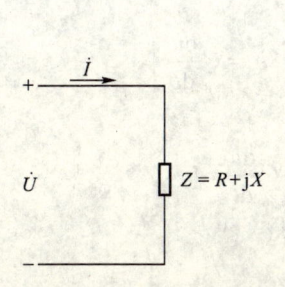

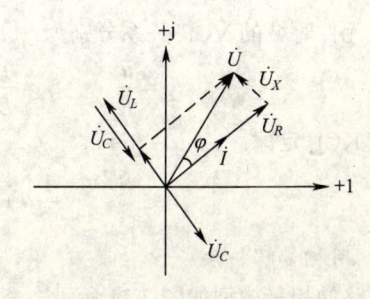

图 7.30　RLC 串联电路 Z 模型　　　图 7.31　RLC 串联电路相量图

则可求出 $\dot{U}$，由勾股定理求出：

$$U = \sqrt{U_R^2 + U_X^2} = \sqrt{U_R^2 + (U_L - U_C)^2} \tag{7-52}$$

$$\varphi = \arctan\frac{U_X}{U_R} = \arctan\frac{U_L - U_C}{U_R} = \arctan\frac{\omega L - \dfrac{1}{\omega C}}{R} \qquad (7\text{-}53)$$

把 $\dot{U}_R$，$\dot{U}_X$，$\dot{U}$ 组成的三角形称为电压三角形，其中 $U_X = U_L - U_C$。电压三角形各边除以电流 I，则得 R、X、Z 组成的阻抗三角形，如图 7.32 所示。

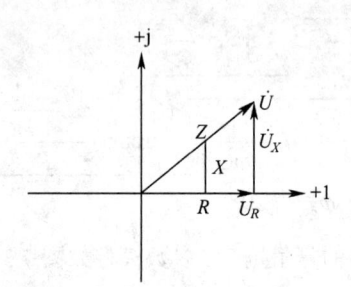

图 7.32 阻抗三角形和电压三角形

从相量图上可以清晰看出 $\dot{U}_R$，$\dot{U}_L$，$\dot{U}_C$ 及 $\dot{U}$，$\dot{I}$ 的大小关系和相位关系。

讨论：

当 $X_L > X_C$，即 $X = X_L - X_C > 0$ 时，$\dot{U}$ 超前 $\dot{I}$，$\varphi_Z > 0$，端口呈感性；

当 $X_L < X_C$，即 $X = X_L - X_C < 0$ 时，$\dot{U}$ 滞后 $\dot{I}$，$\varphi_Z < 0$，端口呈容性；

当 $X_L = X_C$，即 $X = X_L - X_C = 0$ 时，$\dot{U}$ 与 $\dot{I}$ 同相位，$\varphi_Z = 0$，端口呈阻性。

RL、RC 串联电路分别是 RLC 串联电路的一种情况，可由上述分析中令 $C=0$ 或 $L=0$ 求得。

7.7.3 RLC 并联电路

RLC 并联电路时域模型如图 7.33 所示。已知端口正弦电压 $u(t) = \sqrt{2}U\cos(\omega t + \psi_u)$，求端口电流 $i(t)$。

各元件时域的 VCR 关系分别为：

$$i_R = \frac{u}{R} \qquad i_L = \frac{1}{L}\int u\,\mathrm{d}t \qquad i_C = C\frac{\mathrm{d}u}{\mathrm{d}t}$$

由 KCL 定律：$i = i_R + i_L + i_C$

$$\frac{1}{R}u + \frac{1}{L}\int u\,\mathrm{d}t + C\frac{\mathrm{d}u}{\mathrm{d}t} = i \qquad (7\text{-}54)$$

1. 用相量解析法

电路的相量模型如图 7.34 所示。

由 KCL 定律的相量形式，上式可写为

$$\dot{I} = \dot{I}_R + \dot{I}_L + \dot{I}_C = \frac{\dot{U}}{R} + \frac{\dot{U}}{\mathrm{j}\omega L} + \mathrm{j}\omega C\dot{U}$$

$$= \left(\frac{1}{R} + \frac{1}{j\omega L} + j\omega C\right)\dot{U} = \left[G + j\left(\omega C - \frac{1}{\omega L}\right)\right]\dot{U} \quad (7\text{-}55)$$

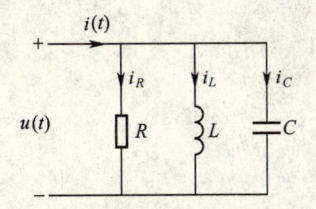

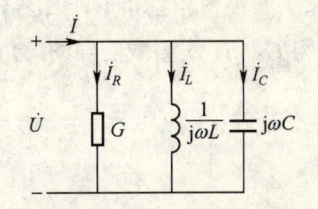

图 7.33　RLC 并联电路时域模型　　　图 7.34　RLC 并联电路相量模型

令 $B = -\dfrac{1}{\omega L} + \omega C = -B_L + B_C$，称为电纳，单位为西（S），则有：

$$\dot{I} = (G + jB)\dot{U} = Y\dot{U} \quad (7\text{-}56)$$

则

$$\begin{aligned}
Y &= G + jB = \frac{1}{R} + j\left(\frac{-1}{\omega L} + \omega C\right) \\
&= \sqrt{G^2 + B^2}\; \Big/\!\arctan\frac{B}{G} \\
&= |Y|\angle\varphi_Y
\end{aligned} \quad (7\text{-}57)$$

Y 称为 RLC 并联电路的导纳。

其中：导纳模 $|Y| = \sqrt{G^2 + B^2}$，导纳角 $\varphi_Y = \arctan\dfrac{B}{G}$。

Y 参数模型如图 7.35 所示。

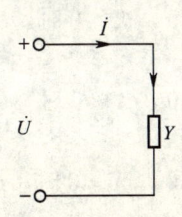

图 7.35　RLC 并联电路 Y 模型

2. 用相量图解法

令 $\dot{U} = U\angle\psi_u$，则由各元件相量模型得：$\dot{I}_R = \dfrac{\dot{U}}{R}$，$\dot{I}_L = \dfrac{\dot{U}}{j\omega L}$，$\dot{I}_C = j\omega \dot{U}_C$，在复平面上作出 $\dot{I}_R$、$\dot{I}_L$、$\dot{I}_C$，如图 7.36 所示。

由 KCL 定律：

$$\begin{aligned}
\dot{I} &= \dot{I}_R + \dot{I}_L + \dot{I}_C \\
&= \dot{I}_R + \dot{I}_B
\end{aligned} \quad (7\text{-}58)$$

$\dot{I}_B = \dot{I}_L + \dot{I}_C$ 称为电纳电流。

在相量图上作出叠加，设 $I_L > I_C$，先作 $\dot{I}_B = \dot{I}_L + \dot{I}_C$，再由平行四边形求和法则作出 $\dot{I} = \dot{I}_R + \dot{I}_B$ 直角三角形，如图 7.36 所示，可求出 $\dot{I}$。将上述电流三角形各边除以 U，得 G，B，Y 组成的导纳三角形，如图 7.37 所示。

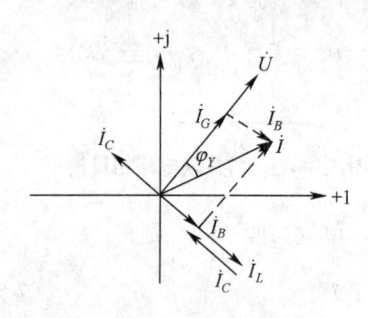

图 7.36 RLC 并联电路相量图 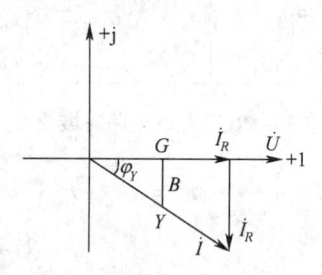   图 7.37 导纳三角形和电流三角形

由勾股定理求出

$$I = \sqrt{I_R^2 + I_B^2} = \sqrt{I_R^2 + (I_C - I_L)^2} \tag{7-59}$$

$$\varphi_Y = \arctan \frac{I_B}{I_R} = \arctan \frac{I_C - I_L}{I_G} \tag{7-60}$$

说明 $\dot{I}$ 滞后 $\dot{U}$ 一个 $|\varphi_Y|$ 角。

把 $\dot{I}_R$、$\dot{I}_B$、$\dot{I}$ 组成的三角形称为电流三角形，其中 $\dot{I}_B = \dot{I}_L + \dot{I}_C$。

由图 7.37 相量图上可以清晰看出 $\dot{I}_R$，$\dot{I}_L$，$\dot{I}_C$ 及 $\dot{U}$、$\dot{I}$ 的大小及相位关系。

讨论：

当 $B_C < B_L$，即 $B = B_C - B_L < 0$，$X > 0$ 时，$\dot{U}$ 超前 $\dot{I}$，$\varphi_Y < 0$（$\varphi_Z > 0$），端口呈感性；

当 $B_C > B_L$，即 $B = B_C - B_L > 0$，$X < 0$ 时，$\dot{U}$ 滞后 $\dot{I}$，$\varphi_Y > 0$（$\varphi_Z < 0$），端口呈容性；

当 $B_L = B_C$，即 $B = B_C - B_L = 0$，$X = 0$ 时，$\dot{U}$ 与 $\dot{I}$ 同相，$\varphi_Y = 0$（$\varphi_Z = 0$），端口呈阻性。

RL、RC 并联电路分别是 RLC 并联电路的一种情况，可由上述分析中令 $C=0$ 或 $L=0$ 求得。

7.7.4 Z 与 Y 关系

一端口 N_0 既可用 Z 也可用 Y 参数描述，并且彼此可以等效互换。

由定义：$Y = \dfrac{1}{Z}$

得：

$$ZY = 1 \tag{7-61}$$
$$|Z|\,|Y| = 1 \tag{7-62}$$
$$\varphi_Y + \varphi_Z = 0 \tag{7-63}$$

已知阻抗 Z 等效变换为导纳 Y

$$Y = \frac{1}{Z} = \frac{1}{R + jX} = \frac{R}{R^2 + X^2} - j\frac{X}{R^2 + X^2} = G + jB \tag{7-64}$$

其中 $G = \dfrac{R}{R^2 + X^2}$，$B = -\dfrac{X}{R^2 + X^2}$，$|Z|^2 = R^2 + X^2$

$X > 0$，$B < 0$，N_0 呈感性；

$X < 0$，$B > 0$，N_0 呈容性。

已知导纳 Y 等效为阻抗 Z

$$Z = \frac{1}{Y} = \frac{1}{G + jB} = \frac{G}{G^2 + B^2} - j\frac{B}{G^2 + B^2} = R + jX \tag{7-65}$$

其中 $R = \dfrac{G}{G^2 + B^2}$，$X = -\dfrac{B}{G^2 + B^2}$，$|Y|^2 = G^2 + B^2$

$B < 0$，$X > 0$，N_0 呈感性；

$B > 0$，$X < 0$，N_0 呈容性。

由此可知等效变换不会改变阻抗（或导纳）原来的感性或容性性质，只是表示形式不同，是用 Z 还是 Y 形式，均视一端口 N_0 与外电路连接情况而定，若与外电路串联连接，用 Z 表示；若并联连接，则用 Y 表示，从而在分析复杂无源线性网络时简化计算。

7.7.5 一般形式

一端口无源线性网络（含受控源），无论其内部连接多么复杂，对外电路来说，端口电压与电流有效值之比以及电压与电流之间相位差均是定值，因而可等效为阻抗 Z_{eq} 或导纳 Y_{eq}。若 N_0 用阻抗 Z_{eq} 描述，如图 7.38 所示。

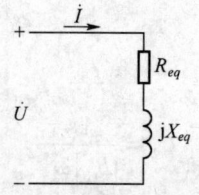

图 7.38 一端口无源线性网络 N_0

由定义：

$$Z_{eq} = \frac{\dot{U}}{\dot{I}} = R_{eq} + jX_{eq} \tag{7-66}$$

R_{eq} —端口等效电阻，X_{eq} —端口等效电抗。

当 $X_{eq} > 0$（$\varphi_Z > 0$），端口对外呈现感性，电压超前于电流，X_{eq} 可用等效电感 L_{eq} 来表示。

$$L_{eq} = \frac{X_{eq}}{\omega} \quad (7-67)$$

当 $X_{eq} < 0$（$\varphi_Z < 0$），端口对外呈现容性，电压滞后于电流，X_{eq} 可用等效电容 C_{eq} 来表示。

$$C_{eq} = \frac{1}{\omega |X_{eq}|} \quad (7-68)$$

在复平面上仍可以用 $\dot{U}_R$、$\dot{U}_X$、$\dot{U}$ 组成电压三角形，R_{eq}、X_{eq}、Z_{eq} 组成阻抗三角形，见图 7.39。

若 N_0 用导纳 Y 描述，如图 7.40 所示。

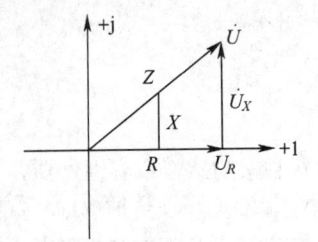

图 7.39 阻抗三角形和电压三角形　　图 7.40 一端口无源线性网络 N_0

根据定义：

$$Y_{eq} = \frac{\dot{I}}{\dot{U}} = G_{eq} + jB_{eq} \quad (7-69)$$

Y_{eq} —端口等效电导，B_{eq} —端口等效电纳。

当 $B_{eq} < 0$ 时（$\varphi_Y < 0$），端口对外呈现感性（电流滞后电压），B_{eq} 用等效电感表示。

由 $|B_{eq}| = \dfrac{1}{\omega L_{eq}}$ 得：

$$L_{eq} = \frac{1}{|B_{eq}|\omega} \quad (7-70)$$

当 $B_{eq} > 0$ 时（$\varphi_Y > 0$），端口对外呈现容性（电流超前电压），B_{eq} 用等效电容表示。

由 $B_{eq} = \omega C_{eq}$ 得：

$$C_{eq} = \frac{B_{eq}}{\omega} \quad (7-71)$$

在复平面上可以用 $\dot{I}_G$、$\dot{I}_B$、$\dot{I}$ 组成电流三角形,用 G_{eq}、B_{eq}、Y_{eq} 组成导纳三角形,如图 7.41 所示。

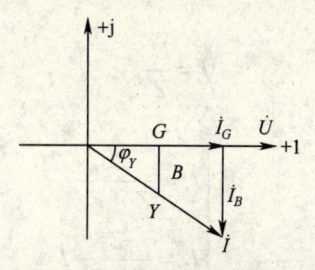

图 7.41 导纳三角形和电流三角形

7.7.6 阻抗导纳的串并联

阻抗导纳的串、并联计算和 Y-Δ 变换,均与电阻电路的计算相似,不同之处,前者是复数运算,后者为实数运算。以两个阻抗导纳的串、并联为例,由等效的概念,得出计算公式,由此得出若干个阻抗、导纳的串、并联计算公式。

(1) 两个阻抗的串联如图 7.42 所示。其等效阻抗为:

$$Z = Z_1 + Z_2 = (R_1 + R_2) + j(X_1 + X_2) \tag{7-72}$$

电流:

$$\dot{I} = \frac{\dot{U}}{Z_1 + Z_2} \tag{7-73}$$

分压公式:

$$\begin{cases} \dot{U}_1 = \dfrac{Z_1}{Z_1 + Z_2} \dot{U} \\ \dot{U}_2 = \dfrac{Z_2}{Z_1 + Z_2} \dot{U} \end{cases} \tag{7-74}$$

图 7.42 两个阻抗串联

(2) 两个阻抗的并联如图 7.43 所示,其等效阻抗为:

$$\frac{1}{Z} = \frac{1}{Z_1} + \frac{1}{Z_2} \tag{7-75}$$

$$Z = \frac{Z_1 Z_2}{Z_1 + Z_2}$$

电流：

$$\dot{I} = \frac{\dot{U}}{Z} \tag{7-76}$$

分流公式：

$$\begin{cases} \dot{I}_1 = \dfrac{Z_2}{Z_1 + Z_2} \dot{I} \\ \dot{I}_2 = \dfrac{Z_1}{Z_1 + Z_2} \dot{I} \end{cases} \tag{7-77}$$

$$\dot{I} = \dot{I}_1 + \dot{I}_2$$

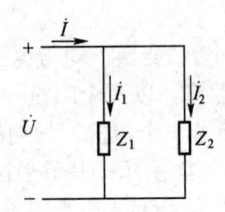

图 7.43　两个阻抗并联

（3）两个导纳的并联如图 7.44 所示，其等效导纳为：

$$Y = Y_1 + Y_2 = (G_1 + G_2) + j(B_1 + B_2) \tag{7-78}$$

电压：

$$\dot{U} = \dot{I}/Y \tag{7-79}$$

分流公式：

$$\begin{cases} \dot{I}_1 = Y_1 \dot{U} = \dfrac{Y_1}{Y_1 + Y_2} \dot{I} \\ \dot{I}_2 = Y_2 \dot{U} = \dfrac{Y_2}{Y_1 + Y_2} \dot{I} \end{cases} \tag{7-80}$$

$$\dot{I} = \dot{I}_1 + \dot{I}_2$$

图 7.44　两个导纳并联

（4）两个导纳的串联如图 7.45 所示，其等效导纳为：

$$\frac{1}{Y} = \frac{1}{Y_1} + \frac{1}{Y_2} \tag{7-81}$$

$$Y = \frac{Y_1 \cdot Y_2}{Y_1 + Y_2}$$

电流：
$$\dot{I} = Y\dot{U} \tag{7-82}$$

分压公式：
$$\begin{cases} \dot{U}_1 = \dot{I}/Y_1 = \dfrac{Y_2}{Y_1 + Y_2}\dot{U} \\ \dot{U}_2 = \dot{I}/Y_2 = \dfrac{Y_1}{Y_1 + Y_2}\dot{U} \end{cases} \tag{7-83}$$

$$\dot{U} = \dot{U}_1 + \dot{U}_2$$

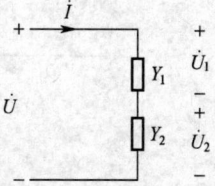

图 7.45 两个导纳串联

需要指出的是，一般情况下，串联用 Z 表示，并联用 Y 表示可简化计算，端口阻抗中的电阻和导纳中的电导、阻抗中电抗和导纳中电纳不是互为倒数关系。这可由前面的式（7-64）和式（7-65）看出。

7.7.7 电路的相量图

前面已说明相量图的优点是直观显示各相量之间大小及相位关系，同时可作为相量解析法的辅助分析。

可根据相量关系式，由相量平移求和法则，作出相量图。任何电路由各部分按一定拓扑关系组成，每一部分可以是串联元件组成，也可以是并联元件组成，因此对各串联部分或并联部分通常采用不同的作法。

对于电路中的串联部分，以该串联部分电流相量为参考相量，根据 VCR 关系确定各部分电压相量与该电流相量之间相位角，再根据回路的 KVL 相量关系式，用相量平移求和法则，画出该串联电路部分各电压相量组成的多边形。作出 RLC 串联电路 $\dot{U} = \dot{U}_R + \dot{U}_L + \dot{U}_C$ 的相量图。在求 $\dot{U}$ 时，与先后顺序无关。如图 7.46（a）、(b) 所示。

对于电路中并联部分，以该并联部分电压相量为参考相量，根据 VCR 关系确定各部分电流相量与该电压相量之间相位角，再根据节点 KCL 相量关系式，用相量平移求和法则,画出该并联电路部分各电流相量组成的多边形。如图 7.47(a)、(b) 所示,作出并联电路 $\dot{I} = \dot{I}_R + \dot{I}_L + \dot{I}_C$ 的相量图。在求 $\dot{I}$ 时,与先后顺序无关。

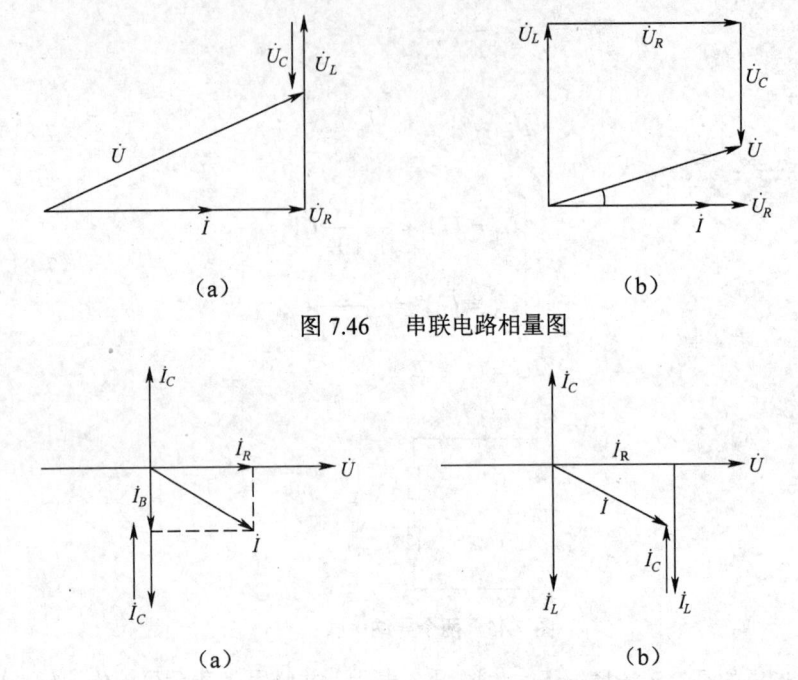

图 7.46 串联电路相量图

图 7.47 并联电路相量图

需要指出的是:①用相量解析法和相量图解法求解分析电路,相量解析法常用于复杂电路分析,是一种常用分析方法;相量图解法常用于简单电路分析,也是一种辅助分析方法。

②相量按相位关系在相量图上表示,如图 7.48 所示,相量图上超前或滞后关系,应与表达式中 φ_Z, φ_Y 一致。按逆时针方向以 ω 旋转,分为两种情况,分别是:(a) $\dot{U}$ 超前 $\dot{I}$,$\varphi_Z > 0$,$\varphi_Y < 0$;(b) $\dot{I}$ 超前 $\dot{U}$,$\varphi_Y > 0$,$\varphi_Z < 0$。

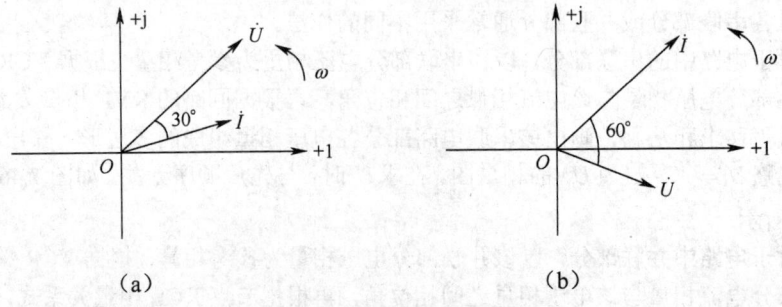

图 7.48 超前或滞后关系

(c)

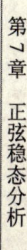

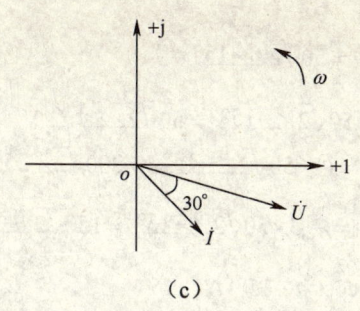

图 7.48 超前或滞后关系（续图）

③一端口 N_0 的阻抗和导纳与参数大小（R、L、C）、电源频率 f、内部电路结构有关。电路结构一定时，f 及参数变化，Z、Y 变化。稳态电路当 f 参数固定不变时，Z、Y 是不变的。

④一端口 N_0 内不含受控源，有 $|\varphi_Z| \leqslant 90°$ 或 $|\varphi_Y| \leqslant 90°$，即 φ_Z、φ_Y 均在 $-90° \sim 90°$ 变化，实部 R（或 G）为正，说明端口内吸收电功率；含有受控源时，端口可能有 $|\varphi_Z| > 90°$ 或 $|\varphi_Y| > 90°$ 情况，R（或 G）为负，说明端口向外发出电功率。

例 7-12 如图 7.49（a）所示为 RLC 串联电路，电源电压 $u_S(t) = 100\sqrt{2}\cos(4t + 30°)$ V，$R = 1\Omega$，$L = 0.75$H，$C = 0.75$F，求①电流 $i(t)$；②$u_R(t)$、$u_L(t)$、$u_C(t)$；③作出相量图；④求 φ_Z，并说明负载性质。

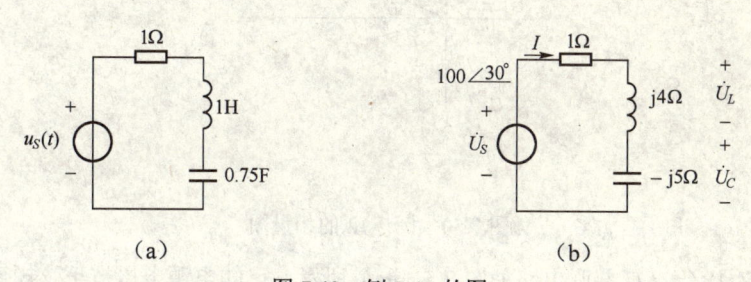

图 7.49 例 7-12 的图

解：电路的相量模型如图 7.49（b）所示，用相量法求解 $\dot{U}_S = 100\angle 30°$ V

$$Z_R = R = 1\Omega \qquad Z_L = j\omega L = j4 \times 1 = j4\Omega$$

$$Z_C = -j\frac{1}{\omega C} = -j\frac{1}{4 \times 0.75} = -j3\Omega$$

$$Z = R + j\omega L - j\frac{1}{\omega C} = 1 + j4 - j3 = 1 + j1 = \sqrt{2}\angle 45°\ \Omega$$

$$\dot{U}_R = R\dot{I} \qquad \dot{U}_L = j\omega L\dot{I} \qquad \dot{U}_C = \frac{1}{j\omega C}\dot{I}$$

由相量关系式 $\qquad \dot{U} = \dot{I}Z$

则 $\dot{I} = \dfrac{\dot{U}}{Z} = \dfrac{100\angle 30°}{\sqrt{2}\angle 45°} = 50\sqrt{2}\angle -15°$

∴ $\dot{U}_R = \dot{I}_R = 1\times 50\sqrt{2}\angle -15° = 50\sqrt{2}\angle -15°$ V

$\dot{U}_L = \dot{I}(j\omega L) = j4\times 50\sqrt{2}\angle -15° = 200\sqrt{2}\angle 75°$ V

$\dot{U}_C = \dot{I}\left(\dfrac{1}{j\omega c}\right) = -j3\times 50\sqrt{2}\angle -15° = 150\sqrt{2}\angle -105°$ V

由此得 $i(t) = 100\cos(4t-15°)$ A

$u_R(t) = 100\cos(4t-15°)$ V

$u_L(t) = 400\cos(4t+75°)$ V

$u_C(t) = 300\cos(4t-105°)$ V

$\varphi_Z = 45°$，电路呈感性，相量图如图 7.50 所示。

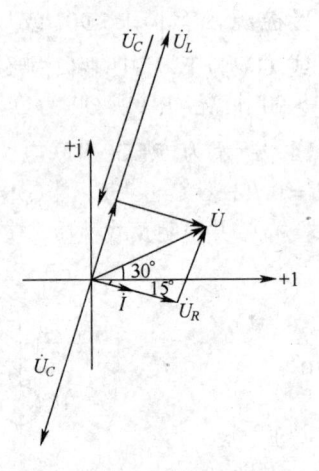

图 7.50 例 7-12 的相量图

例 7-13 RLC 并联电路如图 7.51（a）所示，已知电源电压按正弦规律变化，$u_S = 100$V，$\omega = 2$rad/s，$R = 4\Omega$，$L = 2$H，$C = \dfrac{1}{4}$F。求端口电流① $i(t)$；② $i_R(t)$、$i_L(t)$、$i_C(t)$；③求 φ_Z，并说明负载性质；④作出相量图。

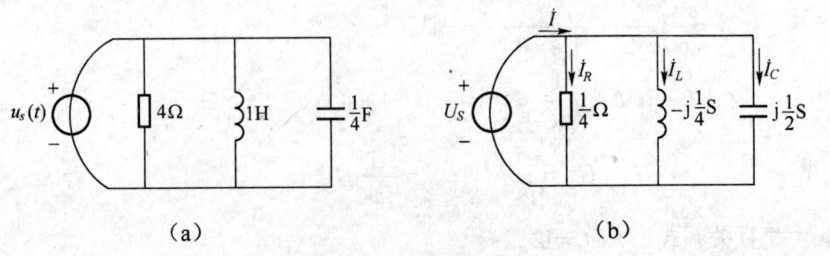

（a）   （b）

图 7.51 例 7-13 的图

解：设 u_S 为参考正弦量，$u_S(t) = 100\sqrt{2}\cos 2t$ V

用相量法求解。电路的相量模型如图 7.51（b）所示。

$\dot{U}_S = 100\angle 0°$ V $Y_R = G = \dfrac{1}{R} = \dfrac{1}{4}$ S $Y_L = \dfrac{1}{j\omega L} = -j\dfrac{1}{2\times 2} = -j\dfrac{1}{4}$ S

$Y_C = j\omega C = j2 \times \dfrac{1}{4} = j\dfrac{1}{2}$ S

$Y = G + j(B_C - B_L) = \dfrac{1}{4} + j\left(\dfrac{1}{2} - \dfrac{1}{4}\right) = \dfrac{1}{4} + j\dfrac{1}{4} = \dfrac{\sqrt{2}}{4}\angle 45°$ S

$Z = \dfrac{1}{Y} = \dfrac{1}{\dfrac{\sqrt{2}}{4}\angle 45°} = 2\sqrt{2}\angle -45°$ Ω

由 $\dot{I} = Y\dot{U}_S = \dfrac{\sqrt{2}}{4}\angle 45° \times 100\angle 0° = 25\sqrt{2}\angle 45°$ A

$\dot{I}_R = G\dot{U} = \dfrac{1}{4} \times 100\angle 0° = 25\angle 0°$ A

$\dot{I}_L = Y_L\dot{U} = -j\dfrac{1}{4} \times 100\angle 0° = 25\angle -90°$ A

$\dot{I}_C = Y_C\dot{U} = j\dfrac{1}{2} \times 100\angle 0° = 50\angle 90°$ A

由此得 $i(t) = 50\cos(2t + 45°)$ $i_R(t) = 25\sqrt{2}\cos 2t$

$i_L(t) = 25\sqrt{2}\cos(2t - 90°)$ $i_C(t) = 50\sqrt{2}\cos(2t + 90°)$

$\varphi_Z = -45°$，电路呈容性。相量图如图 7.52 所示。

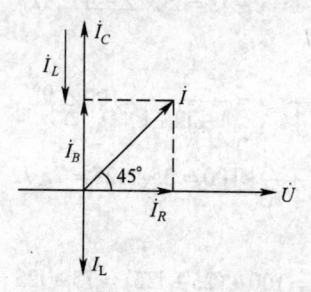

图 7.52 例 7-13 的相量图

例 7-14 电路如图 7.53（a）所示，$\omega = 1$rad/s，求端口 ab 输入阻抗 Z。

解：电路的相量模型如图 7.53（b）所示：

$$Z_{cd} = \dfrac{-j \times (1 + j2)}{-j + 1 + j2} = \dfrac{2 - j}{1 + j}$$

$$Z_{ab} = 2 + Z_{cd} = 2 + \frac{2-j}{1+j} = 2.5 - j1.5 \Omega$$

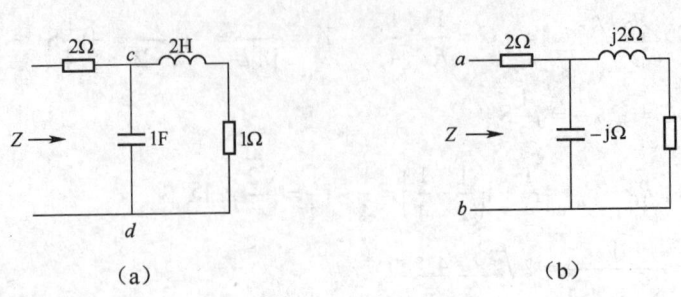

图 7.53 例 7-14 图

例 7-15 电路如图 7.54 所示，试求电压相量 $\dot{U}_{ab}$、$\dot{U}_{bc}$ 及各支路的电流相量，并分别画出电压相量图及电流相量图。

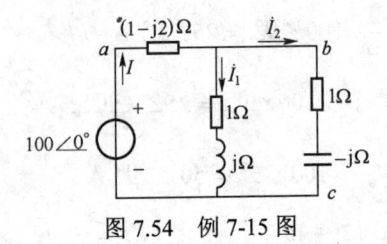

图 7.54 例 7-15 图

解：由电路图可知：$Z_{bc} = \frac{(1+j)(1-j)}{1+j+1-j} = 1\Omega$

$Z_{ac} = Z_{ab} + Z_{bc} = 1 - j2 + 1 = 2 - j2 = 2\sqrt{2}\angle -45° \ \Omega$

由分压公式：

$$\dot{U}_{bc} = \frac{Z_{bc}}{Z_{ac}} \cdot \dot{U} = \frac{1}{1-j2+1} \times 100\angle 0°$$

$$= \frac{1}{2-j2} \times 100 = 25 + j25 = 25\sqrt{2}\angle 45° \ \text{V}$$

由 KVL 定律：

$$\dot{U}_{ab} = 100\angle 0° - \dot{U}_{bc} = 100 - (25+j25) = 75 - j25 = 25\sqrt{10}\angle -18.4° \ \text{V}$$

支路电流 $\dot{I}_1 = \frac{\dot{U}_{bc}}{1+j} = \frac{25\sqrt{2}\ \angle 45°}{\sqrt{2}\ \angle 45°} = 25 \ \text{A}$

$\dot{I}_2 = \frac{\dot{U}_{bc}}{1-j} = \frac{25\sqrt{2}\ \angle 45°}{\sqrt{2}\ \angle -45°} = j25 \ \text{A}$

由 KCL 定律：$\dot{I} = \dot{I}_1 + \dot{I}_2 = 25 + j25 = 25\sqrt{2}\angle 45° \ \text{A}$

或者：$\dot{I} = \dfrac{\dot{U}}{Z_{ac}} = \dfrac{100\angle 0°}{25\sqrt{2}\angle -45°} = 25\sqrt{2}\angle 45°$ A

由分流公式：$\dot{I}_1 = \dfrac{1-j}{1+j+1-j} \times \dot{I} = 25\angle 0°$ A

$\dot{I}_2 = \dfrac{1+j}{1+j+1-j} \times \dot{I} = j25$ A

电压相量图及电流相量图如图 7.55 所示。

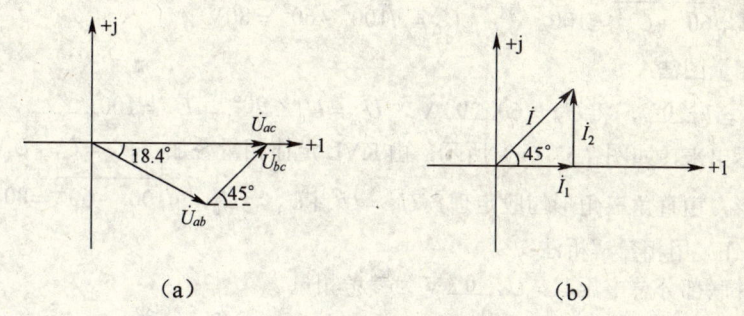

图 7.55 例 7-15 图

例 7-16 如图 7.56 所示电路，除 A_0 和 V_0 外，其余电流表和电压表的读数在图上都已标出，试求电流表 A_0 或电压表 V_0 的读数。

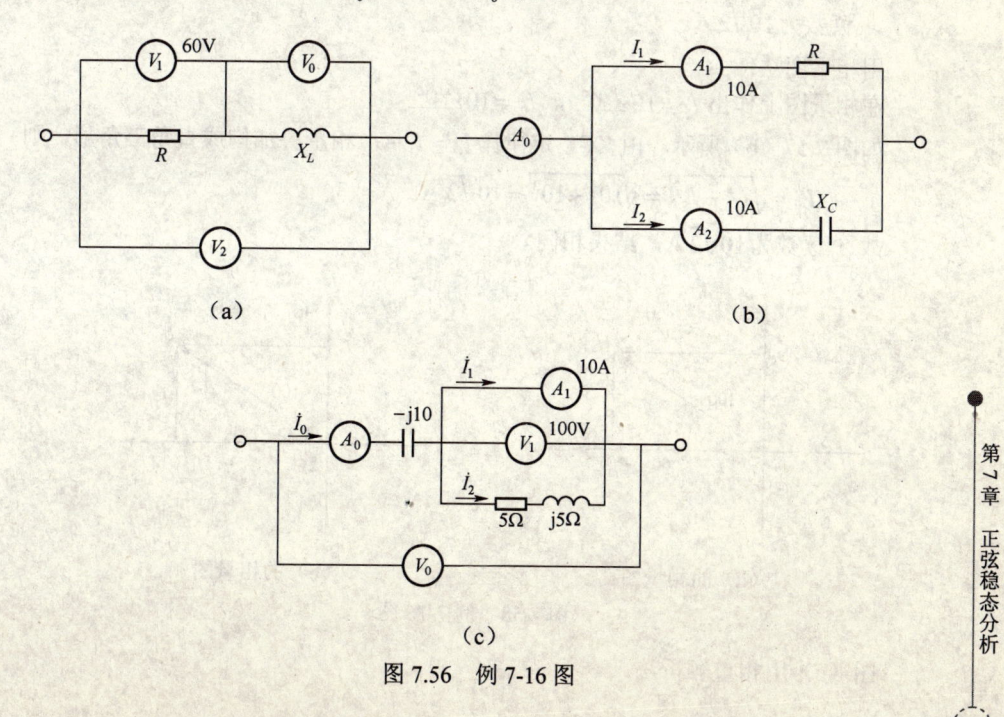

图 7.56 例 7-16 图

解：图（a）用相量解析法：

设串联部分 $\dot{I} = I\angle 0°$ A 为参考相量。

$$\dot{U}_R = \dot{I}R = RI\angle 0° = 60\angle 0°$$

$$\dot{U}_L = jX_L \cdot \dot{I} = X_L I\angle 90° = U_0\angle 90° = jU_0 \quad \dot{U}_2 = 100\angle \psi_u$$

由 KVL 定律：

$$\dot{U}_2 = \dot{U}_R + \dot{U}_L = 60\angle 0° + jU_0 = \sqrt{60 + U_0^2}\bigg/\arctan\frac{U_0}{60} = 100\angle \psi_u$$

上式 $\sqrt{60^2 + U_0^2} = 100 \qquad U_0 = \sqrt{100^2 - 60^2} = 80\text{V}$

用相量图法：

设 $\dot{I} = I\angle 0°$，将 $\dot{U}_R = 60\angle 0°$ V，$\dot{U}_L = U_0\angle 90°$，$\dot{U}_2 = 100\angle \psi_u$，在相量图上表示出来，如图 7.57（a）所示，由 KVL 定律相量叠加，$\dot{U}_2 = \dot{U}_1 + \dot{U}_0$ 构成直角三角形，由直角三角形勾股定理，$U_2^2 = U_1^2 + U_0^2$，$U_0 = \sqrt{100^2 - 60^2} = 80\text{V}$

图（b）用相量解析法：

设并联部分总电压 $\dot{U} = U\angle 0°$ V 为参考相量。

$$\dot{I}_1 = \frac{\dot{U}}{R} = 10\angle 0° \text{ A} \qquad \dot{I}_2 = \frac{\dot{U}}{-jX_C} = \frac{U\angle 0°}{X_C\angle -90°} = 10\angle 90° \text{ A}$$

由 KCL 定律：$\dot{I}_0 = \dot{I}_1 + \dot{I}_2 = 10\angle 0° + 10\angle 90° = 10\sqrt{2}\angle 45°$ A

A_0 读数为 $10\sqrt{2}$ A。

用相量图法：

在相量图上作出 $\dot{I}_1 = 10\angle 0°$，$\dot{I}_2 = 10\angle 0°$

如图 7.57（b）所示。由 KCL 定律作 $\dot{I}_0 = \dot{I}_1 + \dot{I}_2$ 相量叠加构成直角三角形，则

$$I_0 = \sqrt{I_1^2 + I_2^2} = \sqrt{10^2 + 10^2} = 10\sqrt{2} \text{ A}$$

故 A_0 读数为 $10\sqrt{2}$ A，结果相同。

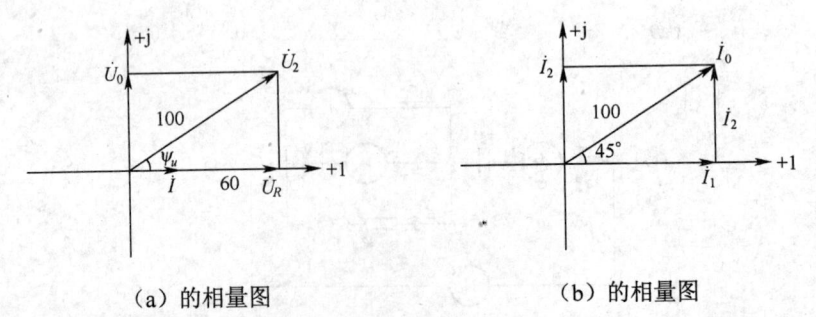

（a）的相量图　　　　　　（b）的相量图

图 7.58　例 7-16 图

图（c）用相量解析法：

设 $\dot{U}_1 = 100\angle 0°$ V

$$\dot{I}_1 = \frac{\dot{U}_1}{-jX_C} = \frac{U_1\angle 0°}{-jX_C} = \frac{U_1}{X_C}\angle 90° = 100\angle 90° = j10 \text{ A}$$

$$\dot{I}_2 = \frac{\dot{U}_1}{R+jX_L} = \frac{100\angle 0°}{5+j5} = \frac{100\angle 0°}{5\sqrt{2}\angle 45°} = 10\sqrt{2}\angle -45° \text{ A}$$

由 KCL 定律：$\dot{I}_0 = \dot{I}_1 + \dot{I}_2 = 10j + 10(1-j) = 10 \text{ A}$

故 A_0 读数为 10A。

$$\dot{U}_0 = \dot{I}_0(-jX_C) + \dot{U}_1 = 10(-j10) + 100\angle 0° = 100 - j100 = 100\sqrt{2}\angle -45° \text{ V}$$

则 V_0 读数为 141.4V。

用相量图法：

设 $\dot{U}_1 = 100\angle 0°$ V，$\dot{I}_1 = j10$A，$\dot{I}_2 = 10\sqrt{2}\angle -45°$ A，$\dot{U}_C = -j100$V

由 KCL 定律根据相量图求和法则，得直角三角形，如图 7.58（a）所示。

$$I_0 = \sqrt{I_2^2 - I_1^2} = \sqrt{(10\sqrt{2})^2 - 10^2} = 10\sqrt{2} = 10 \text{ A}$$

由 KVL 定律根据相量求和法则，得直角三角形，如图 7.58（b）所示。

$$U_0 = \sqrt{U^2 + U_C^2} = \sqrt{100^2 + 100^2} = 10\sqrt{2} \text{ V}$$

则 V_0 读数为 141.4V，A_0 读数为 10A。

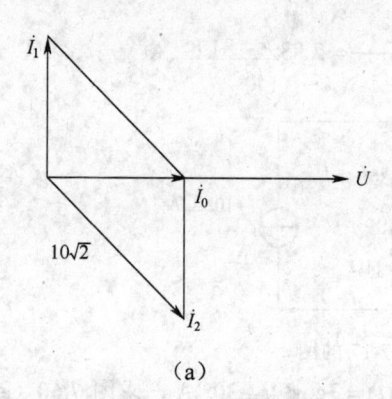

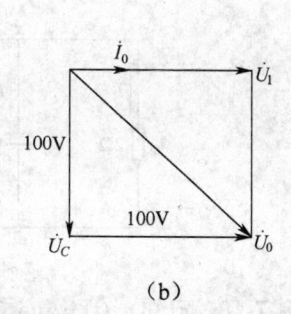

（a） （b）

图 7.58 例 7-16 图（c）的相量图

7.8 正弦交流电路的相量分析法

求解正弦稳态电路采用相量法，电路定律的相量形式是相量法理论基础，即：

KCL 定律　　　　　　　　$\sum \dot{I} = 0$

KVL 定律　　　　　　　　$\sum \dot{U} = 0$

VCR 相量形式　　　　　　$\dot{U} = \dot{I}Z$

$\dot{I} = Y\dot{U}$

由这些关系式可建立已知相量与未知相量之间的关系，从而求出未知相量。前面在分析直流电路时，以 KCL 定律、KVL 定律和电阻元件 VCR 关系式为理论基础，归纳出多个分析方法，如支路电流法、节点电压法等。正弦稳态交流电路在电路复杂时，可对比直流电路的分析方法进行分析计算，如支路电流法、网孔法、回路电流法、节点电压法、叠加定理、戴维宁定理和诺顿定理，同时电压源相量模型与电流源相量模型可以等效变换。与直流电路不同的是，正弦稳态电路的方程以相量形式表示，运用复数运算；直流电路方程以代数形式表示，仅有实数运算。相量法中以相量解析法为主，相量图法为辅对正弦稳态电路进行分析。下面分别采用不同方法求解分析电路。

例 7-17 电路如图 7.59 所示，求电压相量 $\dot{U}_a$ 及各支路的电流。

解：由节点电压法，以 b 为参考节点，则 a 点电位 $\dot{U}_a$ 有

$$\left(\frac{1}{2} + \frac{1}{-j2} + \frac{1}{3+j4}\right)\dot{U}_a = 10$$

$$(0.62 + j0.34)\dot{U}_a = 10$$

得：$\dot{U}_a = 14.14\angle -28.7°$ V

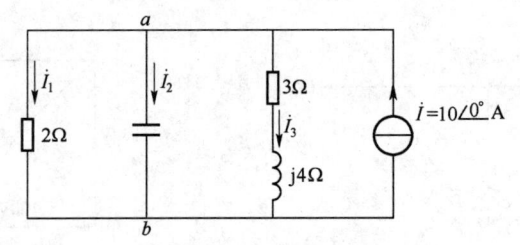

支路电流 $\dot{I}_1 = \dfrac{\dot{U}_a}{2} = 7.07\angle -28.7°$ A　　$\dot{I}_2 = \dfrac{\dot{U}_a}{-j} = 7.07\angle 61.3°$ A

$\dot{I}_3 = \dfrac{\dot{U}_a}{3+j4} = \dfrac{14.14\angle -28.7°}{5\angle 53.1°} = 2.83\angle -81.8°$ A

图 7.59　例 7-17 的图

例 7-18 已知 $u_S(t) = 5\cos 314t$ V，$i_S(t) = 3\cos(4t+30°)$ A，求图 7.60（a）所示电路电容的电压 $u_C(t)$。

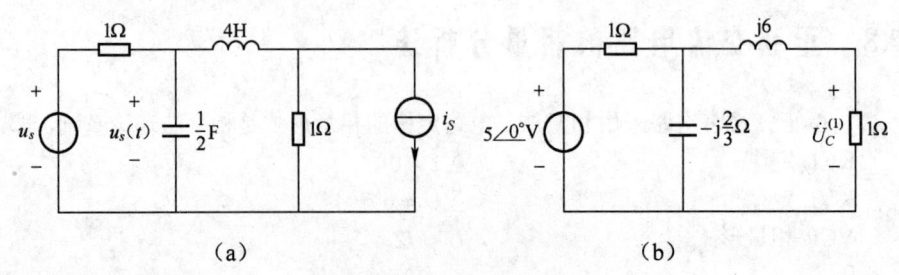

（a）　　（b）

图 7.60　例 7-18 的图

(c)

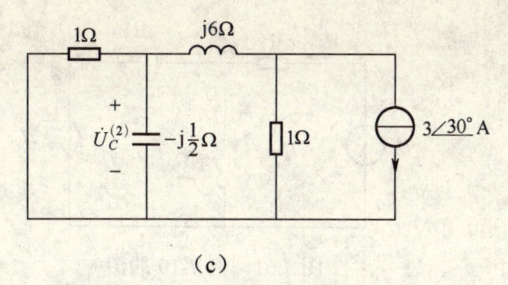

图 7.60 例 7-18 的图（续图）

解：用叠加定理。注意虽然 u_S 及 i_S 频率不同，各自作用时可用相量法，但不可以用节点电压法等其他方法，因为各阻抗因频率不同而改变。

电压源 u_S 单独作用时，电路相量模型如图 7.60（b）所示。

$$\dot{U}_C = \frac{\dfrac{(1+j6)\left(-j\dfrac{2}{3}\right)}{1+j6-j\dfrac{2}{3}} \times 5\angle 0°}{1+\dfrac{(1+j6)\left(-j\dfrac{2}{3}\right)}{1+j6-j\dfrac{2}{3}}} = \frac{\left(4-j\dfrac{2}{3}\right)5\angle 0°}{1+j\dfrac{16}{3}+4-j\dfrac{2}{3}} = \frac{12-j2}{15+j14}\times 5$$

$$= \frac{12.17\angle -9.5°}{20.52\angle 43°}\times 5 = 2.97\angle -52.5° \text{ V}$$

$$u_C^{(1)}(t) = 2.97\cos(3t-52.5°) \text{ V}$$

电流源 i_S 单独作用时，电路相量模型如图 7.60（c）所示。

$$\dot{U}_C^{(2)} = \frac{-\dfrac{1\times\left(-j\dfrac{1}{2}\right)}{1-j\dfrac{1}{2}}}{1+j8+\dfrac{1\times\left(-j\dfrac{1}{2}\right)}{1-j\dfrac{1}{2}}} \times 3\angle 30° = \frac{j\dfrac{1}{2}}{(1+j8)\left(1-j\dfrac{1}{2}\right)-j\dfrac{1}{2}}\times 3\angle 30°$$

$$= \frac{j\dfrac{1}{2}}{5+j7}\times 3\angle 30° = 0.174\angle 65.5° \text{ V}$$

$$u_C^{(2)}(t) = 0.174\cos(4t+65.5°) \text{ V}$$

$$u_C(t) = u_C^{(1)} + u_C^{(2)} = 2.97\cos(3t-52.5°)+0.174\cos(4t+65.5°) \text{ V}$$

例 7-19 如图 7.61 所示正弦稳态电路，已知 $\dot{U}_S = 10\angle 0°$ V，求 $\dot{I}_1$，$\dot{I}_2$。

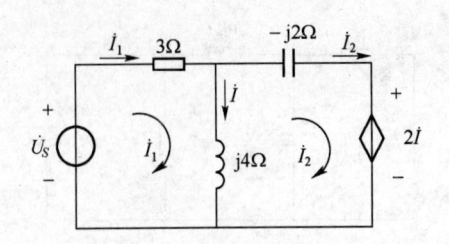

图 7.61 例 7-19 的图

解：用网孔法。以 $\dot{I}_1$，$\dot{I}_2$ 为网孔电流，绕行方向如图所示。
列网孔方程如下：

$$\begin{cases}(3+\text{j}4)\dot{I}_1 - \text{j}4\dot{I}_2 = \dot{U}_S \\ -\text{j}4\dot{I}_1 + (\text{j}4-\text{j}2)\dot{I}_2 = -2\dot{I}\end{cases}$$

将 $\dot{I} = \dot{I}_1 - \dot{I}_2$ 代入上式整理得：

$$\dot{I}_1 = \frac{-20+\text{j}20}{2+\text{j}6} = 4.47\angle 63.4° \text{ A} \qquad \dot{I}_2 = \frac{-20+\text{j}40}{2+\text{j}6} = 7.07\angle 45° \text{ A}$$

例 7-20 已知 $u_S(t) = 2\sqrt{2}\cos(5t+120°)$ V，$r = 1$，求图 7.62（a）所示正弦稳态电路的戴维宁等效电路。

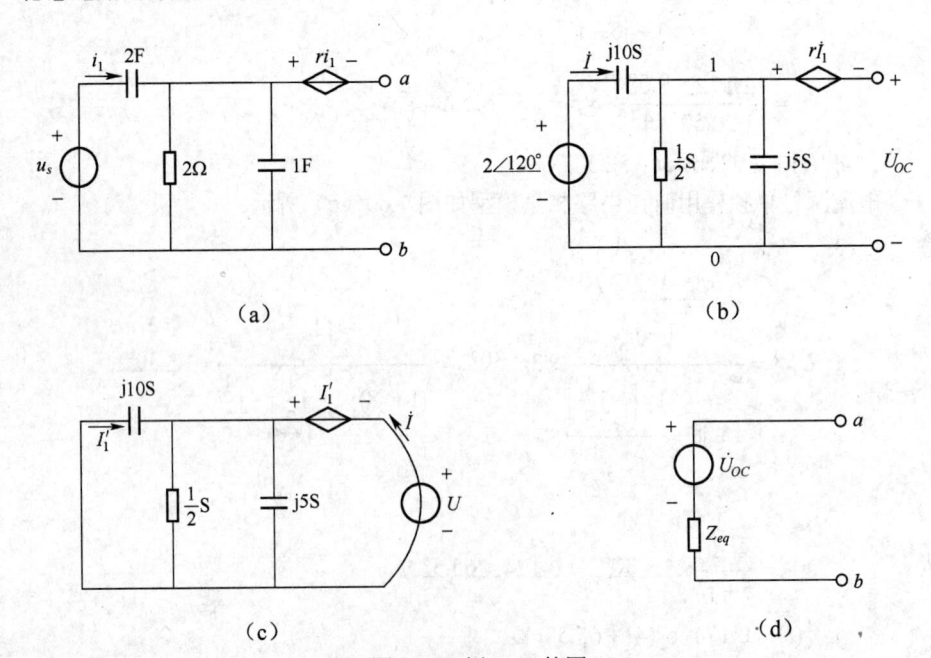

图 7.62 例 7-20 的图

解：电路的相量模型如图 7.62（b）所示。$\dot{U}_S = 2\angle 120°$ V

求 $\dot{U}_{OC}$：用节点电压法。设 0 为参考节点，节点 1 的电位为 $\dot{U}_{n1}$。

$$\left(\frac{1}{2}+j10+j5\right)\dot{U}_1 = 2\angle 120° \times j10$$

$$\dot{U}_1 = \frac{2\angle 120° \times j10}{\frac{1}{2}+j10+j5} = \frac{40\angle 210°}{1+j30} = \frac{40\angle 210°}{30\angle 88.1°}$$

$$= 1.33\angle 121.9° = -0.70+j1.13 \text{ V}$$

由 KVL 定律：$\dot{U}_{OC} + \dot{I}_1 \times 1 = \dot{U}_1$ 则 $\dot{U}_{OC} = \dot{U}_1 - \dot{I}_1 \times 1$ (1)

又

$$\dot{I}_1 = (2\angle 120° - \dot{U}_1) \times j10 = (-1+j1.73+0.70-j1.13) \times j10$$

$$= -6 - j2.96 \text{ V}$$

将 $\dot{U}_1$、$\dot{I}_1$ 代入式（1）式得：

$$\dot{U}_{OC} = \dot{U}_1 - \dot{I}_1 \times 1 = -0.70+j1.13+6+j2.96$$

$$= 5.30+j4.09 = 6.69\angle 37.6° \text{ V}$$

求 Z_{eq}：用加压求流法。将原电路中独立电源用短路替代，在 ab 端施加电压 $\dot{U}$，得到 $\dot{I}$。如图 7.62（c）所示。则求得 ab 的等效阻抗 $Z_{eq} = \frac{\dot{U}}{\dot{I}}$。

由 KVL：

$$\dot{U} = \dot{I}\left(\frac{1}{\frac{1}{2}+j10+j5}\right) - 1 \times \dot{I}_1 \qquad (2)$$

$$\dot{I}_1 = -\frac{j10}{\frac{1}{2}+j10+j5}\dot{I}$$

将 $\dot{I}_1$ 代入（2）式，得：$\dot{U} = \frac{1+j10}{\frac{1}{2}+j15}\dot{I}$

$$Z_{eq} = \frac{\dot{U}}{\dot{I}} = \frac{1+j10}{\frac{1}{2}+j15} = \frac{10\angle 84.3°}{15\angle 88.1°} = 0.667\angle -3.8° \text{ }\Omega$$

则戴维宁等效电路相量模型 $\dot{U}_{OC} = 6.69\angle 37.6°$ V 与 $Z_{eq} = 0.667\angle -3.8°$ Ω 阻抗串联组成，如图 7.62（d）所示。

7.9 正弦交流电路的功率

正弦交流电路中有储能元件 L、C，能量有吸收也有释放，与直流电阻电路相比，分析时较复杂。本节引入新概念，如瞬时功率、有功功率、无功功率、视在功率、复功率及功率因数。

7.9.1 瞬时功率

瞬时功率反映一端口电路 N 在能量转换过程中的状态。如图 7.63 所示为一端口含源电路 N（或不含源电路 N_0），其吸收的瞬时功率为：
$$P = u(t)i(t)$$

正弦稳态电路 $u(t)$、$i(t)$ 均为同频正弦量，其电压与电流之间相位差为 φ，则有：

$$i(t) = \sqrt{2}I\cos(\omega t + \psi_i)$$

$$u(t) = \sqrt{2}U\cos(\omega t + \psi_u) = \sqrt{2}U\cos(\omega t + \psi_i + \varphi)$$

$$\begin{aligned}p(t) &= u(t)i(t) = 2UI\cos(\omega t + \psi_i)\cos(\omega t + \psi_i + \varphi)\\&= UI\cos\varphi + UI\cos(2\omega t + 2\psi_i + \varphi)\\&= UI\cos\varphi + UI[\cos\varphi\cos 2(\omega t + \psi_i) - \sin\varphi\sin 2(\omega t + \psi_i)]\\&= UI\cos\varphi[1 + \cos 2(\omega t + \psi_i)] - UI\sin\varphi\sin 2(\omega t + \psi_i)\\&= UI\cos\varphi[1 + \cos 2(\omega t + \psi_i)] + UI\sin\varphi\cos\left[2(\omega t + \psi_i) + \frac{\pi}{2}\right]\end{aligned}\quad(7\text{-}84)$$

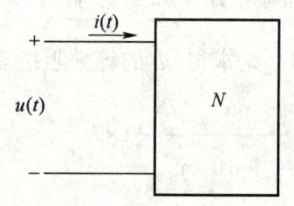

图 7.63　一端口电路的瞬时功率

$u(t)$、$i(t)$、$p(t)$ 波形如图 7.64 所示。

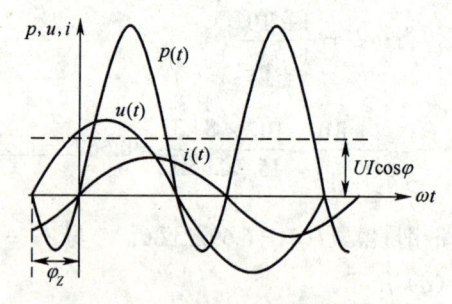

图 7.64　$u(t)$、$i(t)$、$p(t)$ 波形

从波形图上可以看出，瞬时功率随时间交替变化，频率为 2ω，有时为正，有时为负。在 u，i 关联正方向下，$u > 0$，$i > 0$ 及 $u < 0$，$i < 0$ 时 $p > 0$，一端口发出功率，说明此时储能元件不仅供给内部能量损耗，还向端口外供能。

从式（7-84）可以看出，瞬时功率由两部分组成：第一部分恒大于零，表明在任何时刻 t 均存在吸收功率，是一个大小变化而能量传输方向不变的瞬时功率分量，表明耗能的速率；第二部分是按正弦二倍频率规律变化的瞬时功率分量，其吸收能量与发出能量在一个周期内相等，平均功率为零，该瞬时分量表明一端口与外电路之间能量往返的速率。

7.9.2 有功功率（平均功率）P

定义为一个周期内瞬时功率的平均值，是一端口电路平均耗能的瞬时功率，反映一端口一个周期内平均耗能多少，又称为有功功率，是能量由电系统向非电系统释放的不可逆转的功率，表明电能转换为其他形式能。

$$P \stackrel{\text{def}}{=} \frac{1}{T}\int_0^T p(t)\mathrm{d}t = UI\cos\varphi \qquad (7\text{-}85)$$

P 单位为瓦（W），$\cos\varphi$ 称为功率因数，φ 称为功率因数角，即电压与电流相位差，也即端口阻抗角。

当一端口内为纯电阻时，

$$\varphi = 0, \quad \cos\varphi = 1, \quad P = UI = I^2R = \frac{U^2}{R} = GU^2; \qquad (7\text{-}86)$$

当一端口内为纯电感时，$\varphi = \dfrac{\pi}{2}$，$\cos\varphi = 0$，$P = 0$；

当一端口内为纯电容时，$\varphi = -\dfrac{\pi}{2}$，$\cos\varphi = 0$，$P = 0$。

说明 L、C 不是耗能元件，R 是耗能元件，如电阻器将电能转换为热能。

当一端口为 RLC 串联连接组成的电路时，由电压三角形知 $U_R = U\cos\varphi$，如图 7.65 所示，$P = UI\cos\varphi = U_R I = I^2 R = \dfrac{U_R^2}{R}$；

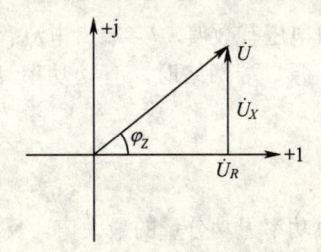

图 7.65 电压三角形

当一端口为 RLC 并联连接组成的电路时，由电流三角形知 $I_R = I\cos\varphi$，如图 7.66 所示，$P = UI\cos\varphi = U_R I = I^2 R = \dfrac{U_R^2}{R}$。

由此可知，有功功率均为 R 消耗的功率。

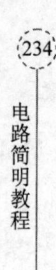

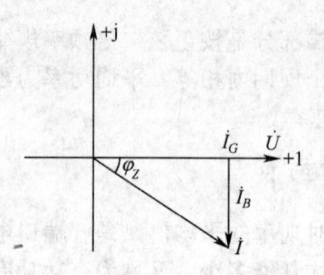

图 7.66　电流三角形

当一端口内为 R、L、C 连接组成的任一无源二端网络，无论其多么复杂，均由若干支路构成，每个支路均看成 RLC 串联电路形式。由功率守恒原理，端口总的耗能等于各支路耗能之和，也即各支路电阻耗能之和。

$$P = \sum_{k=1}^{n} P_k = P_1 + P_2 + \cdots P_n$$

$$= \sum_{k=1}^{n} U_k I_k \cos\varphi_k$$

$$= \sum_{k=1}^{n} I_k^2 R = \sum_{k=1}^{n} G_k U_k^2 \tag{7-87}$$

其中 U_k——第 k 条支路电压有效值，I_k——第 k 条支路电流有效值，φ_k——第 k 条支路功率因数角。

该一端口用等效阻抗 $Z = R + jX$ 描述，则有

$$P = UI\cos\varphi = I^2 R = U^2/R \tag{7-88}$$

该一端口用等效导纳 $Y = G + jB$ 描述，则有

$$P = UI\cos\varphi = U^2 G = I^2/G \tag{7-89}$$

R——等效电阻，U——端口电压有效值，I——端口电流有效值。

综上所述，一端口为无源二端网络时，有功功率 P 由式（7-86）、（7-87）、（7-88）、（7-89）均可求出。

7.9.3　无功功率 Q

定义无功功率 Q 为瞬时功率无功分量的最大值，反映一端口内部与端口外电路能量交换的最大规模。

$$Q \stackrel{\text{def}}{=} VI\sin\varphi \tag{7-90}$$

单位为乏（var）。工程上如电动机电场与磁场能量转换，用无功功率来衡量。

当一端口为纯电阻时，$\varphi = 0$，$\sin\varphi = 0$，$Q = 0$。

当一端口为纯电感时，

$$\varphi = \frac{\pi}{2},\ \sin\varphi = 1,\ Q = U_L I_L = I_L^2 L = \frac{U_L^2}{X_L} = I^2 X_L = \frac{U_L^2}{X_L} = B_L U_L^2$$

当一端口为纯电容时，

$$\varphi = -\frac{\pi}{2}, \sin\varphi = -1, \quad Q = -U_C I_C = -I_C^2 \frac{1}{\omega C} = U_C^2 \omega L = -I^2 X_C = -\frac{U_C^2}{X_C} = -B_C U_C^2$$

说明 R 不是储能元件，L、C 是储能元件。

当端口为 RLC 串联电路时，由图 7.65 电压三角形可知，$U_X = U\sin\varphi$，$Q = IU_X = I^2 X$。

当端口为 RLC 并联电路时，由图 7.66 电流三角形可知，$I_X = I\sin\varphi$，$Q = I_X U = \dfrac{U^2}{X}$。

由此可知，无功功率为储能元件 L 和 C 吸收或释放功率。RLC 串联电路，$u_L(t)$ 超前 $i(t) 90°$，$u_C(t)$ 滞后 $i(t) 90°$，则瞬时功率 p_L、p_C 大小相等，方向相反，L 与 C 之间进行能量交换，如图 7.67（a）、（b）所示，因 φ 是 $\dot{U}$ 超前 $\dot{I}$ 的角度，则 $Q_L > 0$，$Q_C < 0$。

∴ $Q = Q_L - Q_C$

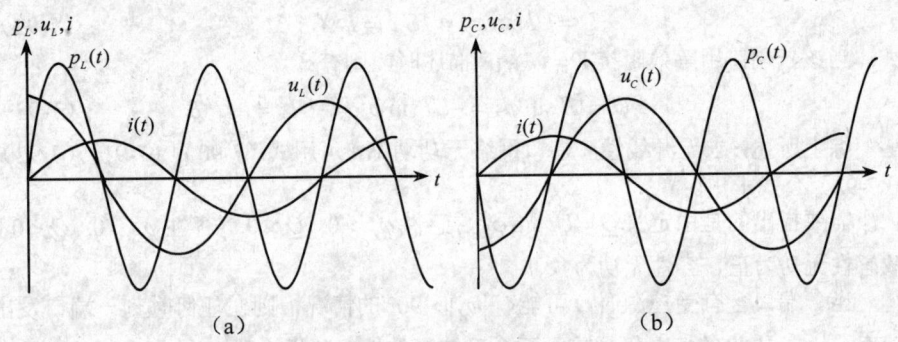

图 7.67 RLC 串联电路中的 p_L 和 p_C

在电路中，电感无功与电容无功互相补偿。工程上认为电感吸收无功，电容发出无功，二者加以区别。

RLC 并联电路，$i_L(t)$ 滞后电压 $90°$，$i_C(t)$ 超前电压 $90°$，则瞬时功率 p_L 和 p_C 大小相等，方向相反，L、C 之间进行能量交换，如图 7.68（a）、（b）所示，仍有 $Q = Q_L - Q_C$。

当一端口为任意无源复杂电路，均由若干个支路构成，每一支路均看成 RLC 串联电路形式，由功率守恒原理，端口总的无功功率等于各支路无功功率之和。即：

$$Q = \sum_{K=1}^{n} Q_K = Q_1 + Q_2 + \cdots Q_n$$

$$= \sum_{K=1}^{n} U_K I_K \sin\varphi_K$$

$$= \sum_{K=1}^{n} (Q_{LK} - Q_{CK})$$

$$= \sum_{K=1}^{n} I_K^2 (X_{LK} - X_{CK}) \tag{7-91}$$

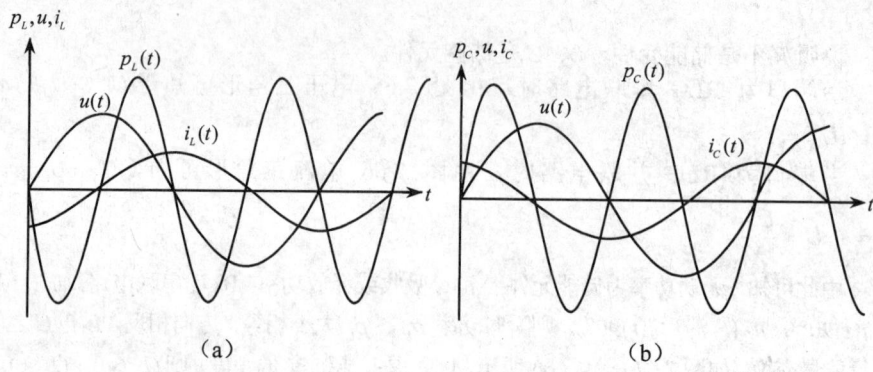

图 7.68 RLC 并联电路中的 p_L 和 p_C

当该一端口用等效阻抗 $Z = R + jX$ 描述时，则有：

$$Q = UI\sin\varphi_Z = IU_X = I^2 X \tag{7-92}$$

当该一端口用等效阻抗 $Y = G + jB$ 描述时，则有：

$$Q = UI\sin\varphi_Z = -UI\sin\varphi_Y = -UI_B = -U^2 B \tag{7-93}$$

综上所述，求无源线性一端口网络无功功率，可用式（7-90）、（7-91）（7-92）、（7-93）公式求出。

需要指出的是由定义 $Q = UI\sin\varphi_Z$，感性 $\varphi_Z > 0$，$Q > 0$，容性 $\varphi_Z < 0$，$Q < 0$，故感性无功为正，容性无功为负。

当一端口含有受控源时，可能有 $|\varphi_Z| > 90°$ 的情况，则在任何时刻一端口发出功率；$|\varphi_Z| < 90°$ 的情况仍同前面不含受控源的情况分析一致。

7.9.4 视在功率

定义视在功率为端口电压有效值与电流有效值的乘积。

$$S \stackrel{def}{=} UI \tag{7-94}$$

视在功率单位为伏安（VA）。反映外电路向一端口提供的最大有功功率。

当 $\cos\varphi = 1$ 时，$S = P = UI$，工程上常用视在功率表示电气设备在额定电压、额定电流情况下最大的荷载能力，称为容量。

P、Q、S、$\cos\varphi$ 四者关系为：

$$\begin{cases} S = \sqrt{P^2 + Q^2} \\ P = S\cos\varphi \\ Q = S\sin\varphi \\ \cos\varphi = \dfrac{P}{S} \end{cases} \tag{7-95}$$

7.9.5 功率因数 λ

工程上常用功率因数 λ 表示电源能量的利用率，表示能量转化为有功功率的比例。若不含独立源的一端口电路的阻抗角为 φ_Z，定义：

$$\lambda = \cos\varphi_Z \tag{7-96}$$

则由上式（7-95）：

$$\lambda = \cos\varphi = \frac{P}{S} \tag{7-97}$$

阻抗角 φ 又称为功率因数角。λ 愈大，则电气设备获取的有功功率愈高，所需无功功率愈少，传输效果好，电源利用率就愈高。$\lambda=1$，$P=S$，电源利用率最大；$\lambda=0.5$，$P=0.5S_N$，能量有一半转换为有功功率，λ 较低，电气设备只能输出低于 S_N 的有功功率，电源利用率未充分利用。比如电动机，靠电－磁－电－机械能转换进行工作，如果用于产生磁能的无功功率小，电源能量中有功功率就大，更多的转换为机械能，效率就高，故 λ 称为功率因数。

几点说明：①有功功率不一定是有用功率，比如灯泡电阻发热产生热量即为有功功率；无功功率不一定是无用功率，比如电动机旋转磁场使电动机获得机械能，磁场能量转换对应无功功率，没有无功功率电动机就不能工作。

② $S \neq S_1 + S_2 + \cdots S_n$
$P = P_1 + P_2 + \cdots P_n$
$Q = Q_1 + Q_2 + \cdots Q_n$

n——电路中第 n 条支路。

例 7-21 三个支路并联如图 7.69 所示，电路电压为 220V，电路参数 $R_1=10\Omega$，$R_2=3\Omega$，$X_C=4\Omega$，$R_3=8\Omega$，$X_L=6\Omega$，求电路总 P、Q、S 和功率因数 λ。

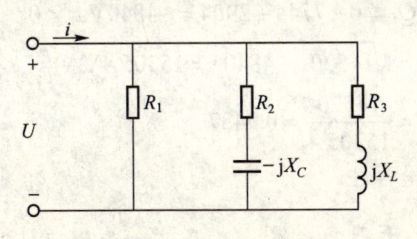

图 7.69 例 7-21 的图

解：$P_1 = U_1 I_1 \cos\varphi_1 = I_1^2 R_1 = \dfrac{U_1^2}{R_1} = \dfrac{220^2}{10} = 4840\text{W}$ $Q_1 = 0$

$P_2 = U_2 I_2 \cos\varphi_2 = I_2^2 R_2 = \left(\dfrac{U}{\sqrt{R_2^2 + X_2^2}}\right)^2 R_2$

$$= U_2 \frac{U_2}{\sqrt{R_2^2 + X_2^2}} \frac{R_2}{\sqrt{R_2^2 + X_2^2}}$$

$$= \frac{U^2}{R_2^2 + X_C^2} R_2 = \frac{220^2}{3^2 + 4^2} \times 5 = 5805 \text{W}$$

$$Q_2 = U_2 I_2 \sin\varphi_2 = I_2^2 X_2$$

$$= U_2 \frac{U_2}{\sqrt{R_2^2 + X_C^2}} \frac{-X_c}{\sqrt{R_2^2 + X_C^2}} = -\frac{U^2}{R^2 + X_C^2} \cdot X_C = -\frac{220^2}{\sqrt{3^2+4^2}} \times 4$$

$$= -7744 \text{Var} < 0 \qquad 呈容性$$

$$P_3 = U_3 I_3 \cos\varphi_3 = I_3^2 R_3 = \left(\frac{U}{\sqrt{R_3^2 + X_L^2}}\right)^2 \cdot R_3$$

$$= U \frac{U}{\sqrt{R_3^2 + X_L^2}} \cdot \frac{R_3}{\sqrt{R_3^2 + X_L^2}} = \frac{U^2}{R_3^2 + X_L^2} \times R_3$$

$$= \frac{220^2}{8^2 + 6^2} \times 8 = 3872 \text{W}$$

$$Q_3 = U_3 I_3 \sin\varphi_3 = I_3^2 X_L = \left(\frac{U}{\sqrt{R_3^2 + X_L^2}}\right)^2 X_L$$

$$= U \frac{U}{\sqrt{R_3^2 + X_L^2}} \frac{X_L}{\sqrt{R_3^2 + X_L^2}} \cdot X_L$$

$$= \frac{220^2}{8^2 + 6^2} \times 6 = 2904 \text{Var} > 0 \qquad 呈感性$$

$$P = P_1 + P_2 + P_3 = 14520 \text{W}$$

$$Q = Q_1 + Q_2 + Q_3 = 0 - 7744 + 2904 = -4840 \text{Var} < 0$$

$$S = \sqrt{P^2 + Q^2} = \sqrt{14520^2 + 4840^2} = 15305.4 \text{VA}$$

$$\lambda = \frac{P}{S} = \cos\varphi = \frac{14520}{15305.4} = 0.9487$$

$\varphi < 0$，端口呈容性。

7.10 复功率

上节分析正弦交流电路的功率，介绍了 P、Q、S、λ 等概念，为了分析方便，将它们统一在同一式子中，引出"复功率"的概念，定义复功率 $\overline{S}$：

$$\overline{S} \stackrel{def}{=} \dot{U}\dot{I}^*$$

$$= UI\angle \psi_u - \psi_I = UI\cos\varphi + jUI\sin\varphi = S(\cos\varphi + j\sin\varphi)$$

$$= P + jQ = \sqrt{P^2 + Q^2} \angle \arctan\frac{Q}{P}$$

$$= S \angle \varphi_Z \tag{7-98}$$

$\bar{S}$ 单位为伏安（VA）。

若为无源一端口网络时，等效阻抗 $Z = R + jX$

$$\bar{S} = \dot{U}\dot{I}^* = I^2 Z = I^2(R + jX) \tag{7-99}$$

其中：$P = I^2 R$，$Q = I^2 X$

等效导纳 $Y = G + jB$

$$\bar{S} = \dot{U}\dot{I}^* = \dot{U}\dot{U}^* Y^* = U^2 Y^* = U^2(G - jB) \tag{7-100}$$

其中：$P = U^2 G$，$Q = -U^2 B$

当一端口电路呈感性 $X > 0$，$B < 0$，$Q > 0$；

当一端口电路呈容性 $X < 0$，$B > 0$，$Q < 0$。

在相量图中可以用功率三角形表示 P、Q、$\bar{S}$ 的关系，如图 7.70 所示。

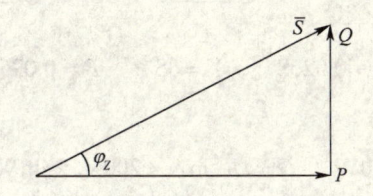

图 7.70 功率三角形

对于无源线性一端网络，当用等效阻抗 $Z = R + jx$ 表示时，则 $\dot{U}_R$，$\dot{U}_x$，$\dot{U}$ 组成电压三角形，将其缩小 I 倍，为阻抗三角形，将其扩大 I 倍，为功率三角形，如图 7.71（a）所示。阻抗三角形、电压三角形、功率三角形有助于我们认清它们之间大小及相位关系。同理当用等效导纳 $Y = G + jB$ 表示时，则 $\dot{I}_G$，$\dot{I}_B$，$\dot{I}$ 组成电流三角形，将其缩小 U 倍，得到导纳三角形，将其扩大 U 倍，得到功率三角形。如图 7.71（b）所示。

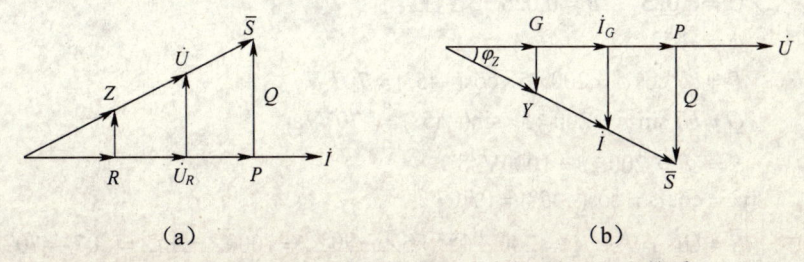

（a） （b）

图 7.71 阻抗三角形、电压三角形、功率三角形三者关系

由功率守恒定律，可以证明，整个电路复功率守恒，有功功率守恒，无功功

率守恒，即：

$$\sum \bar{S} = 0$$
$$\sum P = 0$$
$$\sum Q = 0$$

需注意的是：①视在功率不守恒，即 $S \neq S_1 + S_2 + \cdots + S_n$；②复功率没有实际物理意义，仅为了分析方便，它不是正弦量，不是时间的函数；③当端口内各电路部分为串联形式时，用式（7-99）求复功率，当各电路部分为并联形式时，用式（7-100）求复功率。

例 7-22 已知负载电压与电流相量为：（a）$\dot{U} = 200\angle 120°$ V，$\dot{I} = 5\angle 30°$ A；（b）$\dot{U} = 200\angle 45°$ V，$\dot{I} = 5\angle 90°$ A。求①负载的等效复阻抗、电阻、电抗；②负载的复导纳、电导、电纳；③负载的有功功率 P、无功功率 Q、视在功率 S、功率因数 λ；④复功率 $\bar{S}$。

解：（a）$\dot{U} = 200\angle 120°$ V $\dot{I} = 5\angle 30°$ A

$$Z = \frac{\dot{U}}{\dot{I}} = \frac{200\angle 120°}{5\angle 30°} = 40\angle 90° \qquad R = 0 \qquad X = 40\Omega$$

$$Y = \frac{1}{Z} = \frac{1}{j40} = -j0.025\text{S} \qquad Y = 0\text{S} \qquad B = 0.025\text{S}$$

$\varphi = 90°$

$P = UI\cos\varphi = 0\text{W} \qquad Q = UI\sin\varphi = 200\times 5\times\sin 90° = 1000\text{Var}$

$S = 200\times 5 = 1000\text{VA}$

$\lambda = \cos\varphi = 0$

$\bar{S} = \dot{U}\dot{I}^* = P + jQ = 200\angle 120° \times 5\angle -30° = 1000\angle 90° = j1000\text{VA}$

（b）$Z = \frac{\dot{U}}{\dot{I}} = \frac{200\angle 45°}{5\angle 90°} = 40\angle -45° = 28.3 - j28.3\Omega$

$R = 28.3\Omega \qquad X = -28.3\Omega$（容性）

$Y = \frac{1}{Z} = \frac{1}{40\angle -45°} = 0.025\angle 45° = 0.02 + j0.02\text{S}$

$G = 0.02\text{S} \qquad B = 0.02\text{S}$（容性）

$\varphi = -45°$

$P = UI\cos\varphi = 200\times 5\times\cos(-45°) = 707\text{W}$

$Q = UI\sin\varphi = 200\times 5\times\sin(-45°) = -707\text{Var}$

$S = UI = 200\times 5 = 1000\text{VA}$

$\lambda = \cos\varphi = \cos(-45°) = 0.707$

$\bar{S} = \dot{U}\dot{I}^* = P + jQ = 200\angle 45° \times 5\angle -90° = 1000\angle -45° = 707 - j707\text{VA}$

例 7-23 如图 7.72 所示，感性负载接在 50Hz、380V 的电源上，消耗的功率 P=20kW，$\cos\varphi = 0.6$，欲将电路的功率因数提高到 0.9，求①应并联多大电容；②

并联电容前后电源电流各为多少？③该负载等效阻抗Z及等效电阻R与等效电感L之值。

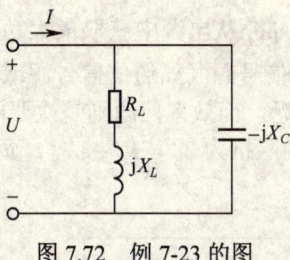

图 7.72 例 7-23 的图

解：并联电容前后有功功率不变，电压不变。
$U = 380\text{V}$，$P_1 = P_2 = 20\text{kW} = P$
$\lambda_1 = \cos\varphi_1 = 0.6$　　$\varphi_1 = 53.13°$
$\lambda_2 = \cos\varphi_2 = 0.9$　　$\varphi_2 = \pm 25.84°$（取 $+25.84°$）
由 $\bar{S} + \bar{S}_C = \bar{S}_2$　　$\bar{S}_C = -j\omega CU^2$
$\quad \bar{S}_1 = P_1 + jQ_1 \quad \bar{S}_2 = P_2 + jQ_2$
$\quad Q_1 = P_1 \tan\varphi_1 = 20 \times 10^3 \times \tan 53.13° = 26.67\text{KVar}$（感性）
$\quad Q_2 = P_2 \tan\varphi_2 = 20 \times 10^3 \times \tan 25.84° = 9.67\text{Var}$
$\quad P_1 + jQ_1 - j\omega U^2 = P_2 + jQ_2 \qquad 有 \quad Q_1 - \omega CU^2 = Q_2$
$\quad C = \dfrac{1}{\omega U^2}(Q_1 - Q_2) = \dfrac{P}{\omega U^2}(\tan\varphi_1 - \tan\varphi_2)$
$\quad\quad = \dfrac{1}{2 \times 3.14 \times 50 \times 380^2} \times (26.67 - 9.69) = 374\mu\text{F}$

②并联电容前后电流 I_1、I_2，由 $P = UI\cos\varphi$ 得

$$I_1 = \dfrac{P}{U\cos\varphi_1} = \dfrac{20 \times 10^3}{380 \times 0.6} = 87.72\text{A}$$

$$I_2 = \dfrac{P}{U\cos\varphi_2} = \dfrac{20 \times 10^3}{380 \times 0.9} = 58.48\text{A}$$

比较可知，并联电容后电源提供电流变小。

③由 $U = I|Z|$　　$|Z| = \dfrac{U}{I} = \dfrac{380}{87.72} = 4.33\Omega$
$R = |Z|\cos\varphi_1 = 4.33 \times 0.6 = 2.60\Omega$　　$X_L = |Z|\sin\varphi_1 = 4.33 \times \sin 53.13° = 3.46\Omega$
$Z = 2.60 + j3.46 = 4.33\angle 53.13°\ \Omega$

$$L_{eq} = \dfrac{X_L}{\omega} = \dfrac{3.46}{2 \times 3.14 \times 50} = 0.011\text{H} = 11\text{mH}$$

7.11 最大功率传输

本节讨论负载 $Z_L = R_L + jX_L$ 从电源中获取最大功率的条件，如在通信系统和测量系统中，如何从给定的信号源（如通信信号源或测量信号源）获得最大的信号功率是我们关心的主要问题，而效率问题则是次要问题。

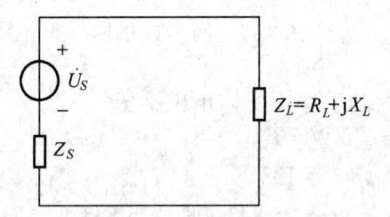

已知交流电源 $\dot{U}_S$，若内阻抗为 $Z_S = R_S + jX_S$，负载 $Z_L = R_L + jX_L$ 是变化的，如图 7.73 所示。

图 7.73 最大功率传输

若使负载获得电流最大有 $X_L + X_S = 0$，此时负载功率为：

$$P_L = \left(\frac{U}{R_S + R_L}\right)^2 R_L$$

当 R_L 变化为某值时，P_L 获取功率为最大，即

$$\frac{dP_L}{dR_L} = 0$$

即

$$\frac{U_S^2 \left[(R_S + R_L)^2 - 2(R_S + R_L)X_L\right]}{(R_S + R_L)^4} = 0$$

得 $R_L = R_S$ 时负载获得最大功率。

因此负载获得最大功率的条件是：$\begin{cases} R_L = R_S \\ X_L = -X_S \end{cases}$

即

$$Z_L = Z_S^* = R_S - jX_S \tag{7-101}$$

即负载阻抗与电源内阻抗互为共轭复数时，也即负载与信号源处于匹配状态，负载吸收功率最大，称为最大功率匹配或共轭匹配。

最大功率为：

$$P_{L\max} = \frac{U_S^2}{4R_S} \tag{7-102}$$

特殊地，如信号源内阻是纯电阻，则负载也应是电阻性的才能获得最大功率。当 Z_L 所接电路为有源线性一端口电路，则该电路由戴维宁定理等效为 $\dot{U}_{OC}$ 与

Z_{eq}，负载获得最大功率条件为：

$$Z_L = Z_{eq}^* = R_{eq} - jX_{eq} \qquad (7\text{-}103)$$

即 $\begin{cases} R_L = R_{eq} \\ X_L = -X_{eq} \end{cases}$

获取的最大功率为：

$$P_{L\max} = \frac{U_{OC}^2}{4R_{eq}} \qquad (7\text{-}104)$$

当负功为 $Y_L = G_L + jB_L$ 时，有源线性一端口电路由诺顿定理等效为 $\dot{I}_{SC}$ 与 Y_{eq} 时，负载获得最大功率条件为：

$$Y_L = Y_{eq}^* = G_{eq} - jB_{eq} \qquad (7\text{-}105)$$

即 $\begin{cases} G_L = G_{eq} \\ B_L = -B_{eq} \end{cases}$

获取的最大功率为：

$$P_{L\max} = \frac{I_{SC}^2}{4G_{eq}} \qquad (7\text{-}106)$$

在通信系统和电子电路中，往往要求达到共轭匹配，使信号源输出最大功率，负载获得最大功率。而在电力工程中，则要避免达到共轭匹配。因为在共轭匹配状态下，电源内阻很小，匹配电流很大，必将危及电源和负载，这是不容许的；另外电力传输方面关心的是如何提高效率，匹配时负载电阻等于电源内阻，二者消耗等量功率，电源使用效率降低到50%。

例 7-24 电路如图 7.74（a）所示，求负载 Z_L 获得的最大功率。

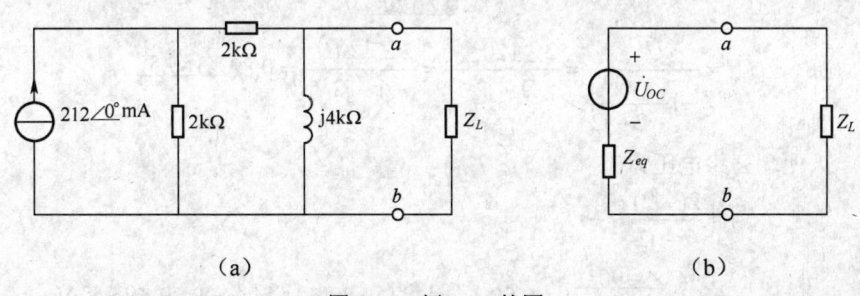

（a）　　　　　　　　　　　　　（b）

图 7.74　例 7-24 的图

解：由戴维宁定理求出 ab 端口以左的等效电路如图 7.74（b）所示。

$$\dot{U}_{Sm} = 212\angle 0° \text{ V}$$

$$\dot{U}_{OCm} = \frac{2}{2+2+j4} \times 212\angle 0° \times j4 = 300\angle 45° \text{ V}$$

$$Z_{eq} = \frac{(2+2)j4}{2+2+j4} = \frac{16\angle 90°}{4\sqrt{2}\angle 45°} = 2\sqrt{2}\angle 45° = 2+j2 \text{ k}\Omega$$

由共轭匹配条件：$Z_L = Z_{eq}^* = 2-j2\text{k}\Omega = 2\sqrt{2}\angle -45°$ kΩ 时

获得最大有功功率：$P_{L\max} = \frac{U_{OC}^2}{4R_{eq}} = \frac{1}{2} \times \frac{U_{OCm}^2}{4R_{eq}} = \frac{1}{2} \times \frac{300^2}{4\times 2\times 10^3} = 5.64\text{W}$

若 $Z_L = R_L = 2\sqrt{2}\text{k}\Omega$

$$\dot{I}_m = \frac{\dot{U}_{OCm}}{Z_S + R_L} = \frac{300\angle 45°}{2+j2+2\sqrt{2}} = \frac{300\angle 45°}{5.25\angle 22.5°} = 57.4\angle 22.5° \text{ mA}$$

则 $P_{L\max} = I^2 R_L = \frac{1}{2} I_m^2 R_L = \frac{1}{2} \times (57.4\times 10^{-3})^2 \times 2\sqrt{2} \times 10^3 = 4.63\text{W}$

例 7-25 已知：$u_s(t) = 2\cos(0.5t + 120°)\text{V}$，受控源转移电阻 $r = 1\Omega$，求从图 7.75（a）所示有源二端网络能获得的最大功率为多少？

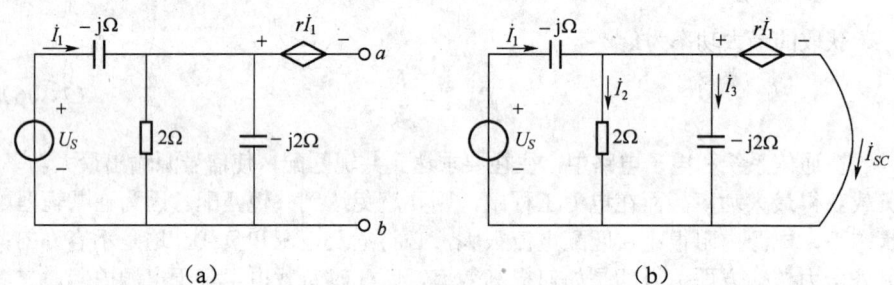

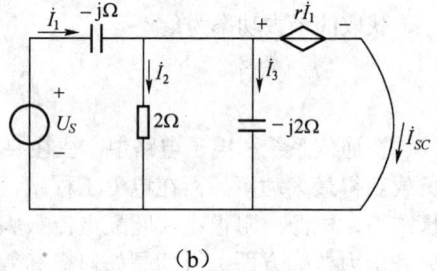

图 7.75 例 7-25 的图

解：求 ab 端口左边戴维宁等效电路，如图 7.75（b）所示。

$$\dot{U}_{Sm} = 2\angle 120° \text{ V}$$

$$\dot{I}_{1m} = \frac{\dot{U}_{Sm}}{-j + \frac{-j4}{2-j2}} = \frac{2\angle 120°}{1-j2} = \frac{2\angle 120°}{1-j2} = 0.89\angle 183.5° \text{ A}$$

ab 两端开路电压为：

$$\dot{U}_{OCm} = \frac{2(-j2)}{2-j2}\dot{I}_1 - r\dot{I}_1$$

$$= \frac{4\angle -90°}{2\sqrt{2}\angle -45°} \times 0.89\angle 183.5° - 0.89\angle 183.5° = 0.89\angle 93.5° \text{ V}$$

求 ab 等效阻抗 Z_{eq}：将 ab 端口短路，其短路电流 $\dot{I}_{SC}$ 为：

$$\dot{I}_{SCm} = \dot{I}_{1m} - \dot{I}_{2m} - \dot{I}_{3m} = \dot{I}_{1m} - \frac{r\dot{I}_{1m}}{2} - j\frac{r\dot{I}_{1m}}{2} = \dot{I}_{1m}\left(\frac{1}{2} - j\frac{1}{2}\right) = \frac{\sqrt{2}}{2}\angle -45° \dot{I}_{1m}$$

$$\therefore \dot{I}_{1m} = \frac{\dot{U}_{Sm} - r\dot{I}_{1m}}{-j} \quad \therefore \dot{I}_{1m} = \frac{\dot{U}_{Sm}}{r-j} = \frac{\dot{U}_{Sm}}{1-j} = \frac{2\angle 120°}{\sqrt{2}\angle -45°} = \sqrt{2}\angle 165° \text{ A}$$

$$\therefore Z_0 = Z_{ab} = \frac{\dot{U}_{OCm}}{\dot{I}_{SCm}} = \frac{0.89\angle 93.5°}{\left(\frac{\sqrt{2}}{2}\angle -45°\right)\sqrt{2}\angle 165°}$$

$$= 0.89\angle -26.5° = 0.8 - j0.4\ \Omega$$

当 $Z_L = Z_{ab}^* = 0.8 + j0.4\ \Omega$ 时负载获得的最大功率为：

$$P_{\max} = \frac{U_{OC}^2}{4R_S} = \frac{1}{2} \times \frac{U_{OCm}^2}{4R_S} = \frac{1}{2} \times \frac{0.89^2}{4\times 0.8} = 0.125\text{W}$$

章节回顾

本章在时域内对稳态电路进行分析即时域分析。正弦交流电路的分析可用于过渡过程结束的稳态分析，如求一阶、二阶动态电路的稳态响应。

1．正弦交流电（也称正弦量）三要素为幅值（I_m），频率（f）和初相（ψ），幅值表示正弦量变化的最大值；频率表示变化快、慢；初相表示变化的起始位置。两个同频率的正弦量之间的相位差表示两正弦量的相对位置关系：超前或滞后，特殊关系有同相、反相、正交。

2．复数是分析正弦交流电路的数学工具。复数的表示方式有四种：①代数形式；②三角函数形式；③极坐标形式；④复指数函数形式，复数与复平面上的点一一对应，复数运算有加、减、乘、除、微分、积分。+j 称为旋转90°的算子。若一个复数 $\dot{A}$ 逆时针以 ω 旋转，任意时间 t 的轨迹是一个以幅模 A 为半径的圆。

3．用复数表示正弦量称为相量，正弦交流电路的运算有求和、差、微分、积分。如果用三角函数形式表示正弦量则其运算过程麻烦，用相量法运算简便，且物理概念清晰。学会用复数表示正弦量，复数的幅模表示正弦量的振幅，辐角表示正弦量的初相，用最大值相量表示复数如 $\dot{U}_m$、$\dot{I}_m$、$\dot{E}_m$，也可用有效值相量表示正弦量如 $\dot{U}$、$\dot{I}$、$\dot{E}$。相量不是正弦量，相量乘以 $e^{j\omega t}$ 取实部才等于正弦量。某一时刻的正弦值与复平面旋转相量在实轴上的投影点一一对应，即用正弦量振幅（有效值）表示相量的幅模，初相表示相量的辐角，以 ω 逆时针方向旋转，在任一时刻 t 在实轴上的投影，即是某一时刻的正弦量。注意相量、旋转相量与正弦量的对应关系。

$$i(t) = R_m\left[I_m e^{j\psi_i} e^{j\omega t}\right] = I_m \cos(\omega t + \psi_i)$$

相量法分为相量解析法和相量图解法，相量解析法是分析交流电路的重要分析法，相量的模和辐角都统一在同一解析式中，各相量之间在不同电路有不同相量关系式，可由已知相量求出未知相量。相量图解法是分析交流电路的辅助分析方法，借助相量图根据相量大小（有效值相量）之间关系或相位之间关系，分别求出未知相量大小和辐角，从而得到正弦量的振幅和初相。

4. 相量法的实质就是用复数表示正弦量，把复数的和、差、微、积分运算转换为复数的和、差、乘、除运算，运算结果还是同频率的正弦量，从而把三角函数运算转换为代数运算，简化了计算过程，运算中只需求出未知正弦量的幅值（有效值）和初相，而频率可由已知正弦量求得。

5. 相量的性质，若 $i(t) \longleftrightarrow \dot{I}$，则 $\dfrac{\mathrm{d}i(t)}{\mathrm{d}t} \longleftrightarrow j\omega\dot{I}$

$$\int i\,\mathrm{d}t \longleftrightarrow \dfrac{\dot{I}}{j\omega}$$

若 $i_1(t) \pm i_2(t) = i(t)$，则 $\dot{I}_1 + \dot{I}_2 = \dot{I}$

6. 相量表示法：①对应求出正弦量的幅值（有效值）和初相；②用负数表示正弦量：幅模表示振幅（有效值），辐角表示初相。

7. 相量法步骤：①用复数表示正弦量即相量；②写出相量关系式，由已知相量求出未知相量；③将求得相量对应写出正弦量。

8. 相量关系式可由下面关系式给出：

(1) KCL、KVL 定律相量形式：$\sum \dot{I} = 0 \qquad \sum \dot{U} = 0$

(2) 单一元件的相量形式 $\dot{U}_R = \dot{I}R \qquad \dot{U}_L = j\omega L \dot{I}_L \qquad \dot{U}_C = -j\dfrac{1}{\omega C}\dot{I}_C$

(3) RLC 串联电路的相量形式 $\dot{U} = \dot{I}Z$，$Z = R + j\left(\omega L - \dfrac{1}{\omega C}\right) = R + j(X_L - X_C)$

(4) RLC 并联电路的相量形式 $\dot{I} = \dot{U}Y$，$Y = G + j\left(\omega C - \dfrac{1}{\omega L}\right) = G + j(B_L - B_C)$

(5) 若两个元件 Z_1, Z_2 串联，可用一个复阻抗 Z 等效代替：$Z = Z_1 + Z_2$

串联分压公式：$\dot{U}_1 = \dot{U}\dfrac{Z_1}{Z_1 + Z_2} \qquad \dot{U}_2 = \dot{U}\dfrac{Z_2}{Z_1 + Z_2}$

(6) 若两个元件并联，可用一个复导纳 Y 等效代替：$Y = Y_1 + Y_2$

并联分流公式：$\dot{I}_1 = \dot{I}\dfrac{Y_1}{Y_1 + Y_2} \qquad \dot{I}_2 = \dot{I}\dfrac{Y_2}{Y_1 + Y_2}$

以上可推广至 n 个元件。

9. 任一无源二端网络在正弦激励作用下，端口电压与电流关系均可用下式等效表示：

$$Z = \dfrac{\dot{U}}{\dot{I}} = \dfrac{U}{I}\angle \psi_U - \psi_I = |Z|\angle \varphi_Z = \sqrt{R^2 + X^2}\,\Big/\!\arctan\dfrac{X}{R}$$

反映了正弦交流电的一个性质，端口电压、电流的大小关系与相位关系与所加电压、电流关系无关，而与端口内电路参数和结构有关。

无源二端网络可用 $Z_{eq} = R_{eq} + jX_{eq}$ 的形式描述，也可用 $Y_{eq} = G_{eq} + jB_{eq}$ 的形式

描述。为便于分析计算，如果某一部分无源二端网络与外电路串联连接，用 Z_{eq} 形式表示；若与外电路并联连接，用 Y_{eq} 表示。N_0 不含受控源时有 $\text{Re}[Z(j\omega)] \geqslant 0$ 或 $\varphi_Z \leqslant 90°$，若 N_0 内含有受控源时可能有 $\text{Re}[Z(j\omega)] < 0$ 或 $\text{Re}[Y(j\omega)] < 0$，这时有 $|\varphi_Z| > 90°$，说明该端口向电源侧反馈能量。

10．用相量法可对复杂正弦交流电路进行分析求解。直流电路中，所用方法有：欧姆定律、KCL 定律和 KVL 定律、Y-Δ等效变换、电源的等效变换、支路电流法、节点电压法、网孔电流法、回路电流法、戴维南定律、诺顿定律等，均可用于正弦交流电路的分析，只是直流电路求解运算为实数运算，而正弦交流电路运算均为复数运算。

11．相量图解法是分析交流电路的辅助分析方法。借助相量图可搞清各正弦量电压关系和位置关系。在画电路图时，串联电路部分以电流相量为参考相量，由 VCR 定律确定电压相量与该参考相量关系，根据 KVL 定律，用相量求和法则画出各电压相量组成的多边形。关联电路部分以电压相量为参考相量，用 VCR 定律确定各电流相量与该参考相量关系，根据 KCL 定律，用相量求和法则画出各电流相量组成的多边形。

12．正弦交流电路的有功功率 $P = UI\cos\varphi$，视在功率 $S = UI = \sqrt{P^2 + Q^2}$，$P = S\sin\varphi$，$Q = S\sin\varphi$，$\lambda = \cos\varphi = \dfrac{P}{S}$。

在相量图上可用功率三角形表示三者关系，若无源线性二端网络 N_0 的端口用 $Z(j\omega) = R(\omega) + jX(\omega)$ 表示，则端口有功功率、无功功率和视在功率分别为：

$$P = UI\cos\varphi = I^2 R = \sum_{K=1}^{n} I_K^2 R_K = \sum_{K=1}^{n} U_K I_K \cos\varphi_K$$

$$Q = UI\sin\varphi = I^2[X_L(\omega) - X_C(\omega)] = \sum_{K=1}^{n} I^2(X_{LK} - X_{CK}) = \sum_{K=1}^{n}(Q_{LK} - Q_{CK})$$

$$= \sum_{K=1}^{n} U_K I_K \sin\varphi_K$$

$$S = UI = \sqrt{P^2 + Q^2} = \sqrt{(\sum P_k)^2 + (\sum Q_k)^2}$$

13．复功率是一个辅助计算功率的复数，把 P，Q，S，λ 统一用一个公式表示出来而无实际的物理意义。

复功率定义为　　$\bar{S} = \dot{U}\dot{I}^* = S\angle\varphi_Z = UI\cos\varphi_Z + jUI\sin\varphi_Z = P + jQ$

$$= \sqrt{P^2 + Q^2} \angle \arctan\dfrac{Q}{P}$$

$$S = \sqrt{P^2 + Q^2} \qquad \lambda = \cos\varphi = \dfrac{P}{S}$$

无源线性二端网络 N_0 用 $Z_{eq} = R_{eq} + jX_{eq}$ 表示，其复功率

$$\overline{S} = I^2 Z_{eq} = I^2(R_{eq} + jX_{eq}) = P + jQ$$

$P = I^2 R_{eq}$　　$Q = I^2 X_{eq}$　　$X_{eq} > 0$, $Q > 0$ 电路呈感性；

　　　　　　　　　　　　　　$X_{eq} = 0$, $Q = 0$ 电路呈阻性；

　　　　　　　　　　　　　　$X_{eq} < 0$, $Q < 0$ 电路呈容性。

无源线性二端网络 N_0 用 $Y_{eq} = G_{eq} + jB_{eq}$ 表示，其复功率

$$\overline{S} = U^2 Y_{eq}^* = U^2(G_{eq} - jB_{eq}) = P + jQ$$

$P = U^2 B_{eq}$　　$Q = U^2 B_{eq}$　　$B_{eq} < 0$, $Q > 0$ 电路呈感性；

　　　　　　　　　　　　　　$B_{eq} = 0$, $Q = 0$ 电路呈阻性；

　　　　　　　　　　　　　　$B_{eq} > 0$, $Q < 0$ 电路呈容性。

根据能量守恒定律，端口电源提供能量等于端口内负载消耗（吸收）能量。

有功功率守恒 $P = P_1 + P_2 + \cdots + P_n$ 等于各支路有功功率之和

$$= \sum_{K=1}^{n} I_K^2 (X_{LK} - X_{CK})$$

无功功率守恒 $Q = Q_1 + Q_2 + \cdots + Q_n$ 等于各支路无功功率之和

$$= I_1^2 X_1 + \cdots + I_n^2 X_n$$
$$= U_1 I_1 \sin\varphi_1 + \cdots + U_n I_n \sin\varphi_n$$

复功率守恒　　$\overline{S} = \overline{S}_1 + \overline{S}_2 + \cdots + \overline{S}_n$

$$= (P_1 + jQ_1) + \cdots + (P_n + jQ_n)$$
$$= (P_1 + \cdots + P_n) + j(Q_1 + \cdots + Q_n)$$

$$S = \sqrt{(\sum P_K)^2 + (\sum Q_K)^2} \quad\quad \varphi_Z = \arctan \frac{\sum Q_K}{\sum P_K}$$

视在功率不守恒　　$S \ne S_1 + \cdots + S_n$

14. 有源二端网络 N_S，若用戴维南等效电路 $\dot{U}_{OC}$、Z_{eq} 等效表示，则接于该端口的负载 $Z_L = R_L + jX_L$，当 $R_L = R_{eq}$，$Z_L = Z_{eq}^* = (R_{eq} - jX_{eq})$ 时获得最大有功功率，其值为 $P_{L\max} = \dfrac{U_{OC}^2}{4R_{eq}}$。

当用诺顿等效电路 $\dot{I}_{SC}$、Y_{eq} 表示，则负载 $Y_L = G_L + jB_L$，当 $G_L = G_{eq}$ 时 $P_{L\max} = \dfrac{I_{SC}^2}{4G_{eq}}$。

15. 正弦交流电路的负载大都为感性或阻感性，功率因数的提高可以节省电能，提高电源的传输效果，用并联电容的方法，可以提高功率因数。因为电容用容性无功补偿负载感性无功，可以减小负载向电源索取的电流及视在功率，将更多的能量转供给其他负载。若电源电压为 $\dot{U}$，感性负载为 $Z = R + jX$，功率因数为 $\lambda_1 = \cos\varphi_1$，当并联电容器 C 以后，可使功率因数提高为 $\lambda_2 = \cos\varphi_2$，即向电源

索取的电流下降了，由 $P = UI\cos\varphi$ 知 $I_1 = \dfrac{P}{U\lambda_1}$，$I_2 = \dfrac{P}{U\lambda_2}$，$I_2 < I_1$。

并联电容器 C 前后，有功功率不变，电压不变，功率因数提高，电源利用率提高，将 λ_1 提高为 λ_2，需并联的电容容值为

$$C = \dfrac{P}{\omega U^2}(\tan\varphi_1 - \tan\varphi_2) \qquad \varphi_1 = \arccos\lambda_1 \qquad \varphi_2 = \arccos\lambda_2$$

习题

7-1 写出 $u(t) = 3.11\cos(6.28t + \dfrac{3}{2}\pi)\text{V}$ 及 $i(t) = 4\cos\left(314t - \dfrac{\pi}{3}\right)\text{A}$ 的幅值、角频率、周期和初相。

7-2 已知下列各正弦量的相位差，指出其超前滞后关系。

$u_1(t) = \cos(\omega t + 60°)$ $\qquad u_2(t) = \cos(\omega t + \dfrac{\pi}{3})$

$u_1(t) = -10\cos(1000t - 120°)$ $\qquad u_2(t) = 5\cos(1000t - 30°)$

7-3 已知一正弦电压的幅值为 310V，频率为 50Hz，初相为 $\dfrac{\pi}{4}$。

（1）写出此正弦电压的时间函数表达式；

（2）计算 $t=0$，0.01s，0.0025s 时的电压瞬时值。

7-4 已知正弦量 $\dot{U} = 220\text{e}^{\text{j}30°}\text{V}$ 和 $\dot{I} = -4 - \text{j}3$（A），试分别写出其正弦表达式及相量图。

7-5 已知 $i_1 = 15\sqrt{2}\cos(314t + 45°)\text{A}$，$i_2 = 10\sqrt{2}\cos(314t - 30°)\text{A}$，$i_3 = 5\sqrt{2}\cos(314t + 60°)$，求 $i_1 + i_2 - i_3$。

7-6 设在 $C = 60\mu\text{F}$ 的电容器两端加上 $u = 220\sqrt{2}\cos(314t - 30°)$ 的正弦电压，设电压和电流参考方向为关联参考方向，试计算 $t = \dfrac{T}{6}$ 时的电流和电压大小。

7-7 已知通过线圈电流 $i = 10\sqrt{2}\cos(314t + 30°)$，线圈电感 $L = 70\text{mH}$，求 $t = \dfrac{T}{6}$ 时 $u(t)$ 的大小。

7-8 一个线圈接在 $U=120\text{V}$ 的直流电源上，电流为 $I=20\text{A}$；若接在 $f=50\text{Hz}$、$U=220\text{V}$ 的交流电源上，$I=28.2\text{A}$，试求线圈电阻 R 和电感 L。

7-9 一个 $R=15\Omega$，$L=12\text{mH}$ 的线圈与一个 $C=5\mu\text{F}$ 的电容相串联，外施电压相量 $\dot{U} = 100\angle 20°\text{V}$，频率 $f=100\text{Hz}$，试求①$\dot{I}$、$\dot{U}_L$、$\dot{U}_C$；②画出相量图；③电流 $i(t)$、$u_L(t)$ 及 $u_C(t)$。

7-10 已知 RLC 并联电路，$R=17\Omega$，$L=10\text{mH}$，$C=27.7\mu\text{F}$，电源频率 $f=1000\text{Hz}$，①求电路端口的复导纳；②设电源 $\dot{U} = 10\angle 0°$，求电流 $i(t)$ 并画出相量图。

7-11 求题 7-11 图所示电路的相量模型，并求 ab 端口的阻抗和导纳（设 $\omega = 1\text{rad/s}$）

题 7-11 图

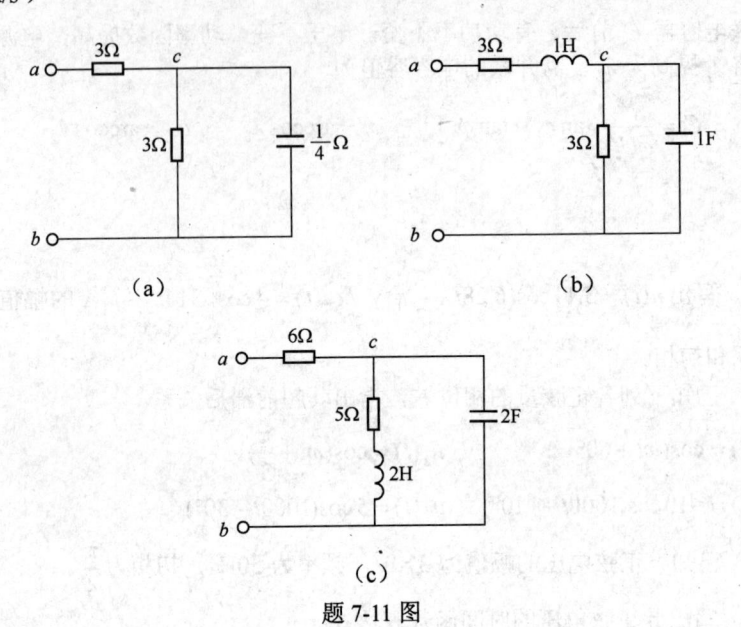

7-12 题 7-11 所示电路若端口加电压 $\dot{U}_{ab} = 100\angle 0°\text{ V}$，求 $\dot{I}$ 及 $\dot{U}_{ac}$、$\dot{U}_{cb}$。

7-13 题 7-13 图所示为半导体放大器低频模型。试计算 u_1 和 u_2。

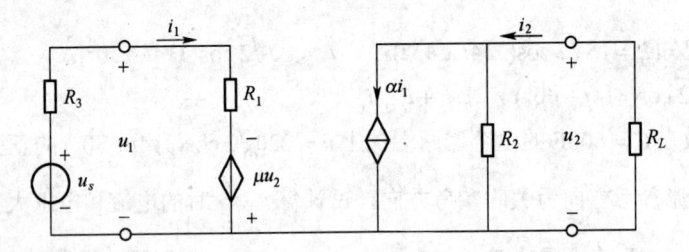

题 7-13 图

7-14 电路如题 7-14 图所示，已知 $u_S(t) = 10\cos\omega t$，用叠加定理求 u_a。

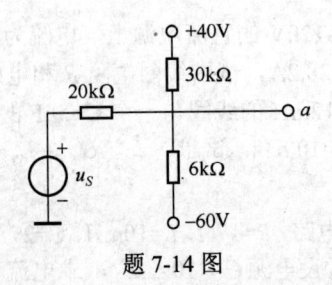

题 7-14 图

7-15 电路相量模型如题 7-15 图所示，用网孔法、节点电压法、叠加定理及戴维宁定理求解 $\dot{I}_1$、$\dot{I}_2$、$\dot{I}$。

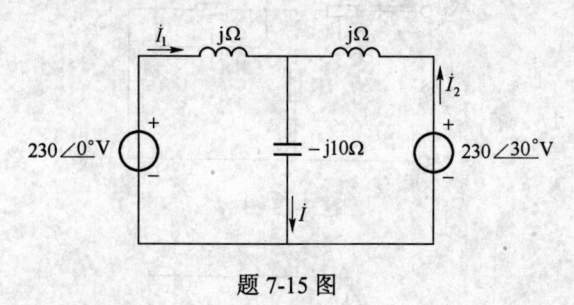

题 7-15 图

7-16 电路相量模型如题 7-16 图所示，①用节点电压法求电流 $\dot{I}$；②用叠加定理求电流 $\dot{I}$。

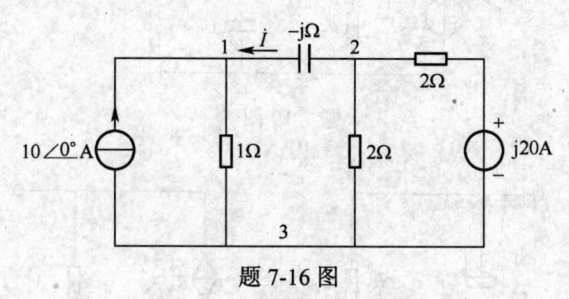

题 7-16 图

7-17 电路如题 7-17 图所示，已知 $u_S(t) = \sqrt{2}\cos(2t - 45°)\text{V}$，要使流过 R_0 的稳态电流为最大，C_0 应为何值？R_0 为多大时，1-2 端口获取有功功率最大？并求最大有功功率。

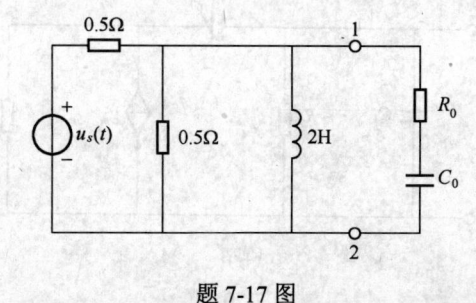

题 7-17 图

7-18 求题 7-18 图所示电路的输入阻抗及导纳（$\omega = 1\text{rad/s}$）。

7-19 求题 7-19 图所示输出电压 $\dot{U}_0$ 的表示式。

7-20 求题 7-20 图（a）、（b）电路正弦稳态时的输入阻抗。

题 7-18 图

题 7-19 图

(a)

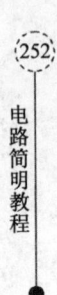

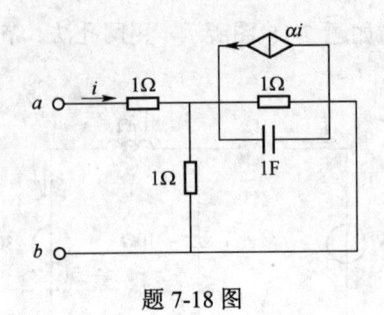

(b)

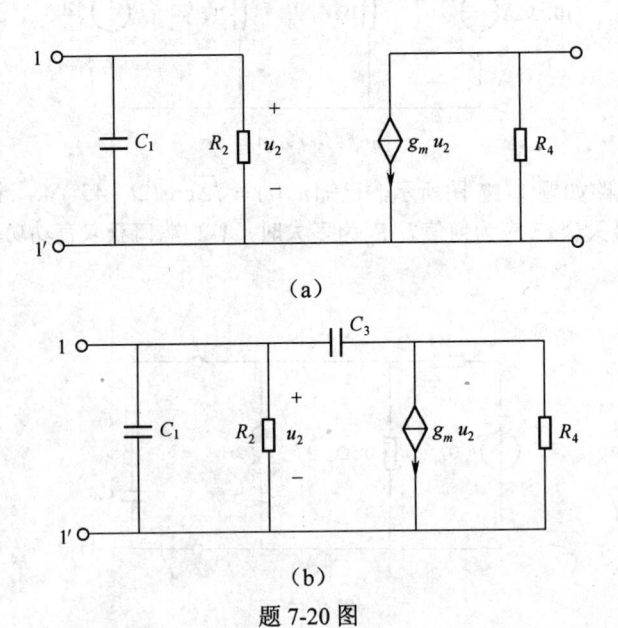

题 7-20 图

7-21 已知一负载 $U=220\text{V}$，$\cos\varphi=0.8(\varphi>0)$，$P=10\text{kW}$，求①负载电流；②负载复阻抗；③负载复导纳；④无功功率；⑤视在功率；⑥复功率。

7-22 一个电感性负载接在额定电压为 220V、频率为 50Hz 的交流电源上，其功率为 8kW，功率因数为 0.6，求①负载电流；②若将电路功率因数提高到 0.95，需并联多大电容？

7-23 电路如题 7-23 图所示，已知 $R = R_1 = R_2 = 10\Omega$，$L = 31.8\text{mH}$，$C = 31.8\mu\text{F}$，$f = 50\text{Hz}$，$U = 10\text{V}$，试求并联支路端电压 U_{ab} 及电路的 P、Q、S 及 $\cos\varphi$。

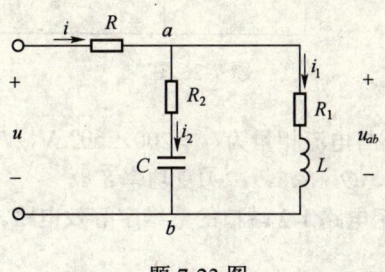

题 7-23 图

7-24 电路如题 7-24 图所示，当 S 闭合时各表读数如下：Ⓥ 为 220V，Ⓐ 为 10A，Ⓦ 为 1000W，当 S 打开时，各表读数依次为 220V、12A 和 1600W，求阻抗 Z_1 和 Z_2。（设 Z_1 为感性。Ⓦ 为功率表，读数为 $\text{Re}[\dot{U}\dot{I}^*]$，$\dot{U}$ 表示跨接于 Ⓦ 的电压相量，$\dot{I}$ 为*端，表示进出表 Ⓦ 的电流相量。）

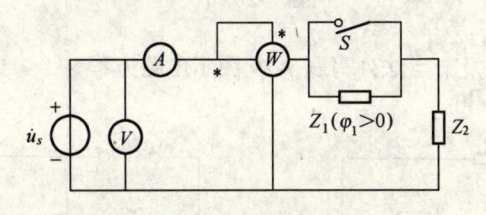

题 7-24 图

7-25 电路如题 7-25 图所示，$\dot{I}_S = 10\angle 0°\text{ A}$，$r = 7\Omega$，试分别求三条支路吸收的复功率，并验证复功率守恒。

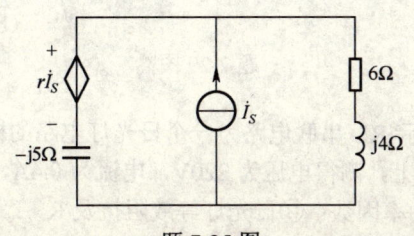

题 7-25 图

7-26 电路如题 7-26 图所示，试求接于每个电源的功率，并指出每一电源对电路是提供功率，还是吸收功率，并验证复功率守恒。

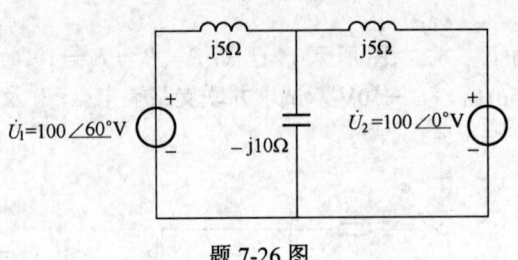

题 7-26 图

7-27 已知负载电压与电流相量为 $\dot{U} = 200\angle 60°$ V，$\dot{I} = 5\angle 30°$ A，求①等效复阻抗；②复导纳；③P、Q、S、λ；④复功率 $\overline{S}$。

7-28 求题 7-28 图示电路 1-2 端口的戴维宁等效电路。

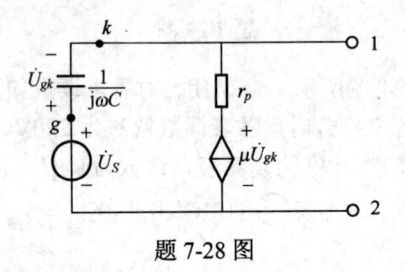

题 7-28 图

7-29 用回路法及节点法列写题 7-29 图示电路方程。

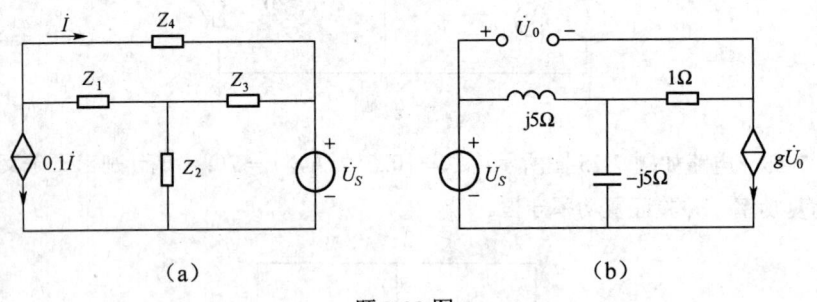

(a)　　　　　(b)

题 7-29 图

7-30 题 7-30 图示 RL 串联电路为一个日光灯电路的模型，将此电路接于频率为 50Hz 的正弦电源上，测得电压为 220V，电流为 0.4A，功率为 40W，求①电路吸收的无功功率及功率因数；②日光灯等效阻抗及 R、L；③欲使功率因数提高到 0.9，问在端口并联的电容 C 应为多大？

7-31 已知一个负载的电压 $U = 220$V，$\cos\varphi = 0.8 (\varphi > 0)$，$P = 10$kW，求该负载的复阻抗和负载复导纳。

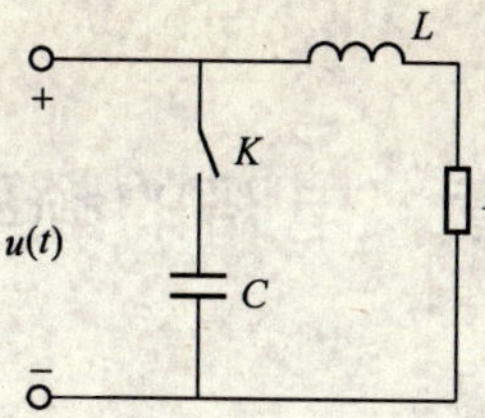

题 7-30 图

7-32 有一供电线路给两个工厂供电。第一个工厂的有功功率 $P_1 = 20\text{kW}$，功率因数 $\cos\varphi_1 = 0.8$（感性）；第二个工厂的有功功率 $P_2 = 30\text{kW}$，功率因数 $\cos\varphi_2 = 0.9$（感性）；负载端电压有效值 $U_{12} = 220\text{V}$，线路复阻抗 $Z_0 = 0.1 + \text{j}0.2\Omega$，求电流 $\dot{I}_0$、电源端电压 $\dot{U}$ 及发出的功率。

第8章 电路的频率响应

本章重点

- 网络函数的概念及求法
- 一、二阶电路的频率特性——幅频特性及相频特性，截止频率的概念及分析
- RLC 串、并联电路谐振特征；谐振频率、品质因数、特性阻抗的概念
- 滤波器的截止频率

本章难点

- 二阶电路频率响应的分析

第 7 章讨论了正弦稳态电路中电路的响应即电流和电压，频率不变时电路的响应是时间 t 的固定函数，在时域内对电路进行分析，称为时域分析。本章讨论当电源（信号源）频率改变时，电路中响应随之变化的规律。电路响应随频率变化而变化的特性称为电路的频率特性（又称频率响应）。

在频域内对电路进行分析称为频域分析。频域分析在通信、电子、控制、电力等领域应用广泛，如收音机中的选择电路选择来自不同电台频率波段的信号，电话通信电路选择有用音频信号，滤除干扰信号等等。实现滤波功能的电路称为滤波器，它在通信线路、信号处理及电子线路中有广泛应用。

8.1 网络函数

在正弦稳态电路中，分析电路的频率特性，不仅要讨论电路处于谐振状态的特性，还要同时分析电路响应与激励之间随频率变化的规律，为此引入网络函数的概念。通常研究单个输出变量与单个输入变量之间的函数关系，这一函数关系称为电路的网络函数，以此来描述电路的频率特性。

电路在正弦稳态激励下，各部分响应均为同频率正弦量。对于相量模型，在单一正弦激励情况下，网络函数定义为电路的响应相量与激励相量之比。用符号 $H(j\omega)$ 表示。

$$H(j\omega) = \frac{响应相量}{激励相量}$$

响应和激励可以是电压，也可以是电流，因此网络函数根据不同情况有不同

的量纲。

根据响应与激励所处位置在同侧或异侧，网络函数可分为策动点函数和转移函数（或传输函数）。当响应与激励是电路中同一端的电压（或电流）相量和电流（或电压）相量，则称为策动点函数，当二者处于不同端口时称为转移函数（或传输函数），如图 8.1 所示。

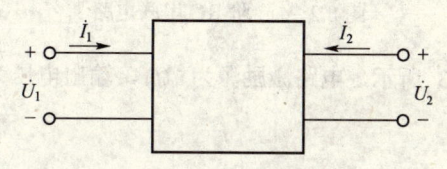

图 8.1 网络函数

策动点函数：

输入阻抗
$$H(j\omega) = \frac{\dot{U}_1}{\dot{I}_1} \tag{8-1}$$

输入导纳
$$H(j\omega) = \frac{\dot{I}_1}{\dot{U}_1} \tag{8-2}$$

传输函数（转移函数）

转移阻抗
$$H(j\omega) = \frac{\dot{U}_2}{\dot{I}_1} \tag{8-3}$$

电流传输比
$$H(j\omega) = \frac{\dot{I}_2}{\dot{I}_1} \tag{8-4}$$

电压传输比
$$H(j\omega) = \frac{\dot{U}_2}{\dot{U}_1} \tag{8-5}$$

转移导纳
$$H(j\omega) = \frac{\dot{I}_2}{\dot{U}_1} \tag{8-6}$$

如图 8.2 所示为一端口 RC 串联电路，则策动点函数（输入阻抗）

$$H(j\omega) = \frac{\dot{U}}{\dot{I}} = R + \frac{1}{j\omega C}$$

转移函数（电压传输比）

$$H(j\omega) = \frac{\dot{U}_C}{\dot{U}_1} = \frac{\frac{1}{j\omega C}}{R + \frac{1}{j\omega C}} = \frac{1}{1 + j\omega C}$$

当频率变化时，这两个网络函数均随之变化，研究其变化规律，就是频率响应。

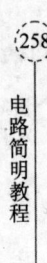

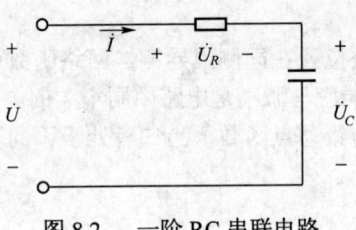

图 8.2 一阶 RC 串联电路

例 8-1 如图 8.3 所示，电路激励源为 $i_1(t)$，输出电压为 $u_2(t)$，求转移阻抗 $Z_{21}(j\omega) = \dot{U}_0 / \dot{I}_1$。

图 8.3 例 8-1 的图

解：
$$Y = \frac{1}{R} + j\omega C \qquad \dot{I}_1 = Y\dot{U}_2$$

$$Z_{21}(j\omega) = \frac{\dot{U}_2}{\dot{I}_1} = \frac{1}{Y} = \frac{R}{1 + j\omega RC}$$

例 8-2 求图 8.4（a）所示电路的转移电压比 $\dfrac{\dot{U}_2}{\dot{U}_1}$。

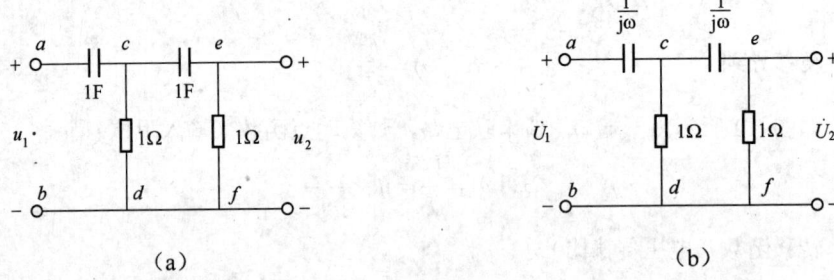

图 8.4 例 8-2 的图

解： 用相量法。如图 8.4（b）所示。

$$Z_{ce} = 1 + \frac{1}{j\omega} = \frac{1 + j\omega}{j\omega}$$

$$Y_{cd} = 1 + \frac{j\omega}{1 + j\omega} = \frac{1 + j2\omega}{1 + j\omega}$$

$$Z_{ab} = \frac{1}{j\omega} + \frac{1+j\omega}{1+j2\omega} = \frac{1+j3\omega+(j\omega)^2}{j\omega(1+j2\omega)}$$

$$\dot{U}_1 = \dot{I} Z_{ab} \qquad \dot{U}_{cd} = \dot{I} Z_{cd} = \dot{I}\left(\frac{1+j\omega}{1+j2\omega}\right)$$

$$\dot{U}_2 = \frac{1}{Z_{ce}} \dot{U}_{cd} = \frac{\dot{I} j\omega}{1+j2\omega}$$

$$\frac{\dot{U}_2}{\dot{U}_1} = \frac{(j\omega)^2}{(j\omega)^2 + j3\omega + 1}$$

8.2 电路的频率响应

前面已讨论响应随频率变化而变化称为频率响应，因而网络函数为频率的复函数，即：

$$H(j\omega) = |H(j\omega)| \angle \varphi(\omega) \tag{8-7}$$

$|H(j\omega)|$ 与 ω 的关系称为网络函数的幅频特性，$\varphi(\omega)$ 与 ω 关系称为相频特性，可用曲线表示。根据频率特性画出的曲线称为频率特性曲线。$|H(j\omega)|-\omega$ 称为幅频特性曲线，$\varphi(\omega)-\omega$ 称为相频特性曲线。

本节只分析由 R、L、C 无源元件构成的一、二阶滤波电路的频率响应。通过分析电路的频率响应，可以知道这种电路滤波特性。滤波特性研究在不同频率的输入信号作用下电路中产生的响应随频率改变而变化的规律，这种变化实为电路中容抗或感抗随频率改变所引起。

具有选频功能的电路称为滤波器，滤波器让某一频带信号通过，抑制不需要的其他频率信号。研究滤波器要从研究它的频响特性入手，既分析其幅频特性和相频特性。按频率响应的通带频率不同，滤波器可分为：低通滤波器、高通滤波器、带通滤波器、带阻滤波器和全通滤波器，其理想滤波特性如图 8.5 所示，实线为理想滤波特性，虚线为实际滤波曲线。在截止频率 ω_0 处，理想滤波特性垂直变化，而实际滤波器逐渐变化，变化越陡，这种滤波器滤波特性越好。由无源元件 R、L、C 构成，称为无源滤波器，还有由运算放大器与 R、L、C 元件组成的滤波电路，称为有源滤波器。按电路的阶数分为一阶、二阶、……高阶滤波器，一阶电路和二阶电路是典型的两类滤波电路，是构成高阶电路的基本单元电路。滤波器在通信工程和电子线路中应用广泛，将在后续课程中详细介绍。

(a)

(b)

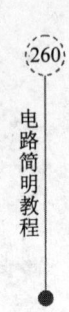

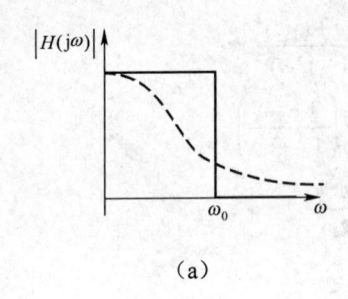

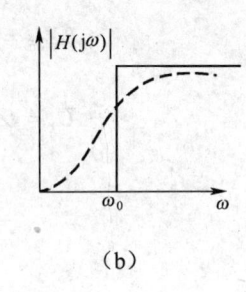

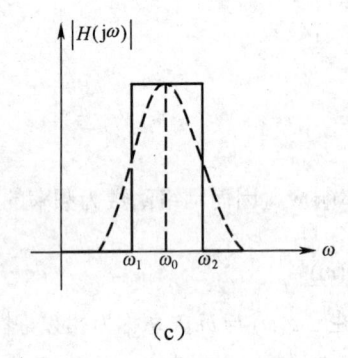

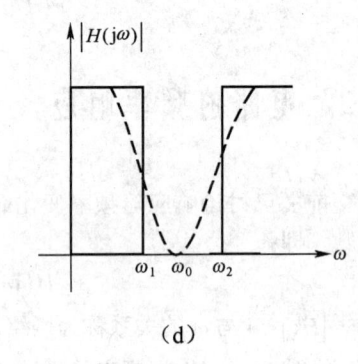

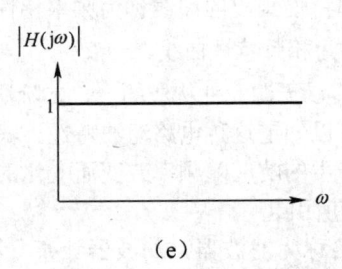

(c)

(d)

(e)

图 8.5 滤波器的理想滤波特性

如前面所分析的 RC 串联电路，见图 8.2。

$$H(j\omega) = \frac{1}{1+j\omega RC}$$

$$|H(j\omega)| = \frac{1}{\sqrt{1+(\omega RC)^2}}$$

$$\varphi(\omega) = -\arctan \omega RC$$

如图 8.6 所示为频率特性曲线，由图（a）幅频特性 $|H(j\omega)|-\omega$ 曲线可看出，电容电压在低频时较大，$f=0$ 时最大；频率变高时，u_C 下降，$\omega \to \infty$ 时 $u_C = 0$，说明低频信号易通过该电路，而高频时 u_C 比较小，即电源衰减较大，这种电路具有低通滤波特性。将 $\omega = \omega_0$ 称为截止频率，工程上一般取 $|H(j\omega)| \geq \dfrac{1}{\sqrt{2}}$ 的频率信

号,这个频率范围,称为滤波器通频带,而 $|H(j\omega)| \leq \dfrac{1}{\sqrt{2}}$ 称为阻带或止带,二者边界频率称为截止频率。$\omega = \omega_0$ 时,电路输出功率是最大输出功率的一半,故称 ω_0 为半功率频率,也称 3dB 频率。($20\lg\left|\dfrac{H(j\omega)}{H(j\omega_0)}\right| = 20\lg 0.707 = -3\text{dB}$)。

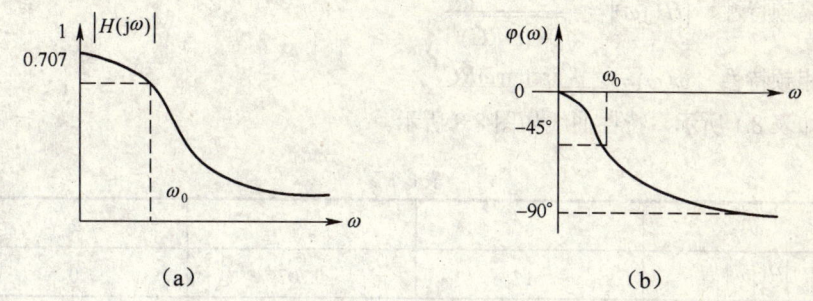

图 8.6 频率特性曲线

对于一个线性无源一端口电路(含受控源、不含独立源),其频率响应可通过研究端口输入阻抗函数 $Z(j\omega)$ 的频率响应得到,端口 $Z(j\omega) = R(\omega) + jX(\omega)$,电源频率改变时,$Z(j\omega)$ 随之改变。

$$Z(j\omega) = R(\omega) + jX(\omega) = \sqrt{R(\omega)^2 + X(\omega)^2} \bigg/ \arctan \dfrac{X(\omega)}{R(\omega)}$$

$$= |Z(j\omega)| \angle \varphi(\omega) \qquad (8\text{-}8)$$

故复阻抗 Z 是 $j\omega$ 的函数,表示 Z 随 ω 变化,其大小及相位均改变,模 $|Z(j\omega)|$ 是 ω 的函数,称为输入阻抗的幅频特性,$\varphi(\omega)$ 是 ω 的函数,称为输入阻抗的相频特性。

8.2.1 一阶电路的频率响应

1. 低通滤波电路

低通滤波电路如图 8.7 所示,网络函数为:

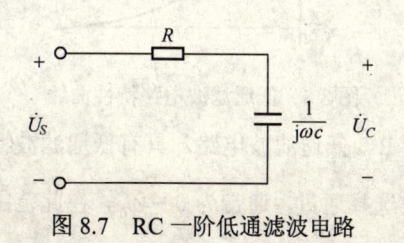

图 8.7 RC 一阶低通滤波电路

$$H(j\omega) = \frac{\dot{U}_2}{\dot{U}_1} = \frac{\dot{U}_C}{\dot{U}_S} = \frac{1}{1+j\omega RC} = \frac{1}{1+j\dfrac{\omega}{\omega_0}} \tag{8-9}$$

其中：$\omega_0 = \dfrac{1}{RC}$

幅频特性　　$|H(j\omega)| = \dfrac{1}{\sqrt{1+(\omega RC)^2}}$

相频特性　　$\varphi(\omega) = \angle -\arctan \omega RC$

如表 8.1 所示，特性曲线如图 8.8 所示。

表 8.1

ω	0	ω_0	∞
$|H(j\omega)|$	1	0.707	0
$\varphi(\omega)$	0	$-\dfrac{\pi}{4}$	$-\dfrac{\pi}{2}$

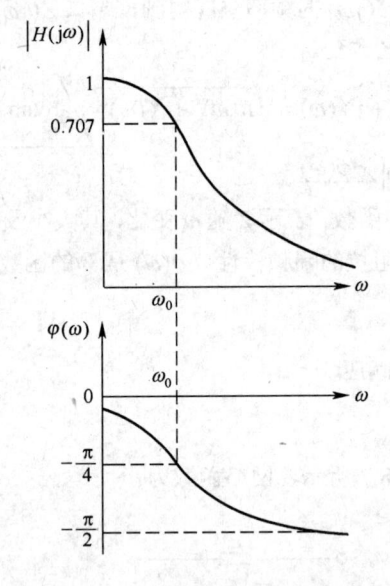

图 8.8　低通滤波电路特性曲线

从上面分析知，该 RC 低通滤波电路，具有低通滤波特性。工程上认为 $U_2 \leqslant (1 \sim \dfrac{1}{\sqrt{2}}) U_S$，信号被选择通过，通带为 $0 \sim \omega_0$，在此范围 $|H(j\omega)|$ 变化不大，相移较小；若 $U_2 > \dfrac{1}{\sqrt{2}} U_S$，信号被抑制，阻带为 $\omega_0 \sim \infty$，$|H(j\omega)|$ 明显下降，相移

增大。RC一阶低通滤波电路具有选择低频信号通过、抑制高频信号的作用。

2. 高通滤波电路

RC高通滤波电路如图8.9所示。

$$H(j\omega) = \frac{\dot{U}_2}{\dot{U}_1} = \frac{\dot{U}_R}{\dot{U}_S} = \frac{R}{R+\dfrac{1}{j\omega C}} = \frac{j\omega RC}{R+j\omega RC}$$

$$= \frac{1}{1-j\dfrac{1}{\omega RC}} = \frac{1}{1-j\dfrac{\omega_0}{\omega}} \qquad (8\text{-}10)$$

图8.9 高通滤波电路

幅频特性：$|H(j\omega)| = \dfrac{1}{\sqrt{1+\left(\dfrac{1}{\omega RC}\right)^2}}$

相频特性：$\varphi(\omega) = \arctan\dfrac{1}{\omega RC}$

列表如表8.2所示。

表8.2

ω	0	ω_0	∞
$\|H(j\omega)\|$	0	0.707	1
$\varphi(\omega)$	$\dfrac{\pi}{2}$	$\dfrac{\pi}{4}$	0

特性曲线如图8.10所示。

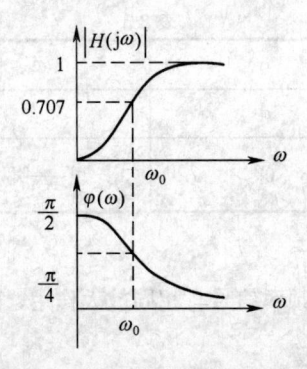

图8.10 高通滤波电路特性曲线

一阶RC高通电路具有高通滤波特性。通频带 $\omega_0 \sim \infty$，阻带 $0 \sim \omega_0$，具有选择高频信号通过、阻止低频信号的作用。

3. 全通滤波电路

电路如图 8.11 所示。

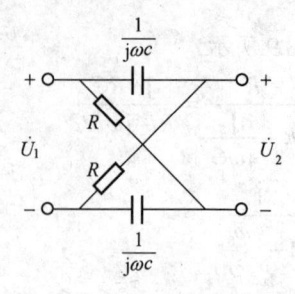

图 8.11 全通滤波电路

其网络函数为

$$\dot{U}_2 = \frac{R}{R+\dfrac{1}{j\omega C}}\dot{U}_1 - \frac{1/j\omega C}{R+\dfrac{1}{j\omega C}}\dot{U}_1$$

$$H(j\omega) = \frac{\dot{U}_2}{\dot{U}_1} = \frac{j\omega - \omega_0}{j\omega + \omega_0} \tag{8-11}$$

其中 $\omega_0 = \dfrac{1}{RC}$

幅频特性：$|H(j\omega)| = 1$

相频特性：$\varphi(\omega) = \angle -2\arctan\dfrac{\omega}{\omega_0}$

如表 8.3 所示。

表 8.3

ω	0	ω_0	∞
$|H(j\omega)|$	ϕ	1	1
$\varphi(\omega)$	0°	$-\dfrac{\pi}{2}$	π

特性曲线如图 8.12 所示。

该电路对 0～∞ 的所有频率信号有相同放大作用，故为全通滤波电路。

8.2.2 二阶电路的频率响应

1. RLC 串联电路频率响应

图 8.13 所示为 RLC 串联电路，$\dot{U}_S$ 为激励源，$\dot{I}$ 为响应。正弦激励 $\dot{U}_S$ 的频率 ω 变化，电路输入阻抗及电压、电流等响应随之变化。

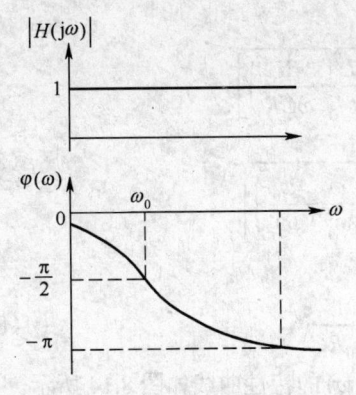

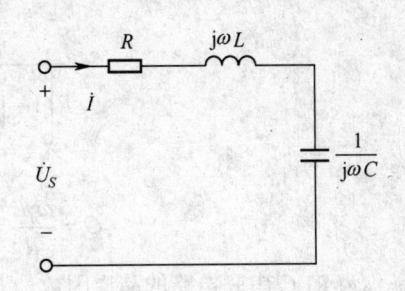

图 8.12 全通滤波电路频率特性　　图 8.13 RLC 串联组成的二阶滤波电路

$$Z(j\omega) = \frac{\dot{U}_S}{\dot{I}} = R + j\left(\omega L - \frac{1}{\omega C}\right)$$

$0 < \omega < \omega_0$　　$X = \omega L - \dfrac{1}{\omega C} < 0$，电路呈容性；

$\omega = \omega_0$　　$X = \omega L - \dfrac{1}{\omega C} = 0$，电路呈阻性；

$\omega_0 < \omega < \infty$　　$X = \omega L - \dfrac{1}{\omega C} > 0$，电路呈感性。

现在讨论网络函数 $\dfrac{\dot{U}_R}{\dot{U}_S}, \dfrac{\dot{U}_L}{\dot{U}_S}, \dfrac{\dot{U}_C}{\dot{U}_S}, \dfrac{\dot{I}}{\dot{U}_S}$ 等频率特性。

对于图 8.13 所示电路，$\dot{I}$ 为响应，$\dot{U}_S$ 为激励。

$\omega = \omega_0 = \dfrac{1}{\sqrt{LC}}$ 时，

$$\dot{I}(j\omega_0) = \frac{\dot{U}_S}{R}$$

$$\dot{I}(j\omega) = \frac{\dot{U}_S}{Z(j\omega)} = \frac{1}{R\left[1 + jQ\left(\dfrac{\omega}{\omega_0} - \dfrac{\omega_0}{\omega}\right)\right]} \tag{8-12}$$

则网络函数

$$H(j\omega) = \frac{\dot{I}}{\dot{U}_S} = \frac{1}{Z(j\omega)}$$

$$= \frac{1}{R + j\left(\omega L - \dfrac{1}{\omega C}\right)}$$

$$= \frac{1}{R\left[1+j\left(\dfrac{\omega L}{R}-\dfrac{1}{\omega CR}\right)\right]}$$

$$= \frac{1}{R\left[1+jQ\left(\dfrac{\omega}{\omega_0}-\dfrac{\omega_0}{\omega}\right)\right]} \tag{8-13}$$

令

$$Q = \frac{\omega_0 L}{R} = \frac{1}{\omega_0 RC} \tag{8-14}$$

Q 称为 RLC 串联电路的品质因数。$H(j\omega)$ 的特性曲线如图 8.14 所示。

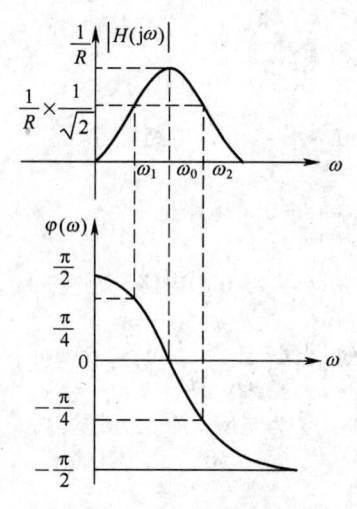

图 8.14 $H(j\omega)$ 的频率响应

$$H(j\omega_0) = \frac{\dot{I}(j\omega_0)}{\dot{U}_S} = \frac{1}{R}$$

$$H_I(j\omega) = \frac{H(j\omega)}{H(j\omega_0)} = \frac{\dot{I}(j\omega)/\dot{U}_S}{\dot{I}_0(j\omega_0)/\dot{U}_S} = \frac{\dot{I}(j\omega)}{\dot{I}(j\omega_0)} = \frac{1}{1+jQ\left(\dfrac{\omega}{\omega_0}-\dfrac{\omega_0}{\omega}\right)} \tag{8-15}$$

$H_I(j\omega)$ 的特性取值列表如表 8.4 所示,曲线如图 8.15 所示。

表 8.4

ω	0	ω_1	ω_0	ω_2	∞
$\lvert H(j\omega)\rvert$	0	$\dfrac{1}{\sqrt{2}}$	1	$\dfrac{1}{\sqrt{2}}$	0
$\varphi(\omega)$	90°	45°	0	−45°	−90°

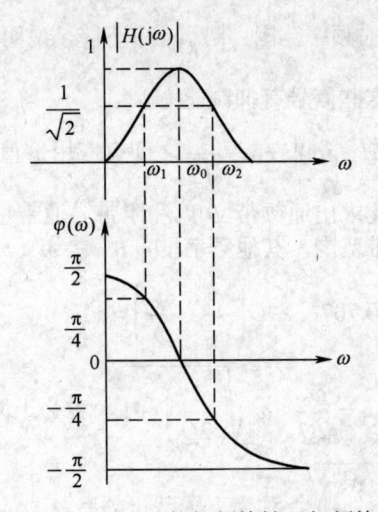

图 8.15　$H_I(j\omega)$ 的幅频特性及相频特性

由分压公式：
$$\dot{U}_R = \frac{R}{Z}\dot{U}_S$$

则网络函数
$$H_R(j\omega) = \frac{\dot{U}_R}{\dot{U}_S} = \frac{R}{Z} = \frac{R}{R\left[1+jQ\left(\dfrac{\omega}{\omega_0}-\dfrac{\omega_0}{\omega}\right)\right]} = \frac{1}{1+jQ\left(\dfrac{\omega}{\omega_0}-\dfrac{\omega_0}{\omega}\right)} \quad (8\text{-}16)$$

幅频特性：$|H_R(j\omega)| = \dfrac{1}{\sqrt{1+Q^2\left(\dfrac{\omega}{\omega_0}-\dfrac{\omega_0}{\omega}\right)^2}}$

相频特性：$\varphi(\omega) = -\arctan Q\left(\dfrac{\omega}{\omega_0}-\dfrac{\omega_0}{\omega}\right)$

特性曲线与图 8.15 所示 $H_I(j\omega)$ 的幅频特性及相频特性相同，可知 RLC 串联电路频率特性具有带通特性。

图 8.15 所示幅频特性分析：①在 $\omega = \omega_0 = \dfrac{1}{\sqrt{LC}}$ 时，$|H_R(j\omega)|$ 出现峰值，即 $\dfrac{U_R}{U_1}$ 最大，在 ω_0 附近 $|H_R(j\omega)|$ 较大，说明 RLC 串联电路选择 ω_0 附近信号通过，电路具有选择性。Q 值越大，ω_0 附近曲线越陡，选择性越好，抑制非 ω_0 信号的能力越强，但通频带变窄，故 Q 与通频带 BW 成反比。品质因数 Q 与通频带 BW 是一对矛盾，通信上常兼顾二者综合考虑，在保证一定品质因数 Q 的同时，满足一定的通频带 BW。

② 在 $|H_R(j\omega)| < \dfrac{1}{\sqrt{2}}$ 的频率范围，$|H_R(j\omega)|$ 下降，说明 RLC 串联电路抑制这些频率信号通过，电路对这些信号有抑制能力。

③ 工程上一般认为 $|H_R(j\omega)|$ 在 $1 \sim \dfrac{1}{\sqrt{2}}$ 之间有应用价值，认为 RLC 串联电路让这些频率信号通过，由此求出通频带 BW 和阻带。通带位于频域中段，呈带状形状，$\omega_1 \leqslant \omega_0 \leqslant \omega_2$ 为通带范围，其他频率段 $\omega > \omega_2$，$\omega < \omega_1$ 为阻带。

令 $|H_R(j\omega)| \geqslant \dfrac{1}{\sqrt{2}} = 0.707 \quad Q\left(\dfrac{\omega}{\omega_0} - \dfrac{\omega_0}{\omega}\right) = \pm 1$

得两个截止频率：$\omega_2 = \dfrac{\omega_0}{2Q} + \omega_0\sqrt{\left(\dfrac{1}{2Q}\right)^2 + 1}$，称为上限截止频率。

$\omega_1 = -\dfrac{\omega_0}{2Q} + \omega_0\sqrt{\left(\dfrac{1}{2Q}\right)^2 + 1}$，称为下限截止频率。

通频带

$$BW = \omega_2 - \omega_1 = \dfrac{\omega_0}{Q}\,\text{rad/s} \tag{8-17}$$

或

$$BW = f_2 - f_1 = \dfrac{f_0}{Q}\,\text{Hz} \tag{8-18}$$

$\omega_0 = \dfrac{1}{\sqrt{LC}}$ 为中心频率，$\omega > \omega_2$，$\omega < \omega_1$ 为阻带。

由分压公式 $\dot{U}_L = \dfrac{j\omega L}{Z}\dot{U}$，$\dot{U}_C = \dfrac{\dfrac{1}{j\omega C}}{Z}\dot{U}_0$，则网络函数

$$H_L(j\omega) = \dfrac{\dot{U}_L}{\dot{U}} = \dfrac{j\omega L}{R + j\left(\omega L - \dfrac{1}{\omega C}\right)}$$

$$= \dfrac{jQ\dfrac{\omega}{\omega_0}}{1 + jQ\left(\dfrac{\omega}{\omega_0} - \dfrac{\omega_0}{\omega}\right)} = \dfrac{jQ}{\dfrac{\omega_0}{\omega} + jQ\left(1 - \dfrac{\omega_0^2}{\omega^2}\right)}$$

$$= \dfrac{jQ\eta}{1 + jQ\left(\eta - \dfrac{1}{\eta}\right)} = \dfrac{jQ}{\dfrac{1}{\eta} + jQ\left(1 - \dfrac{1}{\eta^2}\right)} \tag{8-19}$$

其中：$\eta = \dfrac{\omega}{\omega_0}$

品质因数：$Q = \dfrac{\omega_0 L}{R} = \dfrac{1}{\omega_0 RC}$

幅频特性：$|H_L(j\omega)| = \dfrac{Q}{\sqrt{\left(\dfrac{\omega_0}{\omega}\right)^2 + Q^2\left(1 - \dfrac{\omega_0^2}{\omega^2}\right)^2}}$

相频特性 $\varphi_L(\omega)$：因为 $\dot{U}_L$ 比 $\dot{U}_R$ 超前 90°，故可由 $H_R(j\omega)$ 的相频特性得到 $\varphi_L(\omega)$。

表 8.4 列出了几个特殊的值。幅频特性见图 8.16。

表 8.4

ω	0	$\omega_b = \sqrt{\dfrac{2Q^2}{2Q^2-1}}\,\omega_0$	∞
$|H_L(j\omega)|$	0	$\dfrac{Q}{\sqrt{1-\dfrac{1}{4Q^2}}}$	1

$$H_C(j\omega) = \dfrac{\dot{U}_C}{\dot{U}} = \dfrac{\dfrac{1}{j\omega C}}{R + j\left(\omega L - \dfrac{1}{\omega C}\right)} = \dfrac{\dfrac{\omega_0}{j\omega_0 R\omega C}}{1 + j\left(\dfrac{\omega_0 L}{R}\cdot\dfrac{\omega}{\omega_0} - \dfrac{1}{R\omega_0}\cdot\dfrac{\omega_0}{\omega C}\right)}$$

$$= \dfrac{jQ\eta}{1 + jQ\left(\eta - \dfrac{1}{\eta}\right)} = \dfrac{-jQ}{\dfrac{\omega_0}{\omega} + jQ\left(1 - \dfrac{\omega_0^2}{\omega^2}\right)} \quad (8\text{-}20)$$

幅频特性：$|H_C(j\omega)| = \dfrac{Q}{\sqrt{\left(\dfrac{\omega_0}{\omega}\right)^2 + Q^2\left(1 - \dfrac{\omega_0^2}{\omega^2}\right)^2}}$

相频特性 $\varphi_C(\omega)$：因为 $\dot{U}_C$ 比 $\dot{U}_R$ 滞后 90°，故可由 $H_R(j\omega)$ 的相频特性得到 $\varphi_C(\omega)$。

表 8.5 列出了几个特殊的值，幅频特性见图 8.16。

表 8.5

ω	0	$\omega_a = \sqrt{1 - \dfrac{1}{2Q^2}}\,\omega_0$	∞
$|H_C(j\omega)|$	1	$\dfrac{Q}{\sqrt{1 - \dfrac{1}{4Q^2}}}$	0

说明 $Q \gg 1$ 时，$H_L(j\omega)$ 为高通函数，下限截止频率 $\omega_j = 0.664\omega_0$，通频带

$\omega_j - \infty$；$H_C(j\omega)$ 为低通函数，上限截止频率 $\omega_j = 1.55\omega_0$，通频带为 $0 - \omega_j$。曲线如图 8.16 所示。$Q > 0.707$ 时，$H_L(j\omega)$ 和 $H_C(j\omega)$ 均有大于 Q 且相等的峰值，峰值点分别在 a、b 处。其中，$\omega_a = \sqrt{1 - \dfrac{1}{2Q^2}}\,\omega_0$，$\omega_b = \sqrt{\dfrac{2Q^2}{2Q^2 - 1}}\,\omega_0$

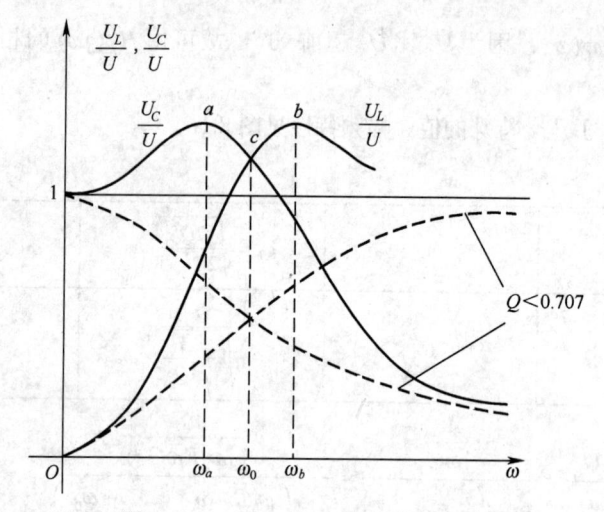

图 8.16　$H_L(j\omega)$ 与 $H_C(j\omega)$ 的幅频特性

2. RLC 并联电路频率响应

图 8.17 所示电路为一端口 RLC 并联电路，$\dot{I}_S$ 为激励源，$\dot{U}$ 为响应。

$$Y = \frac{1}{R} + j\left(\omega C - \frac{1}{\omega L}\right) = G + j(B_C - B_L)$$

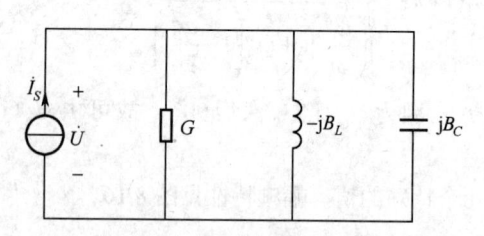

图 8.17　RLC 并联电路

$\omega > \omega_0$，$B = \omega C - \dfrac{1}{\omega L} > 0$，端口电路呈容性；

$\omega = \omega_0$，$B = \omega C - \dfrac{1}{\omega L} = 0$，端口电路呈阻性；

$\omega < \omega_0$，$B = \omega C - \dfrac{1}{\omega L} < 0$，端口电路呈感性。

$\omega = \omega_0 = \dfrac{1}{\sqrt{LC}}$ 时 Y 最小，$\dot{U} = \dot{I}_S / Y$，$\dot{I}_S$ 不变则 $\dot{U}$ 最大。

现在讨论网络函数 $\dfrac{\dot{U}}{\dot{I}_S}$、$\dfrac{\dot{I}_R}{\dot{I}_S}$、$\dfrac{\dot{U}}{\dot{U}_0}$ 等频率特性。

网络函数 $\dfrac{\dot{U}}{\dot{I}_S}$ 为转移阻抗。

$$H(j\omega) = \frac{\dot{U}}{\dot{I}_S} = \frac{\dot{I}_S / Y}{\dot{I}_S} = \frac{1}{Y} = \frac{1}{\dfrac{1}{R} + j\left(\omega C - \dfrac{1}{\omega L}\right)}$$

$$= \frac{1}{G\left[1 + j\left(\dfrac{\omega C}{G} - \dfrac{1}{G\omega L}\right)\right]} = \frac{1}{G\left[1 + jQ\left(\dfrac{\omega}{\omega_0} - \dfrac{\omega_0}{\omega}\right)\right]} \quad (8\text{-}21)$$

其中：

$$Q = \frac{\omega_0 C}{G} = \frac{1}{\omega_0 GL} \quad (8\text{-}22)$$

Q 称为 RLC 并联电路的品质因数。

$H(j\omega)$ 的特性曲线如图 8.18 所示。

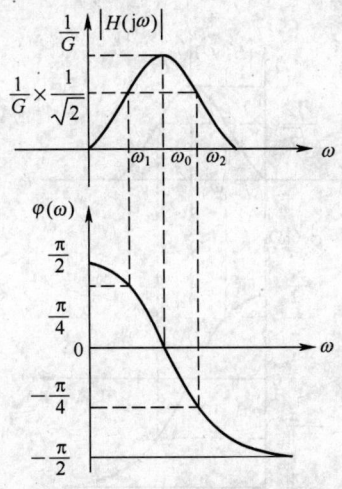

图 8.18　$H(j\omega)$ 的频率响应

其频响特性的规律为带通滤波特性。为了总结一般规律，由 $\dot{U}(j\omega_0) = \dfrac{\dot{I}_S}{Y(j\omega_0)} = \dot{I}_S / G$ 得到

$$H(j\omega_0) = \frac{U(j\omega_0)}{\dot{I}_S} = \frac{1}{G}$$

$$H(j\omega) = \frac{\dot{U}(j\omega)}{\dot{I}_S} = \frac{1}{Y(j\omega)}$$

$$= \frac{1}{G\left[1+jQ\left(\dfrac{\omega}{\omega_0}-\dfrac{\omega_0}{\omega}\right)\right]}$$

$$H_U(j\omega) = \frac{H(j\omega)}{H(j\omega_0)} = \frac{U(j\omega)}{U(j\omega_0)} = \frac{1}{1+jQ\left(\dfrac{\omega}{\omega_0}-\dfrac{\omega_0}{\omega}\right)} \tag{8-23}$$

幅频特性：$|H_U(j\omega)| = \dfrac{1}{\sqrt{1+Q^2\left(\dfrac{\omega}{\omega_0}-\dfrac{\omega_0}{\omega}\right)}}$

相频特性：$\varphi(\omega) = -\arctan Q\left(\dfrac{\omega}{\omega_0}-\dfrac{\omega_0}{\omega}\right)$

网络函数 $H_U(j\omega)$ 的频率响应特性曲线如图 8.19 所示。与 RLC 串联电路的网络函数 $H_I(j\omega) = \dfrac{1}{1+jQ\left(\dfrac{\omega}{\omega_0}-\dfrac{\omega_0}{\omega}\right)}$ 相同。

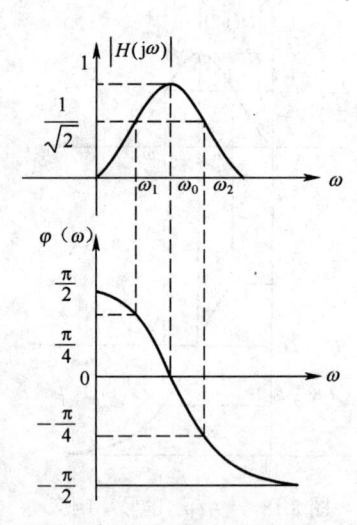

图 8.19 RLC 并联电路的频率特性

由对偶原理可知，网络函数 $\dfrac{\dot{U}}{\dot{I}_S}$、$\dfrac{\dot{I}_R}{\dot{I}_S}$、$\dfrac{\dot{U}}{\dot{U}_0}$、$\dfrac{\dot{I}_L}{\dot{I}_S}$、$\dfrac{\dot{I}_C}{\dot{I}_S}$ 的频率特性与 $\dfrac{\dot{I}}{\dot{U}_S}$、$\dfrac{\dot{U}_R}{\dot{U}_S}$、$\dfrac{\dot{I}}{\dot{I}_0}$、$\dfrac{\dot{U}_L}{\dot{U}_S}$、$\dfrac{\dot{U}_C}{\dot{U}_S}$ 的频率特性对应相同。

网络函数的频率响应特性分析：

①选择性：该并联电路能使 ω_0 及其附近 ω 的频率信号通过，即 1~0.707 倍幅值对应的频率信号通过，且 Q 越大，曲线越陡，选择性越好。

②抑制性：$\omega > \omega_2$，$\omega < \omega_1$ 时，这些信号通过该电路时呈现幅值很小（<0.707），说明电路对这些信号具有抑制作用。

通频带
$$BW = \omega_2 - \omega_1 = \frac{\omega_0}{Q}$$

$$BW = f_2 - f_1 = \frac{f_0}{Q}$$

$$BW = \frac{\omega_0}{Q} = \frac{1}{RC} \tag{8-24}$$

其中：$Q = \dfrac{\omega_0 C}{G} = R\omega_0 C = \dfrac{1}{\omega_0 GL} = \dfrac{R}{\omega_0 L}$

Q 说明 I_L、I_C 比 I_0（即 I_S）扩大的倍数。

Q 越高的电路，BW 越小，选择性越好，但频带越窄。而信号由一定频率范围的多分量组成，需占用一定的频带宽度，为减小信号传输失真，需使频率范围处于电路的通频带之内，电路频带越宽，失真越小。二者是矛盾的，设计滤波器需兼顾二者。

实际并联电路是 L、C 并联组成滤波电路，L 本身有电阻 R，但很小，如图 8.20（a）所示，可等效变换为 RLC 并联电路，如图 8.20（b）所示。

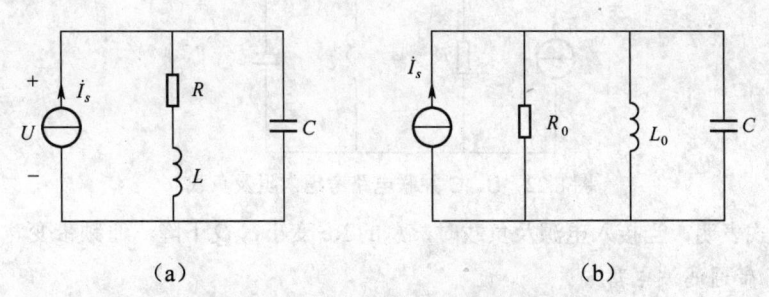

图 8.20 RL 与 C 并联组成滤波电路

$$Y = j\omega C + \frac{1}{1 + j\omega L} = \frac{R}{R^2 + (\omega L)^2} + j\left[\omega C - \frac{\omega L}{R^2 + (\omega L)^2}\right]$$

$$= G + jB = \frac{1}{R_0} + jB = G + j(B_C - B_L)$$

其中 $R_0 = \dfrac{R^2 + (\omega L)^2}{R} = \dfrac{1}{G}$，$L_0 = \dfrac{R^2 + (\omega L)^2}{\omega L}$

将 R_0、L_0、C 代入上式 R、L、C 参数中，其余分析同 RLC 并联电路，

$Q = R_0\omega_0 C$，若考虑信号源内阻及负载 R_L，如图 8.21 所示，则 $\text{Re} = R_S /\!/ R_0 /\!/ R_L$，$L_0 = \dfrac{R^2 + \omega^2 L^2}{\omega L}$，品质因数 $Q = \text{Re}\,\omega_0 C$，称为有载滤波器 $\dfrac{Q_e}{Q_0} = \dfrac{\text{Re}}{R_0}$，$\text{Re} = \dfrac{Q_e}{Q_0} R_0$，如图 8.22 所示。

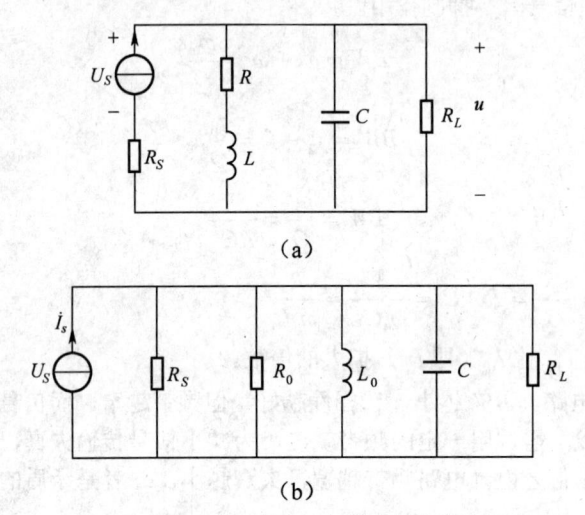

图 8.21　RL 与 C 并联电路模型及其等效电路

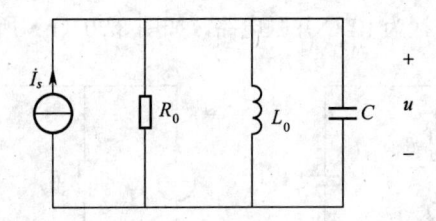

图 8.22　L、C 并联电路考虑内阻及负载

上式表明，当接入电源及负载时，总的 Re 变小，Q 下降，通频带变宽。

3. 带通滤波电路

此为 RC 正弦波振荡器的选频电路。电路如图 8.23 所示。网络函数为：

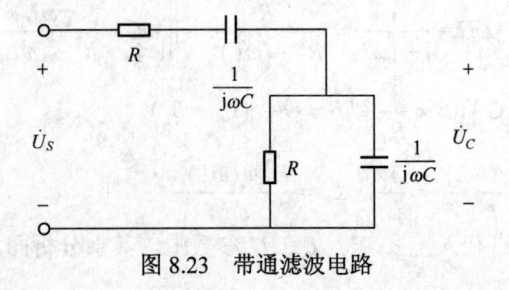

图 8.23　带通滤波电路

$$H(\mathrm{j}\omega)=\frac{\dot{U}_2}{\dot{U}_1}=\frac{\dfrac{R}{\mathrm{j}\omega C}\bigg/\left(R+\dfrac{1}{\mathrm{j}\omega C}\right)}{R+\dfrac{1}{\mathrm{j}\omega C}+\dfrac{\dfrac{R}{\mathrm{j}\omega C}}{R+\dfrac{1}{\mathrm{j}\omega C}}}=\frac{1}{3+\mathrm{j}\left(\omega RC-\dfrac{1}{\omega RC}\right)}=\frac{1}{3+\mathrm{j}\left(\dfrac{\omega}{\omega_0}-\dfrac{\omega_0}{\omega}\right)} \quad (8\text{-}25)$$

幅频特性：$|H(\mathrm{j}\omega)|=\dfrac{1}{\sqrt{3^2+\left(\omega RC-\dfrac{1}{\omega RC}\right)^2}}$

相频特性：$\varphi(\omega)=-\arctan\dfrac{\omega RC-\dfrac{1}{\omega RC}}{3}$，其中 $\omega_0=\dfrac{1}{RC}$

列表如表 8.6 所示。

表 8.6

ω	0	ω_1	ω_0	ω_2	∞
$|H(\mathrm{j}\omega)|$	0	$\dfrac{1}{3}\times 0.707$	$\dfrac{1}{3}$	$\dfrac{1}{3}\times 0.707$	0
$\varphi(\omega)$	$\dfrac{\pi}{2}$	$\dfrac{\pi}{4}$	0	$-\dfrac{\pi}{4}$	$-\dfrac{\pi}{2}$

频率特性曲线如图 8.24 所示。

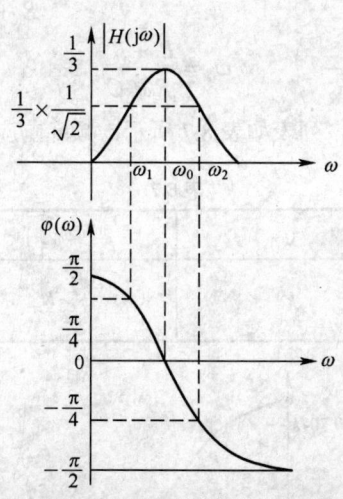

图 8.24 带通滤波电路特性曲线

例 8-3 求图 8.25 所示电路的转移电压比，确定它们是低通还是高通电路，并画出频率响应曲线。

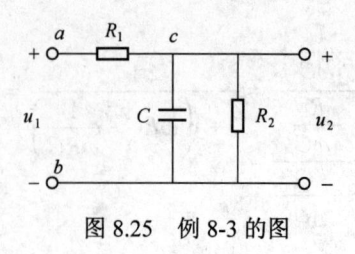

图 8.25 例 8-3 的图

解：
$$Y_{cb} = \frac{1}{R_2} + j\omega C$$
$$= \frac{1+j\omega R_2 C}{R_2}$$
$$Z_{cb} = \frac{R_2}{1+j\omega R_2 C}$$
$$Z_{ab} = R_1 + \frac{R_2}{1+j\omega R_2 C} = \frac{R_1 + R_2 + j\omega R_1 R_2 C}{1+j\omega R_2 C}$$
$$\dot{U}_2 = \frac{Z_{cb}}{Z_{ab}} \dot{U}_1$$
$$\frac{\dot{U}_2}{\dot{U}_1} = \frac{Z_{cb}}{Z_{ab}} = \frac{1+j\omega R_2 C}{R_1 + R_2 + j\omega R_1 R_2 C} \times \frac{R_2}{1+j\omega R_2 C}$$
$$= \frac{R_2}{R_1 + R_2 + j\omega R_1 R_2 C} = \frac{R_2}{R_1 + R_2} \times \frac{1}{1+j\dfrac{\omega R_1 R_2 C}{R_1 + R_2}} = K\frac{1}{1+j\dfrac{\omega}{\omega_0}}$$
$$K = \frac{R_2}{R_1 + R_2} \qquad \omega_0 = \frac{R_1 + R_2}{R_1 R_2 C}$$

该电路为一低通电路，列表如表 8.7 所示，频率响应曲线如图 8.26 所示。

表 8.7

ω	0	ω_0	∞
$\left|\dfrac{\dot{U}_2}{\dot{U}_1}\right|$	K	$\dfrac{1}{\sqrt{2}}K$	0

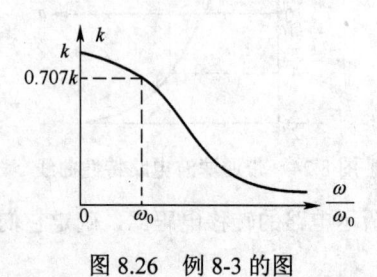

图 8.26 例 8-3 的图

例 8-4 RLC 串联电路 $R=10\Omega$，$L=0.01\text{H}$，$C=10^{-5}\text{F}$。

（1）求输入阻抗与频率的关系；
（2）给出阻抗的模和幅角与频率关系的草图；
（3）求谐振频率 ω_0；
（4）求品质因数 Q；
（5）求通频带。

解：（1） $Z(j\omega) = R + j\omega L + \dfrac{1}{j\omega C} = R + j\left(\omega L - \dfrac{1}{\omega C}\right) = 10 + j\left(0.01\omega - \dfrac{1}{\omega \times 10^{-6}}\right)$

$|Z(j\omega)| = \sqrt{R^2 + X^2} = \sqrt{R^2 + \left(\omega L - \dfrac{1}{\omega C}\right)^2}$

$= R\left[1 + jQ\left(\dfrac{\omega}{\omega_0} - \dfrac{\omega_0}{\omega}\right)\right]$

$\varphi(\omega) = \arctan\dfrac{\omega L - \dfrac{1}{\omega C}}{R}$

$\omega = \omega_0$ 时 $Z = R$，$X_L \propto \omega$，$X_C \propto \dfrac{1}{\omega}$

（2）$|Z(j\omega)| - \omega$ 幅频特性曲线（阻抗模和幅角对频率关系曲线）如图 8.27 所示。列表如表 8.8 所示。

表 8.8

ω	0	ω_1	ω_0	ω_2	∞
$|H(j\omega)|$	0	$\dfrac{1}{\sqrt{2}}$	1	$\dfrac{1}{\sqrt{2}}$	0
$\varphi(\omega)$	$-\dfrac{\pi}{2}$	$-\dfrac{\pi}{4}$	0	$\dfrac{\pi}{4}$	$\dfrac{\pi}{2}$

（3）$\omega_0 = \dfrac{1}{\sqrt{LC}} = \dfrac{1}{\sqrt{0.01 \times 10^{-5}}} = 10^4 \text{ rad/s}$

（4）$Q = \dfrac{\omega_0 L}{R} = 10^4 \times 10^{-3} = 10$

（5）$\omega = \omega_2 - \omega_1 = \dfrac{R}{L} = \dfrac{\omega_0}{Q} = \dfrac{10}{0.01} = 10^3 \text{ rad/s}$

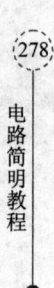

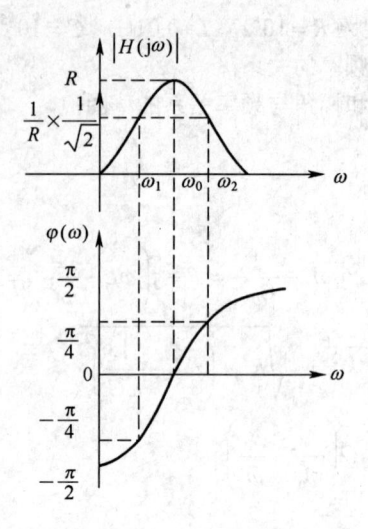

图 8.27 例 8-4 的图

8.3 谐振电路

谐振现象广泛应用于通信工程及电子技术领域,以达到有选择地传送信号的目的。

对于任意一个由 RLC 组成的一端口无源线性电路,端口等效阻抗可用 $Z(j\omega) = R(\omega) + jX(\omega)$ 表示,当信号源信号频率改变时,该 $Z(j\omega)$ 随之改变。

$$Z(j\omega) = R(\omega) + jX(\omega) = \sqrt{R(\omega)^2 + X(\omega)^2} \bigg/ \arctan\frac{X(\omega)}{R(\omega)}$$
$$= |Z(j\omega)| \angle \varphi_Z(\omega) \tag{8-26}$$

端口等效导纳可用 $Y(j\omega) = G(\omega) + jB(\omega)$ 表示。

$X(\omega) > 0$,$B(\omega) < 0$,即 $\varphi_Z(\omega) > 0$,$\varphi_Y(\omega) < 0$ 时电路呈感性;

$X(\omega) < 0$,$B(\omega) > 0$,即 $\varphi_Z(\omega) < 0$,$\varphi_Y(\omega) > 0$ 时电路呈容性;

$X(\omega) = 0$,$B(\omega) = 0$,即 $\varphi_Z(\omega) = 0$,$\varphi_Y(\omega) = 0$ 时电路呈阻性。

端口电压与电流同相位,称这种现象为谐振。为产生谐振,用 L 和 C 组成的电路称为谐振电路。

8.3.1 RLC 串联谐振电路

当一端口电路由 RLC 串联组成,如图 8.28 所示,正弦交流电压源 $\dot{U}_S$ 为激励,频率为 ω。

$$Z(\omega) = R + j\left(\omega L - \frac{1}{\omega C}\right) = R + jX$$

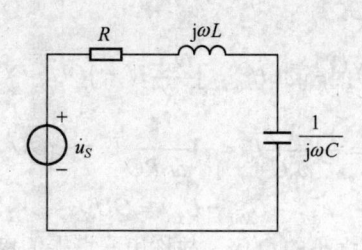

图 8.28 RLC 串联谐振电路

串联谐振的条件：
$$I_m[Z] = 0 \tag{8-27}$$

即 $X = 0$ 时，
$$\omega L - \frac{1}{\omega C} = 0$$

$$\omega = \omega_0 = \frac{1}{\sqrt{LC}} \tag{8-28}$$

或
$$f_0 = \frac{1}{2\pi\sqrt{LC}} \tag{8-29}$$

称发生了串联谐振。谐振频率取决于 L、C、f。改变 L 或 C 大小，使 $\omega_0 = \frac{1}{\sqrt{LC}} = \omega$；或改变电源频率 ω，使 $\omega = \omega_0 = \frac{1}{\sqrt{LC}}$，均可使电路发生谐振。$\omega_0$ 称为该电路的固有振荡频率。

串联谐振的特征：

（1）电阻最小。$X = 0$，$Z = R$。

（2）电流最大。$X = 0$，$\dot{I}_0 = \frac{\dot{U}}{Z} = \frac{\dot{U}}{R}$。

（3）品质因数 Q 为谐振时电感电压或电容电压与信号源 U_S 之比。

$$Q = \frac{U_{L0}}{U_S} = \frac{U_{C0}}{U_S}$$

$$= \frac{\omega_0 L}{R} = \frac{1}{\omega_0 CR}$$

$$= \frac{\rho}{R} = \frac{1}{R}\sqrt{\frac{L}{C}} \tag{8-30}$$

谐振时 $\rho = \omega_0 L = \frac{1}{\omega_0 L} = \sqrt{\frac{L}{C}}$，称为特性阻抗，单位为欧姆（Ω）。

Q 值愈高，U_{L0} 及 U_{C0} 愈大，波形越陡，谐振电路的选择性越好，谐振电路"品质"越好，通信、电子技术利用谐振将微弱信号 $\dot{U}_S$ 扩大 Q 倍，从电容两端输出。

（4）L、C 上电压最大。

$$\dot{U}_{L0} = j\omega_0 L \dot{I}_0 = j\frac{\omega_0 L}{R}\dot{U} = jQ\dot{U}_S$$

$$\dot{U}_{C0} = -j\frac{1}{\omega_0 C}\dot{I}_0 = -j\frac{1}{\omega_0 RC}\dot{U} = -jQ\dot{U}_S$$

$$U_{L0} = U_{C0} = QU_S$$

U_L，U_C 大小是信号源大小的 Q 倍，故称串联谐振为电压谐振。

（5）谐振时负载电压等于电源电压。

$$\dot{U}_S = \dot{U}_R + \dot{U}_L + \dot{U}_C = \dot{U}_R$$

$$\dot{U}_X = \dot{U}_L + \dot{U}_C = 0$$

$\dot{U}_L$ 与 $\dot{U}_C$ 大小相等、方向相反，相量图如图 8.29 所示。

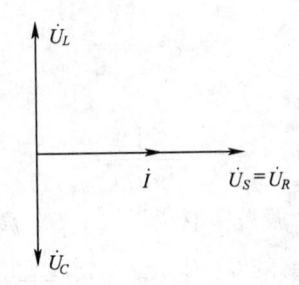

图 8.29 RLC 串联谐振时相量图

（6）谐振时视在功率 S 等于有功功率 P。

谐振时 $X=0$，$Q = Q_L + Q_C = 0$，$\bar{S} = P = I_0^2 R$。

谐振时电路吸收无功功率为零，感性无功功率与容性无功功率彼此补偿，无需向电源取用无功功率。L 放电时，C 吸收电能；而 L 吸收电能时，C 释放电能，能量在电场与磁场之间振荡。

$$Q(j\omega_0) = Q_L(j\omega_0) + Q_C(j\omega_0) = \omega_0 L I^2(j\omega_0) - \frac{1}{\omega_0 C}I^2(j\omega_0) = 0$$

（7）谐振时总能量为一常数。

在整个过程中电场能量与磁场能量不断随 t 变化。$W_L = \frac{1}{2}Li_L(t)^2$，$W_C = \frac{1}{2}Cu_C^2(t)$，但此增彼减，电能与磁能相互转换，但储存的总能量保持不变，均为 $W_{L0} = W_{C0} = \frac{1}{2}LI_0^2 = \frac{1}{2}CU_0^2$。

信号源供给电路能量全部转化为电阻的损耗 $S=P$，R 越小，维持振荡所需能量损耗越小，信号源消耗能量越小。

$$W(j\omega_0) = W_L(j\omega_0) + W_C(j\omega_0) = \frac{1}{2}LI_{Lm}^2(j\omega_0) = \frac{1}{2}CU_{Cm}^2(j\omega_0)$$

$$= \frac{1}{2}LI_m^2 = \frac{1}{2}C(QU_{Sm})^2$$

$$= \frac{1}{2}L(\frac{\sqrt{2}U_S}{R})^2 = CQ^2U_S(j\omega_0) = 常数 \quad (8-31)$$

其中 $Q = \sqrt{\frac{L}{C}}/R$ $\quad L = R^2Q^2C \quad \frac{L}{R^2} = Q^2C$

则从能量观点看 Q：

$$Q = \frac{\omega_0 LI_0^2}{RI_0^2} = \frac{Q_L(j\omega_0)}{P_R(j\omega_0)} = \frac{Q_C(j\omega_0)}{P_R(j\omega_0)}$$

RLC 串联谐振适用于信号源内阻较小的情况，若 R_0 大，则 Q 值降低，选择性变差。在通信工程和电子技术方面要利用电路的串联谐振，而在电力系统中应避免谐振，以防出现高电压大电流，损坏电气设备。

串联谐振在无线电中应用，如接收机用来选择天线接收的来自不同频率的信号，利用 RLC 谐振回路选择所需要的信号，图 8.30（a）为实际电路，图 8.30（b）为等效电路。

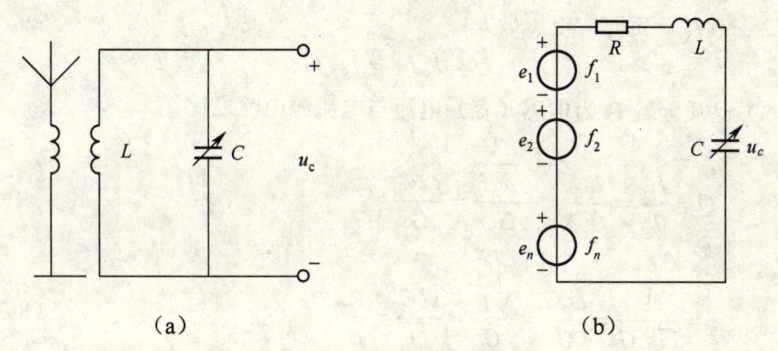

图 8.30　RLC 谐振回路

8.3.2　RLC 并联谐振电路

当一端口电路由 RLC 并联组成，如图 8.31 所示，由频率为 ω 的电流源 $\dot{I}_S$ 供电。

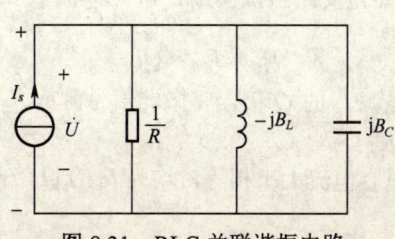

图 8.31　RLC 并联谐振电路

$$Y(j\omega) = G + jB = G + j(B_C - B_L) = \frac{1}{R} + j\left(\omega C - \frac{1}{\omega L}\right)$$

由并联谐振条件：
$$I_m[Y] = 0 \tag{8-32}$$
$$B = 0$$

即 $\omega C - \dfrac{1}{\omega L} = 0$

$$\omega_0 = \frac{1}{\sqrt{LC}} \tag{8-33}$$

或
$$f_0 = \frac{1}{2\pi\sqrt{LC}} \tag{8-34}$$

ω_0 称为该电路的固有振荡频率。

并联谐振的特征：

（1）导纳最小，电阻最大。
$$Y = G + jB = G \qquad R = \frac{1}{G}$$

（2）当 $\dot{I}_S$ 一定时，电压最大。
$$\dot{U} = \dot{I}_S / Y = \dot{I}_S / G$$

（3）品质因数 Q 为电感（容）电流与电流源电流之比。

$$Q = \frac{I_{L0}}{I_S} = \frac{I_{C0}}{I_S} = \frac{U\dfrac{1}{\omega_0 L}}{G} = \frac{\omega_0 C}{G}$$

$$= \frac{1}{\omega_0 LG} = \frac{\omega_0 C}{G} = \frac{\sqrt{\dfrac{C}{L}}}{G} = \frac{1/G}{\sqrt{\dfrac{L}{C}}} = \frac{R}{\rho} \tag{8-35}$$

$\rho = \sqrt{\dfrac{L}{C}} = \omega_0 L = \dfrac{1}{\omega_0 C}$，称为特征阻抗，单位为 Ω。

谐振时电路阻抗模 R 是支路阻抗模 $\omega_0 L$ 和 $\dfrac{1}{\omega_0 C}$ 的 Q 倍：
$$I_{L0} = I_{C0} = QI_S$$

L、C 支路电流为电源 $\dot{I}_S$ 的 Q 倍，将微弱信号源放大 Q 倍，故并联谐振又称为电流谐振。

（4）电感电流与电容电流大小相等，均为 I_S 的 Q 倍，相位相反。

$$\dot{I}_L = -j\dot{U}B_L = \frac{\dot{U}}{j\omega_0 L} = -j\frac{\dot{I}_S/G}{\omega_0} = -j\dot{I}^S Q$$

$$\dot{I}_C = j\dot{U}B_C = \dot{U}j\omega_0 C = j\dot{I}_S \frac{\omega_0 C}{G} = jQ\dot{I}_S$$

$$Q = \frac{1}{G\omega_0 L} = \frac{\omega_0 C}{G}$$

（5）谐振时电流源电流等于电导电流。相量图如图 8.32（a）或（b）所示。

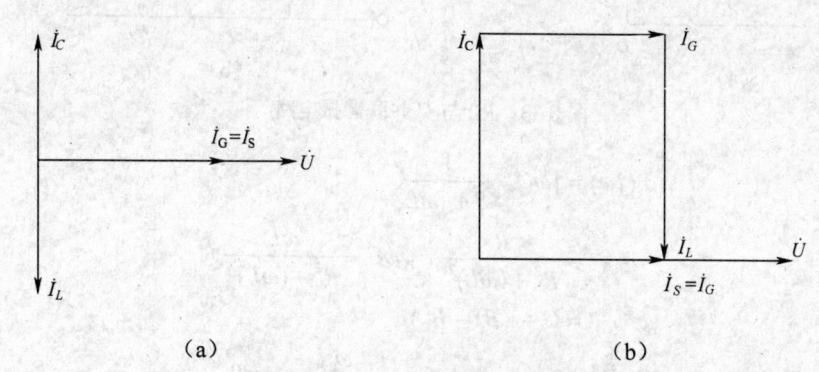

(a)   (b)

图 8.32 RLC 并联谐振时相量图

$$\dot{I}_S = \dot{I}_G + \dot{I}_L + \dot{I}_C = \dot{I}_G$$
$$\dot{I}_B = \dot{I}_L + \dot{I}_C = 0$$

谐振时 I_L，I_C 不取用电源电流，而是 L、C 之间互补。

（6）谐振时视在功率 S 等于有功功率。

$$Q = Q_L + Q_C = \frac{1}{2}U^2(j\omega_0)\omega_0 C - \frac{1}{2}U^2(j\omega_0)\frac{1}{\omega_0 L} = 0$$

$$\overline{S} = P = U^2 G = I_S^2/G$$

电感磁场能量与电容电场能量相互交换，完全补偿，L 与 C 之间发生振荡，信号源供给能量为有功功率，即供给维持振荡所需的能量损耗。G 越大并联电阻 R 越小，信号源消耗能量越小。

（7）电感能量与电容能量总和为一常数。

在整个过程中电场能量与磁场能量各自随 t 变化，此增彼减，电能与磁能相互转换，但储存的总能量保持不变。

$$W_C(\omega_0) = W_L(\omega_0) = \frac{1}{2}Li_L^2(t) + \frac{1}{2}Cu_C^2(t)$$
$$= \frac{1}{2}LI_{Lm}^2 = \frac{1}{2}CU_{Cm}^2$$
$$= LQ^2 I_S^2 = 常数$$

(8-36)

工程上常采用电感线圈与电容并联电路，组成谐振电路。其中电感的电路模型由电阻 R 和 L 串联组成，电阻 R 很小，如图 8.33（a）所示，可等效为 RLC 并联电路，如图 8.33（b）所示。

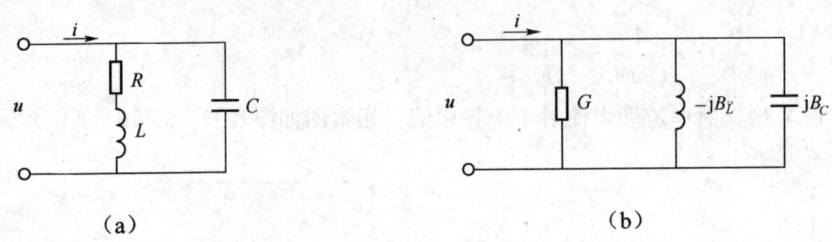

图 8.33 RL 与 C 并联谐振电路

$$Y(j\omega) = j\omega C + \frac{1}{R + j\omega L}$$

$$= \frac{R}{R^2 + (\omega L)^2} + j(\omega C - \frac{\omega L}{R^2 + (\omega L)^2})$$

$$= G + j(B_C - B_L)$$

谐振条件：$I_m[Y(j\omega)] = 0 \qquad \omega_0 C - \frac{\omega_0 L}{R^2 + (\omega_0 L)^2} = 0$

$$\omega_0 = \frac{1}{\sqrt{LC}}\sqrt{1 - \frac{CR^2}{L}}$$

或 $f_0 = \frac{1}{2\pi\sqrt{LC}}\sqrt{1 - \frac{CR^2}{L}}$

当 $1 - \frac{CR^2}{L} > 0$ 即 $R < \sqrt{\frac{L}{C}}$ 时，ω_0 有实数，由于 R 很小，$R << \sqrt{\frac{L}{C}}$ 时，电路发生谐振：

$$\omega_0 \doteq \frac{1}{\sqrt{LC}} \qquad (8\text{-}37)$$

与 GLC 并联谐振电路特性相近。

当 $1 - \frac{CR^2}{L} < 0$ 即 $R > \sqrt{\frac{L}{C}}$ 时电路不会发生谐振。

谐振特征：

（1）谐振时导纳 $Y(j\omega_0) = \frac{R}{R^2 + (\omega_0 L)^2} = \frac{R}{\frac{L}{C}} = \frac{RC}{L} = G_0$

$$Z(j\omega_0) = \frac{R^2 + (\omega_0 L)^2}{R} = \frac{\frac{L}{C}}{R} = \frac{L}{RC} = R_0 = Z_0$$ 为并联于电源两端的等效电阻。

$Y(j\omega_0)$ 不是最小的，$Z(j\omega_0)$ 不是最大的。

（2）当 U_S 一定时，$I_0 = \dfrac{U_S}{R_0}$，电流很大。

当 I_S 一定时，$U_0 = I_S R_0$，电压很大。

（3）当 U_S 一定时，I_{RL} 和 I_C 是总电流 I_0 的 Q 倍。

$$I_{RL} = \frac{U_S}{\sqrt{R^2 + (\omega_0 L)^2}} \doteq \frac{U_S}{\omega_0 L}$$

$$I_C = \omega_0 C U_S$$

$$Q = \frac{I_{RL}(j\omega_0)}{I_0} \doteq \frac{R_0}{\omega_0 L}$$

$$= \frac{I_C(j\omega_0)}{I_0} \doteq \frac{1}{\omega_0 R_0 C}$$

$$R_0 = Z_0 = \frac{L}{RC}$$

由

$$Q = \omega_0 C R_0 \doteq \frac{R_0}{\omega_0 L} = \frac{Z_0}{\omega_0 L}$$

$$L \doteq \frac{|Z_0|}{\omega_0 Q} = \frac{|Z_0|}{2\pi f_0 Q}$$

（3）谐振时 R 较小，φ_1 很大，接近 90°。相量图如图 8.34 所示。

$$I_{RL} = I_0 / \cos \varphi_1$$
$$I_C = I_0 \tan \varphi_1 = I_{RL} \sin \varphi_1$$

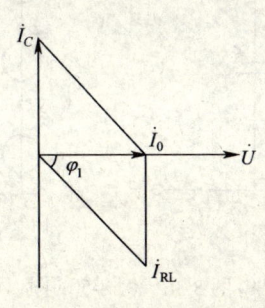

图 8.34 RL 与 C 并联谐振时的相量图

实际并联谐振电路应选择内阻 R_S 大的信号源。R_S 愈大，并联线圈中 R 愈小，折合到谐振回路中的电阻 R_0 愈大，如图 8.35 所示，Q 愈大。

$$Q = \frac{R_0}{\omega_0 L} = \omega_0 R_0 C \qquad (R_0 = R_S \parallel \frac{L}{RC}) \qquad (8\text{-}38)$$

由上式可看出，并联谐振电路适用于配合高内阻信号源工作。

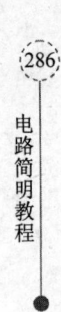

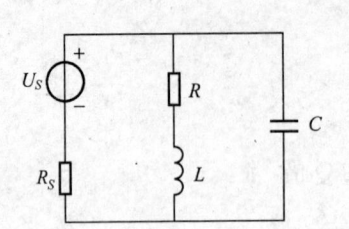

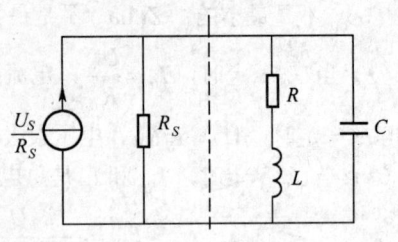

图 8.35 实际并联谐振电路

应用：并联谐振在无线电工程和电子技术中广泛应用，利用并联谐振时，I_S 一定时阻抗模大的特点选择信号；或者 U_S 一定时导纳模小的特点抑制信号以消除干扰，在电力系统中利用并联电容将功率因数提高后电路所处状态，就是接近于电压源馈电的并联谐振状态。

选择信号时，I_S 一定，$|Z_0|$ 大，U_0 大，$U_0 = I_S |Z_0|$

抑制信号时，U_S 一定，$|Z_0|$ 大，I_0 小，$I_0 = \dfrac{U}{Z_0}$

例 8-5 某收音机的输入电路如图 8.36 所示，线圈电感 $L=0.3$mH，电阻 $R=16\Omega$。今欲收听 640kHz 某电台的广播，应将可变电容 C 调到多少皮法？如在谐振回路中感应出电压 $U = 2\mu V$，试求此时回路中该信号的电流多大，并求线圈（或电台）两端的电压为多大？

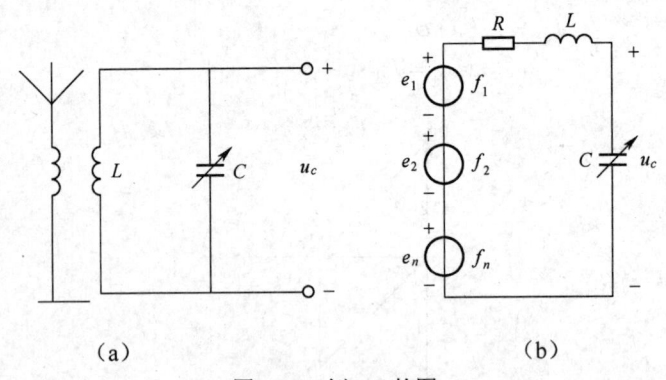

图 8.36 例 8-5 的图

解：根据串联谐振的条件知：$f_0 = \dfrac{1}{2\pi\sqrt{LC}}$

$$640 \times 10^3 = \dfrac{1}{2 \times 3.14 \sqrt{0.3 \times 10^3 C}}$$

$C = 204\text{pF}$

$$I = \dfrac{U}{R} = \dfrac{2 \times 10^{-6}}{16}\text{A} = 0.13\mu\text{A}$$

$$X_C = X_L = 2\pi f L = 2 \times 3.14 \times 640 \times 10^3 \times 0.3 \times 10^{-3} \approx 1200\Omega$$
$$U_C \approx U_L = X_L I = 1200 \times 0.3 \times 10^{-6} = 156 \times 10^{-6} \text{V} = 156\mu\text{V}$$

例 8-6 在图 8.37 所示的并联谐振电路中,其谐振频率 $f_0 = 100\text{kHz}$,谐振阻抗 $Z_0 = 100\text{k}\Omega$,品质因数 $Q=100$,(1) 试求各元件 R、L 和 C,(2) 若将此电路与 200kΩ 电阻并联,试问整个电路的品质因数 Q' 将变成多少?

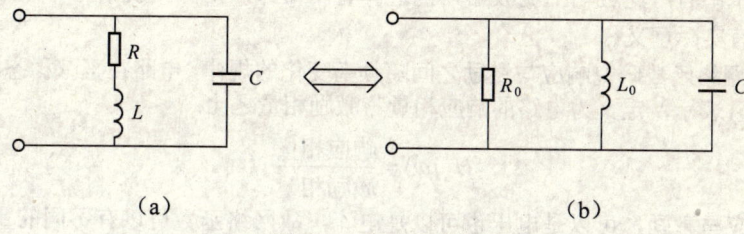

(a)   (b)

图 8.37 例 8-6 的图

解:(1) 由实际并联电路等效为 $R_0 LC$ 并联电路,$|Z_0| = R_0 = \dfrac{L}{RC} = 100\text{k}\Omega$

$$\omega_0 = 2\pi f_0 = 2 \times 3.14 \times 100 \times 10^3$$

由 $Q = \omega_0 C R_0 = \dfrac{R_0}{\omega_0 L} = \dfrac{Z_0}{\omega_0 L}$,

$$Q = \dfrac{|Z_0|}{\omega_0 L} = 100 \quad L = \dfrac{|Z_0|}{\omega_0 Q} = \dfrac{|Z_0|}{2\pi f_0 Q} = \dfrac{100 \times 10^3}{2 \times 3.14 \times 100 \times 10^3 \times 100} = 1.59\text{mH}$$

由 $\omega_0 = \dfrac{1}{\sqrt{LC}}$ 得:

$$C = \dfrac{1}{\omega_0^2 L} = \dfrac{1}{(2 \times 3.14 \times 100 \times 10^3)^2 \times 1.59 \times 10^{-3}} = 1590\text{pF}$$

由 $R_0 = \dfrac{L}{RC}$,$R = \dfrac{L}{R_0 C} = \dfrac{1.59 \times 10^{-3}}{100 \times 10^3 \times 1590 \times 10^{-12}} = 10\Omega$

(2) 若将此电路与 200kΩ 电阻并联,$R' = 200\text{k}\Omega$,总电阻为 $R = R' // R_0 = 200\text{k}\Omega // 100\text{k}\Omega = 66.67\text{k}\Omega$,使 R 变小,由 $Q = \omega_0 CR$,可知 Q 将变小。

$$Q' = \omega_0 RC = 2\pi f_0 RC$$
$$= 2 \times 3.14 \times 100 \times 10^3 \times 66.67 \times 10^3 \times 1590 \times 10^{-12}$$
$$= 66.67$$

或者:

$$Q = \omega_0 R_0 C \quad Q' = \omega_0 RC$$
$$\dfrac{Q'}{Q} = \dfrac{R}{R_0} = \dfrac{66.67}{100} \quad\quad Q' = \dfrac{R}{R_0} Q = \dfrac{66.67}{100} \times 100 = 66.67$$

章节回顾

1. 本章讨论电源（信号源）在频率变化时，电路中各响应（电压或电流）随频率变化而变化的规律，在频域内对电路进行分析称为频域分析。在通信线路及电子技术中有广泛应用的滤波器，能选择有用信号，滤除干扰信号，故进行频域分析具有实际意义。

2. 网络函数研究响应与激励之间随频率变化的规律，电路在正弦稳态激励下，用 $H(j\omega)$ 表示，定义为电路的响应相量与激励相量之比：

$$H(j\omega) = \frac{响应相量}{激励相量}$$

响应与激励，可以是电压也可以是电流，故网络函数可以有不同的量纲，根据响应与激励所处位置不同，分为策动点函数和转移函数（传输函数）。

3. 响应随电源（激励）频率变化而变化的规律称为频率响应，故网络函数为频率的复函数。

$$H(j\omega) = |H(j\omega)| \angle \varphi(\omega)$$

$|H(j\omega)|$ 与 ω 关系为幅频特性，$\varphi(\omega)$ 与 ω 的关系称为相频特性。可用曲线表示，称为频率特性曲线。

4. 本章讨论了 RLC 串联电路的频率响应 $\frac{\dot{U}_R}{\dot{U}}$、$\frac{\dot{U}_L}{\dot{U}}$、$\frac{\dot{U}_R}{\dot{U}}$、$\frac{\dot{I}}{\dot{I}_0}$ 等，对于复数阻抗 $Z(j\omega) = R + j\left(\omega L - \frac{1}{\omega C}\right) = R\left[1 + jQ\left(\frac{\omega}{\omega_0} - \frac{\omega_0}{\omega}\right)\right]$

令 $Q = \frac{\omega_0 L}{R} = \frac{1}{\omega_0 RC}$

则 $H_R(j\omega) = \frac{U_R}{U} = \frac{1}{1 + jQ\left(\dfrac{\omega}{\omega_0} - \dfrac{\omega_0}{\omega}\right)}$，幅频特性呈带通特性。在 $\omega = \omega_0 = \frac{1}{\sqrt{LC}}$ 时，$|H_R(j\omega)|$ 为最大，在 ω_0 附近较大，远离 ω_0 处下降很大，该电路对于 $\omega_1 - \omega_2$ 范围的频率具有选择性，即选择频率在 $\omega_1 - \omega_2$ 范围的信号通过，抑制 $\omega_1 - \omega_2$ 范围以外的频率信号。Q 值越大，ω_0 附近曲线越陡，电路选择 ω_0 信号、抑制其他信号能力越强，选择性越好，通频带 BW 越小，带宽越窄，Q 与 BW 成反比，由此求出通频带与阻带。$BW = \omega_2 - \omega_1 = \frac{\omega_0}{Q}$(rad/s) 或 $BW = f_2 - f_1 = \frac{f_0}{Q}$（Hz），$\omega_1 \leqslant \omega \leqslant \omega_2$ 为通带范围，在频域中段呈带状，其余为阻带。而其相频特性说明在 $\omega = \omega_0$ 时没有相移，而在 $\omega \neq \omega_0$ 时出现相移，在 $\omega = \omega_2$ 及 $\omega = \omega_1$ 时相移均为 $\frac{\pi}{4}$，其他在 $\omega = \infty$

及 $\omega=0$ 时相移达 $\frac{\pi}{2}$，而幅频特性降为 0，求截止频率 ω_1、ω_2 是根据工程上认为 $|H(j\omega)|$ 由 1 下降到 $\frac{1}{\sqrt{2}}$ 时对应的频率范围，在 $|H(j\omega)| < \frac{1}{\sqrt{2}}$ 以下对应的频率信号认为被抑制，并联 RLC 电路特性分析与此相似。

5. 本章分析了 RLC 串联谐振情况。谐振是指端口电压与电流同相位，对外呈现阻性。谐振频率 $\omega_0 = \frac{1}{\sqrt{LC}}$，谐振特征为电阻最小，电流最大，$L$、$C$ 上电压达最大，$U_{L0} = U_{C0} = QU_S$，故把串联谐振称为电压谐振。利用此特点，通信线路及电子技术可将某一微弱信号放大 Q 倍选择下来。品质因数 $Q = \frac{1}{R}\sqrt{\frac{L}{C}} = \frac{\rho}{R}$，特性阻抗 $\rho = \omega_0 L = \frac{1}{\omega_0 C} = \sqrt{\frac{L}{C}}$，$Q$ 值愈高，谐振电路"品质越好"，电路的选择性越好。

谐振时视在功率 $S=P$，$Q=0$。电感无功与电容无功相互补偿，L、C 之间发生振荡，电源只提供电阻消耗功率以维持振荡，串联谐振电路适用于电源（信号源）内阻较小的情况。

6. RLC 并联谐振频率 $\omega_0 = \frac{1}{\sqrt{LC}}$，谐振特征为导纳最小，$\dot{I}_S$ 为信号源时电压最大，L、C 上电流达最大，$I_{C0} = I_{L0} = QI_S$，故把并联谐振称为电流谐振，品质因数 $Q = \frac{R}{\rho}$，$\rho = \sqrt{\frac{L}{C}} = \omega_0 L = \frac{1}{\omega_0 C}$，将微弱信号电流放大 Q 倍。谐振时 L、C 之间发生振荡，$S=P$，$Q=0$，并联谐振电路适用于内阻较大的信号源。

工程上常采用电感线圈与电容并联产生谐振，电路模型为 R、L 串联再与 C 并联（R 很小）。谐振频率 $\omega_0 = \frac{1}{\sqrt{LC}}$ 谐振时，导纳 $Y(j\omega_0) = \frac{RC}{L}$，特征与 RLC 并联谐振电路相近，$Z(j\omega_0) = \frac{L}{RC} = R_0$ 为谐振时等效电阻，可推得 $R_0 = Q\sqrt{\frac{L}{C}} = Q\rho$，$Q = \frac{\rho}{R} = \frac{R_0}{\rho}$，$u_S$ 一定时 $\dot{I}_{RL}$ 和 $\dot{I}_C$ 是总电流的 Q 倍。

$$Q = \frac{I_{RL}}{I_0} = \frac{I_C}{I_0} = \frac{\omega_0 L}{R} = \frac{1}{\omega_0 CR} = \frac{\rho}{R}$$

R 为 RL 串联电路电阻，R_0 为并联等效电阻。

由上式知串联于电感上的电阻 R 越小，并联于回路等效电阻 R_0 越大，Q 值越高，反之 Q 值越低，因此并联谐振回路适用于配合高内阻信号源工作。利用并联谐振时，$\dot{I}_S$ 一定、阻抗模大、电压大的特点选择信号，或抑制某信号干扰。

通信线路与电子技术应尽量利用谐振工作，而电力系统中应尽量避免发生谐振。

7．滤波器应用广泛，分为一阶、二阶、高阶滤波器，又分为无源、有源滤波器。本章分析了一阶、二阶常见电路无源滤波器及其滤波特性：低通、高通、带通、带阻、全通滤波特性。

习题

8-1 交流放大电路的级间 RC 耦合电路如题 8-1 图所示，设 $R = 200\Omega$，$C = 50\mu F$。(1) 求该电路的通频带范围；(2) 画出其幅频特性；(3) 若减小电容值，对通频带有何影响？

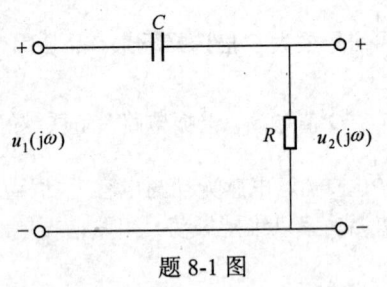

题 8-1 图

8-2 试证明题 8-2 图（a）所示为一低通滤波电路，题 8-2 图（b）所示为一高通滤波电路，其中截止频率 $\omega_0 = \dfrac{R}{L}$。

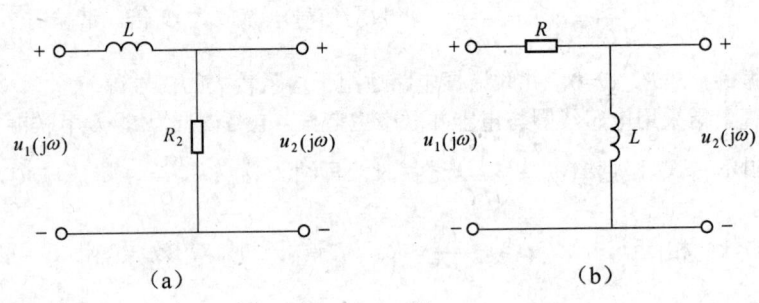

（a）　　　　　（b）

题 8-2 图

8-3 求题 8-3 图所示电路的策动点阻抗及策动点导纳。

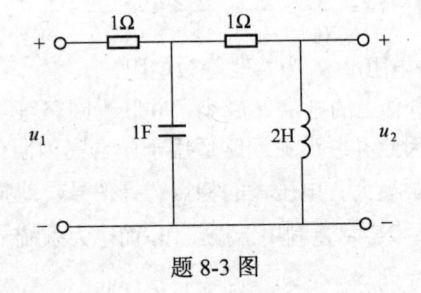

题 8-3 图

8-4 求题 8-4 图所示电路的转移电压比 $\dfrac{\dot{U}_4}{\dot{U}_1}$。

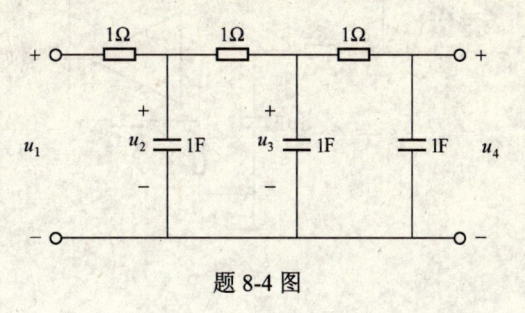

题 8-4 图

8-5 求题 8-5 图（a）、（b）所示各电路的转移电压比，确定电路是低通还是高通，并画出频率响应曲线。

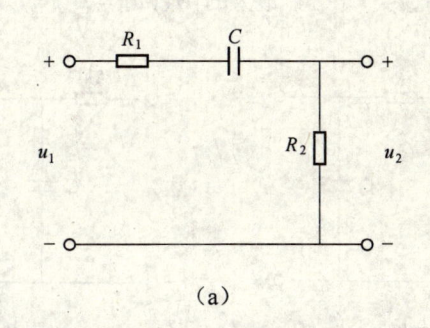

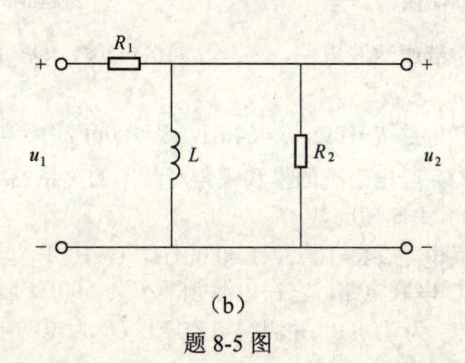

(a)

(b)

题 8-5 图

8-6 有源 RC 低通电路如题 8-6 图所示，求含理想运算放大电路的电压转移函数 $H_U = \dfrac{\dot{U}_0}{\dot{U}_I}$。

8-7 题 8-7 图中，已知 R=1Ω，C=1F。试求电路的电压转移函数 H_U，分析相频关系并作出相频曲线。

题 8-6 图

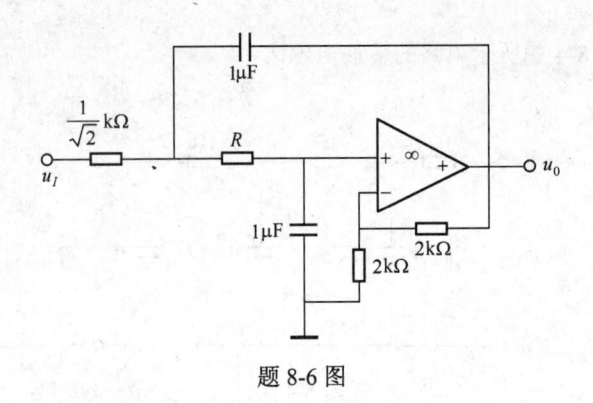

8-8 如题 8-8 图所示电路，定义 $H(j\omega)=\dfrac{\dot{U}_2}{\dot{U}_1}$，$L$=100μH，$C$=100pF。（1）频率为何值时 $|H(j\omega)|$ 为最大？（2）最大的 $|H(j\omega)|=$？

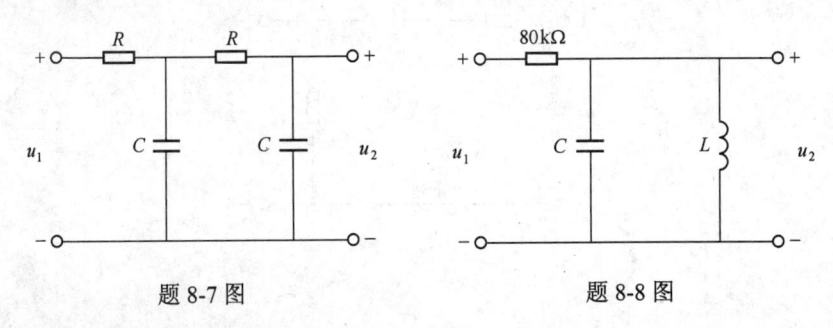

题 8-7 图　　　　　　　题 8-8 图

8-9 已知某一带通滤波电路，$\omega_0=2\times10^4$ rad/s，$Q=10$，试求通带宽度 B 及两个截止角频率 ω_{C1}、ω_{C2}。

8-10 RLC 串联电路 R=10Ω，L=64μH，C=100pF，$u_S=10$V。（1）求输入阻抗与频率的关系；（2）绘出阻抗的模和幅角对频率的关系曲线；（3）求谐振频率；（4）求通频带；（5）求品质因数 Q。

8-11 RLC 并联电路，R=10^5Ω，L=0.001H，C=10^{-7}F，求题 8-10 各项问题。

8-12 有一 RLC 串联电路，它在电源频率 f 为 500Hz 时发生谐振。谐振时电流 I 为 0.2A，容抗 X_C 为 314Ω，并测得电容电压 U_C 为电源电压 U 的 20 倍，试求该电路的电阻 R 和电感 L。

8-13 有一并联电路如题 8-13 图所示，L=0.25mH，R=25Ω，C=85pF，试求谐振角频率 ω_0、品质因数 Q 和谐振时电路的阻抗模 $|Z_0|$。

8-14 某收音机输入电路的电感约为 0.3mH，可变电容器的调节范围为 25~360pF，试问能否满足收听中波段 535~1605kHz 的要求。

8-15 在题 8-15 图所示电路中，信号源的电动势为 $U_S=200$V，内阻为

$R_S = 100\text{k}\Omega$，并联谐振回路的谐振角频率和品质因数分别为 $\omega_0 = 10^7\text{rad/s}$，$Q = 100$，又设谐振时信号源输出的功率为最大。求（1）电感 L、电容 C 和电阻 R；（2）谐振电流 I_0、谐振回路的谐振电压 U_0 和谐振信号源输出的功率 P_0。

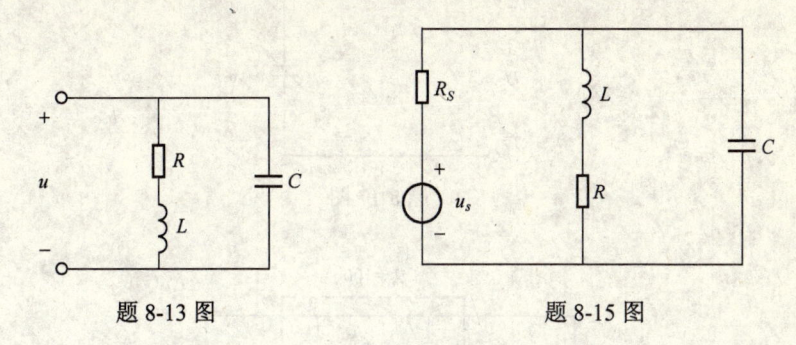

题 8-13 图   题 8-15 图

8-16 试求题 8-16 图所示的各电路谐振角频率的表达式。

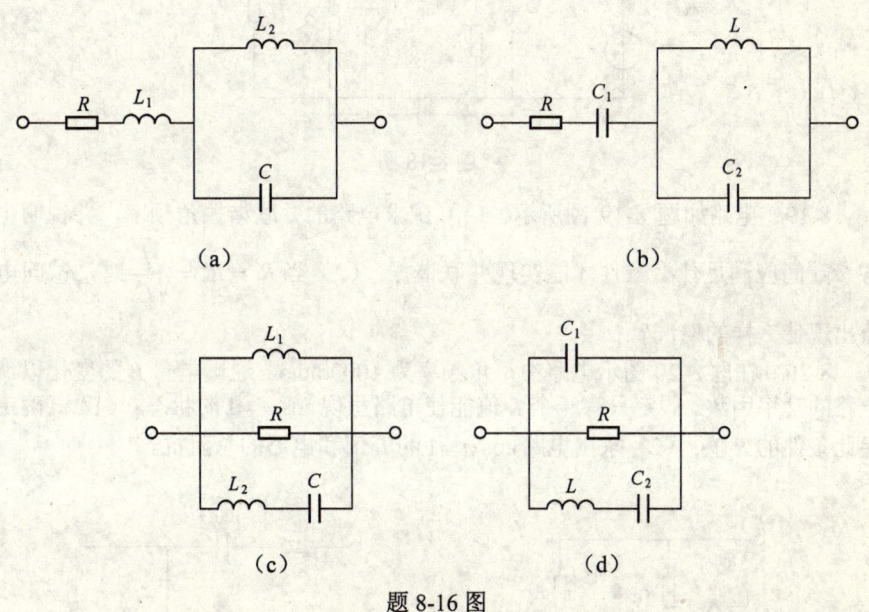

(a)   (b)

(c)   (d)

题 8-16 图

8-17 题 8-17 图所示电路中，电源电压 $U=10\text{V}$，角频率 $\omega = 3000\text{rad/s}$，调节电容 C 使电路达到谐振，并测得谐振电流 $I_0 = 100\text{mA}$，谐振电容电压 $U_{C0} = 200\text{V}$。试求 R、L、C 之值以及回路的品质因数 Q。

8-18 在题 8-18 图所示的并联谐振回路中，已知 $L=500\mu\text{H}$，空载回路品质因数 $Q_0 = 100$，$\dot{U}_S = 50\angle 0°$ V，电源角频率 $\omega = 10^6\text{rad/s}$，并假设电路已对电源频率谐振。(1)求电路的通频带 B 和回路两端电压 U_0；(2)如果在回路上并联 $R_L = 30\text{k}\Omega$

的电阻，这时通频带 B 为多少？

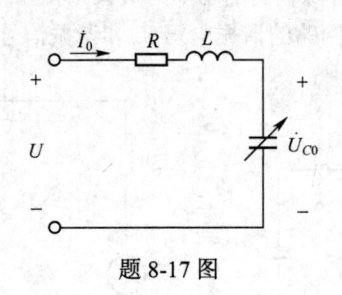

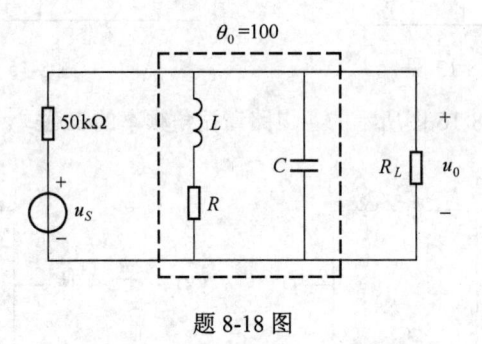

题 8-17 图

题 8-18 图

8-19 电路如题 8-19 图所示。(1) 试求电路的并联谐振角频率，并说明电路各参数间应满足什么条件才能实现并联谐振；(2) 当 $R_1 = R_2 = \sqrt{\dfrac{L}{C}}$ 时，试问电路将出现什么样的情况？

8-20 在题 8-20 图示电路中，角频率为 1000rad/s，通过电感 L 的变化以调整电路的功率因数。假定只有一个 L 值能使电路呈现 $\cos\varphi = 1$ 的状态。(1) 试确定满足此条件的 R 值；(2) 求出电路 $\cos\varphi = 1$ 的 L 值和电路的总阻抗。

题 8-19 图　　　　　　题 8-20 图

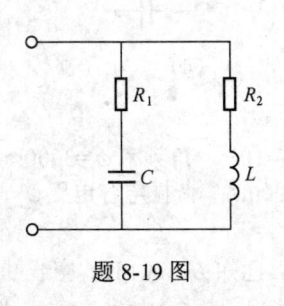

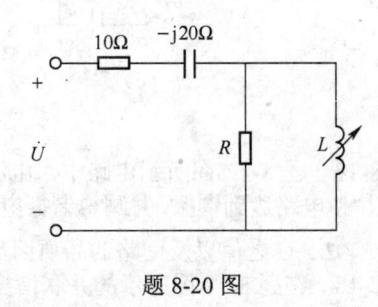

第 9 章 三相正弦交流电路

本章重点

- 对称三相电源的概念，相电压、线电压、相电流、线电流、中线电流、中点位移的概念，电源线电压与相电压的关系。
- 三相负载 Y 连接在对称与不对称负载、有中线（Y_0）与无中线（Y）情况的分析方法。三相对称负载 Y 连接时，线电压与相电压关系式、线电流与相电流关系式。
- 三相负载 Δ 连接时线电压与相电压关系、线电流与相电流关系。
- 三相对称负载的有功功率、无功功率和视在功率。

本章难点

- 三相负载星形连接无中线（Y）时，中点位移及各相负载相电流与线电流的求法。
- 三相负载星形、三角形连接时故障情况分析。

三相交流电在实际中应用广泛。本章学习三相交流电路的一些基本知识：三相交流电源以及三相负载的连接方式，三相交流电路星形连接和三角形连接的负载的分析方法，求解三相交流电路的有功功率、无功功率、视在功率。介绍有关三相交流电的一些概念：线电压、相电压、线电流、相电流、中点位移。

9.1 三相对称电源

电力系统进行电能的产生、传输、分配及使用均采用三相电路，三相电路一般由三相电源、三相输电线路和三相负载组成。

9.1.1 三相对称电源

三相对称电源由频率相同、幅值相等、初相位互差120°的三相正弦交流电压源连接成 Y 形或三角形（Δ）所组成。电路如图 9.1（a）、（b）所示。三相相电压超前或滞后的先后次序，称为三相电压的相序，按 $A \rightarrow B \rightarrow C \rightarrow A$ 的相序称为正序（又称顺序），与之相反，称为负序（逆序），相位差为零的三相电压相序为零序。电力系统一般采用正序。

(a) Y 形连接　　　　　　　　(b) △ 形连接

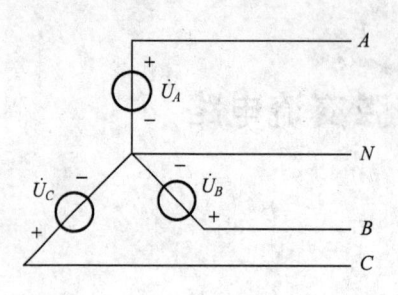

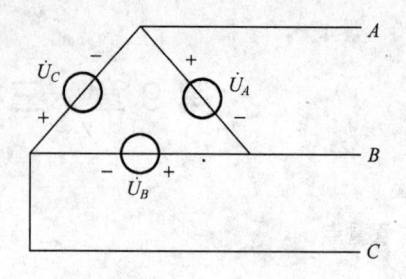

图 9.1　三相对称电源

瞬时表达式：

$$\begin{cases} u_A = \sqrt{2}U\cos\omega t \\ u_B = \sqrt{2}U\cos(\omega t - 120°) \\ u_C = \sqrt{2}U\cos(\omega t + 120°) \end{cases} \quad (9\text{-}1)$$

相量表达式：

$$\begin{cases} \dot{U}_A = U\angle 0° \\ \dot{U}_B = U\angle -120° = \dot{U}_A\angle -120° \\ \dot{U}_C = U\angle 120° = \dot{U}_A\angle 120° \end{cases} \quad (9\text{-}2)$$

相量图如图 9.2 所示。

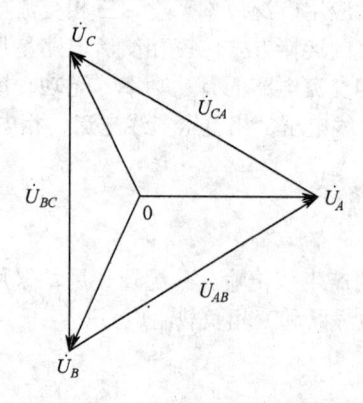

图 9.2　三相对称电压相量图

三相对称电源三相电压之和为零。

$$u_A + u_B + u_C = 0$$
$$\dot{U}_A + \dot{U}_B + \dot{U}_C = 0 \quad (9\text{-}3)$$

9.1.2 三相电源的连接

把发电机三相定子绕组或三相变压器的次级的三个绕组看作对称三相电源。每相绕组有两端产生电动势，相当于一相电源。三相电源的连接方式有两种：一种 Y 形连接，一种 Δ 形连接。

1. Y 形连接电源

从三个绕组首端 A、B、C 引出三根线称为火线，三个绕组末端连在一起，其节点 N 称为中性点，简称中点。从中点引出一根线称为零线，火线与零线之间的电压称为相电压，即 $\dot{U}_A$，$\dot{U}_B$，$\dot{U}_C$，火线与火线之间的电压为线电压，即 $\dot{U}_{AB}$，$\dot{U}_{BC}$，$\dot{U}_{CA}$，端线上流过的电流称为线电流，即流过输电线上的电流。由三根火线一根零线组成的供电体系称为三相四线制。电力系统一般常用三相四线制供电。

线电压可由下式求出：

$$\begin{cases} \dot{U}_{AB} = \dot{U}_A - \dot{U}_B \\ \dot{U}_{BC} = \dot{U}_B - \dot{U}_C \\ \dot{U}_{CA} = \dot{U}_C - \dot{U}_A \end{cases} \tag{9-4}$$

可通过作相量图求出，如图 9.3 所示。

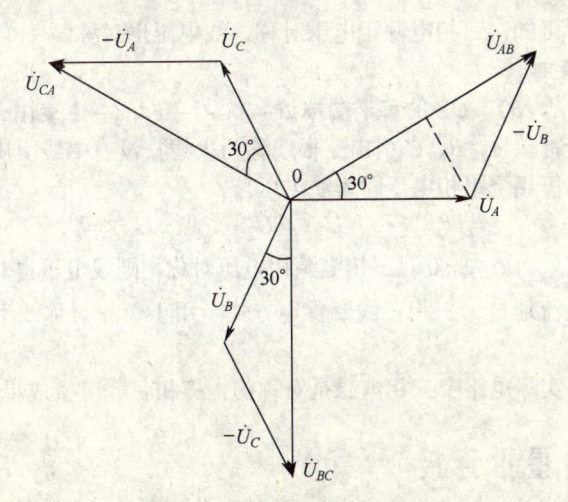

图 9.3 利用相量图求线电压

$\dot{U}_{AB}$ 为 $\dot{U}_A$ 与 ($-\dot{U}_B$) 的矢量和，作叠加可得 $\dot{U}_{AB}$，大小为：$U_l = \sqrt{3}U\cos 30° \times 2 = \sqrt{3}U_P$，相位超前 $\dot{U}_A$ 30°。同理可作出 $\dot{U}_{BC}$、$\dot{U}_{CA}$，其线电压大小 U_l 均为相电压 U_P 的 $\sqrt{3}$ 倍，相位分别超前于相应相电压 $\dot{U}_B$($\dot{U}_C$) 30°。

也可用解析法求出。

设 $\dot{U}_{AB} = U\angle 0°$

$$\dot{U}_{AB} = \dot{U}_A - \dot{U}_B = U\angle 0° - U\angle -120° = U(1+j0) - U\left(-\frac{1}{2} - j\frac{\sqrt{3}}{2}\right)$$

$$= U\left(\frac{3}{2} + j\frac{\sqrt{3}}{2}\right) = \sqrt{3}\dot{U}_A\angle 30°$$

$$\dot{U}_{BC} = \dot{U}_B - \dot{U}_C = U\angle -120° - U\angle 120° = U\left(-\frac{1}{2} - j\frac{\sqrt{3}}{2}\right) - U\left(-\frac{1}{2} + j\frac{\sqrt{3}}{2}\right)$$

$$= \sqrt{3}U\angle -90° = \sqrt{3}\dot{U}_B\angle 30°$$

$$\dot{U}_{CA} = \dot{U}_C - \dot{U}_A = U\angle 120° - U\angle 0° = U\left(-\frac{1}{2} + j\frac{\sqrt{3}}{2}\right) - U(1+j0)$$

$$= U\left(-\frac{3}{2} + j\frac{\sqrt{3}}{2}\right) = \sqrt{3}U\angle 150° = \sqrt{3}\dot{U}_C\angle 30°$$

则：

$$\begin{cases} \dot{U}_{AB} = \sqrt{3}\dot{U}_A\angle 30° \\ \dot{U}_{BC} = \sqrt{3}\dot{U}_B\angle 30° \\ \dot{U}_{CA} = \sqrt{3}\dot{U}_C\angle 30° \end{cases} \tag{9-5}$$

由上述分析可知：三相电源相电压对称，线电压也对称。

2. △形连接电源

三个绕组 AX、BY、CZ 的首末端按 $B—X$、$C—Y$、$Z—A$ 接在一起，组成三角形连接。从三个首端 A、B、C 引出三根线称为火线，没有中线引出，供电方式为三相三线制，则每相绕组相电压即为线电压。

$$\dot{U}_{AB} = \dot{U}_A \qquad \dot{U}_{BC} = \dot{U}_B \qquad \dot{U}_{CA} = \dot{U}_C$$

故有 $\dot{U}_{AB} + \dot{U}_{BC} + \dot{U}_{CA} = 0$。三相电源相电压对称，则线电压也对称。不接负载时电源回路无电流通过。三相三线制供电方式，用于负载对称或不对称的情况而不需要中线。

综上所述，实际电路中三相电源是对称的，三相负载可接成星形或三角形。

9.2 负载的星形连接

星形负载接法分为带中线 Y_0 方式和不带中线 Y 方式。

负载三相分别为 Z_a、Z_b、Z_c，将三相负载的末端连在一起形成节点 N'，称为负载中性点，三个负载首端分别接到电源 A、B、C 三相火线上去，N' 与 N 点之间用中线连接，即 Y_0 方式，如图 9.4 所示。负载三相电压为：$\dot{U}_a$、$\dot{U}_b$、$\dot{U}_c$，流过每相负载的电流 $\dot{I}_a$、$\dot{I}_b$、$\dot{I}_c$ 为相电流，火线上电流为线电流，由于星形连接，

每相相电流等于线电流,有:

$$\begin{cases} \dot{I}_a = \dot{I}_A \\ \dot{I}_b = \dot{I}_B \\ \dot{I}_c = \dot{I}_C \end{cases} \quad (9\text{-}6)$$

由 KCL 定律可知
中线电流

$$\dot{I}_N = \dot{I}_a + \dot{I}_b + \dot{I}_c \quad (9\text{-}7)$$

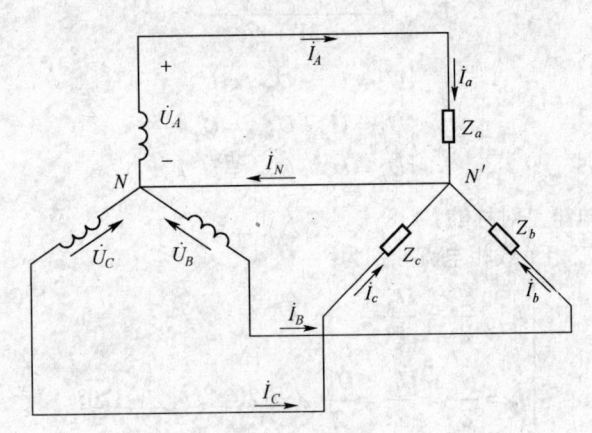

图 9.4 星形 Y_0 接法

求每相电流需先求出每相负载电压。根据连接方式为有中线和无中线情况,负载连接分为对称与不对称情况,共分为四种情况进行分析计算。

9.2.1 有中线情况

将图 9.4 所示电路画成图 9.5 所示电路,线路阻抗忽略不计,中性线阻抗设为 Z_0,一般 Z_0 很小($Z_0 \doteq 0$)。由节点电压法求中点位移 $\dot{U}_{N'N}$。

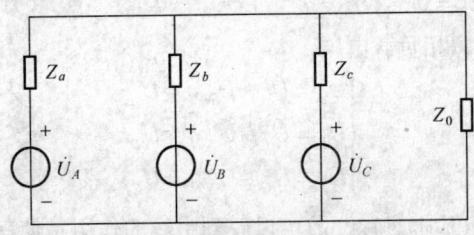

图 9.5 星形 Y_0 接法另一种画法

$$\dot{U}_{N'N}\left(\frac{1}{Z_a} + \frac{1}{Z_b} + \frac{1}{Z_c} + \frac{1}{Z_0}\right) = \frac{\dot{U}_A}{Z_a} + \frac{\dot{U}_B}{Z_b} + \frac{\dot{U}_C}{Z_c}$$

则
$$\dot{U}_{N'N} = \frac{\dot{U}_A Y_a + \dot{U}_B Y_b + \dot{U}_C Y_c}{Y_a + Y_b + Y_c + Y_0} \qquad (9\text{-}8)$$

其中 $Y_a = \dfrac{1}{Z_a}$ $Y_b = \dfrac{1}{Z_b}$ $Y_c = \dfrac{1}{Z_c}$ $Y_0 = \dfrac{1}{Z_0}$

（1）若三相对称：$Z_a = Z_b = Z_c = Z$，$Y = \dfrac{1}{Z}$。则：

$$\dot{U}_{N'N} = \frac{Y(\dot{U}_A + \dot{U}_B + \dot{U}_C)}{3Y + Y_0} = 0$$

$$\begin{cases} \dot{U}_a = \dot{U}_A - \dot{U}_{N'N} = \dot{U}_A \\ \dot{U}_b = \dot{U}_B - \dot{U}_{N'N} = \dot{U}_B \\ \dot{U}_c = \dot{U}_C - \dot{U}_{N'N} = \dot{U}_C \end{cases} \qquad (9\text{-}9)$$

三相负载电压是对称的。

A、B、C 三相负载相电流分别为：

$$\begin{cases} \dot{I}_a = \dfrac{\dot{U}_a}{Z_a} = \dfrac{\dot{U}_A}{Z} \\ \dot{I}_b = \dfrac{\dot{U}_b}{Z_b} = \dfrac{\dot{U}_B}{Z} = \dfrac{\dot{U}_A}{Z}\angle{-120°} = \dot{I}_A\angle{-120°} \\ \dot{I}_c = \dfrac{\dot{U}_c}{Z_c} = \dfrac{\dot{U}_C}{Z} = \dfrac{\dot{U}_A}{Z}\angle{120°} = \dot{I}_A\angle{120°} \end{cases} \qquad (9\text{-}10)$$

由此可知，负载对称的三相星形连接，相电压对称，相电流亦对称，可由式（9-6）知，线电流亦对称。

故对称负载只需计算一相即可，其他两相由对称关系求出。

$$\dot{I}_N = \dot{I}_a + \dot{I}_b + \dot{I}_c = 0$$

（2）负载不对称 $Z_a \neq Z_b \neq Z_c$

因为有中线 $Z_0 \doteq 0$ $Y_0 \doteq \infty$ $\dot{U}_{N'N} \doteq 0$

则由 KVL 定律每相负载电压

$$\begin{cases} \dot{U}_a = \dot{U}_A - \dot{U}_{N'N} \doteq \dot{U}_A \\ \dot{U}_b = \dot{U}_B - \dot{U}_{N'N} \doteq \dot{U}_B \\ \dot{U}_c = \dot{U}_C - \dot{U}_{N'N} \doteq \dot{U}_C \end{cases} \qquad (9\text{-}11)$$

三相负载相电压基本对称。故可以看到中线的作用是使三相负载电压基本对称，均等于电源额定相电压。

负载相电流：

$$\begin{cases} \dot{I}_a = \dfrac{\dot{U}_A}{Z_a} = \dot{I}_A \\ \dot{I}_b = \dfrac{\dot{U}_B}{Z_b} = \dot{I}_B \\ \dot{I}_c = \dfrac{\dot{U}_C}{Z_c} = \dot{I}_C \end{cases} \qquad (9\text{-}12)$$

由上分析可知，三相负载不对称时，相电流不对称，线电流亦不对称。

9.2.2 无中线情况

三相星形负载不带中线 Y 方式接法，电路如图 9.6 所示。

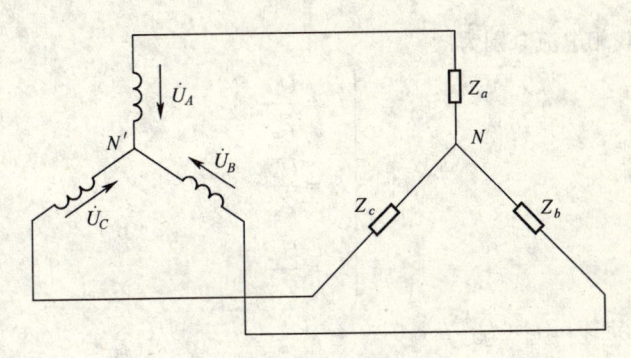

图 9.6 星形 Y 接法

（1）负载对称，$\dot{U}_{N'N} = 0$，分析与 9.2.1 节有中线负载对称情况相同。

（2）负载不对称，无中线情况，$Z_0 \doteq \infty$，$Y_0 \doteq 0$

$$\dot{U}_{N'N} = \frac{U_A \dot{Y}_a + U_B \dot{Y}_b + U_C \dot{Y}_c}{Y_a + Y_b + Y_c} \neq 0$$

$\dot{U}_{N'N} \neq 0$，说明负载中性点 N' 对电源中性点 N 有电位漂移，称为中性点漂移（简称中点位移）。

负载相电压

$$\begin{cases} \dot{U}_a = \dot{U}_A - \dot{U}_{N'N} \\ \dot{U}_b = \dot{U}_B - \dot{U}_{N'N} \\ \dot{U}_c = \dot{U}_C - \dot{U}_{N'N} \end{cases} \qquad (9\text{-}13)$$

作出相量图如图 9.7 所示，可以看出 N' 与 N 不重合，$\dot{U}_{N'N} \neq 0$，使得三相负载电压 $\dot{U}_a$，$\dot{U}_b$，$\dot{U}_c$ 不对称，有的超过额定电压 U_N，有的低于额定电压 U_N，负载不能正常工作。$U_a < U_N$，$U_c > U_N$，因此中线作用使三相负载电压对称，大小均等于电源额定电压。否则将不能正常工作，为此中线上不能加开关或熔断器。

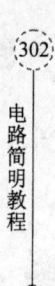

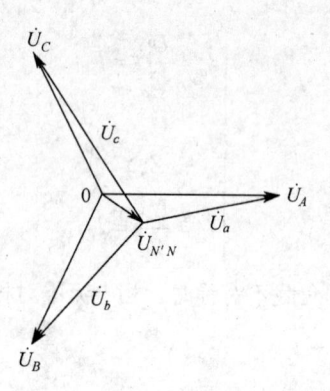

图 9.7 星形 Y 接法相量图

三相负载相电流分别为：

$$\begin{cases} \dot{I}_a = \dfrac{\dot{U}_a}{Z_a} \\ \dot{I}_b = \dfrac{\dot{U}_b}{Z_b} \\ \dot{I}_c = \dfrac{\dot{U}_c}{Z_c} \end{cases} \quad (9\text{-}14)$$

由 KCL 定律：$\dot{I}_a + \dot{I}_b + \dot{I}_c = 0$

例 9-1 有一星形连接的三相负载如图 9.8 所示，每相的电阻 $R = 6\Omega$，感抗 $X = 8\Omega$，三相电源电压对称，设 $u_{AB} = 380\sqrt{2}\cos(\omega t + 30°)\text{V}$，试求相电流及线电流。

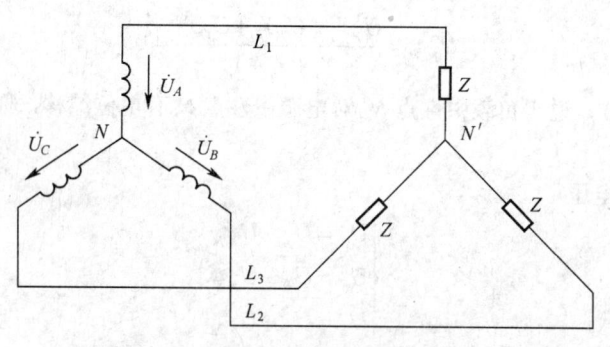

图 9.8 例 9-1 的图

解：因为三相负载对称，只算一相即可：$Z = 6 + \text{j}8 = 10\angle 53°\ \Omega$
$\dot{U}_{AB} = 380\angle 30°\ \text{V}$，则电源相电压

$$\dot{U}_A = \frac{\dot{U}_{AB}}{\sqrt{3}\angle 30°} = \frac{380\angle 30°}{\sqrt{3}\angle 30°} = 220\angle 0° \text{ V}$$

则 $\dot{I}_a = \dfrac{\dot{U}_A}{Z} = \dfrac{220\angle 0°}{6+\text{j}8} = 22\angle -53°$ A，由对称关系求另外两相。

$$\dot{I}_b = \dot{I}_a \angle -120° = 22\angle -173° \text{ A}$$
$$\dot{I}_c = \dot{I}_a \angle 120° = 22\angle 67° \text{ A}$$

由线电流等于相电流，则有

$\dot{I}_A = \dot{I}_a = 22\angle -53°$ A $\dot{I}_B = \dot{I}_b = 22\angle -173°$ A $\dot{I}_C = \dot{I}_c = 22\angle 67°$ A

例 9-2　在图 9.9 所示电路中，电源线电压 $U = 380\text{V}$，三个电阻接成星形，其电阻分别为 $R_1 = 11\Omega$，$R_2 = R_3 = 22\Omega$，试求：(1) 负载相电压、负载相电流及中性电流，并作出它们的相量图；(2) 如无中性线，如图 9.9（b）所示，求负载相电压及中性点电压；(3) 如无中性线，当 A 相短路时求各相电压和电流，并作出它们的相量图；(4) 如无中性线，当 C 相断路时如图 9.9（c）所示，求另外两相的电压和电流；(5) 在（3），（4）中如有中性线，则又如何？

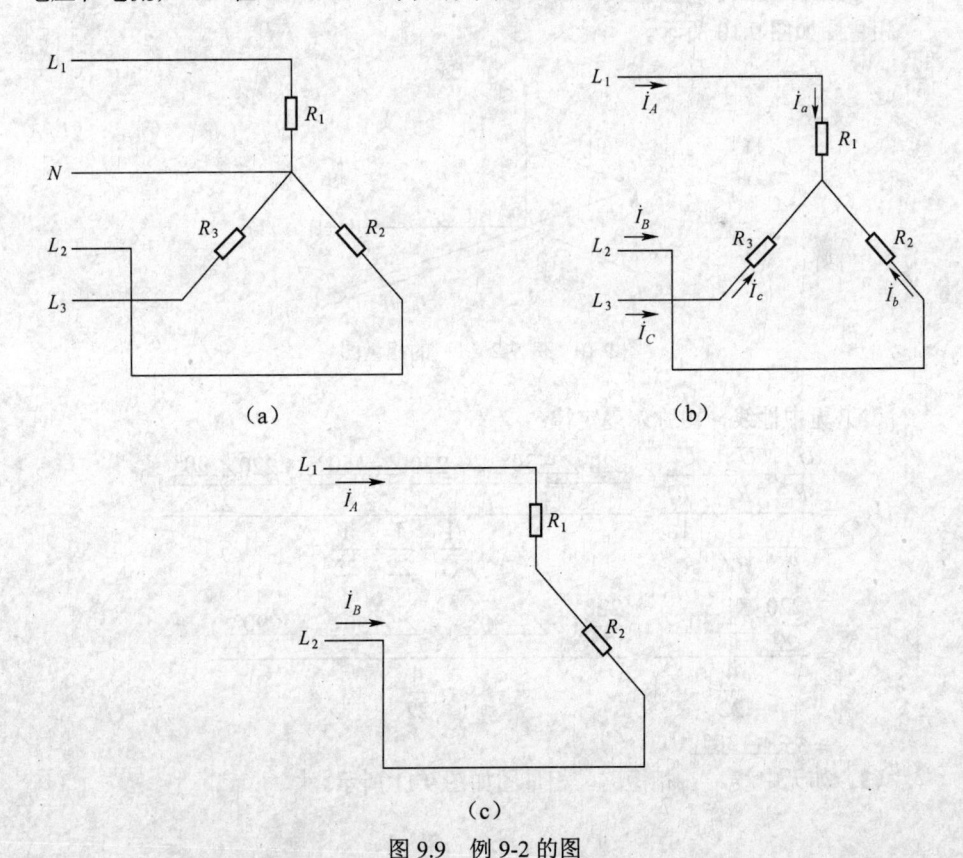

图 9.9　例 9-2 的图

解：设 $\dot{U}_{AB} = 380\angle 0°$ V　　$\dot{U}_A = \dfrac{\dot{U}_{AB}}{\sqrt{3}\angle 30°} = 220\angle -30°$ V

（1）$\dot{I}_a = \dfrac{\dot{U}_A}{R_1} = \dfrac{220\angle -30°}{11} = 20\angle -30°$ A

$\dot{I}_b = \dfrac{\dot{U}_B}{R_2} = \dfrac{220\angle -150°}{22} = 10\angle -150°$

$\dot{I}_c = \dfrac{\dot{U}_C}{R_3} = \dfrac{220\angle 90°}{22} = 10\angle 90°$ A

相电流等于线电流：$\dot{I}_A = \dot{I}_a$　　$\dot{I}_B = \dot{I}_b$　　$\dot{I}_C = \dot{I}_c$

$\dot{I}_N = \dot{I}_a + \dot{I}_b + \dot{I}_c = 20\angle -30° + 70\angle -150° + 10\angle 90° = 20\angle -30° + 10\angle 150°$

$= 20\cos 30° - j20\sin 30° + 10\cos 150° + 10j\sin 150°$

$= 10\cos 30° - j10\sin 30°$

$= 10(\cos 30° - j10\sin 30°)$

$= 10\angle -30°$ A

相量图如图 9.10 所示。

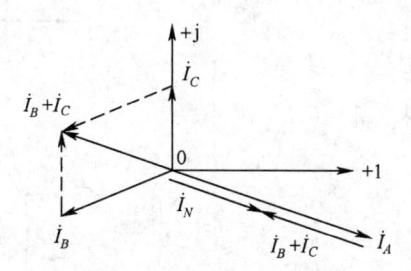

图 9.10　例 9-2（1）的相量图

（2）无中性线，由弥尔曼定律：

$\dot{U}_{N'N} = \dfrac{\dfrac{\dot{U}_A}{R_1} + \dfrac{\dot{U}_B}{R_2} + \dfrac{\dot{U}_C}{R_3}}{\dfrac{1}{R_1} + \dfrac{1}{R_2} + \dfrac{1}{R_3}} = \dfrac{\dfrac{220\angle -30°}{11} + \dfrac{220\angle -150°}{22} + \dfrac{220\angle 90°}{22}}{\dfrac{1}{11} + \dfrac{1}{22} + \dfrac{1}{22}}$

$= \dfrac{\dfrac{220}{22}\angle -30°}{\dfrac{4}{22}} = \dfrac{\dfrac{220}{22}(2\angle -30° + \angle -150° + \angle 90°)}{\dfrac{4}{22}}$

$= 55\angle -30°$ V

（3）如无中线，L_1 相短路。相量图如图 9.11 所示。

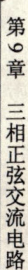

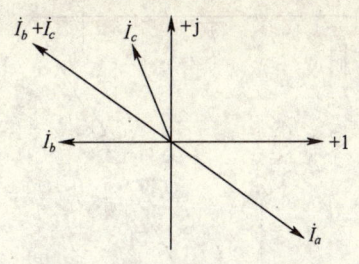

图 9.11　例 9-2（3）的相量图

$$\dot{U}_a = 0, \quad \dot{I}_b = \frac{\dot{U}_{BA}}{R_2} = \frac{380\angle 180°}{22} = \frac{380}{22}\angle 180° = 17.3\angle 180° \text{ A}$$

$$\dot{I}_c = \frac{\dot{U}_{CA}}{R_3} = \frac{380\angle 120°}{22} = 17.32\angle 120° \text{ A}$$

$$\dot{I}_a = -(\dot{I}_b + \dot{I}_c) = -\left(\frac{380}{22}\angle 180° + \frac{380}{22}\angle 120°\right) = 17.3\angle -30° \text{ A}$$

（4）如无中性线，当 C 相断路时，由图 9.9（c）所示。

$$\dot{I}_A = -\dot{I}_B = \frac{\dot{U}_{AB}}{R_1 + R_2} = \frac{380\angle 0°}{11 + 22}$$

$$\dot{U}_{AN} = \frac{R_1}{R_1 + R_2}\dot{U}_{AB} = \frac{11}{11 + 22}\times 380\angle 0° = 126.7\angle 0° \text{ V}$$

$$\dot{U}_{BN} = \frac{R_1}{R_1 + R_2}\dot{U}_{AB} = \frac{11}{11 + 22}\times 380\angle 180° = 253.3\angle 180° \text{ V}$$

（5）若（3）有中性线，则 b、c 两相与（1）同。

$$\dot{U}_a = 0\text{V} \quad \dot{U}_b = 220\angle -150° \text{ V} \quad \dot{U}_c = 220\angle 90° \text{ V}$$

$$\dot{I}_a = 0\text{A} \quad \dot{I}_b = 10\angle -150° \text{ A} \quad \dot{I}_c = 10\angle 90° \text{ A}$$

若（4）有中性线，则 a、b 两相与（1）同，$\dot{I}_C = 0$A。

该题说明中性线的作用。若一相出现故障，其他两相仍能正常工作。

9.3　负载的三角形连接

负载相与相之间采用 B—X、C—Y、A—Z 首尾相接的方法，即得三角形连接，三个首端引出三根线 A、B、C 称为端线（火线），三相负载 Z_{ab}、Z_{bc}、Z_{ca}，负载电流为相电流 $\dot{I}_{ab}$、$\dot{I}_{bc}$、$\dot{I}_{ca}$，三个端线上电流为线电流 $\dot{I}_A$、$\dot{I}_B$、$\dot{I}_C$，如图 9.12 所示，每相负载相电压与电源线电压相等。

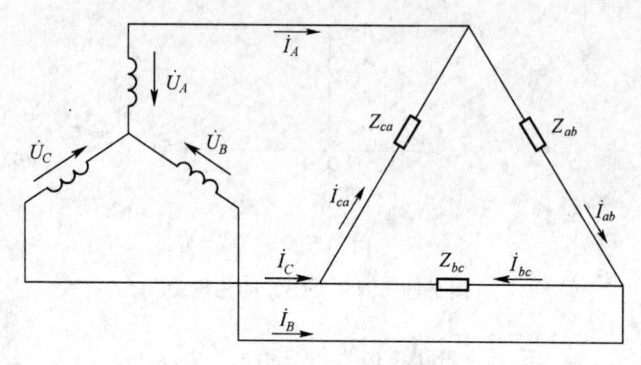

图 9.12 三角形连接

$$\begin{cases} \dot{U}_{ab} = \dot{U}_{AB} \\ \dot{U}_{bc} = \dot{U}_{BC} \\ \dot{U}_{ca} = \dot{U}_{CA} \end{cases} \tag{9-15}$$

三角形连接的负载相电压对称。

每相相电流由欧姆定律求得：

$$\begin{cases} \dot{I}_{ab} = \dfrac{\dot{U}_{ab}}{Z_{ab}} = \dfrac{\dot{U}_{AB}}{Z_{ab}} \\ \dot{I}_{bc} = \dfrac{\dot{U}_{bc}}{Z_{bc}} = \dfrac{\dot{U}_{BC}}{Z_{bc}} \\ \dot{I}_{ca} = \dfrac{\dot{U}_{ca}}{Z_{ca}} = \dfrac{\dot{U}_{CA}}{Z_{ca}} \end{cases} \tag{9-16}$$

线电流由下式求得：

$$\begin{cases} \dot{I}_A = \dot{I}_{ab} - \dot{I}_{ca} \\ \dot{I}_B = \dot{I}_{bc} - \dot{I}_{ab} \\ \dot{I}_C = \dot{I}_{ca} - \dot{I}_{bc} \end{cases} \tag{9-17}$$

负载对称时，$Z_{ab} = Z_{bc} = Z_{ca} = Z$，三相线电压对称 $\dot{U}_{BC} = \dot{U}_{AB} \angle -120°$，$\dot{U}_{CA} = \dot{U}_{AB} \angle 120°$，则有：

$$\begin{cases} \dot{I}_{ab} = \dfrac{\dot{U}_{AB}}{Z} \\ \dot{I}_{bc} = \dfrac{\dot{U}_{BC}}{Z} = \dfrac{\dot{U}_{AB} \angle -120°}{Z} = \dot{I}_{ab} \angle -120° \\ \dot{I}_{ca} = \dfrac{\dot{U}_{CA}}{Z} = \dfrac{\dot{U}_{AB} \angle 120°}{Z} = \dot{I}_{ab} \angle 120° \end{cases} \tag{9-18}$$

三相负载相电流对称。故只需算一相即可，为了分析方便，需找出线电流与相电流关系，可设 a 相为参考相量，I_p 为相电流大小。

$$\begin{cases} \dot{I}_{ab} = I_p \angle 0° \\ \dot{I}_{bc} = \dot{I}_{ab} \angle -120° = I_p \angle -120° \\ \dot{I}_{ca} = \dot{I}_{ab} \angle 120° = I_p \angle 120° \end{cases} \quad (9\text{-}19)$$

$$\begin{cases} \dot{I}_A = \dot{I}_{ab} - \dot{I}_{ca} = I_p \angle 0° - I_p \angle 120° = \sqrt{3}\dot{I}_{ab} \angle -30° \\ \dot{I}_B = \dot{I}_{bc} - \dot{I}_{ab} = I_p \angle -120° - I_p \angle 0° = \sqrt{3}\dot{I}_{bc} \angle -30° \\ \dot{I}_C = \dot{I}_{ca} - \dot{I}_{bc} = I_p \angle 120° - I_p \angle -120° = \sqrt{3}\dot{I}_{ca} \angle -30° \end{cases} \quad (9\text{-}20)$$

由此可知，三相负载相电流对称，线电流也对称。可先算出一相线电流，再按对称关系求出其他两相：$\dot{I}_B = \dot{I}_A \angle -120°$，$\dot{I}_C = \dot{I}_A \angle 120°$。

9.4 三相交流电路的功率

本节讨论三相负载的瞬时功率、有功功率、无功功率和视在功率。

9.4.1 瞬时功率

三相电路的瞬时功率为三相之和。其中 u_a、u_b、u_c 为 a、b、c 三相负载相电压，i_a、i_b、i_c 为 a、b、c 三相负载相电流。

$P = P_a + P_b + P_c = u_a i_a + u_b i_b + u_c i_c$

三相负载对称时，设 $u_a = \sqrt{2}U\cos\omega t$，$i_a = \sqrt{2}I\cos(\omega t - \varphi_Z)$，$\varphi_Z$ 为负载阻抗角，三相负载电压对称，相电流亦对称，则有：

$P_a = u_a i_a = 2UI\cos\omega t \cos(\omega t - \varphi_Z) = UI[\cos\varphi + \cos(2\omega t - \varphi)]$

$P_b = u_b i_b = 2UI\cos(\omega t - 120°) \cdot \cos(\omega t - 120° - \varphi_Z)$
$\quad = UI[\cos\varphi + \cos(2\omega t - \varphi_Z - 240°)]$

$P_c = u_c i_c = 2UI\cos(\omega t - 240°) \cdot \cos(\omega t - 240° - \varphi_Z)$
$\quad = UI[\cos\varphi_Z + \cos(2\omega t - \varphi_Z + 240°)]$

$P = P_a + P_b + P_c = 3UI\cos\varphi_Z = 3P_a \quad (9\text{-}21)$

由上式表明，即使瞬时功率随 t 变化，但三相总的瞬时功率为固定值，大小为平均功率，这是对称三相电路的一个优点。如三相负载为三相电动机，其三相负载对称，其瞬时功率为定值，因而电动机转矩亦为定值，因此即使每相电流及功率均随时间变化，但转矩并不变化而为固定值，电机带负载能稳定运行称为瞬时功率平衡。这也是三相交流电优于单相交流电之处，因而普遍采用三相制供电方式。

9.4.2 有功功率（平均功率）

对称负载有功功率等于一相有功功率的 3 倍，$P = 3P_a$，测量时采用一表法。

$$P = 3P_a = 3U_p I_p \cos\varphi_P = \sqrt{3} U_l I_l \cos\varphi_p$$

Y 接法时：

$$P = 3P_a = 3U_a I_a \cos\varphi_Z = 3U_p I_p \cos\varphi_P = 3\frac{U_l}{\sqrt{3}} \cdot I_l \cos\varphi_P$$
$$= \sqrt{3} U_l I_l \cos\varphi_p \tag{9-22}$$

△ 接法时：

$$P = 3U_p I_p \cos\varphi_p = 3U_l \frac{U_l}{\sqrt{3}} \cos\varphi_p$$
$$= \sqrt{3} U_l I_l \cos\varphi_p \tag{9-23}$$

有功功率亦可用线电压、线电流求出。由上式可知尽管负载接成三角形或星形接法，求有功功率的公式一样，但数值不同。

不对称负载有功功率为各相有功功率之和。测量时用三表法，如图 9.13 所示。

$$P = \frac{1}{T}\int_0^T p(t)\mathrm{d}t = P_a + P_b + P_c \tag{9-24}$$

一般实际应用中均采用二表法测三相有功功率，适用于负载对称与不对称的 Y 及 △ 接法以及对称负载 Y_0 接法。对于星形接法满足条件：$i_A + i_B + i_C = 0$，对于三角形接法满足条件：$u_{ab} + u_{bc} + u_{ca} = 0$，均可采用二表法，电路如图 9.14 所示。

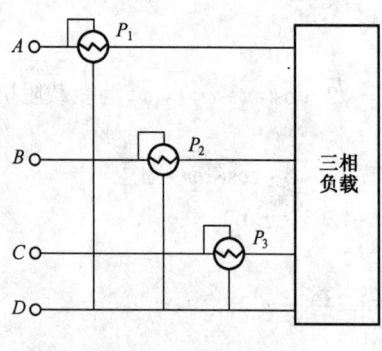

图 9.13 三表法 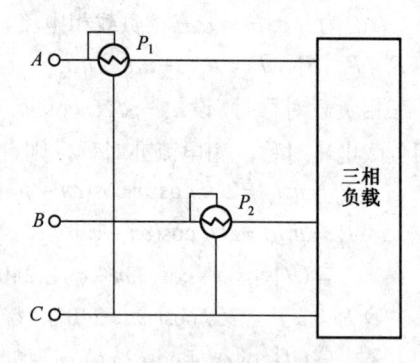　　　　图 9.14 二表法

若为 Y 时，总有功功率为

$$P = P_a + P_b + P_c = i_a u_a + i_b u_b + i_c u_c$$
$$= i_a u_a + i_b u_b - (i_a + i_b) u_c$$
$$= i_a (u_a - u_c) + i_b (u_b - u_c)$$
$$= u_{ac} i_A + u_{bc} i_B$$

$$P = \frac{1}{T}\int_0^T p\mathrm{d}t = U_{AC} I_A \cos\varphi_1 + U_{BC} I_B \cos\varphi_2 = P_1 + P_2$$

其中 φ_1 为 u_{AC} 与 i_A 夹角，φ_2 为 u_{BC} 与 i_B 夹角。单独一块表计 P_1 或 P_2 无意义。

若负载为 Δ 时，总有功功率为
$$P = P_{ab} + P_{bc} + P_{ca} = u_{ab}i_{ab} + u_{bc}i_{bc} + u_{ca}i_{ca}$$
$$= (u_{ac} - u_{bc})i_{ab} + u_{bc}i_{bc} - u_{ca}i_{ca}$$
$$= u_{ac}i_A + u_{bc}i_B$$

其中 $u_{ab} = -(u_{bc} + u_{ca}) = u_{ac} - u_{bc}$
$$P = \frac{1}{T}\int_0^T p(t)dt = U_{AC}I_A\cos\varphi_1 + U_{BC}I_B\cos\varphi_2$$

其中 φ_1 为 u_{AC} 与 i_A 夹角，φ_2 为 u_{BC} 与 i_B 夹角。

无论星形或三角形，负载对称时有：
$$P = P_1 + P_2 = U_{AC}I_A\cos\varphi_1 + U_{BC}I_B\cos\varphi_2$$
$$= U_{AC}I_A\cos(30° - \varphi_Z) + U_{BC}I_B\cos(30° + \varphi_Z) \tag{9-25}$$

由相量图 9.15 可知，$\varphi_1 = 30° - \varphi_Z$，$\varphi_2 = 30° + \varphi_Z$

$|\varphi_Z| > 60°$ 时，有一个表计为负。若 $\varphi_Z > 60°$，$P_2 < 0$，有 $P = P_1 - P_2$；若 $\varphi_Z < -60°$，$P_1 < 0$，有 $P = -P_1 + P_2$；或 $\varphi_Z = 60°$，$P_2 = 0$，为感性负载，$P = P_1 = 0.866U_XI_X$；$\varphi_Z = -60°$，$P_1 = 0$，为容性负载，$P = P_2 = 0.866U_XI_X$。

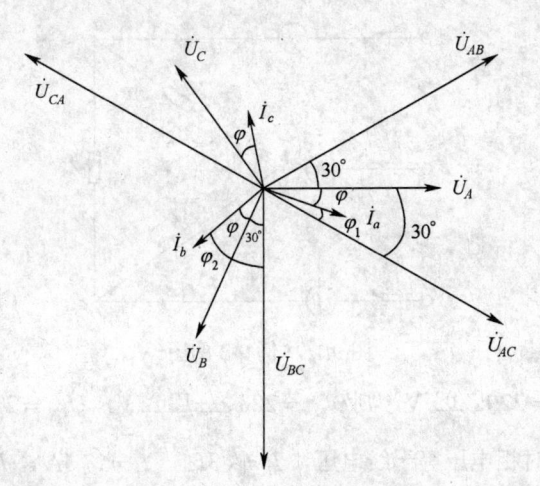

图 9.15 二表法相量图

9.4.3 无功功率

不对称时，总无功功率为三相之和：
$$Q = Q_a + Q_b + Q_c$$

对称时有
$$Q = 3Q_a = 3U_aI_a\sin\varphi_a = 3U_pI_p\sin\varphi_p$$
$$= \sqrt{3}U_lI_l\sin\varphi_p$$

9.4.4 视在功率

不对称时，$S = \sqrt{P^2 + Q^2}$。

P—三相总的有功功率，Q—三相总的无功功率。

对称负载时，$S = 3U_p I_p = \sqrt{3} U_l I_l$。

9.4.5 复功率

三相负载吸收的复功率等于各相复功率之和。
$$\overline{S} = \overline{S}_A + \overline{S}_B + \overline{S}_C$$
对称时有 $\overline{S}_A = \overline{S}_B = \overline{S}_C$，则 $\overline{S} = 3\overline{S}_A$

例 9-3 在图 9.16 中对称负载 Z 接成三角形，已知电源线电压 $U_l = 220\text{V}$，电流表读数 $I = 17.3\text{A}$，三相有功功率 $P = 4.5\text{kW}$，试求（1）每相负载的电阻和感抗；（2）A、B 相断开时，各电流表读数和有功功率 P；（3）当 A 断开时，图中各电流表的读数和总有功功率 P。

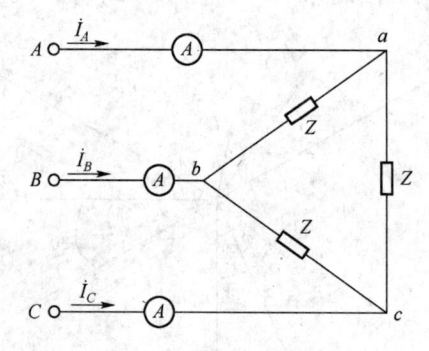

图 9.16 例 9-3 的图

解：设 $\dot{U}_{AB} = 220\angle 0°\text{ V}$，则 $\dot{U}_{BC} = 220\angle -120°\text{ V}$，$\dot{U}_{CA} = 220\angle 120°\text{ V}$

三角形连接时相电压等于线电压，$I_l = \sqrt{3} I_p$，$I_l = 17.3\text{A}$，$I_p = \dfrac{17.3}{\sqrt{3}} = 10\text{A}$

由 $P = \sqrt{3} U_l I_l \cos\varphi_Z$，则 $\cos\varphi_Z = \dfrac{P}{\sqrt{3} U_l I_l} = \dfrac{4.5 \times 10^3}{\sqrt{3} \times 220 \times 17.3} = 0.6826$

$\varphi_Z = 47°$（感性）

$|Z| = \dfrac{U_p}{I_p} = \dfrac{220}{10} = 22\Omega$

$Z = |Z|\cos\varphi_Z + j|Z|\sin\varphi_Z = 22(\cos 43° + j\sin 47°) = 15 + j16.1\Omega$

$R = |Z|\cos\varphi_Z = 15\Omega \qquad X = |Z|\sin\varphi_Z = 16.1\Omega$

（2）A、B 相断开，$I_A = I_B = \dfrac{220}{|Z|}$

$$\dot{I}_A = \dfrac{\dot{U}_{AC}}{Z} = \dfrac{-\dot{U}_{CA}}{Z} = \dfrac{-220\angle 120°}{22\angle 47°} = \dfrac{220\angle -180°+120°}{22\angle 47°} = 10\angle -107°\ \text{A}$$

$$\dot{I}_B = \dfrac{\dot{U}_{BC}}{Z} = \dfrac{220\angle -120°}{22\angle 47°} = 10\angle -167°\ \text{A}$$

$$\dot{I}_C = -(\dot{I}_A + \dot{I}_B) = -(10\angle -107° + 10\angle -167°)$$

$$= 10(\angle 73° + \angle 13°) = 10(\cos 73° + \text{j}\sin 73° + \cos 13° + \text{j}\sin 13°)$$

$$= 17.32\angle 43°\ \text{A}$$

∴ $I_A = 10\text{A}$ $I_B = 10\text{A}$ $I_C = 17.32\text{A}$

$$P = P_1 + P_2 + P_3 = P_{AC} + P_{BC} = U_{AC}I_A\cos\varphi_Z + U_{BC}I_B\cos\varphi_Z$$

$$= 220\times 10\times 0.6826 + 220\times 10\times 0.6826$$

$$= 3000\text{W}$$

（3）当 A 相断开时：$\dot{I}_A = 0$ $Z = 22\angle 47°\ \Omega$

$$\dot{I}_B = -\dot{I}_C = \dfrac{\dot{U}_{BC}}{Z'} = \dfrac{220\angle -120°}{14.67\angle 47°} = 15\angle -167°\ \text{A}$$

其中 $Z' = 2Z\ //\ Z = \dfrac{2}{3}Z = \dfrac{2}{3}\times 22\angle 47° = 14.67\angle 47°\ \Omega$

$$P = U_{BC}\cdot I_B\cos\varphi_P = 220\times 15\times\cos 47° = 220\times 15\times 0.6826 = 225\text{W}$$

例 9-4 电路如图 9.17 所示，线电压 U_l 为 380V 的三相电源上接有两组对称三相负载：一组接成三角形，每相阻抗 $Z_\Delta = 36.3\angle 37°\ \Omega$；另一组接成 Y 形，每相电阻 $R_Y = 10\Omega$。试求（1）各组负载的相电流；（2）电路线电流；（3）三相有功功率。

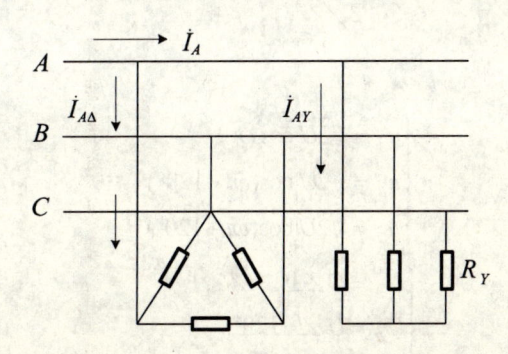

图 9.17 例 9-4 的图

解：设线电压 $\dot{U}_{AB} = 380\angle 0°\ \text{V}$，则相电压 $\dot{U}_a = 220\angle -30°\ \text{V}$

由于三相负载对称，只算一相即可。

对于三角形负载：

$$\dot{I}_{ab\Delta} = \frac{\dot{U}_{ab}}{Z_\Delta} = \frac{380\angle 0°}{36.3\angle 37°} = 10.47\angle -37° \text{ A}$$

$$\dot{I}_{A\Delta} = \sqrt{3}\dot{I}_{ab\Delta}\angle -30° = \sqrt{3}\times 10.47\angle -37°\angle -30° = 18.13\angle -67° \text{ A}$$

对于星形负载：

$$\dot{I}_{AY} = \dot{I}_a = \frac{\dot{U}_a}{R_Y} = \frac{220\angle -30°}{10} = 22\angle -30° \text{ A}$$

(2) 电路线电流

$$\dot{I} = \dot{I}_{A\Delta} + \dot{I}_{AY} = 18.13\angle -67° + 22\angle -30° = 38\angle -46.7° \text{ A}$$

(3) 三相有功功率

$$P = P_\Delta + P_Y = \sqrt{3}U_{l\Delta}I_{l\Delta}\cos\varphi_\Delta + \sqrt{3}U_{lY}I_{lY}\cos\varphi_Y$$
$$= \sqrt{3}\times 380\times 18.13\times 0.8 + \sqrt{3}\times 380\times 22\times 1$$
$$= 9546 + 14480 = 24.026 \text{kW}$$

章节回顾

1. 三相正弦交流电路对称三相电压源，其幅值相等，变化频率相同，相位互差120°，用正弦表达式表示为：

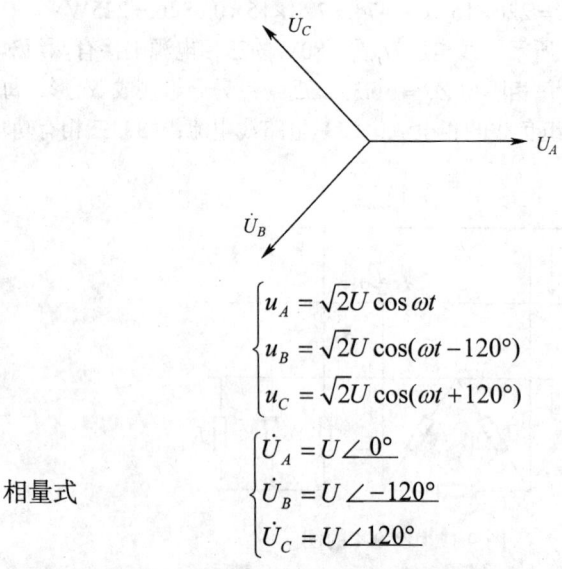

$$\begin{cases} u_A = \sqrt{2}U\cos\omega t \\ u_B = \sqrt{2}U\cos(\omega t - 120°) \\ u_C = \sqrt{2}U\cos(\omega t + 120°) \end{cases}$$

相量式
$$\begin{cases} \dot{U}_A = U\angle 0° \\ \dot{U}_B = U\angle -120° \\ \dot{U}_C = U\angle 120° \end{cases}$$

掌握对称的概念可以简化三相交流电路的分析。

2. 星形连接三相对称电路，其线电压与相电压关系为 $\dot{U}_{AB} = \sqrt{3}\dot{U}_A\angle 30°$，线电压大小是相电压的 $\sqrt{3}$ 倍，相位超出于相应相电压30°，反之

$\dot{U}_A = \dfrac{\dot{U}_{AB}}{\sqrt{3}\angle 30°} = \dfrac{\dot{U}_{AB}}{\sqrt{3}}\angle -30°$。

3. 三相四线制是指三根火线一根零线的供电体系，零线又称中线（中性线），作用是保证三相负载相电压基本对称，使加于负载的电压尽量等于负载的额定电压，为此中线不能安装保险和熔断器，以防中线断开。

4. 三相负载的连接方式有星形接法（Y_0 或 Y）和三角形接法（$\triangle$）两大类。三相负载接成 Y_0 时，中点位移 $\dot{U}_{N'N} = 0$，则使三相负载电压基本对称 $\dot{U}_a \doteq \dot{U}_A$，$\dot{U}_b \doteq \dot{U}_B$，$\dot{U}_c \doteq \dot{U}_C$，即负载电压等于电源相电压，每相电流按欧姆定律求解：$\dot{I}_a = \dfrac{\dot{U}_A}{Z_a}$，$\dot{I}_b = \dfrac{\dot{U}_B}{Z_b}$，$\dot{I}_c = \dfrac{\dot{U}_C}{Z_c}$；星形连接时线电流等于相电流，$\dot{I}_A = \dot{I}_a$，$\dot{I}_B = \dot{I}_b$，$\dot{I}_C = \dot{I}_c$，中线电流 $\dot{I}_N = \dot{I}_a + \dot{I}_b + \dot{I}_c$。若负载对称，$Z_a = Z_b = Z_c = Z$，只需求解 a 相，其他 b，c 两相按对称关系写出，如 $\dot{I}_a = \dfrac{\dot{U}_A}{Z}$，$\dot{I}_b = \dot{I}_a \angle -120°$，$\dot{I}_c = \dot{I}_a \angle 120°$，$\dot{I}_N = 0$。三相负载对称，相电流对称，线电流也对称。三相负载在日常生活中均不对称，一般采用 Y_0 接法，由于中线作用使三相负载电压对称。三相负载接成 Y 时，即不带中线的 Y 接法，中点位移 $\dot{U}_{N''N} \neq 0$ 则三相相电压不对称，$\dot{U}_a \neq \dot{U}_A$，$\dot{U}_b \neq \dot{U}_B$，$\dot{U}_c \neq \dot{U}_C$，可能使某一相电压低于额定电压，另一相相电压可能高于额定电压，均不能使负载正常工作，严重时可烧毁负载。$\dot{U}_{N''N}$ 用弥尔曼定律求得。对称负载可以不要中线，采用三相三线制供电。

5. 三相负载（Z_{ab}，Z_{bc}，Z_{ca}）接成三角形时，线电压等于相电压即 $\dot{U}_{AB} = \dot{U}_{ab}$，每相电流按欧姆定律求解：$\dot{I}_{ab} = \dfrac{\dot{U}_{AB}}{Z_{ab}}$，$\dot{I}_{bc} = \dfrac{\dot{U}_{BC}}{Z_{bc}}$，$\dot{I}_{ca} = \dfrac{\dot{U}_{CA}}{Z_{ca}}$，线电流由 KCL 定律求取：$\dot{I}_A = \dot{I}_{ab} - \dot{I}_{ca}$，$\dot{I}_B = \dot{I}_{bc} - \dot{I}_{ab}$，$\dot{I}_C = \dot{I}_{ca} - \dot{I}_{bc}$。若三相负载对称，只需算一相电流 $\dot{I}_{ab} = \dfrac{\dot{U}_{AB}}{Z_{ab}}$，其他两相按对称关系求出：$\dot{I}_{bc} = \dot{I}_{ab} \angle 120°$，$\dot{I}_{ca} = \dot{I}_{ab} \angle -120°$，线电流 $\dot{I}_A = \sqrt{3}\dot{I}_{ab} \angle -30°$，$\dot{I}_{ab} = \dfrac{\dot{I}_A}{\sqrt{3}} \angle 30°$。三角形连接时若负载对称，相电流对称，线电流也对称。

6. 三相负载的有功功率 $P = P_a + P_b + P_c$

无功功率 $Q = Q_a + Q_b + Q_c$

视在功率 $S = \sqrt{P^2 + Q^2}$

三相负载对称时无论 Y 连接或 $\triangle$ 连接均有

$$P = \sqrt{3} U_l I_l \cos\varphi_p = 3 U_P I_P \cos\varphi_p$$

$$\theta = \sqrt{3} U_l I_l \sin\varphi_p = 3 U_P I_P \sin\varphi_p$$

$$S = \sqrt{P^2 + Q^2} = \sqrt{3}U_l I_l = 3U_P I_P$$

7. 三相负载的有功功率可用三个功率表测得数值相加得到，也可用二表法测得，$P = P_1 + P_2 = U_{AB}I_A \cos\varphi_1 + U_{BC}I_B \cos\varphi_2$，$\varphi_1 = \widehat{/U_{AB}, I_A}$，$\varphi_2 = \widehat{/U_{BC}, I_B}$。二表法适用于 Y_0 接法、Δ 接法及对称负载的 Y_0 接法，Y_0 不对称负载不用此法。若有一表计反偏，可将该表计电流线卷互换接头，然后结果用 $P = P_1 - P_2$ 计算有功功率。

三相负载对称时可用一表法测得有功功率，然后再乘以 3，求总的有功功率。

习题

9-1 有一星形连接的三相负载，每相的电阻 $R = 6\Omega$，感抗 $X_L = 8\Omega$，电源电压对称，设 $u_{AB} = \sqrt{2} \times 380\cos(\omega t + 30°)\text{V}$，试求各相电流瞬时表达式。

9-2 在题 9-2 图示电路中，电源电压对称，每相电压 $U_P = 220\text{V}$，负载为白炽灯组，额定电压为 220V，在额定电压下电阻分别为 $R_1 = 5\Omega$，$R_2 = 10\Omega$，$R_3 = 20\Omega$，试求（1）负载相电压、负载相电流及中性线电流，并作出相量图；（2）负载短路时，各相负载上电压；（3）A 相负载短路时各相负载相电压；（4）A 相断开时各相负载相电压；（5）A 相断开而中性线也断开时，各相负载上的电压。

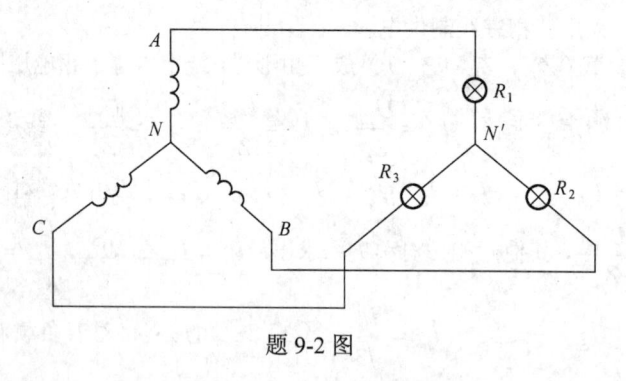

题 9-2 图

9-3 题 9-3 图示电路为对称三角形连接的三相负载，每相 $Z = 15 + j20\Omega$，接在线电压 $U_l = 220\text{V}$ 的对称三相电源上。求相电流、线电流及三相负载消耗的功率。

9-4 在题 9-4 图示电路中，三相四线制电源电压为 380/220V，接有星形连接的白炽灯对称负载，其总功率为 180W，此外，在 C 相上接有额定电压为 220V、功率为 40W、功率因数 $\cos\varphi = 0.5$ 的日光灯一支。试求电流 $\dot{I}_1$、$\dot{I}_2$、$\dot{I}_3$、$\dot{I}_N$，设 $\dot{U}_1 = 220\angle 0°\text{V}$。

9-5 设在线电压为 380V 的三相电源上，接有两组电阻性对称负载，如题 9-5 图所示，试求线电流 $\dot{I}$。

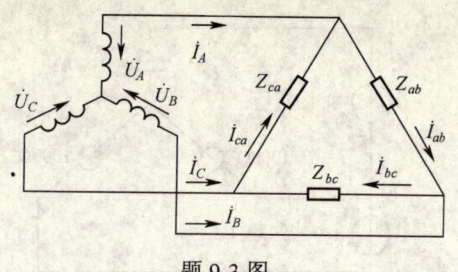

题 9-3 图

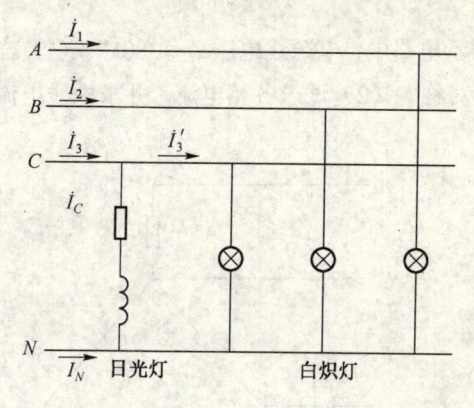

题 9-4 图

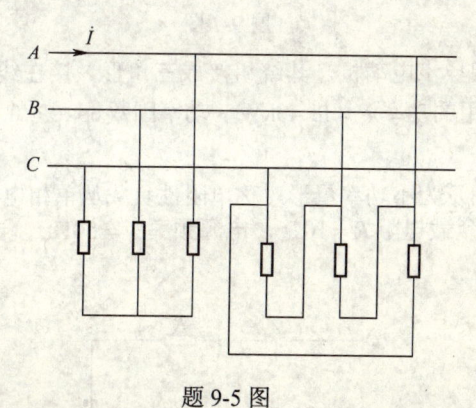

题 9-5 图

9-6 题 9-6 图所示为一个电容和四个灯泡组成的星形电路，是一种借灯光强弱以测定低电压三相电源相序的相序指示器。在图示电源相序的情况下，试问哪一相上的灯泡要亮些？

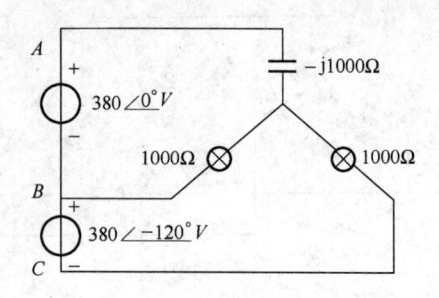

题 9-6 图

9-7 题 9-7 图示电路中，电源线电压 $u_l = 380V$。（1）若各相负载的阻抗模均为 10Ω，负载是否对称？（2）试求各相电流，并求中线电流；（3）求三相负载平均功率 P。

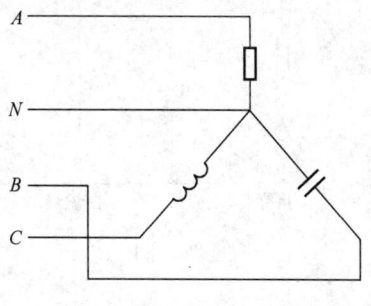

题 9-7 图

9-8 有一三相异步电动机，其绕组接成三角形，接在线电压 $U_l = 380V$ 的电源上，从电源所取用的功率 $P = 11.43kW$，功率因数 $\cos\varphi = 0.87$，试求电动机的相电流和线电流。

9-9 题 9-9 图示为小功率星形对称电阻性负载从单相电源获得三相对称电压的电路。已知每相负载电阻 $R = 10\Omega$，电源频率 $f = 50Hz$，试求所需的 L 和 C 的数值。

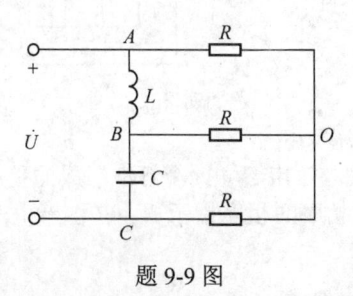

题 9-9 图

9-10 对称三角形连接每相负载阻抗 $Z_L = (360 + j180)\Omega$，线路阻抗

$Z_1 =(0.1+\mathrm{j}0.1)\Omega$，负载端的相电压为 18kV，求（1）负载的三个相电流；（2）三个线电流；（3）三相负载及线路阻抗共消耗的功率。

9-11 不对称三相电路如题 9-11 图所示，已知 $\dot{U}_A = \dfrac{200}{\sqrt{3}} \angle -30°$ V，$\dot{U}_B = \dfrac{200}{\sqrt{3}} \angle -150°$ V，$\dot{U}_C = \dfrac{30}{\sqrt{3}} \angle 90°$ V，$\dot{I}_A = 17.3 \angle -11.6°$ A，$\dot{I}_B = 4.63 \angle 228.5°$ A，$\dot{I}_C = 15.49 \angle 15.49°$ A。（1）求两电阻的有功功率和电容上的无功功率；（2）求复功率 $\overline{S}_A = \dot{U}_{ab} \dot{I}_A^*$ 和 $\overline{S}_B = \dot{U}_{bc} \dot{I}_c^*$；（3）求 $\overline{S}_A$ 与 $\overline{S}_C$ 之和，并与（1）计算结果比较，你能得出什么结论？求其三相不对称电路的复功率。

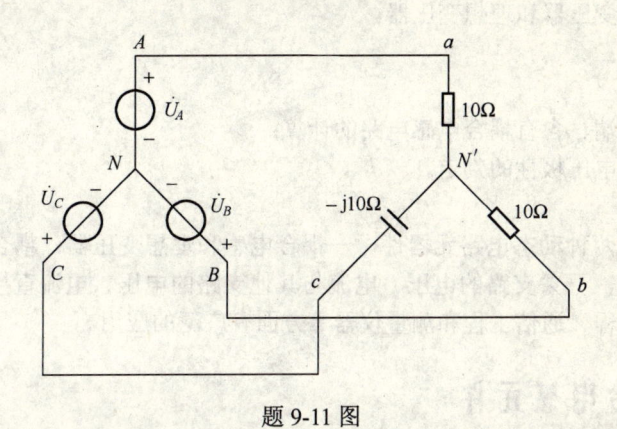

题 9-11 图

9-12 设三相负载对称，如果电压相等，输送功率相等，距离相等，线路功率损耗相等，则三相输电线的用铜量为单相输入电路的用铜量的 3/4，试证明之。

第10章 含耦合电感的电路分析

本章重点

- 磁耦合、互感、耦合电感、同名端的概念；
- 耦合电感的伏安关系；
- 含有耦合电感电路的计算；
- 空心变压器和理想变压器。

本章难点

- 同名端、含有耦合电感电路的计算；
- 互感电压极性的判定。

本章介绍两种动态电路元器件——耦合电感和理想变压器。耦合元件由一条以上支路组成，一条支路的电压、电流与其他支路的电压、电流直接有关。耦合电感在电子工程、通信工程和测量仪器等方面有广泛的应用。

10.1 耦合电感元件

10.1.1 互感现象

根据物理学知识可知，两个靠近的互感线圈，当一个线圈流过变化的电流时，在另一个线圈的两端将产生感应电压。这种载流线圈之间通过磁场相互联系的物理现象称为互感现象，所产生的感应电压称为互感电压，此时也称这两个电感线圈发生了磁耦合，两个线圈称为耦合线圈或耦合电感。

如图10.1（a）、（b）所示为两个相距很近，相互有磁耦合关系的线圈1和2，其电感为 L_1 和 L_2，线圈匝数为 N_1 和 N_2。当线圈1中通入电流 i_1 时，在线圈1中就会产生自感磁通 Φ_{11}，在与自身的线圈交链时产生的磁通链称为自感磁通链 Ψ_{11}，而其中一部分磁通 Φ_{21}，它不仅穿过线圈1，同时也穿过线圈2，称为互感磁通，与线圈2交链时产生的磁通链称为互感磁通链 Ψ_{21}，且 $\Psi_{21} \leqslant \Psi_{11}$。同样，若在线圈2中通入电流 i_2，也产生自感磁通链 Ψ_{22}，它产生的自感磁通 Φ_{22} 中，也有一部分互感磁通 Φ_{12} 不仅穿过线圈2，同时也穿过线圈1，与线圈1交链时产生的磁通链称为互感磁通链 Ψ_{12}，且 $\Psi_{12} \leqslant \Psi_{22}$。像这种一个线圈的磁通与另一个线圈相交链的现象，称为磁耦合。Ψ_{21} 和 Ψ_{12} 也称为耦合磁通链。

(a)

(b)

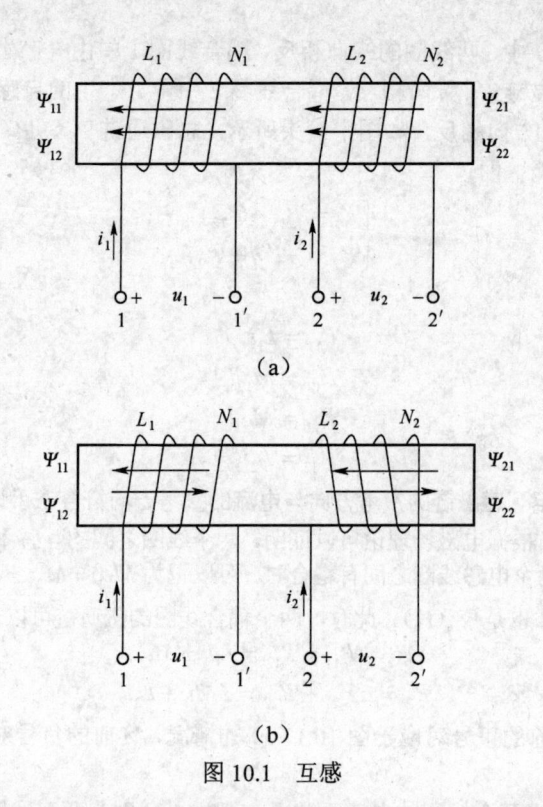

图 10.1 互感

分析图 10.1 的各图可知，两线圈的耦合情况因线圈的绕向不同而不同。在图 10.1（a）中，两线圈的绕向相同，耦合线圈 1 中由 i_1 产生的自感磁链 Ψ_{11} 和 i_2 产生的互感磁链 Ψ_{12} 方向相同，耦合线圈 2 中由 i_2 产生的自感磁链 Ψ_{22} 和 i_1 产生的互感磁链 Ψ_{21} 方向相同，如图中箭头所示，总磁通链 Ψ_1、Ψ_2 等于自感磁链和互感磁链的代数和，即

$$\begin{cases} \Psi_1 = \Psi_{11} + \Psi_{12} \\ \Psi_2 = \Psi_{21} + \Psi_{22} \end{cases} \tag{10-1}$$

其中自感磁链为：

$$\Psi_{11} = L_1 i_1$$
$$\Psi_{22} = L_2 i_2$$

互感磁链为：

$$\Psi_{12} = M_{12} i_2$$
$$\Psi_{21} = M_{21} i_1$$

L_1、L_2 分别为两个线圈的自感系数，也简称自感；M_1 和 M_2 分别为两个线圈的互感系数，也简称互感。可见，具有耦合关系的每一线圈的磁通链不仅与该线圈本身的电流有关，也与另一个线圈的电流有关。

在图 10.1（b）中，两线圈的绕向相反，耦合线圈 1 中由 i_1 产生的自感磁链 Ψ_{11} 和 i_2 产生的互感磁链 Ψ_{12} 方向相反，耦合线圈 2 中由 i_2 产生的自感磁链 Ψ_{22} 和 i_1 产生的互感磁链 Ψ_{21} 方向相反，如图中箭头所示，总磁通链 Ψ_1、Ψ_2 等于自感磁链和互感磁链的代数和，即

$$\begin{cases} \Psi_1 = \Psi_{11} - \Psi_{12} \\ \Psi_2 = -\Psi_{21} + \Psi_{22} \end{cases} \tag{10-2}$$

其中

$$\Psi_{11} = L_1 i_1$$
$$\Psi_{12} = M_{12} i_2$$
$$\Psi_{21} = M_{21} i_1$$
$$\Psi_{22} = L_2 i_2$$

由于总是假定互感磁链的参考方向与电流的参考方向符合右手螺旋法则，因此互感系数总是正值。根据电磁场理论可以证明，两个线圈之间的互感系数 M_1 和 M_2 是相等的，因此只有两个电感线圈之间有耦合时，可以记为 $M_{12} = M_{21} = M$，互感 M 的单位与自感的相同，也是亨（H）。此时，两个耦合线圈的磁通链可以表示为

$$\Psi_1 = \Psi_{11} \pm \Psi_{12} = L_1 i_1 \pm M i_2$$
$$\Psi_2 = \pm \Psi_{21} + \Psi_{22} = \pm M i_1 + L_2 i_2$$

上式中，M 前的正号对应于图 10.1（a）的情况，M 前的负号对应于图 10.1（b）的情况。

L_1、L_2 分别为两个线圈的自感系数，M_1 和 M_2 分别为两个线圈的互感系数。

10.1.2 耦合电感的电压电流关系

当耦合电感线圈中的电流 i_1 和 i_2 随时间变化时，线圈中的自感磁通链和互感磁通链也将随着变化，在各个线圈的两端将产生感应电压。如果每个线圈的电压、电流为关联参考方向，且每个线圈的电流与该电流产生的磁通符合右手螺旋定则，忽略线圈内阻，如图 10.1（a）所示的情况，根据电磁感应定律可以得到理想耦合线圈的伏安关系式：

$$\begin{cases} u_1(t) = \dfrac{\mathrm{d}\Psi_1}{\mathrm{d}t} = \dfrac{\mathrm{d}\Psi_{11}}{\mathrm{d}t} + \dfrac{\mathrm{d}\Psi_{12}}{\mathrm{d}t} = L_1 \dfrac{\mathrm{d}i_1}{\mathrm{d}t} + M \dfrac{\mathrm{d}i_2}{\mathrm{d}t} \\ u_2(t) = \dfrac{\mathrm{d}\Psi_2}{\mathrm{d}t} = \dfrac{\mathrm{d}\Psi_{21}}{\mathrm{d}t} + \dfrac{\mathrm{d}\Psi_{22}}{\mathrm{d}t} = M_2 \dfrac{\mathrm{d}i_1}{\mathrm{d}t} + L_2 \dfrac{\mathrm{d}i_2}{\mathrm{d}t} \end{cases} \tag{10-3}$$

类似的，对于图 10.1（b）的情况有

$$\begin{cases} u_1(t) = \dfrac{\mathrm{d}\Psi_1}{\mathrm{d}t} = \dfrac{\mathrm{d}\Psi_{11}}{\mathrm{d}t} - \dfrac{\mathrm{d}\Psi_{12}}{\mathrm{d}t} = L_1 \dfrac{\mathrm{d}i_1}{\mathrm{d}t} - M \dfrac{\mathrm{d}i_2}{\mathrm{d}t} \\ u_2(t) = \dfrac{\mathrm{d}\Psi_2}{\mathrm{d}t} = -\dfrac{\mathrm{d}\Psi_{21}}{\mathrm{d}t} + \dfrac{\mathrm{d}\Psi_{22}}{\mathrm{d}t} = -M_2 \dfrac{\mathrm{d}i_1}{\mathrm{d}t} + L_2 \dfrac{\mathrm{d}i_2}{\mathrm{d}t} \end{cases} \tag{10-4}$$

在正弦稳态条件下，图 10.1（a）、(b) 可以用对应的相量形式的电路图表示，如图 10.2（a）、(b) 所示，对应的相量关系式分别为：

$$\begin{cases} \dot{U}_1 = \dot{U}_{11} + \dot{U}_{12} = j\omega L_1 \dot{I}_1 + j\omega M \dot{I}_2 \\ \dot{U}_2 = \dot{U}_{22} + \dot{U}_{21} = j\omega M \dot{I}_1 + j\omega L_2 \dot{I}_2 \end{cases} \quad (10\text{-}5)$$

$$\begin{cases} \dot{U}_1 = \dot{U}_{11} + \dot{U}_{12} = j\omega L_1 \dot{I}_1 - j\omega M \dot{I}_2 \\ \dot{U}_2 = \dot{U}_{21} + \dot{U}_{22} = -j\omega M \dot{I}_1 + j\omega L_2 \dot{I}_2 \end{cases} \quad (10\text{-}6)$$

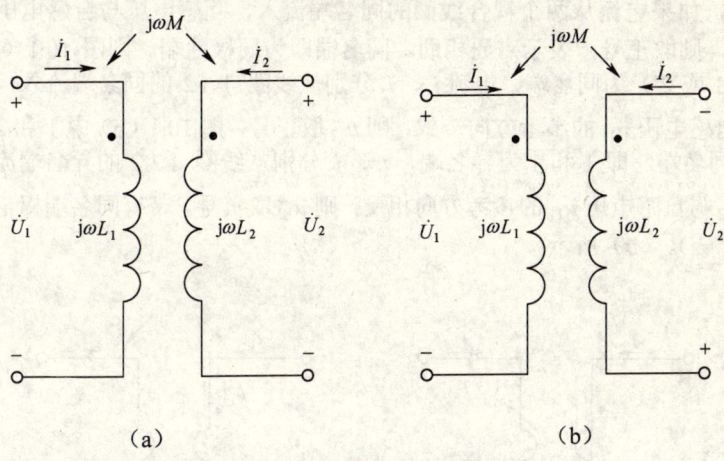

（a） （b）

图 10.2 耦合电感相量形式的电路图

这两个线性微分方程组同样表明 $u_1(t)$ 不仅与 $i_1(t)$ 有关，也与 $i_2(t)$ 有关，对于 $u_2(t)$ 也是如此，体现了电感线圈之间的耦合作用。由此可见，理想耦合线圈，即耦合电感可用三个参数 L_1、L_2 和 M 来描述。每个线圈的电压均由自感磁链产生的自感电压和互感磁链产生的互感电压两部分组成。以上两组方程式中的互感电压可能取正号，也可能取负号，这要看互感磁通和自感磁通的参考方向是否一致。两者的参考方向除了与两个线圈的相对位置和绕向有关，也与电压电流的参考方向有关。图 10.1（a）的情况，在图示线圈的绕向和电流的参考方向下，由右手螺旋定则判定自感电压和互感电压的参考方向一致，都取正号，即磁通相助；图 10.1（b）的情况则相反，都取相反的符号，即磁通相消。

因为 $\Psi_{21} \leqslant \Psi_{11}$，$\Psi_{12} \leqslant \Psi_{22}$，所以可以得出两线圈的互感系数小于等于两线圈自感系数的几何平均值，即 $M \leqslant \sqrt{L_1 L_2}$。上式仅说明互感 M 比 $\sqrt{L_1 L_2}$ 小（或相等），但并不能说明 M 比 $\sqrt{L_1 L_2}$ 小到什么程度。工程上常用耦合系数 K 来表示两线圈的耦合松紧程度，其定义为：

$$M = K\sqrt{L_1 L_2}$$

则

$$K = \frac{M}{\sqrt{L_1 L_2}} \qquad (10\text{-}7)$$

可知，$0 \leqslant K \leqslant 1$，$K$ 值越大，说明两个线圈之间耦合越紧，当 $K=1$ 时，称全耦合，当 $K=0$ 时，说明两线圈没有耦合。耦合系数 K 的大小与两线圈的结构、相互位置以及周围磁介质有关。

为了在线圈密封的情况下，方便地确定互感电压的正号或负号，可以用一种公认的标记"·"来表示，这种标记称为同名端，在每个线圈电压电流为关联参考方向时，如果电流从两个耦合线圈的同名端流入，互感电压与自感电压的参考方向一致，则取正号，表示磁通相助。同名端即为同极性端。则图 10.1（a）中 1 和 2（或 1'或 2'）为同名端，电流 i_1、i_2 分别从线圈 1、2 的同名端流入，互感电压 u_{12} 与自感电压 u_{11} 的参考方向一致，则 u_{12} 取正号，图 10.1（b）中 1 和 2'（或 1'或 2）为同名端，即 1 和 1'为异名端，i_1、i_2 分别从线圈 1、2 的异名端流入，互感电压 u_{12} 与自感电压 u_{11} 的参考方向相反，则 u_{12} 取负号。带有同名端标记的电路如图 10.3（a）、（b）所示。

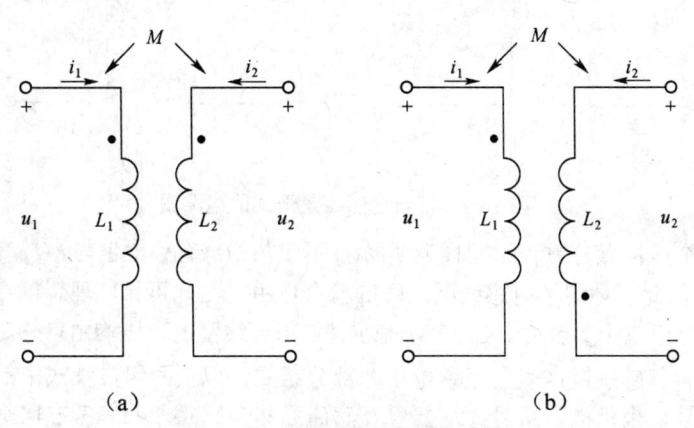

图 10.3 带有同名端标记的电路

因此，我们不难得出结论：在每个线圈的电压、电流为关联参考方向时，如果电流均由两个耦合线圈的同名端流入，则互感电压与自感电压方向相同；若电流从异名端流入，则互感电压与自感电压的方向相反。同名端同极性。必须注意的是，耦合线圈的同名端只取决于线圈的绕向和线圈间的相对位置，与线圈的施感电流的方向无关。

另外，两个线圈的同名端也可以用实验方法确定。采用图 10.4 所示的电路。线圈 L_1 经过一个开关接到直流电压源上，串联接上一个限流电阻 R，线圈 L_2 串接一个直流电压表，极性如图所示。闭合开关 S，电流 i_1 会由零逐渐增大到一个稳态值。闭合开关 S 的瞬间，电流 i_1 的变化率 $\dfrac{\mathrm{d}i_1}{\mathrm{d}t} > 0$。此时，线圈 L_2 会产生互感电压

u_2，使电压表的指针发生偏转。若电压表指针正向偏转，表明此互感电压 u_2 大于零。因 $u_2 = M\dfrac{\mathrm{d}i_1}{\mathrm{d}t}$，可知 1 和 2 两个端钮是一对同名端。若电压表指针反偏，则 1 和 2 两个端钮是一对异名端。

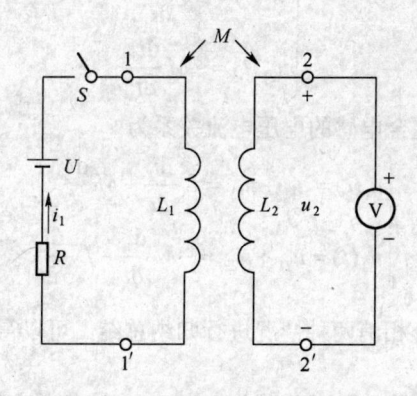

图 10.4 实验方法测同名端

例 10-1 图 10.5 所示电路中，确定耦合电感的电压电流关系。

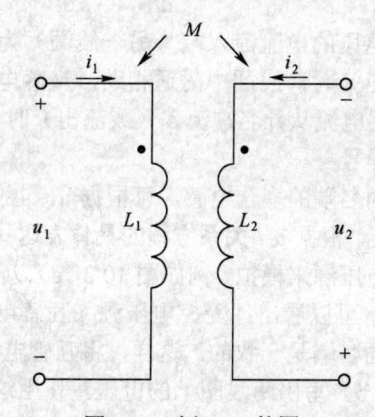

图 10.5 例 10-1 的图

解：耦合电感的电压由自感电压和互感电压两部分组成。图中的 u_1、i_1 是关联参考方向，u_2、i_2 是非关联参考方向，即 u_2、$-i_2$ 是关联参考方向，所以自感电压 u_1、u_2 表示为：

$$\begin{cases} u_{1L}(t) = L_1 \dfrac{\mathrm{d}i_1}{\mathrm{d}t} \\ u_{2L}(t) = -L_2 \dfrac{\mathrm{d}i_2}{\mathrm{d}t} \end{cases}$$

电压 u_1 的正极性端与电流 i_2 的流入端都在同名端上，1 与 1′是同名端即同极性端，由 i_2 产生的互感电压 u_{12} 取正号。同理，1 与 2' 是异名端，u_2、$-i_2$ 是关联参考方向，电压 u_1 的正极性端与电流 $-i_2$ 的流入端都在异名端上，由 i_1 产生的互感电压 u_{21} 取负号。可得

$$\begin{cases} u_{12}(t) = M\dfrac{\mathrm{d}i_2}{\mathrm{d}t} \\ u_{21}(t) = -M\dfrac{\mathrm{d}i_1}{\mathrm{d}t} \end{cases}$$

所以，可以得到耦合电感的电压电流关系为

$$\begin{cases} u_1(t) = u_{11} + u_{12} = L_1\dfrac{\mathrm{d}i_1}{\mathrm{d}t} + M\dfrac{\mathrm{d}i_2}{\mathrm{d}t} \\ u_2(t) = u_{21} + u_{22} = -M\dfrac{\mathrm{d}i_1}{\mathrm{d}t} - L_2\dfrac{\mathrm{d}i_2}{\mathrm{d}t} \end{cases}$$

对以上磁通相助、相消两种情况进行归纳总结，可以得出：自感电压 $L_1\dfrac{\mathrm{d}i_1}{\mathrm{d}t}$、$L_2\dfrac{\mathrm{d}i_2}{\mathrm{d}t}$ 取正号还是取负号，取决于本电感的 u、i 的参考方向是否关联，若关联，自感电压取正；反之取负。而互感电压 $M\dfrac{\mathrm{d}i_2}{\mathrm{d}t}$、$M\dfrac{\mathrm{d}i_1}{\mathrm{d}t}$ 的符号这样确定：互感电压的正极性端与产生互感电压的电流流入端（另一线圈）为同名端。当两线圈电流均从同名端流入（或流出）时，线圈中磁通相助，互感电压与该线圈中的自感电压同号；否则，当两线圈电流从异名端流入（或流出）时，由于线圈中磁通相消，故互感电压与自感电压异号。

总之，对于已标定同名端的耦合电感，可根据 u、i 的参考方向以及同名端的位置写出其 u-i 关系方程。根据 u-i 关系方程的具体表达式，也可以将耦合电感的特性用电感元件和受控电压源来模拟，例如图 10.2（a）、（b）电路可分别用图 10.6（a）、（b）电路来代替。可以看出：受控电压源（互感电压）的极性与产生它的变化电流的参考方向对同名端是一致的。这样，将互感电压模拟成受控电压源后，可直接由图 10.6（a）、（b）写出两线圈上的电压。使用这种消互感的耦合等效电路，在列写互感线圈 u-i 关系方程时，会感到非常方便。

例 10-2 如图 10.7（a）所示正弦电流电路，要求在任意频率之下电流 i 与电压 u_s 同相，求三个参数 L_1、L_2、M 之间应满足的条件。

解 画出消除互感等效电路相量模型，如图 10.7（b）所示，列写回路方程

$$\begin{cases} (R + \mathrm{j}\omega L_1)\dot{I} + \mathrm{j}\omega M \dot{I}_2 = \dot{U}_S \\ \mathrm{j}\omega M \dot{I} + \mathrm{j}\omega L_2 \dot{I}_2 = \dot{U}_S \end{cases}$$

可得出 $\quad \dot{I} = \dfrac{L_2 - M}{L_2 R + \mathrm{j}\omega(L_1 L_2 - M^2)} \dot{U}_S$

(a)　　　　　　　　　　　　　(b)

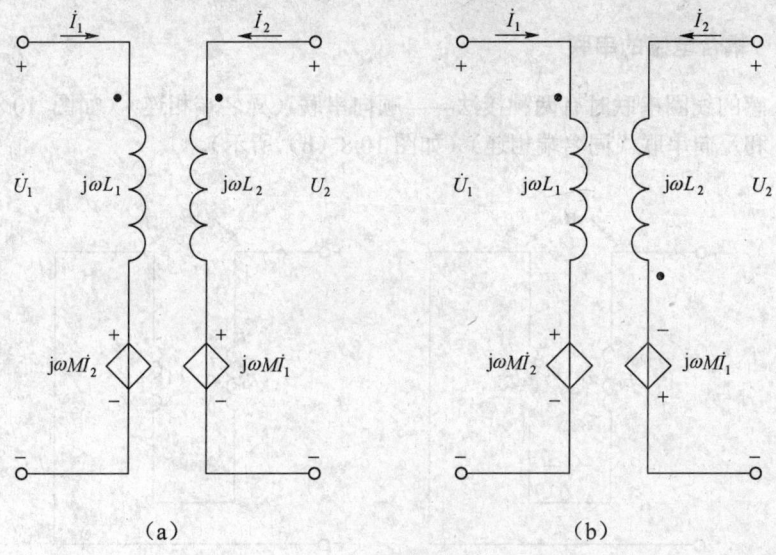

图 10.6　耦合电感的受控电压源模型

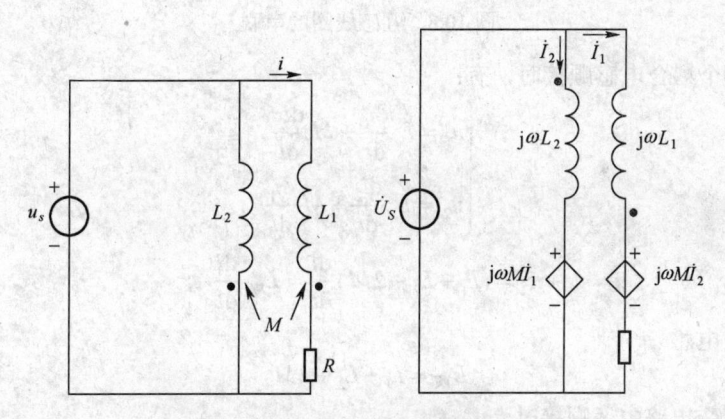

图 10.7　例 10-2 的图

为了使 $\dot{I}$ 与 $\dot{U}_S$ 同相，要求 $j\omega(L_1L_2-M^2)=0$，即 $M=\sqrt{L_1L_2}$（即全耦合）；同时还要求 $L_2-M>0$。

10.2　含耦合电感电路的分析

对于耦合电感上的电压计算，不但要考虑自感电压，还要考虑互感电压，所以含耦合电感电路的分析有一定的特殊性。本节首先介绍耦合电感的连接，然后举例说明含耦合电感的电路的分析。

10.2.1 耦合电感的串联

互感的线圈串联时有两种接法——顺向串联（异名端相连）（如图 10.8（a）所示）和反向串联（同名端相连）（如图 10.8（b）所示）。

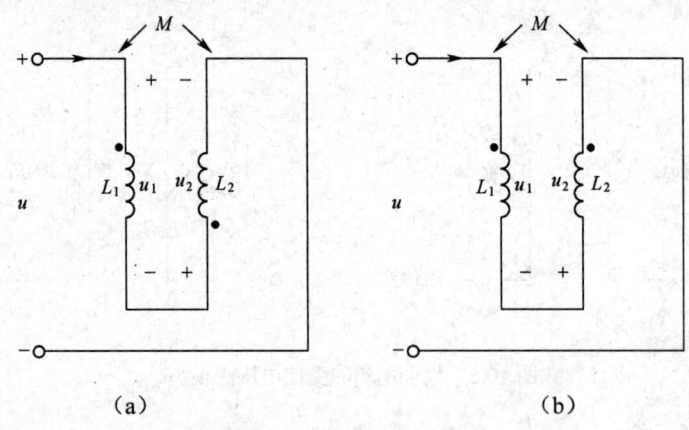

图 10.8 互感线圈的串联

在两个耦合电感顺接时，有：

$$\begin{cases} u_1 = L_1 \dfrac{di_1}{dt} + M \dfrac{di_2}{dt} \\ u_2 = L_2 \dfrac{di_2}{dt} + M \dfrac{di_1}{dt} \end{cases}$$

$$u = u_1 + u_2 = (L_1 + L_2 + 2M)\frac{di}{dt} = L_{顺}\frac{di}{dt}$$

等效电感

$$L_{顺} = L_1 + L_2 + 2M \tag{10-8}$$

在正弦电路中，顺接时

$$\begin{cases} \dot{U}_1 = \dot{U}_{11} + \dot{U}_{12} = j\omega L_1 \dot{I} + j\omega M \dot{I} \\ \dot{U}_2 = \dot{U}_{22} + \dot{U}_{21} = j\omega L_2 \dot{I} + j\omega M \dot{I} \\ \dot{U} = \dot{U}_1 + \dot{U}_2 = j\omega(L_1 + L_2 + 2M)\dot{I} = j\omega L_{顺} \dot{I} \\ L_{顺} = L_1 + L_2 + 2M \end{cases}$$

同样可得在两个耦合电感反接时，有：

$$\begin{cases} u_1 = L_1 \dfrac{di_1}{dt} - M \dfrac{di_2}{dt} \\ u_2 = L_2 \dfrac{di_2}{dt} - M \dfrac{di_1}{dt} \end{cases}$$

$$u = u_1 + u_2 = (L_1 + L_2 - 2M)\frac{di}{dt} = L_{反}\frac{di}{dt}$$

等效电感

$$L_{反} = L_1 + L_2 - 2M \qquad (10\text{-}9)$$

在正弦电路中,反接时

$$\begin{cases} \dot{U}_1 = \dot{U}_{11} - \dot{U}_{12} = j\omega L_1 \dot{I} - j\omega M \dot{I} \\ \dot{U}_2 = \dot{U}_{22} - \dot{U}_{21} = j\omega L_2 \dot{I} - j\omega M \dot{I} \\ \dot{U} = \dot{U}_1 + \dot{U}_2 = j\omega(L_1 + L_2 - 2M)\dot{I} = j\omega L_{反}\dot{I} \\ L_{反} = L_1 + L_2 - 2M \end{cases}$$

10.2.2 耦合电感的并联

互感线圈的并联有两种接法,一种是两个线圈的同名端相连,称为同侧并联,如图 10.9(a)所示;另一种是两个线圈的异名端相连,称为异侧并联,如图 10.9(b)所示。

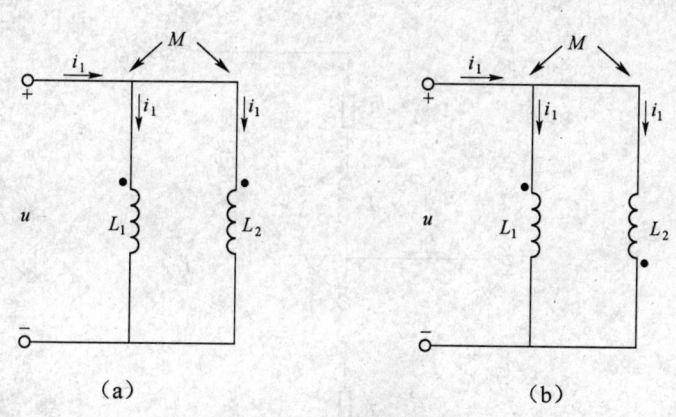

图 10.9 互感线圈的并联

在正弦电路中,用相量表示同侧并联时

$$\begin{cases} \dot{U} = j\omega L_1 \dot{I}_1 + j\omega M \dot{I}_2 \\ \dot{U} = j\omega L_2 \dot{I}_2 + j\omega M \dot{I}_1 \\ \dot{I} = \dot{I}_1 + \dot{I}_2 \end{cases}$$

$$Z = \frac{\dot{U}}{\dot{I}} = j\omega \frac{L_1 L_2 - M^2}{L_1 + L_2 - 2M}$$

等效电感为

$$L = \frac{L_1 L_2 - M^2}{L_1 + L_2 - 2M} \qquad (10\text{-}10)$$

同理可得，在正弦电路中，用相量表示异侧并联时

$$\begin{cases} \dot{U} = j\omega L_1 \dot{I}_1 - j\omega M \dot{I}_2 \\ \dot{U} = j\omega L_2 \dot{I}_2 - j\omega M \dot{I}_1 \\ \dot{I} = \dot{I}_1 + \dot{I}_2 \end{cases}$$

$$Z = \frac{\dot{U}}{\dot{I}} = j\omega \frac{L_1 L_2 - M^2}{L_1 + L_2 + 2M}$$

等效电感为

$$L = \frac{L_1 L_2 - M^2}{L_1 + L_2 + 2M} \tag{10-11}$$

总之，当两互感线圈并联时，等效电感：$L = \dfrac{L_1 L_2 - M^2}{L_1 + L_2 \mp 2M}$（同侧取"−"，异侧取"+"）。

例 10-3 如图 10.10 所示正弦互感电路中，ab 端加 10V 的正弦电压，已知电路的参数为 $R_1=R_2=3\Omega$，$\omega L_1=\omega L_2=4\Omega$，$\omega M=2\Omega$。求：$cd$ 端的开路电压。

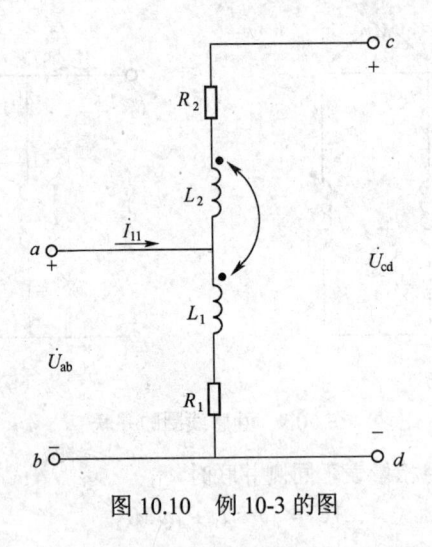

图 10.10 例 10-3 的图

解： 当 cd 端开路时，线圈 2 中无电流，因此，在线圈 1 中没有互感电压。以 ab 端电压为参考，则

$$U_{ab} = 10\angle 0° \text{ V}$$

$$\dot{I}_1 = \frac{\dot{U}_{ab}}{R + j\omega L_1} = \frac{10 \angle 0°}{3 + j4} = 2\angle -53.1° \text{ A}$$

由于线圈 2 中没有电流，因而 L_2 上无自感电压。但 L_1 上有电流，因此线圈 2 中有互感电压。

$$\dot{U}_{cd} = j\omega M\dot{I}_1 + \dot{U}_{ab} = j2 \times 2\angle -53.1° + 10 = 13.4\angle 10.3°$$

10.2.3 含耦合电感电路的基本计算方法

对于耦合电感上的电压计算,不但要考虑自感电压,还要考虑互感电压,所以含耦合电感电路的分析有一定的特殊性。

图 10.11 电路中,L_1 与 L_2 间有互感 M,求:$\dot{I}_1$、$\dot{I}_2$。

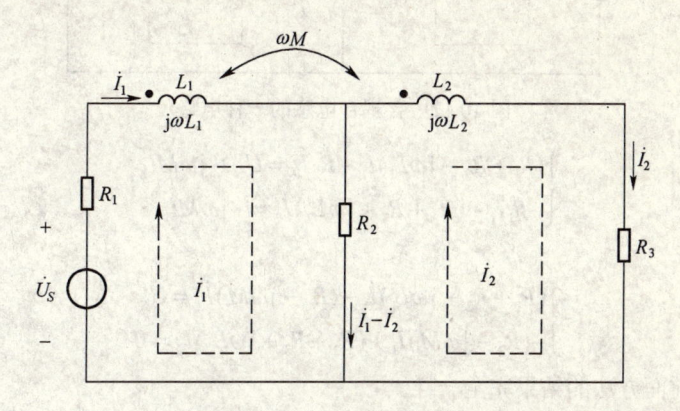

图 10.11 含耦合电感的一种电路

L_1 上的互感电压大小为:$\dot{U}_{12} = j\omega M\dot{I}_2$

同理 $\dot{U}_{21} = j\omega M\dot{I}_1$

对回路 1 和 2 列 KVL 方程:

$$\begin{cases} R_1\dot{I}_1 + j\omega L_1\dot{I}_1 + j\omega M\dot{I}_2 + R_2(\dot{I}_1 - \dot{I}_2) = \dot{U}_S \\ R_2(\dot{I}_2 - \dot{I}_1) + j\omega L_2\dot{I}_2 + j\omega M\dot{I}_1 + R_3\dot{I}_2 = 0 \end{cases}$$

整理得:

$$\begin{cases} (R_1 + R_2 + j\omega L_1)\dot{I}_1 - (R_2 - j\omega M)\dot{I}_2 = \dot{U}_S \\ -(R_2 - j\omega M)\dot{I}_1 + (R_2 + R_3 + j\omega L_2)\dot{I}_2 = 0 \end{cases}$$

可以解出 $\dot{I}_1$ 和 $\dot{I}_2$。

缺点:按上法容易漏 $j\omega M$ 一项,或写错前面的"+"、"−"号。

当然也可以用我们前面讨论过的把互感电压作为受控源的计算方法,即在正弦稳态分析时,可以把各互感电压作为受控源看待,并在正确标定其极性后,用正弦稳态分析方法进行分析。

用网孔法:网孔电流的绕向如图 10.12 所示。

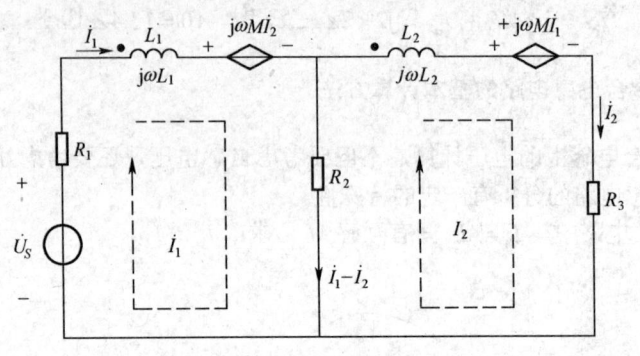

图 10.12 含耦合电感的一种电路

$$\begin{cases} (R_1+R_2+j\omega L_1)\dot{I}_1 - R_2\dot{I}_2 = \dot{U}_S - j\omega M\dot{I}_2 \\ -R_1\dot{I}_1 + (R_2+R_3+j\omega L_2)\dot{I}_2 = -j\omega M\dot{I}_1 \end{cases}$$

即：

$$\begin{cases} (R_1+R_2+j\omega L_1)\dot{I}_1 - (R_2-j\omega M)\dot{I}_2 = \dot{U}_S \\ -(R_2-j\omega M)\dot{I}_1 + (R_2+R_3+j\omega L_2)\dot{I}_2 = 0 \end{cases}$$

这与前面方法的结果完全一样。

例 10-4 如图 10.13 所示，已知：$R_1=3\Omega$，$R_2=5\Omega$，$\omega L_1=7.5\Omega$，$\omega L_2=12.5\Omega$，$\omega M=6\Omega$，$\dot{U}=50\angle 0°$ V。求 K 打开和闭合时的 $\dot{I}$。

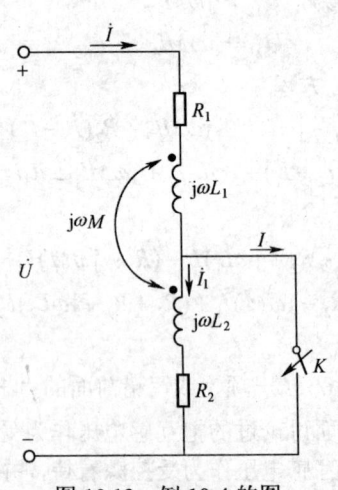

图 10.13 例 10-4 的图

解：1) K 打开时，两个线圈顺接，故有：

$$\dot{I} = \frac{\dot{U}}{R_1+R_2+j\omega(L_1+L_2+2M)} = \frac{50\angle 0°}{3+5+j(7.5+12.5+6)} = 1.52\angle -75.96° \text{ A}$$

2) K 闭合时：$\because \begin{cases} \dot{U} = (R_1 + j\omega L_1)\dot{I} + j\omega M \dot{I}_1 \\ j\omega M \dot{I} + (R_2 + j\omega L_2)\dot{I}_1 = 0 \end{cases}$

$\therefore \dot{I} = \dfrac{\dot{U}}{(R_1 + j\omega L_1) - \dfrac{(j\omega M)^2}{R_2 + j\omega L_2}} = 7.79 \angle -51.50° $ A

$\dot{I}_1 = 3.47 \angle 150.30°$ A

10.2.4 耦合电感的去耦 T 形等效电路

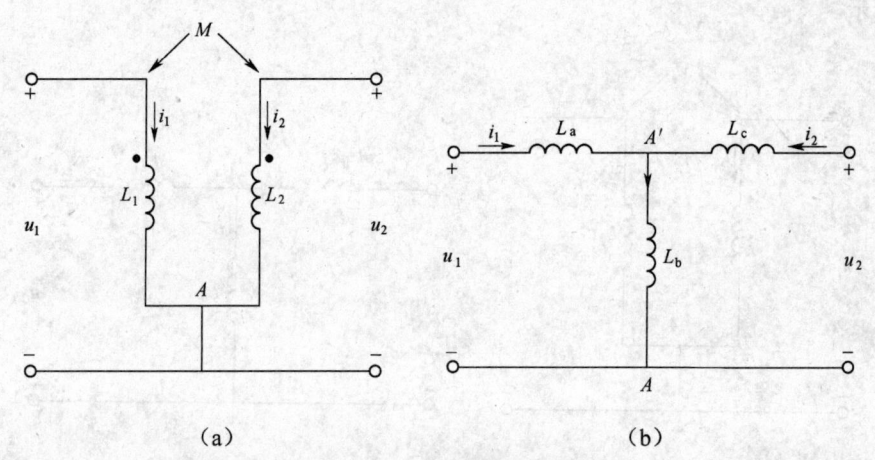

(a)　　　　　　　　　　(b)

图 10.14　T 形去耦等效电路

如果公共端为同名端，当两耦合电感有一对公共端连于一起，如图 10.14（a）A 点所示，可以用无耦合的三个电感组成的 T 形网络来做等效替换，如图 10.14（b）所示。

对图 10.14（a）：

$$\begin{cases} u_1 = L_1 \dfrac{di_1}{dt} + M \dfrac{di_2}{dt} \\ u_2 = M \dfrac{di_1}{dt} + L_2 \dfrac{di_2}{dt} \end{cases} \tag{10-12}$$

而在图 10.14（b）中：

$$\begin{cases} u_1 = L_a \dfrac{di_1}{dt} + L_b \dfrac{di_2}{dt} = (L_a + L_b)\dfrac{di_1}{dt} + L_b \dfrac{di_2}{dt} \\ u_2 = L_b \dfrac{di_1}{dt} + (L_b + L_c)\dfrac{di_2}{dt} \end{cases} \tag{10-13}$$

根据等效电路的概念可知，应使式（10-12）与式（10-13）两式前面的系数分别相等，即：

$$\begin{cases} L_1 = L_a + L_b \\ M = L_b \\ L_2 = L_b + L_c \end{cases}$$

整理得：

$$\begin{cases} L_a = L_1 - M \\ L_b = M \\ L_c = L_2 - M \end{cases} \quad (10\text{-}14)$$

如果公共端为异名端，如图 10.15（a）所示，其去耦等效电路如图 10.15（b）所示。

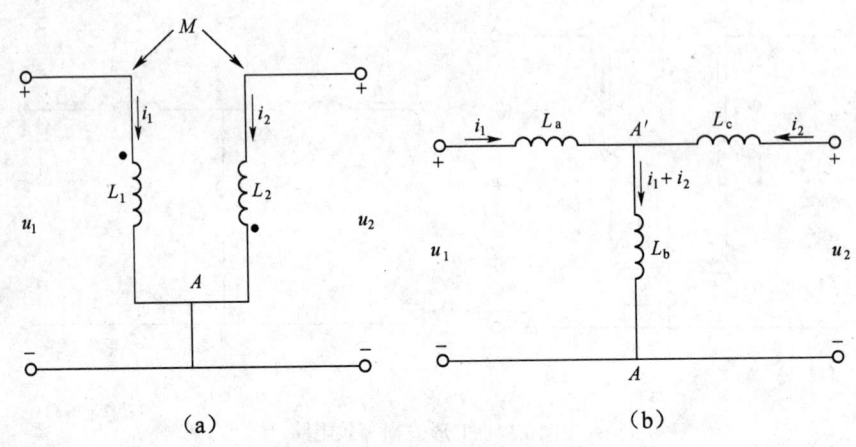

（a）　　　　　　　　　　（b）

图 10.15　T 形去耦等效电路

$$\begin{cases} L_a = L_1 + M \\ L_b = -M \\ L_c = L_2 + M \end{cases} \quad (10\text{-}15)$$

例 10-5 如图 10.16 所示，电源电压为 $u = 5000\sqrt{2}\cos 10^4 t$ V，求各支路电流。

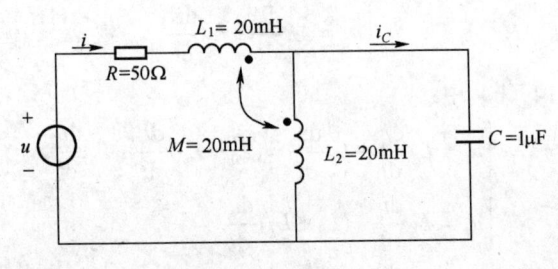

图 10.16　例 10-5 的图

解：去耦等效电路如图 10.17 所示。

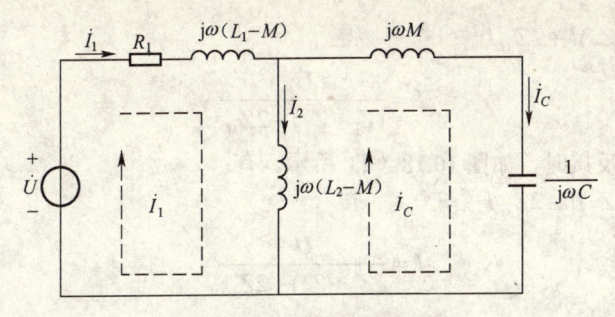

图 10.17 去耦等效电路

$$\begin{cases} [R_1 + j\omega(L_1-M) + j\omega(L_2-M)]\dot{I}_1 - j\omega(L_2-M)\dot{I}_C = \dot{U} \\ -j\omega(L_2-M)\dot{I}_1 + \left[j\omega(L_2-M) + j\left(\omega M - \dfrac{1}{\omega C}\right)\right]\dot{I}_C = 0 \end{cases}$$

代入数据整理得：

$$\begin{cases} (50+j50)\dot{I}_1 - j100\dot{I}_c = 5000\angle 0° \\ -j100\dot{I}_1 + j250\dot{I}_c = 0 \end{cases}$$

$$\dot{I}_c = \frac{2}{5}\dot{I}_1$$

$$\dot{I}_1 = \frac{5000\angle 0°}{5+j} = 98.06\angle -11.31°\ \text{A}$$

$$\dot{I}_c = \frac{2}{5}\dot{I}_1 = 39.22\angle -11.31°\ \text{A}$$

$$\dot{I}_2 = \dot{I}_1 - \dot{I}_c = 58.84\angle -11.31°\ \text{A}$$

10.3 耦合电感的功率

分析正弦交流电路中耦合电感的功率时，首先把耦合的两电感看作两条支路，每条支路由两个元件组成，一个元件是本电感的自感抗 ωL，体现电感中的自感电压，一个元件是受控电压源，体现电感中的互感电压，受控电压源的控制量是产生这个互感电压的另一电感中电流，控制系数为互感抗 ωM。原电路中同名端的位置关系在等效电路中由受控电压源的极性来反映。然后按一般受控源电路的分析方法分析其功率。

10.3.1 串联耦合电感的复功率

如图 10.18（a）、（c）所示分别为两个电感顺接、反接的情况。
两个电感顺接时，如图 10.18（b）所示。有：
取 $Z_M = j\omega M$，$Z_1 = R_1 + j\omega L_1$，$Z_2 = R_2 + j\omega L_2$

$$\dot{U} = (Z_1 + Z_2)\dot{I} + 2Z_M\dot{I} \qquad 得$$
$$\dot{I} = \frac{\dot{U}}{(Z_1 + Z_2) + 2Z_M}$$

两个电感反接时，如图 10.18（d）所示。有：
$$\dot{U} = (Z_1 + Z_2)\dot{I} - 2Z_M\dot{I} \qquad 得$$
$$\dot{I} = \frac{\dot{U}}{(Z_1 + Z_2) - 2Z_M}$$

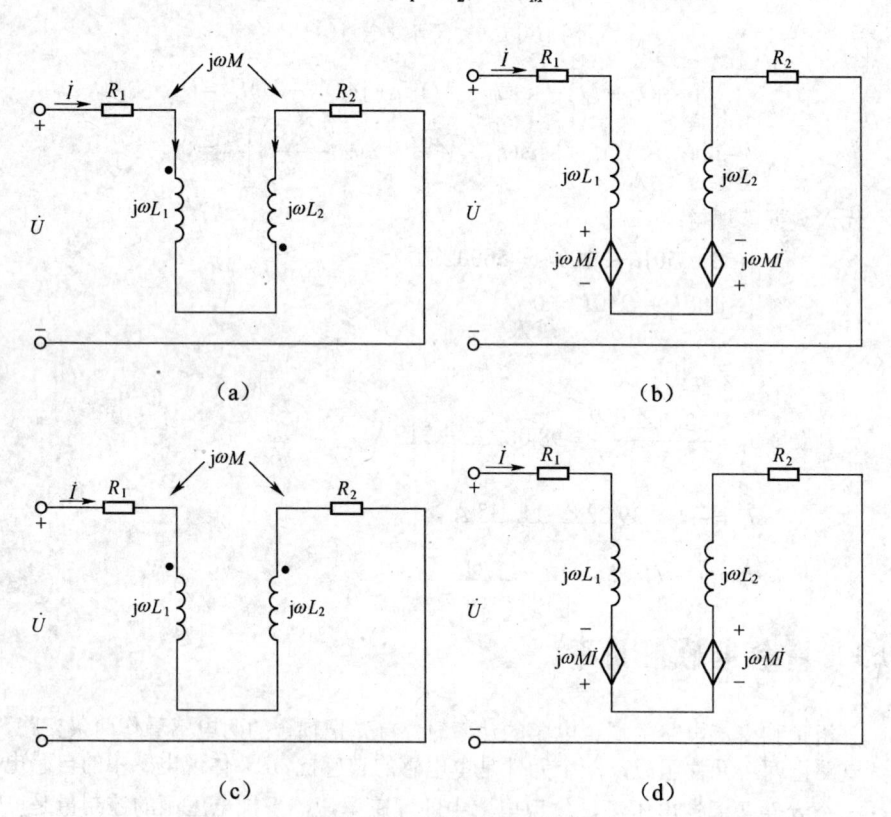

图 10.18 串联耦合电感的功率

两受控源的复功率：

顺接时：$\tilde{S}_1 = \tilde{S}_2 = Z_M \dot{I} \dot{I}^* = j\omega M I^2$；

反接时：$\tilde{S}_1 = \tilde{S}_2 = -Z_M \dot{I} \dot{I}^* = -j\omega M I^2$。

上式中只有无功功率，没有有功功率，这表明串联的耦合电感既不吸收也不提供有功功率，但二者的无功功率相等。根据功率守恒性可知，电源发出的有功功率等于电路中所有电阻（包括耦合电感线圈自身电阻）消耗的有功功率。

10.3.2 并联耦合电感的复功率

图 10.19（a）、(d) 所示分别为耦合电感的同侧并联和异侧并联电路，图 10.19（c）、(d) 分别为其等效电路。按图示的电压、电流参考方向及同名端的位置有：

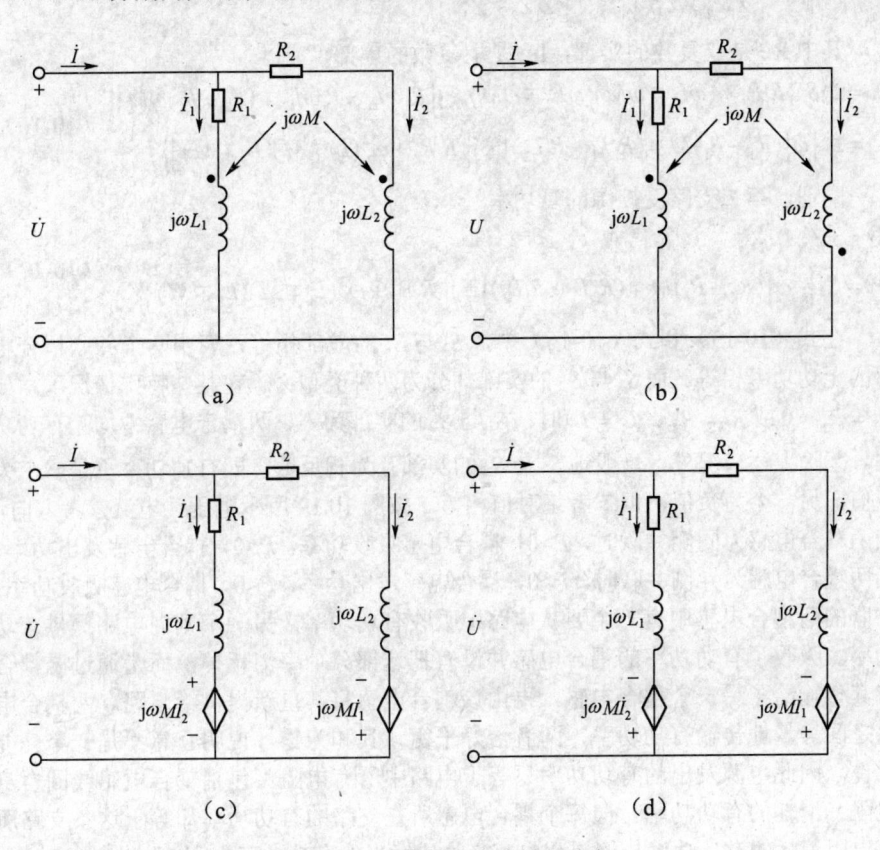

图 10.19 并联耦合电感的复功率

$$\dot{U} = Z_1 \dot{I}_1 \pm Z_M \dot{I}_2$$
$$\dot{U} = Z_2 \dot{I}_2 \pm Z_M \dot{I}_1$$

其中 $Z_M = j\omega M$，$Z_1 = R_1 + j\omega L_1$，$Z_2 = R_2 + j\omega L_2$，"+"号对应两个电感同侧并联（见图 10.19（a）），"−"号对应两个电感异侧并联（见图 10.19（b））。

得

$$\dot{I}_1 = \frac{\dot{U}(Z_2 \mp Z_M)}{Z_1 Z_2 - Z_M^2}$$

$$\dot{I}_2 = \frac{\dot{U}(Z_1 \mp Z_M)}{Z_1 Z_2 - Z_M^2}$$

第一支路受控源的复功率

$$\tilde{S}_1 = \pm Z_M \dot{I}_2 \dot{I}_1^* = \pm Z_M \left[\frac{\dot{U}}{Z_1 Z_2 - Z_M^2}\right] \cdot \left[\frac{\dot{U}}{Z_1 Z_2 - Z_M^2}\right]^* \cdot (Z_1 \mp Z_M)(Z_2 \mp Z_M)^*$$

$$= j\omega M \left\{\text{Re}^2\left[\frac{\dot{U}}{Z_1 Z_2 - Z_M^2}\right] + \text{Im}^2\left[\frac{\dot{U}}{Z_1 Z_2 - Z_M^2}\right]\right\} \cdot [R_1 + j(\omega L_1 \mp \omega M)][R_2 - j(\omega L_2 \mp \omega M)]$$

其中 Re 是取复数的实部，Im 是取复数的虚部，有

$$\tilde{S}_1 = \pm jS'\{R_1 R_2 + (\omega L_1 \mp \omega M)(\omega L_2 \mp \omega M) + j[R_2 \omega L_1 - R_1 \omega L_2 \mp (R_2 - R_1)\omega M]\}$$

$$= S'\{\omega[(R_2 - R_1)M \mp (R_2 L_1 - R_1 L_2)] \pm j[R_1 R_2 + \omega^2(L_1 \mp M)(L_2 \mp M)]\} \tag{10-16}$$

同理，第二支路受控源的复功率

$$\tilde{S}_2 = \pm Z_M \dot{I}_1 \dot{I}_2^*$$

$$= S'\{-\omega[(R_2 - R_1)M \mp (R_2 L_1 - R_1 L_2)] \pm j[R_1 R_2 + \omega^2(L_1 \mp M)(L_2 \mp M)]\} \tag{10-17}$$

在式（10-15）和式（10-16）中，$\tilde{S}_1$ 与 $\tilde{S}_2$ 的虚部相等，表明两个并联耦合电感的无功功率相等。而 $\tilde{S}_1$ 与 $\tilde{S}_2$ 的实部却分为两种类型：①在某些特殊情况下，如 $R_1 = R_2 = 0$ 或 $R_1 = R_2$、$L_1 = L_2$ 时，$\tilde{S}_1$ 与 $\tilde{S}_2$ 的实部为零，两耦合电感中均无有功功率。②除上述情况外，一般地 $\tilde{S}_1$ 与 $\tilde{S}_2$ 的实部互为相反数，即有功功率总是一个为正值，另一个为负值，但二者绝对值相等。按图 10.19 所示电压、电流参考方向，当两耦合电感为同侧并联时，$P>0$，耦合电感吸收功率，$P<0$，耦合电感发出功率；当两耦合电感为异侧并联时，$P>0$，耦合电感发出功率，$P<0$，耦合电感吸收功率。并联的两耦合电感中有一个要从电路中吸收有功功率，另一个则向电路提供有功功率。吸收了有功功率的耦合电感并没有把这部分功率消耗掉，而是通过磁耦合将其传输给了另一个耦合电感，再由该耦合电感将其重新提供给电路。两耦合电感之间等量地传输有功功率，两者恰好平衡，其和为零，说明互感不是一个耗能元件。因此电源发出的有功功率只等于电路中所有电阻（包括耦合电感线圈自身电阻）消耗的有功功率。但每个耦合电感所在支路的有功功率却等于这条支路所有电阻消耗的有功功率与该耦合电感吸收或发出的有功功率之和。

例 10-6 如图 10.20 所示，已知 $\dot{U} = 220\angle 0°$ V，$L_1 = 3$H，$L_2 = 10$H，$M = 5$H，$\omega = 100$rad/s，$R_1 = R_2 = 100\Omega$，求每条支路的复功率。

解 由图 10.20 分析可知

$$\dot{I} = 3.73\angle -22.1° \text{ A}$$

$$\dot{I}_1 = 2.429\angle -20.91° \text{ A}$$

$$\dot{I}_2 = 1.303\angle -24.03° \text{ A}$$

$$P_{R_1} = R_1 I_1^2 = 590\text{W}$$

$$P_{R_2} = R_2 I_2^2 = 169.78\text{W}$$

$$Q_{L_1} = \omega L_1 I_1^2 = 1770 \text{Var}$$

$$Q_{L_2} = \omega L_2 I_2^2 = 169.78 \text{Var}$$

$$\tilde{S}_{M_1} = -j\omega M \dot{I}_2 \dot{I}_1^* = P_{M_1} + jQ_{M_1} = -91.65 - j1579.83 \text{VA}$$

$$\tilde{S}_{M_2} = -j\omega M \dot{I}_1 \dot{I}_2^* = P_{M_2} + jQ_{M_2} = 91.65 - j1579.83 \text{VA}$$

按图示电压、电流参考方向，$P_{M_1} < 0$ 为 M_1 从电源吸收并通过磁耦合传输给 M_2 的有功功率，$P_{M_2} > 0$ 为 M_2 由磁耦合获得并重新提供给电路的有功功率。

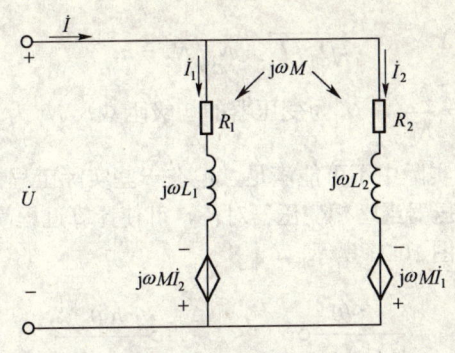

图 10.20　例 10-6 的图

支路 1 的有功功率和无功功率分别为：

$$P_1 = P_{R_1} + P_{M_1} = 498.35 \text{W}$$

$$Q_1 = Q_{L_1} + Q_{M_1} = 190.18 \text{Var}$$

支路 2 的有功功率和无功功率分别为：

$$P_2 = P_{R_2} + P_{M_2} = 261.43 \text{W}$$

$$Q_2 = Q_{L_2} + Q_{M_2} = 117.98 \text{Var}$$

每条支路的复功率分别为：

$$\tilde{S}_1 = P_1 + jQ_1 = 498.35 + j190.18 \text{VA}$$

$$\tilde{S}_2 = P_2 + jQ_2 = 261.43 + j117.98 \text{VA}$$

电源发出的复功率：

$$\tilde{S} = \dot{U}\dot{I}^* = \tilde{S}_1 + \tilde{S}_2 = 759.78 + j308.16 \text{VA}$$

其中实部为有功功率 $P_1 = P_{R_1} + P_{R_2} = 759.78 \text{W}$

10.4　理想变压器

10.4.1　理想变压器的电压、电流关系

理想变压器在实际中并不存在，但它又有实用价值，通常高频电路中的互感

耦合电路可以看成理想变压器。理想变压器是铁芯变压器的理想化模型，它也是一种耦合元件。

理想变压器的三个理想化条件：

条件 1：无损耗，认为绕线圈的导线无电阻，做芯子的铁磁材料的磁导率无限大。

条件 2：全耦合，即耦合系数 $k=1 \Rightarrow M = \sqrt{L_1 L_2}$。

条件 3：参数无限大，即自感系数和互感系数 L_1、L_2 和 M 都趋于无穷大，但满足：

$$\sqrt{L_1/L_2} = N_1/N_2 = n$$

上式中，变比 $n = \dfrac{N_1}{N_2}$，N_1 为变压器的初级匝数，N_2 为变压器的次级匝数。

以上三个条件在工程实际中不可能满足，但在一些实际工程概算中，在误差允许的范围内，把实际变压器当理想变压器对待，可使计算过程简化。

它的电路模型如图 10.21 所示。

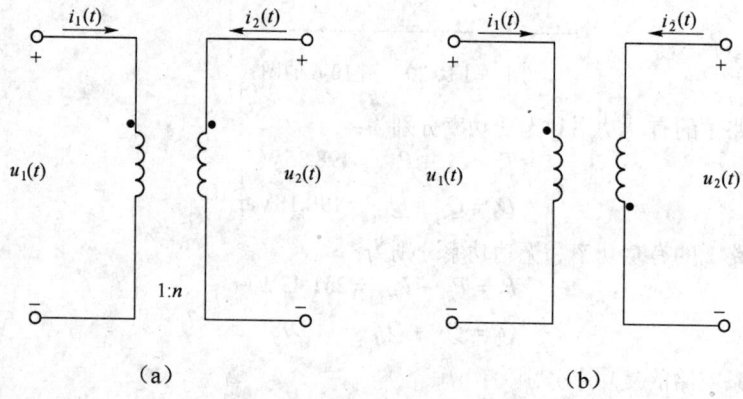

图 10.21 理想变压器的电路模型

理想变压器不再用 L_1、L_2 和 M 等参数来表达，而是只采用唯一的一个称之为变比或匝数比的 n 来描述。在图 10.21（a）所示的电压、电流参考方向和同名端条件下，理想变压器采用如下的定义式

$$\begin{cases} u_1(t) = n u_2(t) \\ i_1(t) = -\dfrac{1}{n} i_2(t) \end{cases} \quad (10\text{-}18)$$

不论在什么时刻，也不论它的端钮上接的什么元件，对所有的 u_1、u_2、i_1、i_2，以上的电压、电流关系都是成立的。式（10-18）就是理想变压器的电压、电流关系。可以看出，这是两个代数关系式，因此理想变压器没有了电磁感应的痕迹，即理想变压器为一静态元件（无记忆元件），所以能变化直流电压和直流电流。它

按照式（10-18）的约束关系改变变压器两个端钮的电压、电流的大小，但不引起附带的电感、电阻等其他元件的作用。理想变压器是电路的基本无源元件之一。工程实际中使用的铁心变压器，在精确度要求不高时，均可用理想变压器作为它的电路模型来进行分析与计算。

式（10-18）反映了理想变压器初、次级电流之间的关系。通过以上分析，说明理想变压器具有变换电压和电流的作用。当 $n>1$ 时，为降压变压器；当 $n<1$ 时，为升压变压器；在正弦稳态下，其相量形式为

$$\begin{cases} \dfrac{\dot{U}_1}{\dot{U}_2} = \dfrac{N_1}{N_2} = n \\ \dfrac{\dot{I}_1}{\dot{I}_2} = -\dfrac{N_2}{N_1} = -\dfrac{1}{n} \end{cases} \quad (10\text{-}19)$$

任意时刻，将式（10-18）两边相乘移相得到理想变压器吸收的功率

$$p(t) = u_1(t)i_1(t) + u_2(t)i_2(t) = 0$$

可见，理想变压器吸收的功率恒等于零。即理想变压器不消耗能量也不储存能量，从初级线圈输入的功率全部都能从次级线圈输出到负载。理想变压器不存储能量，在传输过程中，仅将电压、电流按变比作数值变换，是一种无记忆元件。

如果电压、电流参考方向和同名端标示如图 10.21（b）所示，理想变压器的电压、电流关系采用如下的定义式

$$\begin{cases} u_1(t) = -nu_2(t) \\ i_1(t) = \dfrac{1}{n}i_2(t) \end{cases}$$

在正弦稳态下，其相量形式为

$$\begin{cases} \dfrac{\dot{U}_1}{\dot{U}_2} = \dfrac{N_1}{N_2} = -n \\ \dfrac{\dot{I}_1}{\dot{I}_2} = \dfrac{N_2}{N_1} = \dfrac{1}{n} \end{cases}$$

根据理想变压器的电压、电流方程，可以作出理想变压器的一种用受控源表示的电路模型，如图 10.22 所示。

10.4.2 理想变压器的阻抗变换作用

理想变压器在正弦稳态电路中，还表现出有变换阻抗的特性，如图 10.23 所示理想变压器，次级接负载阻抗，由假设的电压、电流参考方向及同名端位置，可得理想变压器在正弦电路里相量形式为

$$\begin{cases} \dot{U}_1 = \dfrac{N_1}{N_2}\dot{U}_2 \\ \dot{I}_1 = -\dfrac{N_2}{N_1}\dot{I}_2 \end{cases}$$

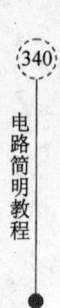

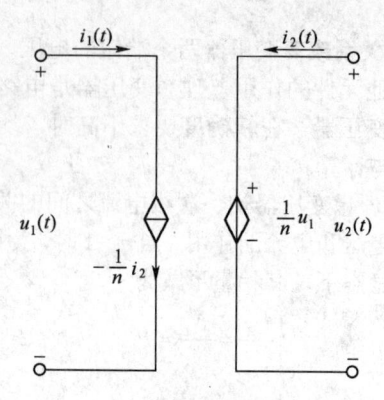

图 10.22 受控源表示的电路模型

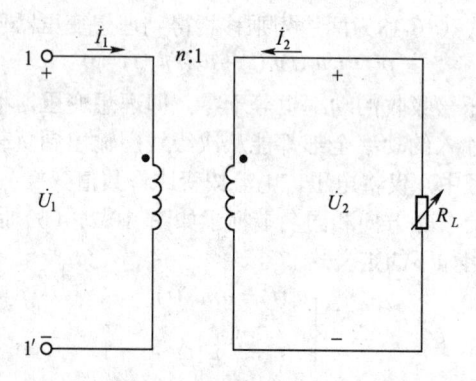

图 10-23 阻抗变换作用

由 1-1' 端看，输入阻抗为

$$Z_i = \frac{\dot{U}_1}{\dot{I}_1} = \frac{n\dot{U}_2}{-\frac{1}{n}\dot{I}_2} = n^2 Z_L \quad (10\text{-}20)$$

即：

$$Z_i = \frac{\dot{U}_1}{\dot{I}_1} = \frac{\frac{N_1}{N_2}\dot{U}_2}{-\frac{N_2}{N_1}\dot{I}_2} = \left(\frac{N_1}{N_2}\right)^2 \left(-\frac{\dot{U}_2}{\dot{I}_2}\right) = n^2 \left(-\frac{\dot{U}_2}{\dot{I}_2}\right)$$

式（10-20）表明，当次级接阻抗 Z_L，对初级来说，相当于在初级接一个值为 $n^2 Z_L$ 的阻抗，即理想变压器有变换阻抗的作用。

习惯上把 $n^2 Z_L$ 称为次级对初级的折合阻抗。实际应用中，一定的电阻负载 R_L 接在变压器次级，在变压器初级相当于接 $n^2 R_L$ 的电阻。如果改变 n，输入电阻 $n^2 R_L$ 也改变，所以可利用改变变压器匝比来改变输入电阻，实现功率匹配，使负载获得最大功率。

由以上介绍可知,理想变压器有 3 个主要性能,即变压、变流、变阻抗。理想变压器的变压关系适用于一切变化的电压、电流情况。

在工程上,通常采用两方面的措施使实际的变压器的性能接近理想变压器,一是尽量采用具有高磁导率的铁磁材料作为芯子;二是尽量紧密耦合,使耦合系数 k 接近 1,并在保持电压不变的情况下,尽量增加原、副边的匝数。

例 10-7 已知图 10.24(a)电路的电源内阻 $R_S = 1\text{k}\Omega$,负载电阻 $R_L = 10\Omega$。为使 R_L 上获得最大功率,求理想变压器的变比 n。

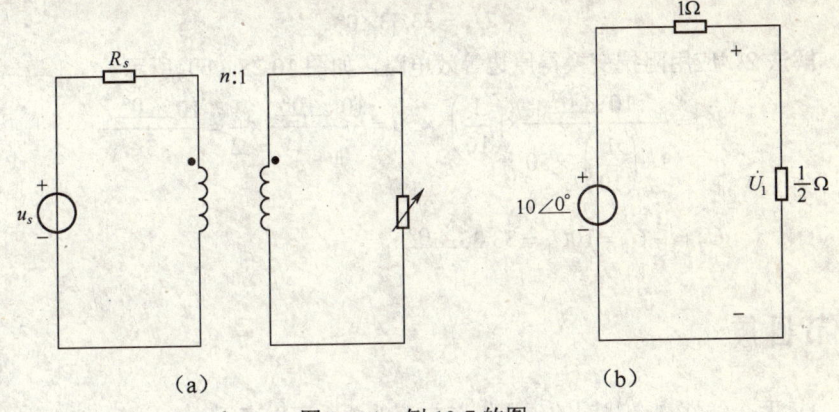

图 10.24 例 10-7 的图

解:把副边阻抗折合到原边,得原边等效电路如图 10.24(b)所示,因此当 $n^2 R_L = R_S$ 时电路处于匹配状态,由此得:

$$10n^2 = 1000$$

即 $n = 10$。

例 10-8 求图 10.25(a)所示电路负载电阻上的电压 $\dot{U}_2$。

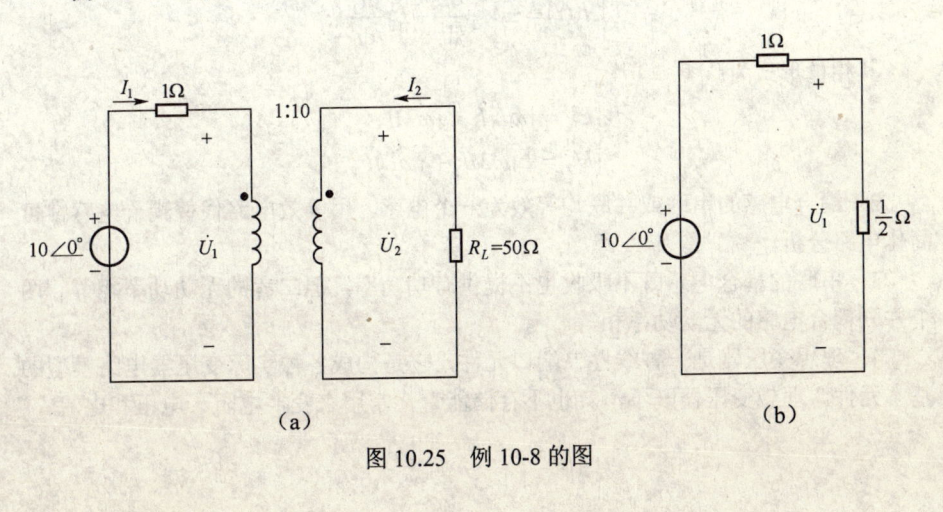

图 10.25 例 10-8 的图

解法 1：列方程求解

原边回路有：$1 \times \dot{I}_1 + \dot{U}_1 = 10\angle 0°$

副边回路有：$50 \times \dot{I}_2 + \dot{U}_2 = 0$

代入理想变压器的特性方程：

$$\dot{U}_1 = \frac{1}{10}\dot{U}_2$$

$$\dot{I}_1 = -10\dot{I}_2$$

解得：

$$\dot{U}_2 = 33.33\angle 0°$$

解法 2：应用阻抗变换得原边等效电路，如图 10.25（b）所示。

$$\dot{U}_1 = \frac{10\angle 0°}{1+\left(\frac{1}{10}\right)^2 \times 50} \times \left(\frac{1}{10}\right)^2 \times 50 = \frac{10\angle 0°}{1+\frac{1}{2}} \times \frac{1}{2} = \frac{10\angle 0°}{3}$$

$$\dot{U}_2 = \frac{1}{n}\dot{U}_1 = 10\dot{U}_1 = 33.33\angle 0°$$

章节回顾

1. 两个线性耦合线圈的磁通链与电流的关系可以表示为

$$\Psi_1 = \Psi_{11} \pm \Psi_{12} = L_1 i_1 \pm M i_2$$
$$\Psi_2 = \pm\Psi_{21} + \Psi_{22} = \pm M i_1 + L_2 i_2$$

其电压电流方程为：

$$\begin{cases} u_1(t) = L_1 \dfrac{\mathrm{d}i_1}{\mathrm{d}t} \pm M \dfrac{\mathrm{d}i_2}{\mathrm{d}t} \\ u_2(t) = \pm M_2 \dfrac{\mathrm{d}i_1}{\mathrm{d}t} + L_2 \dfrac{\mathrm{d}i_2}{\mathrm{d}t} \end{cases}$$

其相量形式为：

$$\begin{cases} \dot{U}_1 = \mathrm{j}\omega L_1 \dot{I}_1 \pm \mathrm{j}\omega M \dot{I}_2 \\ \dot{U}_2 = \pm\mathrm{j}\omega M \dot{I}_1 + \mathrm{j}\omega L_2 \dot{I}_2 \end{cases}$$

2. 耦合电感的串联或并联均等效为一个电感。用等效电路代替耦合电感常可简化电路分析。

3. 串联的耦合电感既不吸收也不提供有功功率，但二者的无功功率相等。两个并联耦合电感的无功功率相等。

4. 理想变压器是一种线性二端口元件，它是构成各种实际变压器电路模型的基本元件。理想变压器既不消耗也不存储能量，常用来变换电阻、电压和电流。

习题

10-1 一耦合电感元件电路如题 10-1 图所示，已知 $j\omega L_1 = j3\Omega$，$j\omega L_2 = j8\Omega$，耦合系数 $K = 0.5$。请写出 $\dot{U}_1$、$\dot{U}_2$ 的表达式。

10-2 一耦合电感元件电路如题 10-2 图所示，写出 u_1、u_2 的表达式。

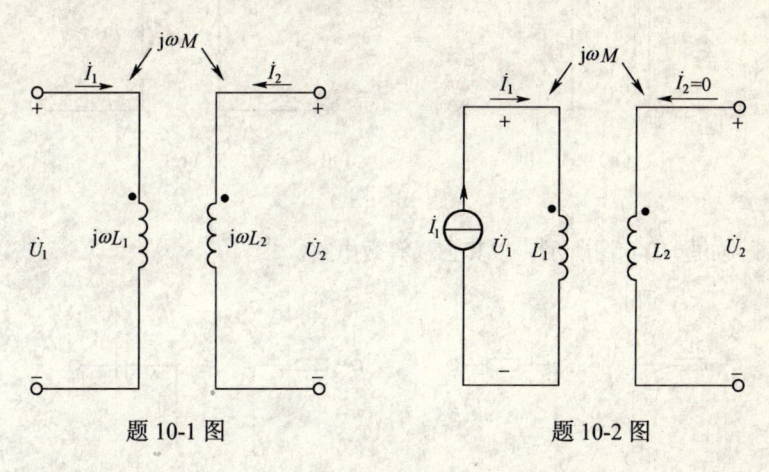

题 10-1 图   题 10-2 图

10-3 能否用正弦电源、交流电压表及交流电流表测量题 10-3 图所示电路中 L_1、L_2 及 M，具体说明之。

10-4 题 10-4 图所示电路中 $L_1 = 0.1\text{H}$，$L_2 = 0.4\text{H}$，$M = 0.12\text{H}$，求端口 ab 的等效电感 $L=$？

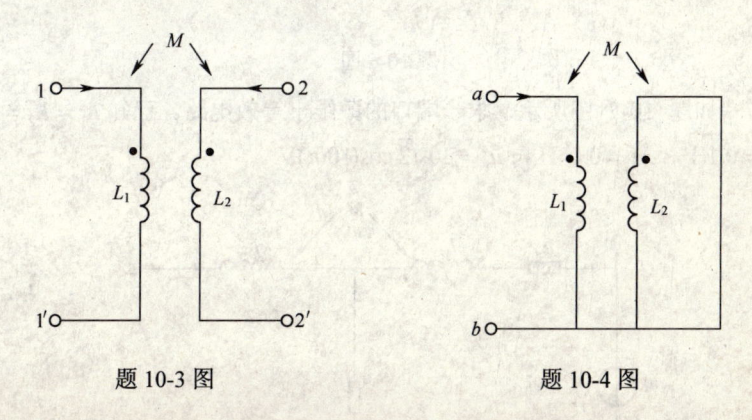

题 10-3 图   题 10-4 图

10-5 题 10-5 图所示的耦合电感元件及其受控源等效电路，已知 $j\omega L_1 = j4\Omega$，$j\omega L_2 = j9\Omega$，耦合系数 $k=0.5$。标出受控源的数值，并写出电压 $\dot{U}_1$、$\dot{U}_2$ 表达式。

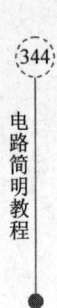

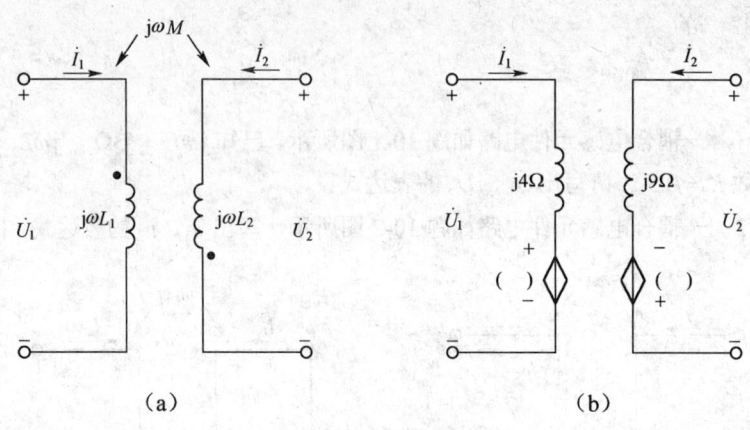

题 10-5 图

10-6 如题 10-6 图所示，求其去耦等效电路。

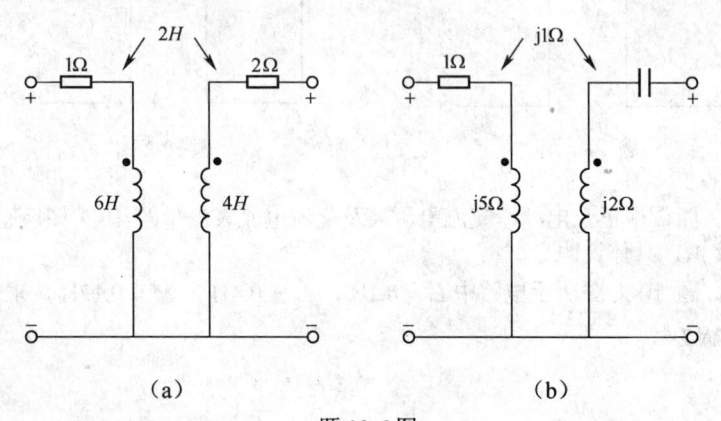

题 10-6 图

10-7 如题 10-7 图所示，求一端口的戴维宁等效电路。已知 $R_1 = R_2 = 6\Omega$，$L_1 = L_2 = 0.1\text{H}$，$M = 0.05\text{H}$，$u_s = 30\sqrt{2}\cos(100t)\text{V}$。

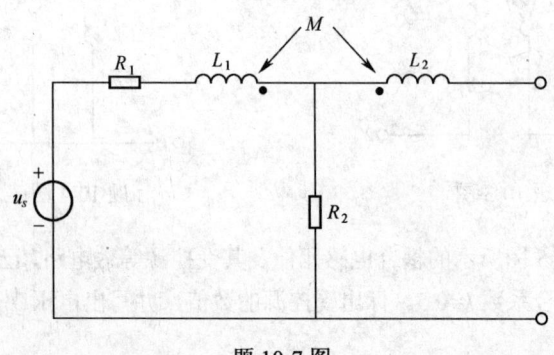

题 10-7 图

10-8　题 10-8 图所示电路中，已知 $\dot{U}_s = 120\angle 0°$ V，$L_1 = 8$H，$L_2 = 6$H，$L_3 = 10$H，$M_{12} = 4$H，$M_{23} = 5$H，$\omega = 2$rad/s。求其戴维宁等效电路。

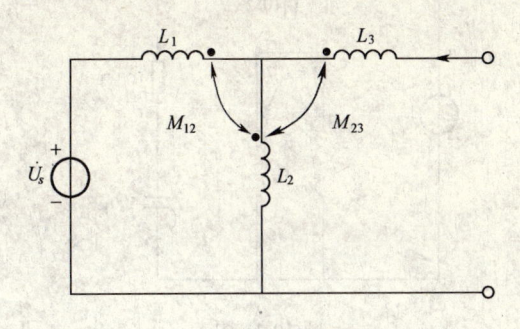

题 10-8 图

10-9　题 10-9 图所示电路中，已知 $L_1 = 5$H，$L_2 = 3$H，$k = 0.7$，$R_1 = 10\Omega$，$R_2 = 8\Omega$，$C = 2$F，求：当 $f = 100$Hz 时的输入阻抗。

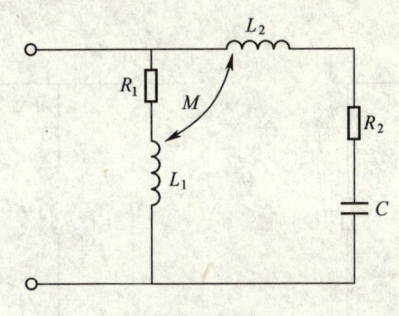

题 10-9 图

10-10　题 10-10 图所示电路中，$R_1 = 1$kΩ，$R_2 = 0.4$kΩ，$R_L = 0.6$kΩ，$L_1 = 2$H，$L_2 = 4$H，$k = 0.1$，$u_s = 100\angle 0°$ V，$\omega = 1000$rad/s，求电流 $\dot{I}_2$。

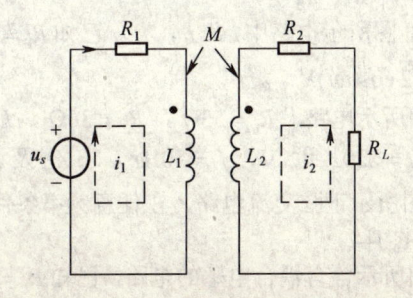

题 10-10 图

10-11　题 10-11 图所示电路中，已知 $u_s = 5\cos(200t)$V，用去耦等效电路求 u_2。

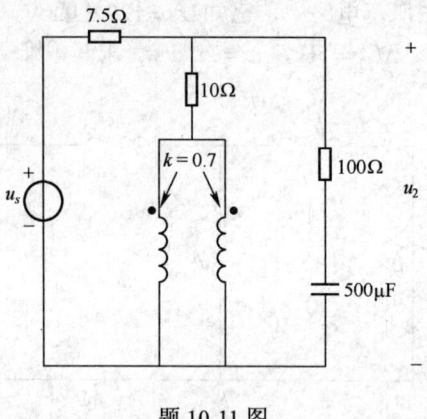

题 10-11 图

10-12 求题 10-12 图所示各电路的输入阻抗。已知图（a）中 $k = 0.5$；（b）中 $k = 0.9$。

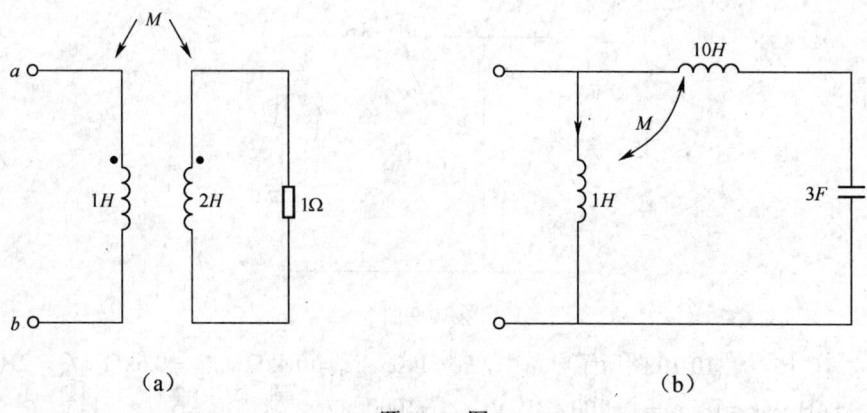

题 10-12 图

10-13 求题 10-13 图所示电路中 i，i_1，i_2。已知 $R_1 = R_2 = \omega L_2 = \omega M = 10\Omega$，$\omega L_1 = 20\Omega$，$u_s = 150\sqrt{2}\cos(\omega t)\text{V}$。

10-14 题 10-14 图所示电路，$R_1 = 53\Omega$，$R_2 = 36\Omega$，$L_1 = 0.3\text{H}$，$L_2 = 0.2\text{H}$，$C = 30\mu\text{F}$，$k = 0.45$，$u_s = 220\angle 0°$ V，$f = 50\text{Hz}$，求 Z_{ac} 及 L_1、L_2 上流过的电流。

10-15 题 10-15 图所示正弦交流电路，在任意频率条件下电流与电压同相，各参数之间应满足什么条件？

10-16 题 10-16 图所示含有耦合电感的电路，已知 $R_1 = R_2 = 4\Omega$，$L_1 = 5\text{mH}$，$L_2 = 8\text{mH}$，$M = 3\text{mH}$，$C = 50\mu\text{F}$，$\dot{U}_s = 100\angle 0°\text{V}$，$\omega = 1000\text{rad/s}$。求：（1）电流 $\dot{I}_1$；（2）电压源发出的复功率；（3）电阻 R_2 消耗的复功率。

题 10-13 图 题 10-14 图

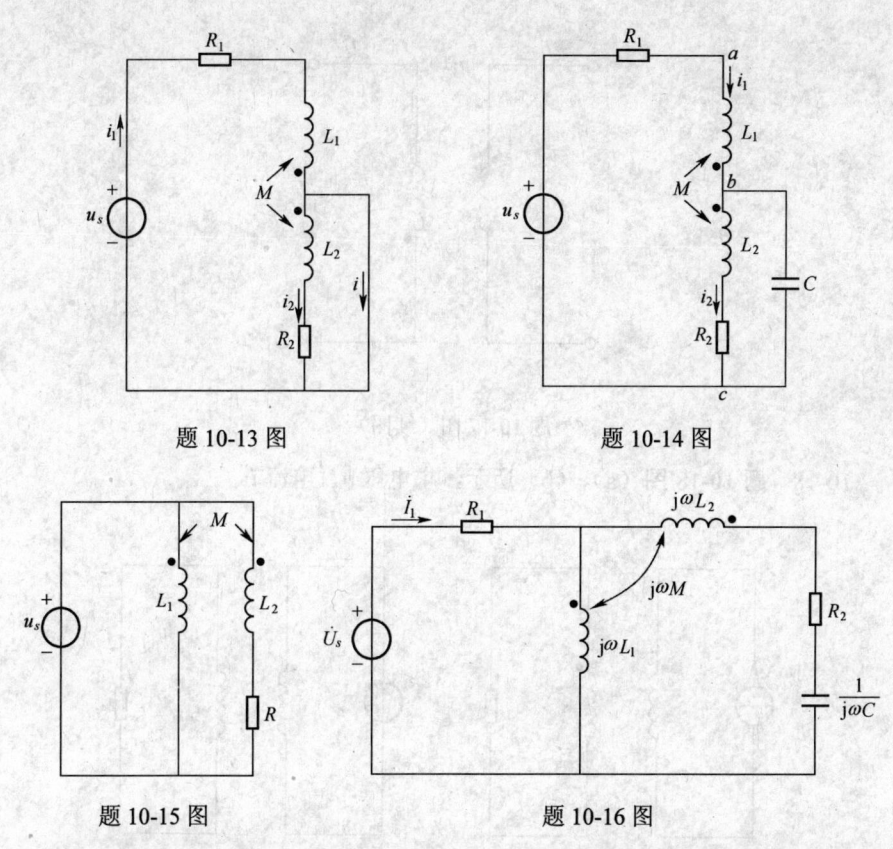

题 10-15 图 题 10-16 图

10-17 如题 10-17 图（a）、(b)、(c) 所示，列写出理想变压器的电压电流方程。

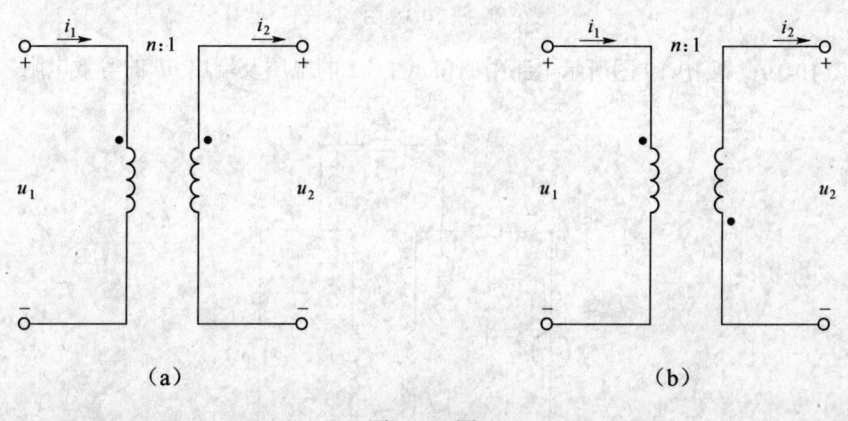

题 10-17 图

(c)

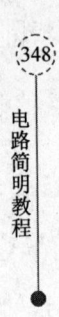

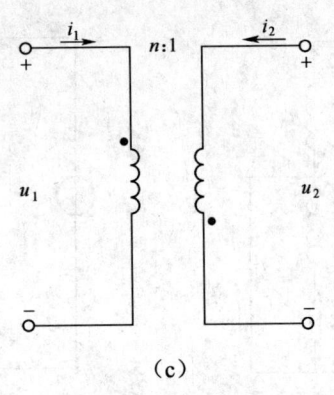

题 10-17 图（续图）

10-18 题 10-18 图（a）、(b) 所示，求电压 u、电流 i。

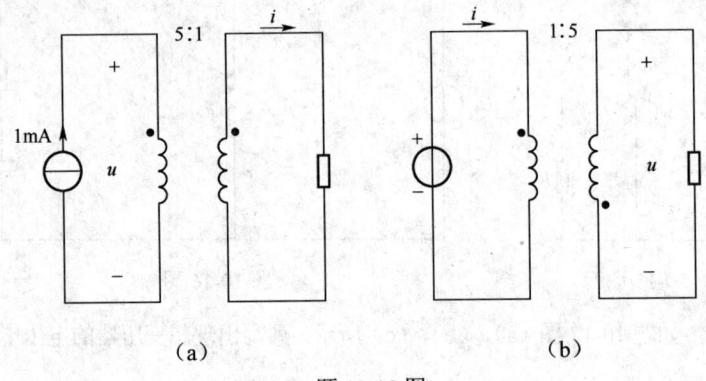

(a)   (b)

题 10-18 图

10-19 题 10-19 图所示电路中的节点 1、2 的电压及端口 ab 的等效电阻。

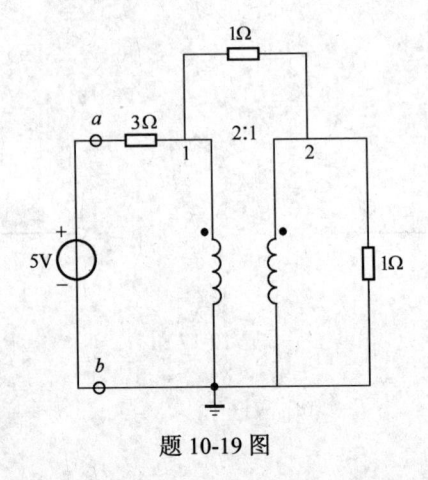

题 10-19 图

参考文献

[1] 邱关源主编. 电路. 第 4 版. 北京: 高等教育出版社, 1999.
[2] 邱关源原著, 罗先觉修订. 电路. 第 5 版. 北京: 高等教育出版社, 2004.
[3] 李瀚逊编. 电路分析基础. 第 3 版. 北京: 高等教育出版社, 1993.
[4] 李瀚逊编. 简明电路分析基础. 第 1 版. 北京: 高等教育出版社, 2004.
[5] 江泽佳主编. 电路原理（上、下册）. 第 2 版. 北京: 高等教育出版社, 1985.
[6] 周守昌主编. 电路原理（上、下册）. 第 2 版. 北京: 高等教育出版社, 2004.
[7] 吴锡龙编. 电路分析. 第 1 版. 北京: 高等教育出版社, 2004.
[8] 陈希有主编. 电路理论基础. 第 3 版. 北京: 高等教育出版社, 2004.
[9] 张永瑞、王松林等主编. 电路分析. 第 2 版. 北京: 高等教育出版社, 2004.
[10] 肖达川编著. 电路分析. 第 1 版. 北京: 科学出版社, 1984.
[11] 吉三成编. 电路分析原理. 第 1 版. 北京: 高等教育出版社, 1985.
[12] 秦曾煌主编. 电工学. 第 6 版. 北京: 高等教育出版社, 2003.
[13] Charles K.Alexander, Matthew N.O.Sadiku 编著. Fundamentals of Electric Circuits. 第 1 版. 北京: 清华大学出版社, 2007.
[14] Thomas L. Floyd 著, 夏琳, 施惠琼译. Electric Circuits Fundamentals. 第 6 版. 北京: 清华大学出版社, 2006.
[15] Boylestad 编著. Introductory Circuits Analysis. 第 9 版. 北京: 高等教育出版社, 2002.